战略性新兴领域"十四五"高等教育系列教材

智能制造
实践训练

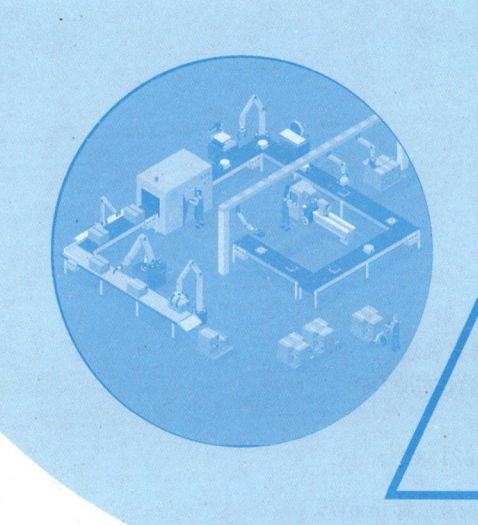

主　编	朱华炳	梁延德		
副主编	张玉洲	徐国胜	李晓东	赵　冲
	张红哲			
参　编	高　君	李霄剑	王　勇	张　涛
	刘振东	曲本全	钟　平	桑一村
	于万钦	高晨辉	马振刚	张　彦
	胡孔元	朱传同	苑得鑫	陈永松

全书知识图谱

机械工业出版社

本书分为 6 章，分别介绍智能制造概念、智能制造单元实训、智能产线实训、智能制造系统中的工业互联网认知与实训、数字孪生技术在智能制造领域的应用实训、复杂工程系统中的典型装备认知与实训。

本书实践训练项目按照从简到繁、由浅入深的原则设计编排，从点（智能制造单元实训）开始，逐步到线（智能产线实训）再到面（智能工厂，基于互联网的协同智能制造训练），虚实结合，循序渐进。本书注重理论教学与实践教学的融合汇通，将智能制造领域的高新技术企业真实案例、典型解决方案融入教材，旨在帮助学生通过实践环节学习掌握高端装备及其智能制造的本质规律，激发学生投身高端装备智能制造事业的热情，达到培养学生创新实践能力、提高学生工程素质的目的。

图书在版编目（CIP）数据

智能制造实践训练 / 朱华炳，梁延德主编. -- 北京：机械工业出版社，2024.12. -- （战略性新兴领域"十四五"高等教育系列教材）. -- ISBN 978-7-111-77637-6

Ⅰ. TH166

中国国家版本馆 CIP 数据核字第 20248ZT682 号

机械工业出版社（北京市百万庄大街 22 号　邮政编码 100037）
策划编辑：丁昕祯　　　　　　责任编辑：丁昕祯　章承林
责任校对：张爱妮　李小宝　　封面设计：王　旭
责任印制：张　博
河北泓景印刷有限公司印刷
2024 年 12 月第 1 版第 1 次印刷
184mm×260mm・18.5 印张・452 千字
标准书号：ISBN 978-7-111-77637-6
定价：63.00 元

电话服务　　　　　　　　　　网络服务
客服电话：010-88361066　　　机　工　官　网：www.cmpbook.com
　　　　　010-88379833　　　机　工　官　博：weibo.com/cmp1952
　　　　　010-68326294　　　金　　书　　网：www.golden-book.com
封底无防伪标均为盗版　　　　机工教育服务网：www.cmpedu.com

序

为了深入贯彻教育、科技、人才一体化推进的战略思想，加快发展新质生产力，高质量培养卓越工程师，教育部在新一代信息技术、绿色环保、新材料、国土空间规划、智能网联和新能源汽车、航空航天、高端装备制造、重型燃气轮机、新能源、生物产业、生物育种、未来产业等领域组织编写了战略性新兴领域"十四五"高等教育系列教材。本套教材属于高端装备制造领域。

高端装备技术含量高，涉及学科多，资金投入大，风险控制难，服役寿命长，其研发与制造一般需要组织跨部门、跨行业、跨地域的力量才能完成。它可分为基础装备、专用装备和成套装备，例如：高端数控机床、高端成形装备和大规模集成电路制造装备等是基础装备；航空航天装备、高速动车组、海洋工程装备和医疗健康装备等是专用装备；大型冶金装备、石油化工装备等是成套装备。复杂产品的产品构成、产品技术、开发过程、生产过程、管理过程都十分复杂，例如人形机器人、智能网联汽车、生成式人工智能等都是复杂产品。现代高端装备和复杂产品一般都是智能互联产品，既具有用户需求的特异性、产品技术的创新性、产品构成的集成性和开发过程的协同性等产品特征，又具有时代性和永恒性、区域性和全球性、相对性和普遍性等时空特征。高端装备和复杂产品制造业是发展新质生产力的关键，是事关国家经济安全和国防安全的战略性产业，其发展水平是国家科技水平和综合实力的重要标志。

高端装备一般都是复杂产品，而复杂产品并不都是高端装备。高端装备和复杂产品在研发生产运维全生命周期过程中具有很多共性特征。本套教材围绕这些特征，以多类高端装备为主要案例，从培养卓越工程师的战略性思维能力、系统性思维能力、引领性思维能力、创造性思维能力的目标出发，重点论述高端装备智能制造的基础理论、关键技术和创新实践。在论述过程中，力图体现思想性、系统性、科学性、先进性、前瞻性、生动性相统一。通过相关课程学习，希望学生能够掌握高端装备的构造原理、数字化网络化智能化技术、系统工程方法、智能研发生产运维技术、智能工程管理技术、智能工厂设计与运行技术、智能信息平台技术和工程实验技术，更重要的是希望学生能够深刻感悟和认识高端装备智能制造的原生动因、发展规律和思想方法。

1. 高端装备智能制造的原生动因

所有的高端装备都有原始创造的过程。原始创造的动力有的是基于现实需求，有的来自潜在需求，有的是顺势而为，有的则是梦想驱动。下面以光刻机、计算机断层扫描仪（CT）、汽车、飞机为例，分别加以说明。

光刻机的原生创造是由现实需求驱动的。1952年，美国军方指派杰伊·拉斯罗普（Jay W. Lathrop）和詹姆斯·纳尔（James R. Nall）研究减小电子电路尺寸的技术，以便为炸弹、炮弹设计小型化近炸引信电路。他们创造性地应用摄影和光敏树脂技术，在一片陶瓷基板上沉积了约为200μm宽的薄膜金属线条，制作出了含有晶体管的平面集成电路，并率先提出了"光刻"概念和原始工艺。在原始光刻技术的基础上，又不断地吸纳更先进的光源技术、高精度自动控制技术、新材料技术、精密制造技术等，推动着光刻机快速演进发展，为实现半导体先进制程节点奠定了基础。

CT的创造是由潜在需求驱动的。利用伦琴（Wilhelm C. Röntgen）发现的X射线可以获得人体内部结构的二维图像，但三维图像更令人期待。塔夫茨大学教授科马克（Allan M. Cormack）在研究辐射治疗时，通过射线的出射强度求解出了组织对射线的吸收系数，解决了CT成像的数学问题。英国电子与音乐工业公司工程师豪斯费尔德（Godfrey N. Hounsfield）在几乎没有任何实验设备的情况下，创造条件研制出了世界上第一台CT原型机，并于1971年成功应用于疾病诊断。他们也因此获得了1979年诺贝尔生理学或医学奖。时至今日，新材料技术、图像处理技术、人工智能技术等诸多先进技术已经广泛地融入CT之中，显著提升了CT的性能，扩展了CT的功能，对保障人民生命健康发挥了重要作用。

汽车的发明是顺势而为的。1765年瓦特（James Watt）制造出了第一台有实用价值的蒸汽机原型，人们自然想到如何把蒸汽机和马力车融合到一起，制造出用机械力取代畜力的交通工具。1769年法国工程师居纽（Nicolas-Joseph Cugnot）成功地创造出世界上第一辆由蒸汽机驱动的汽车。这一时期的汽车虽然效率低下、速度缓慢，但它展示了人类对机械动力的追求和变革传统交通方式的渴望。19世纪末卡尔·本茨（Karl Benz）在蒸汽汽车的基础上又发明了以内燃机为动力源的现代意义上的汽车。经过一个多世纪的技术进步和管理创新，特别是新能源技术和新一代信息技术在汽车产品中的成功应用，汽车的安全性、可靠性、舒适性、环保性以及智能化水平都产生了质的跃升。

飞机的发明是梦想驱动的。飞行很早就是人类的梦想，然而由于未能掌握升力产生及飞行控制的机理，工业革命之前的飞行尝试都是以失败告终。1799年乔治·凯利（George Cayley）从空气动力学的角度分析了飞行器产生升力的规律，并提出了现代飞机"固定翼+机身+尾翼"的设计布局。1848年斯特林费罗（John Stringfellow）使用蒸汽动力无人飞机第一次实现了动力飞行。1903年莱特兄弟（Orville Wright和Wilbur Wright）制造出"飞行者一号"飞机，并首次实现由机械力驱动的持续且受控的载人飞行。随着航空发动机和航空产业的快速发展，飞机已经成为一类既安全又舒适的现代交通工具。

数字化网络化智能化技术的快速发展为高端装备的原始创造和智能制造的升级换代创造了历史性机遇。智能人形机器人、通用人工智能、智能卫星通信网络、各类无人驾驶的交通工具、无人值守的全自动化工厂，以及取之不尽的清洁能源的生产装备等都是人类科学精神和聪明才智的迸发，它们也是由于现实需求、潜在需求、情怀梦想和集成创造的驱动而初步形成和快速发展的。这些星星点点的新装备、新产品、新设施及其制造模式一定会深入发展和快速拓展，在不远的将来一定会融合成为一个完整的有机体，从而颠覆人类现有的生产方式和生活方式。

2. 高端装备智能制造的发展规律

在高端装备智能制造的发展过程中，原始科学发现和颠覆性技术创新是最具影响力的科技创新活动。原始科学发现侧重于对自然现象和基本原理的探索，它致力于揭示未知世界，拓展人类的认知边界，这些发现通常来自于基础科学领域，如物理学、化学、生物学等，它们为新技术和新装备的研发提供了理论基础和指导原则。颠覆性技术创新则侧重于将科学发现的新理论新方法转化为现实生产力，它致力于创造新产品、新工艺、新模式，是推动高端装备领域高速发展的引擎，它能够打破现有技术路径的桎梏，创造出全新的产品和市场，引领高端装备制造业的转型升级。

高端装备智能制造的发展进化过程有很多共性规律，例如：①通过工程构想拉动新理论构建、新技术发明和集成融合创造，从而推动高端装备智能制造的转型升级，同时还会产生技术溢出效应。②通过不断地吸纳、改进、融合其他领域的新理论新技术，实现高端装备及其制造过程的升级换代，同时还会促进技术再创新。③高端装备进化过程中各供给侧和各需求侧都是互动发展的。

以医学核磁共振成像（MRI）装备为例，这项技术的诞生和发展，正是源于一系列重要的原始科学发现和重大技术创新。MRI技术的根基在于核磁共振现象，其本质是原子核的自旋特性与外磁场之间的相互作用。1946年美国科学家布洛赫（Felix Bloch）和珀塞尔（Edward M. Purcell）分别独立发现了核磁共振现象，并因此获得了1952年的诺贝尔物理学奖。传统的MRI装备使用永磁体或电磁体，磁场强度有限，扫描时间较长，成像质量不高，而超导磁体的应用是MRI技术发展史上的一次重大突破，它能够产生强大的磁场，显著提升了MRI的成像分辨率和诊断精度，将MRI技术推向一个新的高度。快速成像技术的出现，例如回波平面成像（EPI）技术，大大缩短了MRI扫描时间，提高了患者的舒适度，拓展了MRI技术的应用场景。功能性MRI（fMRI）的兴起打破了传统的MRI主要用于观察人体组织结构的功能制约，它能够检测脑部血氧水平的变化，反映大脑的活动情况，为认知神经科学研究提供了强大的工具，开辟了全新的应用领域。MRI装备的成功，不仅说明了原始科学发现和颠覆性技术创新是高端装备和智能制造发展的巨大推动力，而且阐释了高端装备智能制造进化过程往往遵循着"实践探索、理论突破、技术创新、工程集成、代际跃升"循环演进的一般发展规律。

高端装备智能制造正处于一个机遇与挑战并存的关键时期。数字化网络化智能化是高端装备智能制造发展的时代要求，它既蕴藏着巨大的发展潜力，又充满着难以预测的安全风险。高端装备智能制造已经呈现出"数据驱动、平台赋能、智能协同和绿色化、服务化、高端化"的诸多发展规律，我们既要向强者学习，与智者并行，吸纳人类先进的科学技术成果，更要持续创新前瞻思维，积极探索前沿技术，不断提升创新能力，着力创造高端产品，走出一条具有特色的高质量发展之路。

3. 高端装备智能制造的思想方法

高端装备智能制造是一类具有高度综合性的现代高技术工程。它的鲜明特点是以高新技术为基础，以创新为动力，将各种资源、新兴技术与创意相融合，向技术密集型、知识密集型方向发展。面对系统性、复杂性不断加强的知识性、技术性造物活动，必须以辩证的思维方式审视工程活动中的问题，从而在工程理论与工程实践的循环推进中，厘清与推动工程理念与工程技术深度融合、工程体系与工程细节协调统一、工程规范与工程创新互相促进、工程队伍与工程制度共同提升，只有这样才能促进和实现工程活动与自然经济社会的和谐发展。

高端装备智能制造是一类十分复杂的系统性实践过程。在制造过程中需要协调人与资源、人与人、人与组织、组织与组织之间的关系，所以系统思维是指导高端装备智能制造发展的重要方法论。系统思维具有研究思路的整体性、研究方法的多样性、运用知识的综合性和应用领域的广泛性等特点，因此在运用系统思维来研究与解决现实问题时，需要从整体出发，充分考虑整体与局部的关系，按照一定的系统目的进行整体设计、合理开发、科学管理与协调控制，以期达到总体效果最优或显著改善系统性能的目标。

高端装备智能制造具有巨大的包容性和与时俱进的创新性。近几年来，数字化、网络化、智能化的浪潮席卷全球，为高端装备智能制造的发展注入了前所未有的新动能，以人工智能为典型代表的新一代信息技术在高端装备智能制造中具有极其广阔的应用前景。它不仅可以成为高端装备智能制造的一类新技术工具，还有可能成为指导高端装备智能制造发展的一种新的思想方法。作为一种强调数据驱动和智能驱动的思想方法，它能够促进企业更好地利用机器学习、深度学习等技术来分析海量数据、揭示隐藏规律、创造新型制造范式，指导制造过程和决策过程，推动制造业从经验型向预测型转变，从被动式向主动式转变，从根本上提高制造业的效率和效益。

生成式人工智能（AIGC）已初步显现通用人工智能的"星星之火"，正在日新月异地发展，对高端装备智能制造的全生命周期过程以及制造供应链和企业生态系统的构建与演化都会产生极其深刻的影响，并有可能成为一种新的思想启迪和指导原则。例如：①AIGC能够赋予企业更强大的市场洞察力，通过海量数据分析，精准识别用户偏好，预测市场需求趋势，从而指导企业研发出用户未曾预料到的创新产品，提高企业的核心竞争力。②AIGC能够通过分析生产、销售、库存、物流等数据，提出制造流程和资源配置的优化方案，并通过预测市场风险，指导建设高效灵活稳健的运营体系。③AIGC能够将企业与供应商和客户连接起来，实现信息实时共享，提升业务流程协同效率，并实时监测供应链状态，预测潜在风险，指导企业及时调整协同策略，优化合作共赢的生态系统。

高端装备智能制造的原始创造和发展进化过程都是在"科学、技术、工程、产业"四维空间中进行的，特别是近年来从新科学发现、到新技术发明、再到新产品研发和新产业形成的循环发展速度越来越快，科学、技术、工程、产业之间的供求关系明显地表现出供应链的特征。我们称由科学-技术-工程-产业交互发展所构成的供应链为科技战略供应链。深入研究科技战略供应链的形成与发展过程，能够更好地指导我们发展新质生产力，能够帮助我们回答高端装备是如何从无到有的、如何发展演进的、根本动力是什么、有哪些基本规律等核心科学问题，从而促进高端装备的原始创造和创新发展。

本套由合肥工业大学负责的高端装备类教材共有12本，涵盖了高端装备的构造原理和智能制造的相关技术方法。《智能制造概论》对高端装备智能制造过程进行了简要系统的论述，是本套教材的总论。《工业大数据与人工智能》《工业互联网技术》《智能制造的系统工程技术》论述了高端装备智能制造领域的数字化网络化智能化和系统工程技术，是高端装备智能制造的技术与方法基础。《高端装备构造原理》《智能网联汽车构造原理》《智能装备设计生产与运维》《智能制造工程管理》论述了高端装备（复杂产品）的构造原理和智能制造的关键技术，是高端装备智能制造的技术本体。《离散型制造智能工厂设计与运行》《流程型制造智能工厂设计与运行：制造循环工业系统》论述了智能工厂和工业循环经济系统的主要理论和技术，是高端装备智能制造的工程载体。《智能制造信息平台技术》论述了产品、制造、工厂、供应链和企业生态的信息系统，是支撑高端装备智能制造过程的信息系统技术。《智能制造实践训练》论述了智能制造实训的基本内容，是培育创新实践能力的关键要素。

编者在教材编写过程中，坚持把培养卓越工程师的创新意识和创新能力的要求贯穿到教材内容之中，着力培养学生的辩证思维、系统思维、科技思维和工程思维。教材中选用了光刻机、航空发动机、智能网联汽车、CT、MRI、高端智能机器人等多种典型装备作为研究对象，围绕其工作原理和制造过程阐述高端装备及其制造的核心理论和关键技术，力图扩大学生的视野，使学生通过学习掌握高端装备及其智能制造的本质规律，激发学生投身高端装备智能制造的热情。在教材编写过程中，一方面紧跟国际科技和产业发展前沿，选择典型高端装备智能制造案例，论述国际智能制造的最新研究成果和最先进的应用实践，充分反映国际前沿科技的最新进展；另一方面，注重从我国高端装备智能制造的产业发展实际出发，以我国自主知识产权的可控技术、产业案例和典型解决方案为基础，重点论述我国高端装备智能制造的科技发展和创新实践，引导学生深入探索高端装备智能制造的中国道路，积极创造高端装备智能制造发展的中国特色，使学生将来能够为我国高端装备智能制造产业的高质量发展做出颠覆性、创造性贡献。

在本套教材整体方案设计、知识图谱构建和撰稿审稿直至编审出版的全过程中，有很多令人钦佩的人和事，我要表示最真诚的敬意和由衷的感谢！首先要感谢各位主编和参编学者们，他们倾注心力、废寝忘食，用智慧和汗水挖掘思想深度、拓展知识广度，展现出严谨求实的科学精神，他们是教材的创造者！接着要感谢审稿专家们，他们用深邃的科学眼光指出书稿中的问题，并耐心指导修改，他们认真负责的工作态度和学者风范为我们树立了榜样！再者，要感谢机械工业出版社的领导和编辑团队，他们的辛勤付出和专业指导，为教材的顺利出版提供了坚实的基础！最后，特别要感谢教育部高教司和各主编单位领导以及部门负责人，他们给予的指导和对我们的支持，让我们有了强大的动力和信心去完成这项艰巨任务！

杨善林

合肥工业大学教授

中国工程院院士

2024 年 5 月

前 言

　　智能制造涉及的学科专业众多、理论性强、体系系统庞大。制定专门的实践训练项目，能够有效地帮助读者理解智能制造的基本概念和技术关键，掌握智能制造的核心技术和应用要点。

　　本书是教育部规划的"战略性新兴领域教材建设重点项目"之"高端装备制造"丛书之一。本套丛书共12本，较全面地介绍了高端装备的构造原理、智能制造相关的技术与方法。作为面向高校的教学用书，本书定位于智能制造相关实践实训教学，目的是让学生通过实践性认知和实操性体验的学习方式，形成对智能制造及高端装备相关知识的较深入的理解，并掌握一定的技术性运用、操作的技能。通过实践学习过程，有效培养学生的工程创新意识和能力。

　　本书按照由简到繁、由浅入深的认知逻辑编排，实训项目的安排从智能制造单元开始，逐步到产线，再到智能工厂，以点-线-面的形式循序渐进，注重理实融合、产教融汇，从企业生产实践中遴选真实案例和具有典型意义的解决方案融入实训项目设计，尽量做到虚实结合。

　　全书共6章，分别介绍智能制造概念、智能制造单元实训、智能产线实训、智能制造系统中的工业互联网认知与实训、数字孪生技术在智能制造领域的应用实训、复杂工程系统中的典型装备认知与实训。每一章都有对应的认知实践和实操实训模块，如通过传感采集、机器视觉、激光检测等环节来体现制造过程中的智能化感知，通过AGV、立体仓库、MES等体现智能制造中的资源调度、排产优化和运维管理的智能化，通过对工业机器人关键部件的拆装实训、操控编程实训等体验复杂工程系统中的高端智能装备使能技术等。

　　为方便教与学，本书配套建设了较完整的知识图谱，还提供了较丰富的案例视频、线上课程及线上实验教学等数字化资源。

　　本书可以作为智能制造工程、机械工程等相关专业的本科生、研究生的实验实训课程教材，也可供从事智能制造领域或方向的工程技术人员参考。

　　本书由合肥工业大学朱华炳、大连理工大学梁延德担任主编，本书的编写分工如下：第1章由梁延德、徐国胜、张红哲、朱华炳编写，第2章由桑一村、张玉洲编写，第3章由钟平、徐国胜编写，第4章由赵冲、高晨辉、于万钦、马振刚编写，第5章由李晓东、刘振东、曲本全、朱传同、苑得鑫、陈永松、高君编写，第6章由朱华炳、李霄剑、王勇、张涛、张彦、胡孔元编写。全书由清华大学傅水根教授、山东大学孙康宁教授、合肥工业大学曾亿山教授担任主审，在此由衷表示感谢。

本书的编写得到了合肥工业大学、大连理工大学、天津职业技术师范大学、中国石油大学（华东）、深圳市产教融合促进会、深圳市思普泰克科技有限公司、安徽思普泰克智能制造科技有限公司、中科斯欧（合肥）科技股份有限公司、新开普电子股份有限公司、武汉高德信息产业有限公司、杭州易知微科技有限公司、数恋云（杭州）科技有限公司的大力支持，在此一并表示感谢。

由于编者水平有限，书中难免有不妥之处，敬请读者批评指正并反馈我们，以便再版时修改。

编　者

目 录

序

前言

第1章 绪论 … 1
导语 … 1
1.1 智能制造装备与智能制造岛概述 … 1
1.1.1 智能制造装备认知 … 1
1.1.2 智能制造岛认知 … 6
1.2 智能产线概述 … 9
1.2.1 智能产线的组成 … 10
1.2.2 智能产线的规划与布局 … 10
1.3 智能工厂概述 … 12
1.3.1 智能工厂总体框架 … 13
1.3.2 智能工厂技术支持体系 … 17
1.4 本章小结 … 19
思考题 … 20

第2章 智能制造单元实训 … 21
导语 … 21
2.1 高端数控加工实训 … 21
2.1.1 高端数控加工概述 … 21
2.1.2 多轴定向数控加工实训：箱体特征零件加工 … 24
2.1.3 多轴联动数控加工实训：叶轮特征零件加工 … 36
2.2 智能制造岛实训 … 47
2.2.1 焊接制造岛加工实训 … 47
2.2.2 切削制造岛加工实训 … 54
2.3 制造工艺参数优化 … 62
2.3.1 制造工艺参数概述 … 62

2.3.2　工艺参数优化方法 ……………………………………………………… 65
2.4　本章小结 ……………………………………………………………………… 66
思考题 ……………………………………………………………………………… 66

第3章　智能产线实训 ……………………………………………………………… 69

导语 ………………………………………………………………………………… 69
3.1　智能感知与在线检测实训 …………………………………………………… 69
　　3.1.1　非接触式在线检测 ……………………………………………………… 70
　　3.1.2　接触式在线检测 ………………………………………………………… 79
3.2　工业机器人的典型应用 ……………………………………………………… 87
　　3.2.1　工业机器人的搬运应用 ………………………………………………… 87
　　3.2.2　工业机器人的装配应用 ………………………………………………… 95
　　3.2.3　工业机器人的码垛应用 ………………………………………………… 102
3.3　智能仓储实训 ………………………………………………………………… 106
3.4　智能生产管理实训 …………………………………………………………… 111
　　3.4.1　AGV的调度控制 ………………………………………………………… 111
　　3.4.2　生产排程的管理控制 …………………………………………………… 116
　　3.4.3　基于数字化管理软件的产线管控 ……………………………………… 118
思考题 ……………………………………………………………………………… 120

第4章　智能制造系统中的工业互联网认知与实训 ……………………………… 122

导语 ………………………………………………………………………………… 122
4.1　工业互联网与传感器应用技术 ……………………………………………… 122
　　4.1.1　基础与体系结构 ………………………………………………………… 122
　　4.1.2　通信网络与互联协议 …………………………………………………… 125
　　4.1.3　感知互联与智能传感器 ………………………………………………… 127
　　4.1.4　数据服务与工业应用 …………………………………………………… 131
4.2　基础应用及实训 ……………………………………………………………… 133
　　4.2.1　EtherNet/IP应用实训 …………………………………………………… 133
　　4.2.2　EtherCAT应用实训 ……………………………………………………… 139
　　4.2.3　PROFINET应用实训 …………………………………………………… 145
　　4.2.4　Modbus应用实训 ………………………………………………………… 150
4.3　大数据平台应用实训 ………………………………………………………… 158
　　4.3.1　综合实训：工业互联网能耗监测系统设计 …………………………… 158
　　4.3.2　综合实训：基于时序数据库的监测平台设计及实现 ………………… 165
　　4.3.3　课程设计：工业故障诊断与预测系统设计 …………………………… 172
4.4　智能协同与AI应用综合设计 ………………………………………………… 175
　　4.4.1　远程监控与故障诊断 …………………………………………………… 176
　　4.4.2　5G+工业互联网视觉检测 ……………………………………………… 176

4.4.3　工业机器人群控及路径规划 …………………………………………… 178
4.5　本章小结 ………………………………………………………………………… 179
思考题 ………………………………………………………………………………… 179

第5章　数字孪生技术在智能制造领域的应用实训 ………………………………… 180

导语 …………………………………………………………………………………… 180
5.1　数字孪生技术概述 ……………………………………………………………… 180
 5.1.1　数字孪生基本概念 ………………………………………………………… 180
 5.1.2　数字孪生的关键技术 ……………………………………………………… 185
 5.1.3　数字孪生的关键技术应用实践 …………………………………………… 187
5.2　VR/AR/MR 技术概述 ………………………………………………………… 197
 5.2.1　VR/AR/MR 基本概念 …………………………………………………… 198
 5.2.2　VR/AR/MR 关键显示技术 ……………………………………………… 200
 5.2.3　VR/AR/MR 在智能制造领域的应用趋势 ……………………………… 200
5.3　智能产线数字孪生实训 ………………………………………………………… 201
 5.3.1　数字孪生技术在智能产线上的应用 ……………………………………… 201
 5.3.2　智能产线数字孪生关键技术 ……………………………………………… 202
 5.3.3　智能产线数字孪生虚拟调试实训 ………………………………………… 204
5.4　智能工厂数字孪生 ……………………………………………………………… 213
 5.4.1　概述 ………………………………………………………………………… 213
 5.4.2　数字孪生智能工厂功能 …………………………………………………… 214
 5.4.3　数字孪生在智能工厂的应用案例 ………………………………………… 215
5.5　本章小结 ………………………………………………………………………… 220
思考题 ………………………………………………………………………………… 221

第6章　复杂工程系统中的典型装备认知与实训 …………………………………… 222

导语 …………………………………………………………………………………… 222
6.1　典型智能复杂产品认知 ………………………………………………………… 222
 6.1.1　智能网联汽车 ……………………………………………………………… 222
 6.1.2　航空发动机 ………………………………………………………………… 224
 6.1.3　光刻机 ……………………………………………………………………… 225
 6.1.4　CT 机 ……………………………………………………………………… 227
 6.1.5　核磁共振仪 ………………………………………………………………… 228
 6.1.6　手术机器人 ………………………………………………………………… 230
6.2　光刻工艺认知与实训 …………………………………………………………… 231
 6.2.1　光刻工艺技术概述 ………………………………………………………… 231
 6.2.2　光刻设备与工具 …………………………………………………………… 235
 6.2.3　光刻制造薄膜微图形实训 ………………………………………………… 239
6.3　工业机器人关键部件拆装实训 ………………………………………………… 242

  6.3.1 典型六轴机器人拆装实训 …………………………………………… 242
  6.3.2 机器人减速器拆装实训 ……………………………………………… 252
  6.3.3 AGV 智能搬运机器人 ………………………………………………… 260
 6.4 协作机器人操控实训 ………………………………………………………… 263
  6.4.1 协作机器人特点及应用场景 ………………………………………… 263
  6.4.2 协作机器人使用 ……………………………………………………… 265
  6.4.3 协作机器人搬运实训 ………………………………………………… 267
  6.4.4 自主持镜机器人实训 ………………………………………………… 270
 6.5 本章小结 ……………………………………………………………………… 275
 思考题 …………………………………………………………………………… 275

参考文献 …………………………………………………………………………… 276

第1章

绪 论

章知识图谱　说课视频

导语

本章主要对智能制造装备与智能制造岛、智能产线,以及智能制造工厂进行概述。本章按照智能制造的基础单位、智能制造岛、智能产线及智能工厂的顺序,依据点-线-面的逻辑顺序展开,包括智能制造装备认知、智能制造岛认知、智能产线组成、智能产线规划与布局、智能制造工厂总体框架,以及智能制造工厂技术支持体系等内容。

1.1 智能制造装备与智能制造岛概述

1.1.1 智能制造装备认知

智能制造装备是指集成了数字化、网络化和人工智能技术的,具有自感知、自学习、自优化和自适应能力的制造装备或制造机器系统。常见工业用智能制造装备涵盖各种数控机床、3D打印设备、工业机器人、自动化装配线、传感与监测系统、智能物流系统、信息化管理系统等。智能制造装备的应用特点包括提升制造质量,保证加工精度,显著降本增效;具有高度生产柔性,无论是对于单件、小批量的新产品研发试制还是批量定制化生产需求,都能够对任务的变化实现快速响应。本节重点对高端数控机床、高端检测设备、增材制造设备,以及工业机器人进行介绍。

知识点1　高端数控机床认知

(1) 高端数控机床定义　高端数控机床通常指那些采用先进的数控技术,具备高精度、高性能、高可靠性和复杂加工能力的机床设备。部分国内外高端数控机床如图1-1-1所示,这些机床在设计和制造上使用最新的技术和创新方法,以满足对复杂零件精密加工的要求。

多轴加工中心,如常见的五轴(包括但不限于)铣削加工中心,是典型的高端数控机床,针对不同的加工需求和工艺特点,细分为多种类型,如立式五轴加工中心、卧式五轴加工中心、龙门式五面体加工中心等,此外,车铣复合加工中心、镗铣加工中心、车削加工中心也是应用较多的高端数控机床。这些机床都具有高几何精度、高运动精度、高稳定性和高精度保持性,能够在一次安装中完成对工件多个表面的多个部位、多种形状的加工,从而实现高效率和高质量的生产加工。这些机床中应用了智能化和自动化技术,如先进的控制系统和实时监测技术,进一步提升了加工精度、效率和可靠性。高端数控机床的特点主要包括以下几个方面。

1) **高精度和高稳定性**。高端数控机床的一个关键特征是其高精度和高稳定性,这对于满足航空航天、精密模具制造、医疗器械等领域的严格要求至关重要。这种高精度要求不仅体现在对工件的加工尺寸精度上,还包括加工表面粗糙度、形状与位置公差。高稳定性要求机床具有更高的抗变形能力,即更强的动态刚性和更合理的力学结构设计。精度保持性是表征高端机床精度水平的另一个重要指标,即机床精度参数随机床使用时间累计而变差的程度,用使用时间(年或小时)与新机、旧机精度参数值之差的比值表示。为了满足这些要求,高端数控机床通常采用高质量的构造材料和精密制造技术,如使用精密级的滚珠丝杠和高品质的导轨系统,确保机床在长期运行中的稳定性和可重复性。

2) **复合加工能力**。作为工业母机的代表,高端数控机床能够处理极其复杂的加工任务,这是其核心优势之一。多轴联动、高度自动化的编程能力和复合加工能力使得这些机床能够加工传统机床难以处理的复杂形状,如航空发动机叶轮的异形曲面和三维几何图形等。此外,它们还能在一次装夹中执行多种加工操作(如铣削、钻孔、车削等),从而提高加工效率,缩短生产周期,并减少对专用工具的依赖。

3) **智能化和自动化**。高端数控机床越来越多地融入了人工智能技术的先进控制系统和自动化技术,这些系统和技术能够优化加工路径和自动调整切削工艺参数,在加工过程中进行实时监控和故障诊断,实现自适应控制。智能化还包括使用人工智能和大数据分析来进一步优化加工过程,提高生产率,并减少废料和机器停机时间。通过这些高级功能,高端数控机床不仅提高了加工能力,还增强了其在复杂制造环境中的应用灵活性和效率。

GF Machining Solution MILL P 800U ST
五轴加工中心(瑞士)
最高主轴转速:20000r/min、28000r/min(可选)
刀库容量:60、120、170、215(可选)
最高进给速度:X、Y、Z轴分别为61m/min,A、C轴分别为50r/min、800r/min

德玛吉森精机CTX beta 450 TC
车铣复合加工中心(德国/日本)
最高铣削主轴转速:15000r/min、20000r/min(可选)
最高主轴转速:4000r/min、5000r/min(可选)
刀库容量:60、80、180、200(可选)
最高进给速度:X、Y、Z轴分别为48m/min、40m/min、50m/min,B轴为70r/min

北京精雕JDGR400T
五轴数控加工中心(中国)
最高主轴转速:20000r/min
刀库容量:36
最高进给速度:X、Y、Z轴为15m/min,A、C轴分别为60r/min、100r/min

山崎马扎克QT-COMPACT 200M
车削中心(日本)
最高主轴转速:5000r/min
刀库容量:25
最高进给速度:X、Y、Z轴分别为30m/min、10m/min、30m/min,C轴为555r/min

图 1-1-1 部分国内外高端数控机床

（2）高端数控机床主要部件　高端数控机床通过计算机程序精确控制切削工具和工件的运动，以实现复杂零件的高精度加工。高端数控机床的主要部件包括：

1）控制系统。

① 数控装置。机床的大脑，负责解释输入到控制器中的数控程序（G 代码或其他格式），并将其转换为机械运动，以指导机床完成具体操作。

② 操作界面。包括显示屏和输入设备，如键盘或触摸屏，操作人员通过它们进行程序输入或修改、机床操作。

2）主轴系统。

① 主轴。机床的旋转部件，根据加工需求可以安装钻头、铣刀等多种切削工具。

② 驱动装置。包括电机和传动机构，负责驱动主轴旋转，其性能直接影响加工速度和质量。

3）进给系统。

① 滑台和导轨。支撑和引导工件或刀具沿预定路径移动。

② 丝杠和伺服电动机。将电动机的旋转运动转换为直线运动，精确控制工件或刀具到达预定位置。

4）工作台。

① 旋转工作台。在某些高端机床上，工作台可以旋转或倾斜，允许多角度或五轴加工。

② 夹具。用于定位与固定工件，确保加工过程中的稳定性和精度。

5）刀库和自动换刀系统。高端数控机床配备有刀库和自动换刀装置，可以根据加工程序自动更换刀具，大大提高生产率。五轴加工中心的刀库容量一般为 24 刀位以上，大的可达 200 刀位。

6）冷却和润滑系统。

① 冷却液泵和喷嘴。用于冷却切削区域，防止过热，同时帮助清除切屑。

② 润滑系统。保证机床各运动部件的顺畅运行，避免机床爬行，延长机床使用寿命。

7）测量和检测装置。

① 工件测量。某些高端机床内置有自动测量和检测装置，可以在加工过程中或加工开始前或加工完成后测量工件，确保加工精度。

② 工具设置仪。用于刀具长度、直径等参数的测量和设置。

8）切屑处理系统。自动收集并转移加工过程中产生的切屑，保持工作区域清洁，防止切屑干扰加工过程。

（3）高端数控机床核心技术　高端数控机床的核心技术主要集中在以下几个方面。

1）数控系统和软件技术。高端数控机床的核心之一是其先进的数控系统。这包括用于精确控制机床运动的硬件和软件，以及对加工程序的优化。数控系统不仅要求有高度的可靠性和稳定性，还需要具备高效的数据处理能力和用户友好的界面。软件技术包括计算机辅助设计（CAD）和计算机辅助制造（CAM），是实现复杂零件设计和加工的关键。

2）精密驱动和伺服控制技术。高端数控机床的精度和性能在很大程度上取决于其驱动系统和伺服控制技术。精密的滚珠丝杠、伺服电动机和高性能的驱动器是实现高精度运动控制的关键组件。这些系统和技术确保了机床能以极高的精度快速移动刀具或工件，并且保持长期稳定。

3）高级传感器和实时监测技术。为了实现更高的加工精度和设备可靠性，高端数控机床通常配备有各种传感器，这些传感器能够监测机床的状态和加工过程中的各种参数，如温度、振动、力和压力等，用于实时反馈给控制系统，以优化加工条件和预防故障。

4）多轴联动和复合加工技术。对于高端数控机床，特别是五轴联动机床来说，多轴联动技术是其核心技术之一。这种技术使得机床能够同时控制多个轴的移动，实现复杂的空间曲面加工。复合加工技术，如车铣复合，允许在单一机床上进行多种加工操作，提高生产率和加工精度。

这些核心技术的集成和协同作用是高端数控机床高精度、高效率和高可靠性的保证，也是其在现代高科技制造领域不可或缺的原因。

知识点 2　智能制造中的检测设备认知

（1）智能制造中的检测设备定义　智能制造中的检测设备通常用于测量或检验物体尺寸、形状、表面状态、物理性能、化学成分等参数。这些设备通常具备高精度与高分辨率、非接触测量、自动化与集成能力、多功能性、快速响应能力，以及可靠性与稳定性等特点，能够满足复杂和严格的检测要求，主要用于自动化生产线上的质量控制和过程监控。通过高精度的传感器和分析系统，检测设备能够实时监测和评估生产过程中的产品质量，确保每一件产品都达到制定的标准。这不仅提高了产品的一致性和可靠性，还大幅减少了废品和返工次数，优化了资源利用效率。此外，检测设备的数据收集和分析能力支持制造过程中的决策制定，推动决策的持续改进和创新，加速智能制造的发展。

（2）高端检测设备功能与分类　按照功能分类，智能制造中的高端检测设备可以细分为：

1）几何尺寸检测设备。测量和评估物体几何尺寸和形状的一类精密工具和系统。这些设备能够提供精确的尺寸数据，包括长度、宽度、高度、直径、圆度、平面度、同轴度等，从而确保零件和组件满足设计规格和质量标准。几何尺寸检测设备在制造业中广泛应用，尤其是在需要高精度和高质量控制的领域。这些设备通常配备有先进的数据处理和分析软件，可以自动计算各种几何参数，并生成详细的测量报告。

2）表面和材料特性检测设备。表面和材料特性检测设备用于评估和测量材料表面状况及内部结构特性。这类设备能够提供关于材料的重要信息，如表面粗糙度、硬度、弹性模量、内部缺陷、成分等，对于保证材料和制品的性能、可靠性和寿命至关重要。

3）力学性能测试设备。力学性能测试设备用于测量和评估材料或结构在外力作用下的反应和表现。这类设备主要用于确定材料的力学特性，如强度、硬度、韧性、弹性模量、延展性等。

4）机器视觉检测设备。机器视觉检测设备利用集成的软硬件系统，通过摄像头、图像处理软件和计算机技术来模拟人类视觉功能，自动获取被检测物体的图像，对图像进行处理、分析和解释，从而实现对生产过程中物品的尺寸、形状、颜色、表面状态等特征的自动检测、识别和质量控制。

知识点 3　增材制造设备认知

（1）增材制造设备定义　增材制造是指以材料逐层或逐点堆积叠加方式形成特定形状制品的制造方法。传统的堆焊成型、热喷涂、电化学沉积、CVD 等都属于此类方法，3D 打印是基于计算机三维数字建模切片原理，通过逐层堆积材料构建成实体零部件或最终产品的增材制造方法。与其他制造方法相比，3D 打印具有快速成型任意复杂形状制件的特点，且应用材料范围很广，金属、非金属、生物材料及多元材料的组合都可以实现快速立体制造。这种技术与传统的减材制造方式（如车削、铣削等）形成对比，增材制造通常使用金属、塑料、陶瓷或其他材料的粉末、丝材、液体或片材，通过层层叠加的方式逐步构建出最终产品。增材制造设备在实现高度定制化、复杂结构制造和快速原型开发中发挥了重要作用，在航空航天、医疗、汽车、教育和消费品等多个行业中得到了广泛应用。

（2）增材制造设备功能与分类　增材制造设备可以根据其使用的材料类型、能源类型、成型原理、应用领域等不同标准进行分类。表 1-1-1 中列出了常见增材制造设备分类。

表 1-1-1　常见增材制造设备分类

分类方式	设备类别
按材料类型分类	金属增材制造设备：使用金属粉末或丝材材料，适用于航空航天、汽车、医疗等领域 塑料增材制造设备：使用塑料或树脂材料，广泛应用于原型制造、教育、玩具等行业 陶瓷增材制造设备：使用陶瓷材料，适用于高温、高硬度的特殊应用场景
按能源类型分类	激光增材制造设备：使用激光作为能源，通过熔化粉末等材料来构建三维对象，如选择性激光熔化（SLM）、激光熔丝沉积（LMD）等 电子束增材制造设备：使用高能电子束作为热源，主要用于金属材料的快速成型 光固化增材制造设备：使用紫外光固化树脂，通过逐层固化的方式构建三维对象，如立体光刻（SLA）、数字光处理（DLP）等
按成型原理分类	粉末床熔化设备：在粉末床上逐层熔化粉末材料，适用于金属和塑料材料，如 SLM、电子束熔化（EBM）等 材料挤出设备：挤出加热后的材料丝进行逐层堆叠，主要用于塑料材料，如熔融沉积成型（FDM） 黏结剂喷射设备：在粉末材料上喷射黏结剂，通过黏合粉末粒子来构建三维对象，适用于金属、塑料和沙子等材料，如三维打印沙型
按应用领域分类	工业级增材制造设备：针对高强度、高精度的工业应用设计，适用于航空、汽车、医疗等领域 桌面级增材制造设备：主要用于教育、设计和个人爱好者，特点是体积小、价格低、操作简单

知识点 4　工业机器人认知

（1）工业机器人定义　工业机器人是一种多用途、可重复编程的自动化机械装置，用于在工业自动化领域执行各种任务。它们能够通过编程控制，自主完成搬运、装配、焊接、喷涂、检测等多种操作。工业机器人通常具备一定数量的自由度，使其能够在三维空间内精确地定位和移动工具或零件。

工业机器人的特点主要体现在以下几个方面：

1）多功能性和灵活性。工业机器人能够执行多种任务，如装配、焊接、喷漆、搬运、包装、检测等，只需更换末端执行器或重新编程即可适应不同的作业要求。具体表现在：

① 高精度和重复性。工业机器人可以非常精确地重复执行相同的任务，其位置精度可达到 mm 甚至更高，这对于需要高度一致性和高质量的生产过程尤为重要。

② 持续运行能力。相比于人工，机器人可以 24h 不间断工作，不受疲劳、注意力分散等人类因素的影响，极大地提高了生产率。

③ 改善工作环境。机器人能够在对人类不友好的环境中工作，如高温、有毒、高噪声等环境，从而减少职业健康危害。

④ 提高安全性。将机器人应用于高风险的操作中，如重物搬运、危险物品处理等，能

够降低工人受伤的风险。

⑤ 集成性和兼容性。现代工业机器人能够与其他自动化设备和系统（如传感器、视觉系统、智能制造系统）集成，实现更加智能和高效的生产流程。

2）成本效益。尽管初期投资较高，但通过提高生产率、降低人工成本和提高产品质量，工业机器人的长期运营成本相对较低，为企业带来可观的经济效益。

（2）工业机器人功能与分类　工业机器人具备多种功能，能够在各种生产和制造环境中执行多样化的任务。工业机器人可以根据构造、应用领域进行分类。表1-1-2中列出了常见的工业机器人分类。

表1-1-2　常见的工业机器人分类

分类方式	设备类别
按构造分类	关节臂式：具有两个或更多旋转关节的机器人，类似于人类的手臂，适用于复杂的空间操作 直角坐标式：也称为门式机器人，其运动轴垂直交叉，适用于进行简单直线运动，如CNC机床上下料 SCARA（selective compliance assembly robot arm）：具有两个平行的旋转关节，用于提供水平运动，主要用于高速装配作业 并联（Delta）式，由几个运动臂连接到一个共同的基底，主要用于高速拾放作业 圆柱式：具有至少一个旋转关节和一个沿着垂直轴移动的关节，适用于组装、点焊等
按应用领域分类	装配机器人：用于执行装配任务，如电子组件的装配、汽车零部件的装配等 焊接机器人：用于执行焊接作业，包括点焊、电弧焊等 喷涂机器人：用于喷漆、涂装等涂覆作业 搬运机器人：用于物料搬运、分拣、装卸等 检测机器人：用于质量检测、视觉检查等

1.1.2　智能制造岛认知

知识点1　智能制造岛配置与功能特征

智能制造岛是根据产品特性、生产流程、加工技术等因素，将具有相似加工特性或工艺要求的机床和设备组合在一起，形成的自动化、智能化的生产单元。每个智能制造岛都能独立完成一定的生产任务，具有一定的灵活性和适应性。

智能制造岛的各部分相互协作，形成了一个高度集成和自动化的生产系统。加工单元的高效加工能力、检测单元的精确质量控制、上下料单元的自动化物流，以及其他辅助单元协同工作，确保了从原材料到成品的每一步都高效、准确、无缝衔接，推动制造业向智能化、数字化和柔性化的未来迈进。智能岛和非智能岛的根本区别是在实现了数字化、网络化的基础上，是否完成了智能化赋能。智能制造岛通常由制造单元、检测单元、上下料单元和生产管理系统几个部分组成，其中智能制造生产管理系统是智能制造岛的中枢神经，是实现制造业数字化、网络化、智能化的关键技术之一，对于提升企业竞争力、适应市场变化、实现可持续发展具有重要意义。

不同的智能制造岛配置可依据其功能特征进行分类，常见的智能制造岛有：

（1）加工型智能制造岛

1）功能特征。主要用于零件的加工，配置有数控机床、加工中心、机器人等设备，能够进行铣削、车削、磨削、钻孔、电加工、焊接等多种加工工序。

2）适用范围。加工型智能制造岛能够实现多种材料和零件的高效、高质量加工，适用于航空航天、汽车、模具制造等离散型制造领域的复杂零件生产。

（2）装配型智能制造岛

1）功能特征。主要用于零部件的自动装配，配置有装配机器人、自动送料和定位装置、自动检测装置等。

2）适用范围。适用于需要装配工作的产品生产，装配型智能制造岛应用场景不仅包括传统的大批量重复性的电子设备、汽车零部件等装配任务，也可应用于种类、批量有变化的柔性装配任务。

（3）检测型智能制造岛

1）功能特征。专注于产品的质量检测，配置有自动检测设备、测量仪器等，能够进行尺寸、形状、表面质量等方面的自动检测。

2）适用范围。适用于对产品质量控制要求高的生产，如航空航天、精密机械制造等领域。

（4）物流型智能制造岛

1）功能特征。主要负责生产过程中的物料搬运、分拣和存储，配置有自动化立体仓库、输送带、AGV（自动导引车）等。

2）适用范围。适用于生产流程中物流环节的自动化管理，提高物流效率和减少物料处理时间。

（5）综合型智能制造岛

1）功能特征。结合了加工、装配、检测等多种功能的智能制造单元，能够实现从原材料到成品的一体化生产。

2）适用范围。适用于产品生产流程较为复杂、需要多道工序协同完成的生产环节。

每种智能制造岛的配置和功能特征，都旨在提高生产率、降低成本、提升产品质量、增强制造系统的灵活性和响应能力。通过合理配置和优化智能制造岛，可以实现高度自动化和智能化的生产，满足个性化、多样化的市场需求。

知识点 2　典型智能制造岛

本知识点将以轮毂制造中的加工型智能制造岛为例，对典型智能制造岛的组成、作用及产品等信息进行介绍。

轮毂是汽车轮胎的中心部件，承担着连接轮胎和汽车车身的重要角色。它不仅是车轮的核心组成部分，而且在汽车的性能、安全性，以及外观上都起着至关重要的作用。轮毂制造是一个涉及精密制造技术和工艺的过程，轮毂通常具有复杂的几何形状，包括曲面、孔、凹槽等，这要求加工过程必须使用高精度的数控机床和先进的加工技术来实现这些复杂形状的精确加工。在大批量生产中，加工型智能制造岛通过高度自动化的生产线和先进的加工设备，大幅度提高轮毂的生产率，在轮毂制造过程中发挥着巨大作用。

轮毂结构（图1-1-2）包括轮辐、轮辋、中心盘等部件，加工特征包含中心孔、内侧轮表面、外侧轮表面、螺栓孔、气门孔等等，因此涉及车削、铣削及钻孔等工艺，轮毂智能制造岛一般包括数控车床、加工中心、上下料机器人及辅助设备，如图1-1-3所示为铝合金车轮制造企业信戴卡股份有限公司轮毂生产线上的一座加工型智能制造岛。

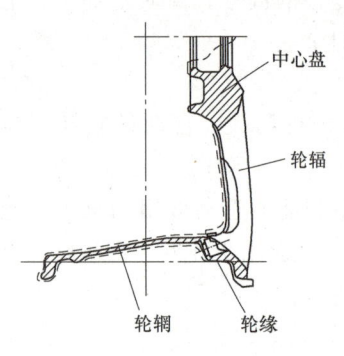

图 1-1-2 轮毂结构

图 1-1-3 轮毂切削加工智能制造岛

轮毂切削加工工艺设计为三序加工，<u>工序一为车削加工</u>，轮辐面向上装夹，进行轮辋、轮毂内壁、中心孔、轮辐内壁等位置加工；<u>工序二为车削加工</u>，轮辐面向下装夹，进行轮缘、轮辐面等位置加工；<u>工序三为钻孔加工</u>，主要进行螺栓孔、气门孔等加工。

如图 1-1-4 所示，根据工艺安排，智能制造岛主要装备为 WN22-T2 数控车床、WN22-T4 数控车床、VDM-22D 加工中心，传送带上下料、序间上下料由 FANUC R2000-iB 机器人完成，智能制造岛设备参数见表 1-1-3。

表 1-1-3 智能制造岛设备参数

型号	类型	设备参数
WN22-T2	立式数控车床	X 轴行程 450mm
		Z 轴行程 450mm
		快速进给 18m/min
		最大主轴转速 2500r/min
		6 刀座刀塔
WN22-T4	立式数控车床	X 轴行程 450mm
		Z 轴行程 450mm
		快速进给 18m/min
		最大主轴转速 2500r/min
		6 刀座双刀塔
VDM-22D	加工中心	X 轴行程 600mm
		Y 轴行程 600mm
		Z 轴行程 600mm
		快速进给 50m/min
		最大主轴转速 12000r/min
FANUC R2000-iB	上下料机器人	6 控制轴
		最大负重 200kg
		重复定位精度 0.3mm
		可达范围 2207mm

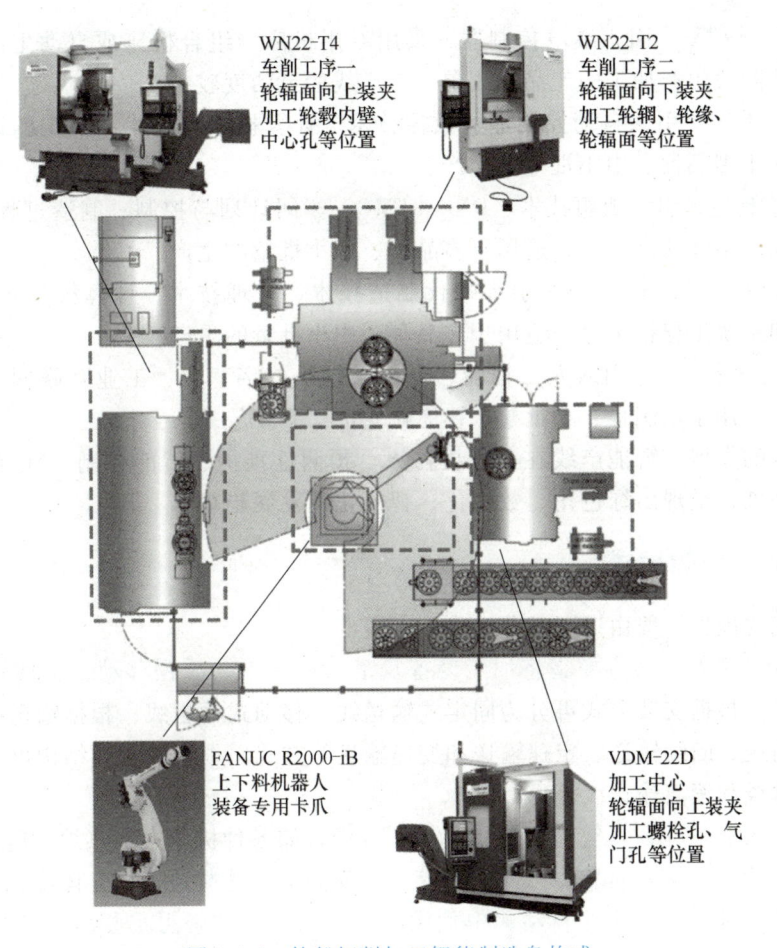

图 1-1-4　轮毂切削加工智能制造岛构成

1.2　智能产线概述

  智能产线是综合运用现代制造技术、管理技术、信息技术、自动化技术、人工智能、工业互联网和系统工程技术，将各个制造岛系统集成起来，实现系统的信息流（数据采集、传递和加工处理）与物料流（零件和刀具的传送）的管理运行和系统集成。

  智能产线的输入信息是原材料、坯料或者是半成品及相应的量具、夹具和其他辅助物料等，经过输送、检验等过程，最后输出计划的半成品或产品。整个过程是物料的输入和产品输出的动态过程。

  智能产线的发展阶段如图 1-2-1 所示。

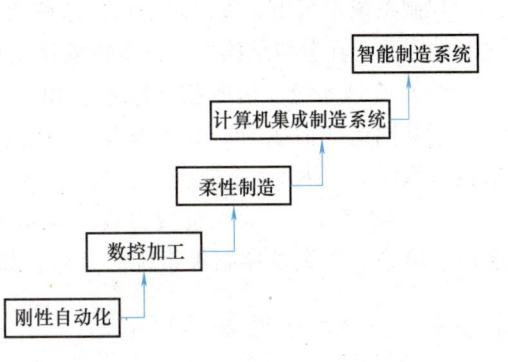

图 1-2-1　智能产线的发展阶段

（1）**刚性自动化**　引入继电控制器，采用专用机床、组合机床或自动生产线进行大批量的生产。此阶段生产加工的产品比较单一，产线的灵活度较差。

（2）**数控加工**　引入自动控制器、数控技术、计算机编程技术，加工的设备包括数控机床等，适用于多品种、中小批量的生产。

（3）**柔性制造**　引入成组技术、DNC、FMC、车间计划与控制、制造过程监控等技术，强调制造过程的柔性和高效率，适用于多品种、中小批量的生产。

（4）**计算机集成制造系统**　引入现代制造技术、管理技术、计算机技术、信息技术、自动化技术和系统工程技术等，适用于多品种、中小批量的生产。

（5）**智能制造系统**　引入人工智能、专家系统、数字孪生、工业互联网、大数据、工业云等技术，适用于定制化、小批量、智能化生产。

随着技术的发展，智能产线在工业机器人、预测性维护、智能控制、5G 技术、数字化等领域不断发展，呈现出绿色化、数字化、智能化的发展趋势。

1.2.1　智能产线的组成

智能产线的硬件一般由以下部分组成：

（1）**输送线**　输送线主要是将加工设备及工具沿着工艺流程移动，实现物料在不同工位之间的传输。根据安装方式可分为固定式输送线、移动式输送线；根据输送线的运行方式可分为连接输送、断续输送、定速输送和变速输送等方式。根据输送线结构可分为带式输送线、链条输送线和滚筒输送线等。

（2）**工艺设备**　完成工艺过程的主要生产装置，如各种机床、加热炉、电镀槽等。

（3）**仓储设备**　进行货物的入库、存储、出库等活动的装置，如立体库、平面库等。

（4）**工业机器人**　在工业自动化中使用的、自动控制的、可重复编程的、多用途的机器人。在智能产线中，可能不只使用一个机器人，而是多个机器人同时工作。许多工序通常是由两个或两个以上的工业机器人协调工作完成。这样多个机器人需要达到同步的要求才能完成生产任务。

（5）**控制系统**　通过一定的控制方法，使系统能够达到所要求的性能，如电气控制系统，实现产线的自动运行。

智能产线的控制系统负责管理系统内各种设备的总体配合，使生产过程自动运转，控制系统主要包括自动化的控制器、机床控制器、传送系统监控装置，以及信息传递系统等。

控制系统常采用分级控制结构，这种结构能够处理智能产线中各种任务的编排和不同任务之间的联系。在分级结构中，任务的安排是根据其自身功能或，其在系统中的作用而定的。

（6）**管理系统**　由既相互联系、相互作用又相互区别的管理者、管理手段、管理对象三要素共同组合而成的、由管理者控制的、具有特定结构和功能的有机整体，如 MES（制造执行系统）、ERP（企业资源计划）系统等。

（7）**辅助系统**　为保证液力或气动元件、液力或气动传动装置正常工作所必须的补偿、润滑、冷却、操纵及控制等系统的总称，如泵房等。

1.2.2　智能产线的规划与布局

智能产线的规划首先要对各方面的功能进行系统地整体性能规划。产线的规划要依据产品的特点，不仅要选择适当的加工零件和最优的系统结构，还要考虑系统的运行性能。

(1) 规划目标　智能产线的规划在相当大程度上取决于项目规划和管理的质量。在规划目标管理中，预期应达到的目标如下：

1) 投放产出时间短。
2) 减少在制品存量。
3) 降低零件的生产成本。
4) 系统柔性。
5) 较高的产品质量。
6) 较高的生产率。
7) 与智能设备的兼容。
8) 减少熟练操作人员的数目。

(2) 规划方案的评估　规划方案的评估分为技术设计部分和经济设计部分。技术设计是指在选择产品后，根据产品类型的技术特征，选择合适的工艺设备、输送系统及其他设备。

经济设计是指把上述技术方案从成本、总产量、可靠性和资金利用率等方面进行比较，以选择其中性价比最高的技术方案。

(3) 智能产线的布局　智能产线的布局可根据主导产品的产量、工艺和车间平面等系统特性来进行。其空间形式有一维和多维布局。设备的布局优化，除了考虑缩短加工运输时间、降低运输成本外，还应考虑有利于信息沟通，平衡设备负荷等。智能产线的布局原则：

1) 流畅原则。各工序的有机结合，相关联工序集中放置原则、流水化布局原则。
2) 最短距离原则。尽量缩短搬运距离，流程不可以交叉，采用直线运行。
3) 平衡原则。工站之间资源配置、速率配置尽量平衡。
4) 固定循环原则。尽量减少无附加增值的搬运。
5) 经济产量原则。能适应最小批量生产的情形，尽可能利用空间，减少地面放置原则。
6) 柔韧性的原则。对未来变化具有充分应变能力，方案有弹性。如果是小批量、多种类的产品，优先考虑"U"型线布局、环型布局等。
7) 防错的原则。从硬件布局上预防错误，减少生产上的损失。

常见的智能产线布局有 S 型线、I 型线和 L 型线。

1) S 型线。S 型线通常用于长度超长的生产线，如汽车组装线。这类生产线经常会达到数千米。如果把它们排成一条直线不仅需要很大的空间，还会给内部的物料运输带来非常大的压力。相比之下，S 型线的物流会更容易。产线中的横跨通道和接料点，可以在不需要围绕整条生产线移动的情况下进出生产线。

2) I 型线。I 型线是最简单的生产线类型，一条直线。通常用于长度较短的生产线或自动线。还有一些由于技术原因无法弯曲的生产线，如生产平板玻璃，造纸等。I 型线可以方便地从生产线的两侧获得材料和布置操作人员。

3) L 型线。L 型线大多是由于工厂可用空间不足而被迫采用的。只有在仓库的入口和出口之间的夹角为直角时，才会主动采用 L 型线。例如，左边是仓库的入口，底部是仓库的出口，这时 L 型线就会变得有意义。在优点和缺点上，L 型线和 I 型线很相似。

1.3 智能工厂概述

智能工厂是一种高度自动化、数字化和互联的生产设施，它集成了大数据、物联网、人工智能、机器人技术、云计算等尖端科技，实现了生产过程的智能化、自动化和柔性化。在智能工厂中，机器设备、生产线、原材料、半成品与成品等所有元素都能够实时交互信息，形成紧密配合的生产网络。这个网络不仅具有自主决策的能力，还能优化生产流程，预测并快速响应市场变化，从而实现高效、高质、低成本的生产。

从结构角度区分，智能工厂可划分为离散型智能工厂和流程型智能工厂两类。离散型智能工厂以数字化、智能化制造装备为主导，以计算机技术管理为辅助，将需求产品拆分为若干零件，经由一系列不连续工序加工，最后将每一零件按照一定顺序装配形成需求产品。离散型智能工厂的产品制造结构层次清晰、设备资源及工艺路线的适应性强、柔性度高，适合规格种类较多、非标程度较高、工序过程较复杂的产品制造，其车间形态多样，运营维护较复杂，运营维护成本较高。例如，三一重工的灯塔工厂就是以智能制造岛为支柱，应用物联网、大数据、人工智能、数字孪生、5G 等数字技术实现混凝土泵车的智能生产。流程型智能工厂也是基于计算机技术和智能化制造装备的智能工厂，但其与离散型智能工厂的最大区别在于流程型智能工厂是从原料投入开始进行连续化生产直至形成产品，其装置或设备一旦建成投产，工艺流程一般固定不变，生产过程不会间断，如石油炼化工厂、化学原料工厂、化纤厂、制药厂、啤酒厂等。

无论离散型智能工厂还是流程型智能工厂，其核心都是智能制造系统。智能制造系统是一种由智能机器和人类专家共同组成的人机一体化智能系统，它在制造过程中能进行智能活动，如分析、推理、判断、构思和决策等。智能制造国际合作研究计划（JIRPIMS）明确提出："智能制造系统是一种在整个制造过程中贯穿智能活动，并将这种智能活动与智能机器有机融合，将整个制造过程从订货、产品设计、生产到市场销售等各个环节，以柔性方式集成起来的、能发挥最大生产力的先进生产系统。"目前主流的智能制造系统是人-信息-物理系统（human-cyber-physical system，HCPS），其包含智能装备、智能产线、智能车间和智能工厂四个层级，每一个层级都有一个信息物理系统（CPS）。智能工厂的信息物理系统如图 1-3-1 所示。

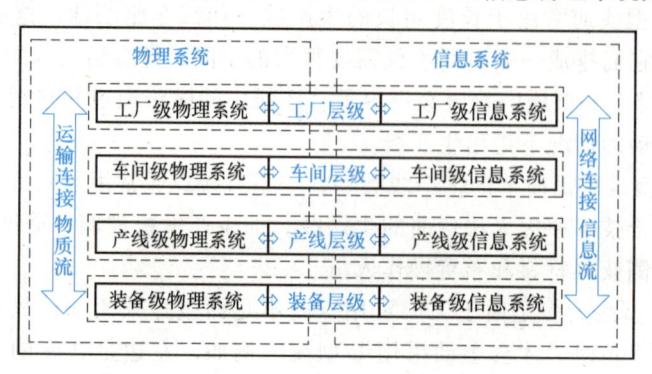

图 1-3-1 智能工厂的信息物理系统

1.3.1 智能工厂总体框架

智能制造系统在 HCPS 的支持下，通过智能设计、智能生产、智能运营和智能决策等系统的协作融合，实现与供应商、客户、合作伙伴的外部横向集成和企业内部的纵向集成。智能工厂的总体框架如图 1-3-2 所示。

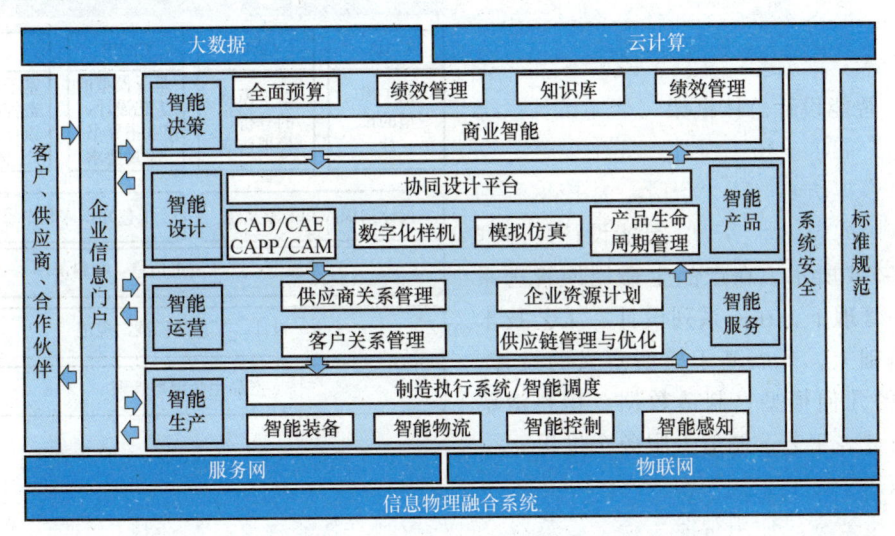

图 1-3-2 智能工厂的总体框架

知识点 1　智能设计

随着计算机技术和数字化、智能化技术的发展与应用，目前产品的研发设计整体由传统的实验试错优化为主的设计模式，转向数字化模拟仿真为主的设计模式；研发理念也由基于经验类比为主的设计理念，转变为基于数据库和专家系统或人工智能数据共享的数字化、网络化、智能化为主的设计理念。企业的研发主题更多的依托于企业内部研发部门的多线程运转，向"双创"和协同设计逐渐转变。智能设计基本流程如图 1-3-3。

图 1-3-3 智能设计基本流程

（1）智能设计目标　产品设计是一种创造性过程，尤其是对于智能产品等复杂系统的设计，需要面对多方面挑战。智能设计要实现以下目标：

1）实现基于模型定义（MBD）的产品设计、模拟分析、工艺设计与仿真、生产制造、质量检验及售后服务，实现产品全生命周期的单一数据源的集成创新。

2）建立设计与工艺知识库、模型库和专家系统。将大量的设计标准、规范、模型、标准零件库、外购套件库、研究报告、设计计算书等知识收集并分类，建立数据共享中心，便于全生产流程数据的检索与管理，提高设计效率与质量，实现工艺生产流程的自动生成与管理。

3）实现基于模型的工艺设计。充分应用 MBD，通过适当调整，建立工艺衍生模型，形成用于制造的工艺设计文件或形成零部件加工、装配等生产活动的模型。

4）实现多系统集成，即实现 CAD、CAM、CAPP（计算机辅助工艺设计）、CAE（计算机辅助工程）、ERP、MES 等系统集成，实现设计制造一体化。

5）根据业务需求，适当展开协同设计，在协同设计平台和一系列设计标准的支持下，实现跨地域、跨组织的协同设计。

6）建立企业双创平台，开展群众性创新活动，调动全企业员工和社会资源，积极参与新产品、新工艺、新技术的研发。

（2）智能设计总体框架　智能设计系统包括从用户需求、初步设计、详细设计、设计计算、模拟仿真、工艺设计、数控编程到生产过程中的设计性活动，智能设计总体框架如图 1-3-4 所示。在产品生命周期管理系统的统一管理下，在一系列设计、工艺技术标准的基础上，开展基于模型定义的设计，使 MBD 的几何模型、制造数据、物料清单贯穿于设计、工艺、制造、服务全过程。

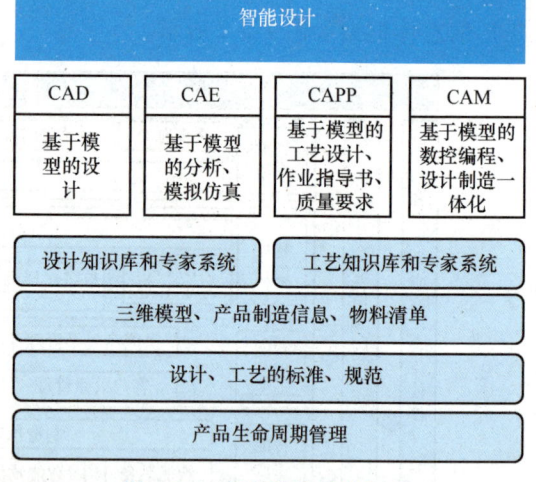

图 1-3-4　智能设计总体框架

知识点 2　智能生产

智能生产就是使用智能装备、传感器、过程控制、智能物流、制造执行系统、信息物理系统组成的人机一体化系统，按照工艺设计要求实现整个生产制造过程的智能化生产、有限能力排产、物料自动配送、状态跟踪、优化控制、智能调度、设备运行状态监控、质量追溯和管理、车间绩效等，对生产、设备、质量的异常做出正确的判断和处置，实现制造执行与运营管理、研发设计、智能装备的集成，实现设计制造一体化、管控一体化。

（1）智能生产目标　为了适应智能生产需求，生产目标必须是数字化、网络化和智能化的。智能生产的主要目标包含以下四方面：

1）装备的数字化、网络化、智能化。

2）仓储、物流智能化。物流系统必须与智能生产系统全面集成。

3）生产执行管理的智能化。实现车间全业务过程透明化、可视化管控是智能生产流程的需求。

4）提高生产效益。提高车间生产效益，提高综合管理水平，增强企业对需求快速响应的能力，整体提升企业实力。

（2）智能生产总体框架　智能生产由智能装备与控制、智能物流与仓储和智能制造执行 3 个分系统组成，在标准规范和信息物理系统的支持下进行生产。它接收企业资源计划系统的生产指令，进行优化排产、资源分配、指令执行、进度跟踪、智能调度、设备的运行维护和监控、过程质量的监控和产品的追溯、绩效管理等。智能生产总体框架如图 1-3-5 所示，其中智能装备与控制由若干柔性制造系统、柔性制造单元、柔性生产线组成，可实现制造柔性化、设计制造一体化、管控一体化。

知识点 3　智能运营

智能运营就是在传统的产、供、销、存、人、财、物管理信息化基础上，应用新一代信息技术，实现整个价值链上从客户需求、产品设计、工艺设计、智能生产、进出厂物流、生

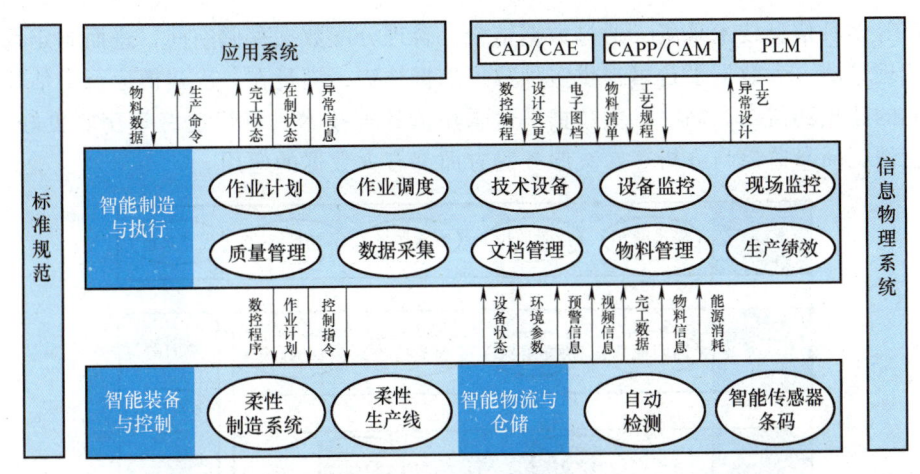

图 1-3-5 智能生产总体框架

产物流到售后服务整个供应链上的业务协同、计划优化和控制。将先进的管理理念融入企业资源计划、供应商关系管理、客户关系管理系统之中,是智能运营的核心内涵。

智能运营系统由智能供应链系统、协同商务系统及全价值链集成平台组成,智能运营系统总体框架如图 1-3-6 所示。智能供应链系统以客户为中心,在服务网和物联网的支持下,使供应链上的各方共享利益,共担风险,共享信息。协同商务系统可实现协同设计、协同生产和协同服务,提高客户需求的快速响应能力。全价值链集成平台实现了从客户需求、产品设计、工艺设计、采购、物流、生产到售后服务的全价值链的端到端集成。

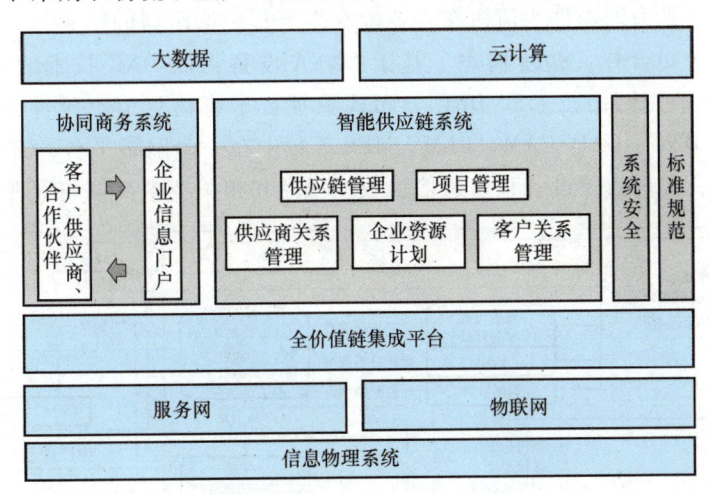

图 1-3-6 智能运营系统总体框架

知识点 4 智能决策

智能决策是指依托应用信息物理系统和大数据分析工具,对智能制造工厂环境下的大量数据信息进行搜集、过滤、储存、建模分析,为各级决策者提供科学的决策信息的智能系统活动过程。在智能制造工厂的环境下,产生的数据信息有:产品技术数据、生产经营数据、设备运维数据、产品运维数据、设计知识库和专家系统、工艺知识库和专家系统等。

大数据平台是智能决策的基础平台,它由数据源、数据整合、数据建模、大数据应用几个部分组成,大数据平台总体框架如图 1-3-7 所示。数据源可利用射频识别、嵌入式技术、无线通信等多种信息技术采集，通过数据整合，合理分配数据存储空间，进而制定数据生命周期的管理策略。大数据平台可提供多种数据挖掘算法，满足在一次建模运行中估算和比较多个不同的建模的需求。同时，大数据平台采用流计算技术，可快速有效获取更好的成果，在精准营销、质量监控与分析、在线服务等方面都有大数据的应用。

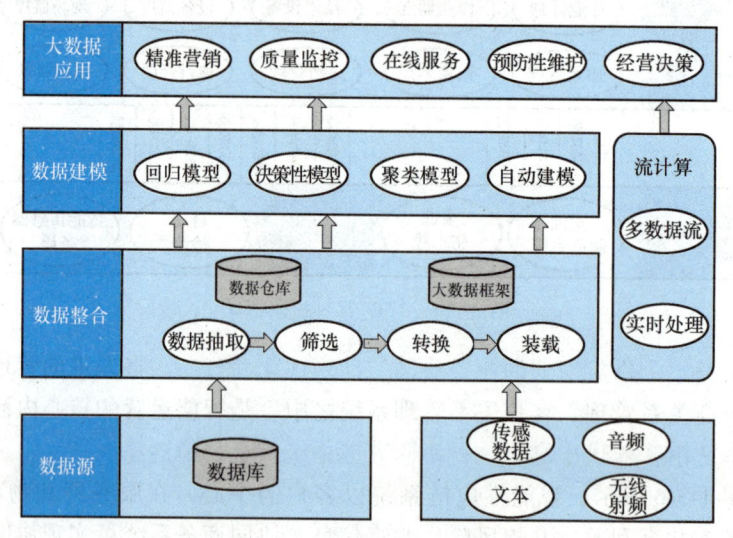

图 1-3-7　大数据平台总体框架

知识点 5　智能工厂实例

某增压器公司是为国内外主流汽车企业配套生产车用增压器的厂家，为加速发展，与北京数码大方科技公司合作，初步构建了基于 CAXA 设备物联-DNC 技术的智能工厂 HCPS，如图 1-3-8 所示。应用网络技术和 DNC 分布式数控技术将信息节点延伸到每台数控机床，将设备物联网络 DNC、CAD/CAM、PLM、MES 等集中在一个网络平台，方便信息中心对服务器的集中管理，实现数控设备程序通信、数控程序和相关技术文档的管理、数控设备的实

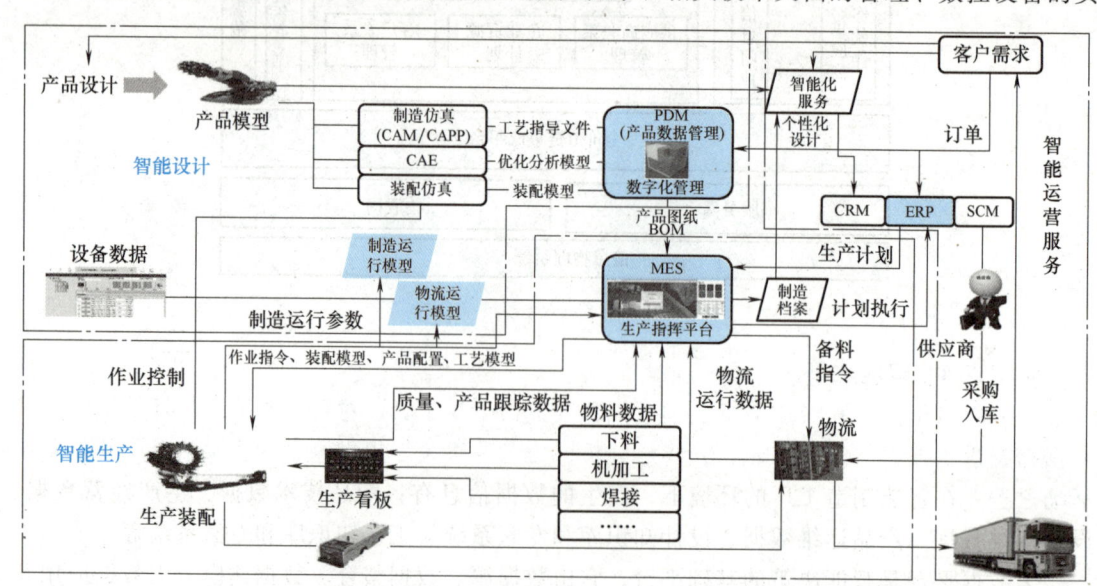

图 1-3-8　某增压器公司智能工厂运行规划模型

时监测、数据统计分析，达到了提高产品质量水平和生产制造效率、增强新品开发能力、快速响应市场需求的目标。

1.3.2 智能工厂技术支持体系

《中国制造 2025》指出，"**基于信息物理系统的智能装备、智能工厂等智能制造正在引领制造方式变革**"，要围绕控制系统、工业软件、工业网络、工业云服务和工业大数据平台等加强信息物理系统的研发与应用。

信息物理系统是智能工厂的技术支持体系，分为**感知执行层、适配控制层、网络传输层、认知决策层**和**服务平台层**五个层级，支撑企业内纵向集成、企业间横向集成与端到端集成，实现工厂体系与信息体系的深度融合及全面智能化。信息物理系统通过集成先进的信息通信和自动控制等技术，构建了物理空间与信息空间中的人、机、物、环境、信息等要素相互映射、适时交互、高效协同的复杂系统，实现系统内资源配置和运行的按需响应、快速迭代、动态优化。

知识点 1　感知执行层

感知和**自动控制**是数据闭环流动的起点和终点。感知是通过各种芯片、传感器等智能硬件实现生产制造全流程中人、设备、物料、环境等隐性信息的显性化，是信息物理系统实现实时分析、科学决策的基础，是数据闭环流动的起点。自动控制是在数据采集、传输、存储、分析和挖掘的基础上做出的精准执行，体现为一系列动作或行为，作用于人、设备、物料和环境上，如分布式控制系统（DCS）、监视控制系统等，是数据闭环流动的终点。信息物理系统使用的感知和自动控制技术主要包括智能感知技术和虚实融合控制技术，如图 1-3-9 所示。

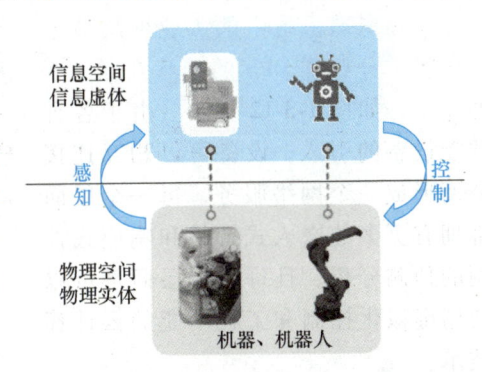

图 1-3-9　信息空间与物理空间的交互

感知执行层包括生产物理实体、物联网、数据采集与命令执行等基本内容，如图 1-3-10 所示。其具有数据采集管理和控制管理功能，数据采集管理功能通过物联网将数据按照事先

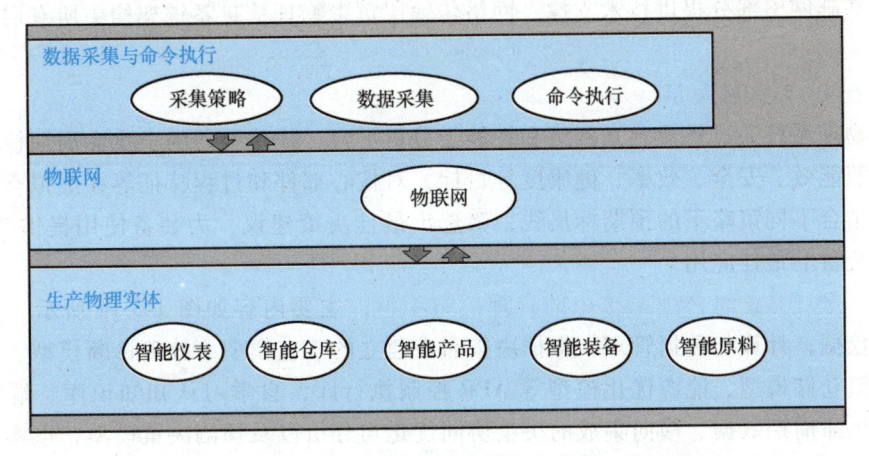

图 1-3-10　感知执行层基本内容

制定的策略，对处于最底层的智能装备与传感器数据进行收集和管理；控制管理功能负责将来自信息物理系统上层的控制指令通过物联网，下发至底层的受控设备。

知识点 2　适配控制层

适配控制层可以解决不同系统及设备间的通信兼容问题，并对生产装备与系统的健康、工况等状态进行综合评估。除此之外，还能接收下发的本地 APP 控制执行模型，进行自组织、自适应的控制适配调整。如图 1-3-11 所示，在适配控制层框架结构中，底部功能区为数据挖掘与数据转化，左侧功能区为数据内容信息转化，右侧功能区包括自适应适配和应用控制执行模型。

图 1-3-11　适配控制层框架结构

知识点 3　网络传输层

信息物理系统中的工业网络技术采用基于分布式 CPS 的网状互联、互通结构，如图 1-3-12 所示。由于各种智能设备的引入，设备可以相互连接从而形成一个网络服务，每一个层面都拥有更多的嵌入式智能和响应式控制的预测分析，且每一个层面都可以使用虚拟化控制和工程功能的云计算技术。

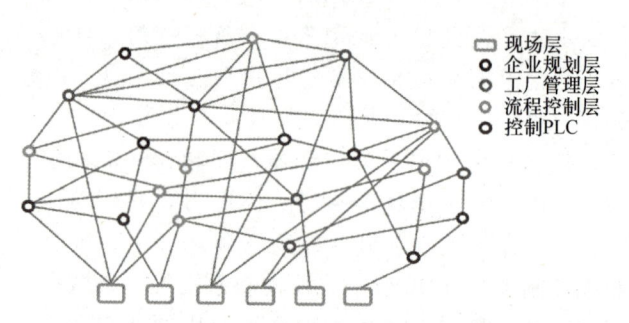

图 1-3-12　基于分布式 CPS 的工业互联网络

网络传输层承担数据、信息与指令的传输与通信，包括 ICT（信息、通信和技术）物理实体与系统软件、网络与数据安全、基础网络与设备集群间通信等部分，如图 1-3-13 所示。基础网络部分实现网络传输层的互联、互通功能，网络与数据安全、ICT 物理实体与系统软件部分对基础网络部分提供技术支撑。网络传输层负责物理信息系统架构中所有层级之间的数据通信。

知识点 4　认知决策层

信息物理系统通过搭建感知网络和智能云分析平台，构建装备的全生命周期核心信息模型，并按照能效、安全、效率、健康度等目标，对核心部件和过程特征等在虚拟空间进行预测推演，结合不同策略下的预期标尺线，筛选出最佳决策建议，为装备使用提供辅助决策，从而实现装备的最佳应用。

认知决策层是信息物理系统中的管理决策中枢，主要内容如图 1-3-14 所示。其包括信息认知与挖掘，计算与数据管理，根据决策需求建立的工艺模型、故障诊断模型、质量判断模型、物流仓储模型、能源优化模型等 APP 控制执行库，自学习认知知识库、端到端集成的产品全生命周期数据、横向集成的决策协同优化与分析以及预测决策模型，以实现智能决策分析。

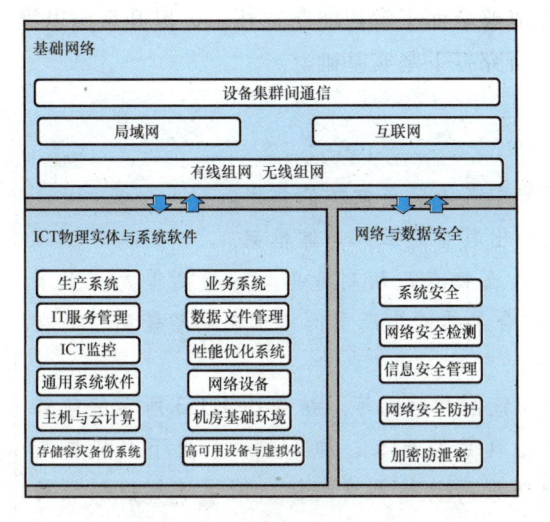

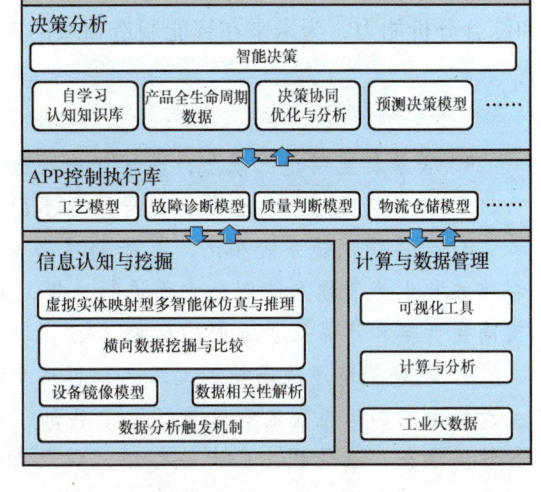

图 1-3-13　网络传输层内容　　　　　图 1-3-14　认知决策层内容

知识点 5　服务平台层

服务平台由通信连接服务和在线云服务平台组成。服务平台服务于客户、供应商和设备制造商，客户可以通过服务平台获取除企业数据外的全部在线服务平台功能、在线检测设备运行状态、故障检测报警、预测性维修、维修记录等。设备制造商可以使用服务平台的全部功能。供应商可以通过服务平台，获得其所供应的零部件和系统的使用情况、故障、质量信息和备品备件库存信息。客户或设备制造商也可通过服务平台向供应商提出维修请求、备品供应、质量问题索赔等需求。

服务平台层可提供安全环境下的工业协同价值网络，包括协同过程中的可用性、可靠性、机密性、完整性、操作安全、身份确认等管理安全诸项。工业协同价值网络在智能制造体系下，遵循工业协同互联标准与规范，企业间实现协同设计、协同生产、协同物流与协同服务的过程协同、交互与服务网络，同时开展包括客户与供应商管理、服务与产品管理、账单与结算等功能的定制化服务和智能服务的交互与服务网络，如图 1-3-15 所示。

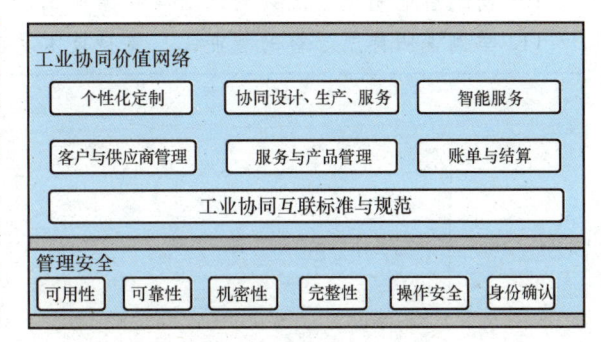

图 1-3-15　服务平台层内容

1.4　本章小结

本章介绍了智能制造的基本概念和组成部分，包括智能制造装备、智能制造岛、智能产线和智能工厂，涵盖了高端数控机床、检测设备、增材制造设备和工业机器人的功能与特点，详细解释了智能制造岛的配置和智能产线的组成与规划和布局，介绍了智能工厂的总体框架和技术支持体系。通过学习这些内容，学生能够全面了解智能制造技术，提升系统思维和综合分析能力，为未来在智能制造领域的工作研究打下坚实基础。

思考题

1. 联系智能制造的概念，简述智能制造系统中各类装备发挥的作用。
2. 调研实际智能化企业，以思维导图形式给出其智能工厂总体框架。
3. 与传统制造系统相比，智能制造岛具有什么特点？从制造单元、检测单元、上下料单元和生产管理系统四个方面进行分析，并结合具体的生产案例举例说明智能制造岛在提高生产率和产品质量方面的优势。
4. 轮毂制造涉及多种加工工艺，包括车削、铣削和钻孔等。结合图 1-1-3 所示的轮毂生产线上的加工型智能制造岛，讨论各加工单元（数控车床、加工中心、上下料机器人和辅助设备）在轮毂生产中的作用，以及如何实现高效和无缝衔接。简述该智能制造岛对轮毂加工过程的整体优化带来了哪些关键改进。
5. 智能产线综合运用了哪些现代技术？请分别简要说明这些技术在智能产线中的作用。
6. 在智能产线中，信息流和物料流分别指什么？它们是如何在系统中管理和运行的？
7. 智能产线的硬件组成包括哪些部分？请详细描述每个部分的功能和作用。
8. 在智能产线的规划中，技术设计和经济设计分别指什么？它们在方案评估中如何进行结合？
9. 智能制造系统引入了哪些新技术？这些技术如何支持定制化、小批量和智能化生产？
10. 简述智能制造系统的内涵及其在智能工厂中的应用。
11. 举例说明你所了解的智能工厂支持技术及应用。

第 2 章

智能制造单元实训

章知识图谱　说课视频

> **导语**
>
> 　　智能制造中单机装备与制造岛是构成智能制造生产系统的基本单元，学习和掌握相关的技术原理及应用技能是认识智能制造系统及其工业生产过程的共性基础。本章主要对智能制造装备与智能制造岛的基本应用进行实训与实验，其中包括多轴定向数控加工实例、多轴联动数控加工实例、焊接制造岛加工训练、切削制造岛加工训练，同时也对实训相关的必要理论知识进行介绍。本章中实训与实验涉及的装备型号较多，学习中相应的实训环节可以利用实训室现有的装备进行替代。

2.1　高端数控加工实训

2.1.1　高端数控加工概述

知识点 1　数控加工过程

　　数控加工过程一般遵循工艺设计与工艺实施两个步骤，如图 2-1-1 所示。其中，工艺设计包括零件特征分析、加工难点分析、工艺方案设计、工艺程序编译和加工仿真；工艺实施包括加工工作准备、装夹与找正、建立工件坐标系、试加工以及质量检测。除此之外，完整的数控加工过程还应根据加工仿真及质量检测结果对工艺设计进行合理优化，从而规避加工风险，改善加工质量，提高加工效率。

知识点 2　数控加工程序概述

　　数控加工程序是一组指令和代码的集合，用于指导数控（numerical control，NC）机床或数控设备执行加工任务。这些指令包括工具的移动路径、速度、切削深度、换刀命令等，以确保机床能够按照预定的路径和参数精确地加工出所需的零件或产品。数控加工程序通常需用专业的编程语言编写，如 G 代码（G-code），并可通过计算机辅助制造（computer-aided manufacturing，CAM）软件自动生成。这些程序被输入数控机床的控制系统中，机床依据这些程序控制刀具和工件的相对运动，实现自动化、高精度的加工。程序代码按照固定格式构成可执行的命令，代码中每一行作为一个程序段执行，程序段格式如图 2-1-2 所示。

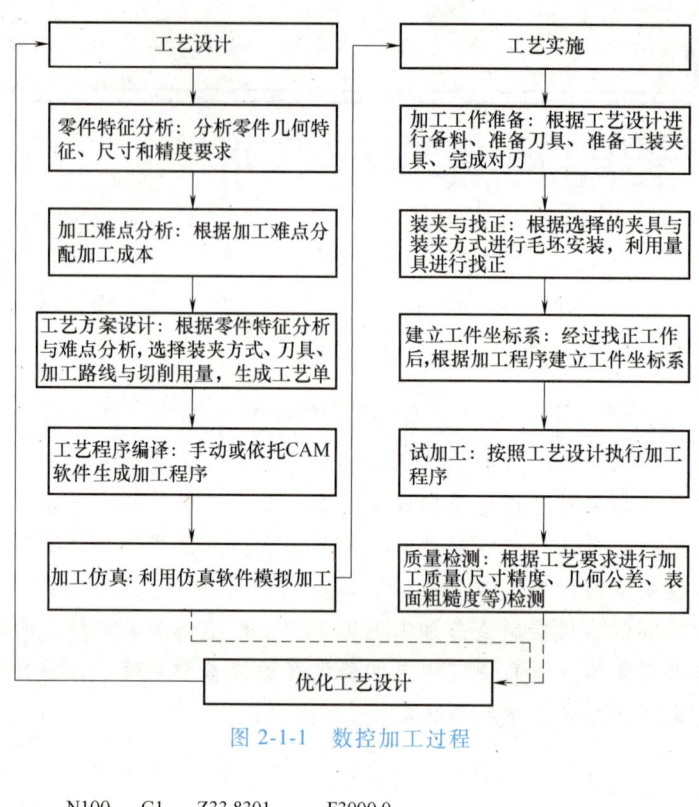

图 2-1-1　数控加工过程

图 2-1-2　程序段格式

常用代码功能见表 2-1-1。

表 2-1-1　常用代码功能

代码	功能
N	N 代码用于序列号，它标记程序中的行号，有助于程序的组织和管理
G	G 代码（G-code），也称为准备代码（preparatory code），由指令及其他参数（如坐标值、进给率和主轴速度）组成，以指导机床完成复杂的加工任务
X/Y/Z/A/B/C	用于指定执行末端在相应轴上的位置或移动量。X、Y、Z 通常代表笛卡儿坐标系中的三个主轴，而 A、B、C 用于旋转轴
I/J/K	这些代码用于圆弧插补中的圆心偏移量；分别对应 X、Y、Z 轴的方向。它们通常与 G 代码一起使用，以描述圆弧或圆的路径
F	F 代码用于控制进给率，即执行末端相对于工件的移动速度。进给率对加工质量和效率有直接影响
S	S 代码用于设置主轴的转速。通过控制转速，可以根据不同的材料和加工要求调整切削条件
T	T 代码用于刀具选择，指定加工过程中使用的刀具编号。这对于具有自动换刀功能的机床尤其重要
M	M 代码用于控制机床的辅助功能，如开关切削液、起动主轴、换刀等操作。M 代码指令通常代表机床的"非切削"动作

(续)

代码	功能
D	D代码通常用于指定刀具半径补偿值或刀具直径补偿值,其具体应用和格式可能因不同的数控系统而异,因此在使用前应参考相应数控系统的手册和指导文件
H	H代码用于指定刀具长度补偿值,其具体应用和格式可能会根据不同的数控系统而有所不同,因此在使用前应仔细查阅相应数控系统的手册和指导文件

常用辅助功能见表2-1-2。

表2-1-2 常用辅助功能

代码	功能	代码	功能
M00	程序停止	M05	主轴停止
M01	计划停止	M06	自动换刀
M02	程序结束	M08	切削液开
M03	主轴正转	M09	切削液关
M04	主轴反转	M30	程序结束

注：代码的具体应用和格式可能因不同的数控系统而异,因此在使用前应参考相应数控系统的手册和指导文件。

常用准备功能见表2-1-3。

表2-1-3 常用准备功能

代码	功能	代码	功能
G00	快速定位	G40	刀具半径补偿取消
G01	直线插补	G41	刀具半径左补偿
G02	顺时针圆弧插补	G42	刀具半径右补偿
G03	逆时针圆弧插补	G43	刀具长度正补偿
G15	极坐标关闭	G44	刀具长度负补偿
G16	极坐标开启	G49	刀具长度补偿取消
G17	XY平面选择	G53	机床坐标系选择
G18	ZX平面选择	G54	第一工件坐标系
G19	YZ平面选择	G73	钻孔循环
G20	英制输入	G74	深孔钻循环
G21	米制输入	G76	精镗孔循环
G28	原点返回	G80	固定循环取消
G30	第二原点返回	G81	钻孔循环
G90	绝对值指令	G98	固定循环原点返回
G91	增量值指令	G99	固定循环 R 点返回

注：代码的具体应用和格式可能因不同的数控系统而异,因此在使用前应参考相应数控系统的手册和指导文件。

知识点3 基于CAM软件生成数控加工程序的一般步骤

基于CAM软件生成数控加工程序涉及一系列步骤,旨在将三维CAD模型转化为数控机床能理解和执行的G代码程序。基于CAM软件生成数控加工程序的一般步骤如图2-1-3所示，主要包括：

(1) 导入 CAD 模型　首先在 CAM 软件中导入三维 CAD 模型，这是数控加工程序编写的基础。确保模型的准确性和完整性，包括尺寸、公差和几何特征。

(2) 设置原点和工件坐标系　定义工件的原点（零点）和加工用的坐标系。这将作为后续所有加工操作的参考。

(3) 选择和配置机床　在 CAM 软件中选择对应的数控机床。

(4) 规划加工策略　根据工件的几何特征和加工要求，选择合适的加工策略和路径，配置所需的刀库，针对定向加工建立局部加工坐标系，以提高加工效率和表面质量，减少刀具磨损。为每个加工操作设置切削参数，包括切削速度、进给率、切削深度、刀具路径重叠量等，参数选择需考虑材料特性、刀具性能和加工效率的平衡。

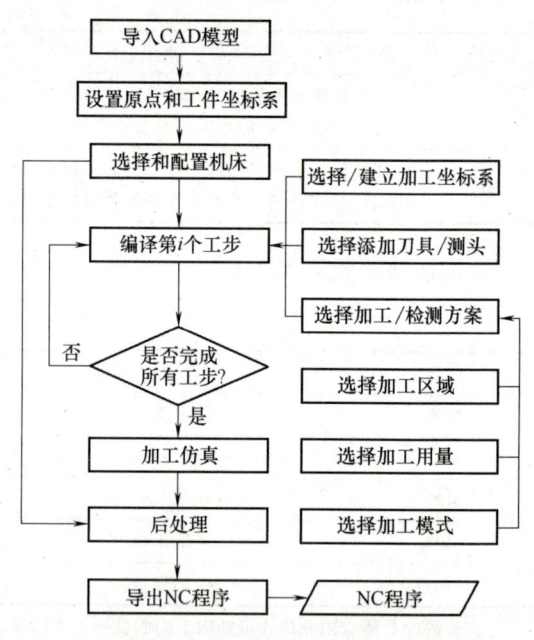

图 2-1-3　基于 CAM 软件生成数控加工程序的一般步骤

(5) 加工仿真过程　使用 CAM 软件的模拟功能，模拟整个加工过程，检查刀具路径、刀具干涉、材料去除效果等。仔细检查以避免可能的错误或冲突，确保加工过程的安全和有效。

(6) 后处理和导出 NC 程序　经过验证无误后，生成 NC 程序，并导出为适合数控机床读取的格式。

基于 CAM 软件生成五轴数控加工程序是一个系统且细致的过程，需要充分考虑工艺设计、机床能力、刀具选择、加工策略和安全性等多方面因素。随着技术的发展，CAM 软件提供了越来越多的自动化和智能化功能，帮助用户更高效、准确地完成加工程序的生成。

2.1.2　多轴定向数控加工实训：箱体特征零件加工

【任务描述】

现有全国机械行业职业院校技能大赛"精雕杯"快速制造与五轴精密加工技术赛项赛题零件之一——箱体特征零件，如图 2-1-4 所示，其毛坯零件图如图 2-1-5 所示。根据生产需求，采用五轴数控加工中心进行多轴定向数控加工，保证图样要求的精度与表面粗糙度。

【任务要求】

1) 依托 CAD/CAM 软件完成箱体特征零件的加工程序。
2) 准备箱体特征零件加工所需工装夹具、刀具、量具等。
3) 操作机床完成工件毛坯装夹、工件位置找正、坐标系建立、对刀。
4) 检测几何公差与表面粗糙度。

【学习目标】

1) 掌握复杂零件特征分析能力，能识别加工工艺需求，确定定位夹紧方案，设计、选

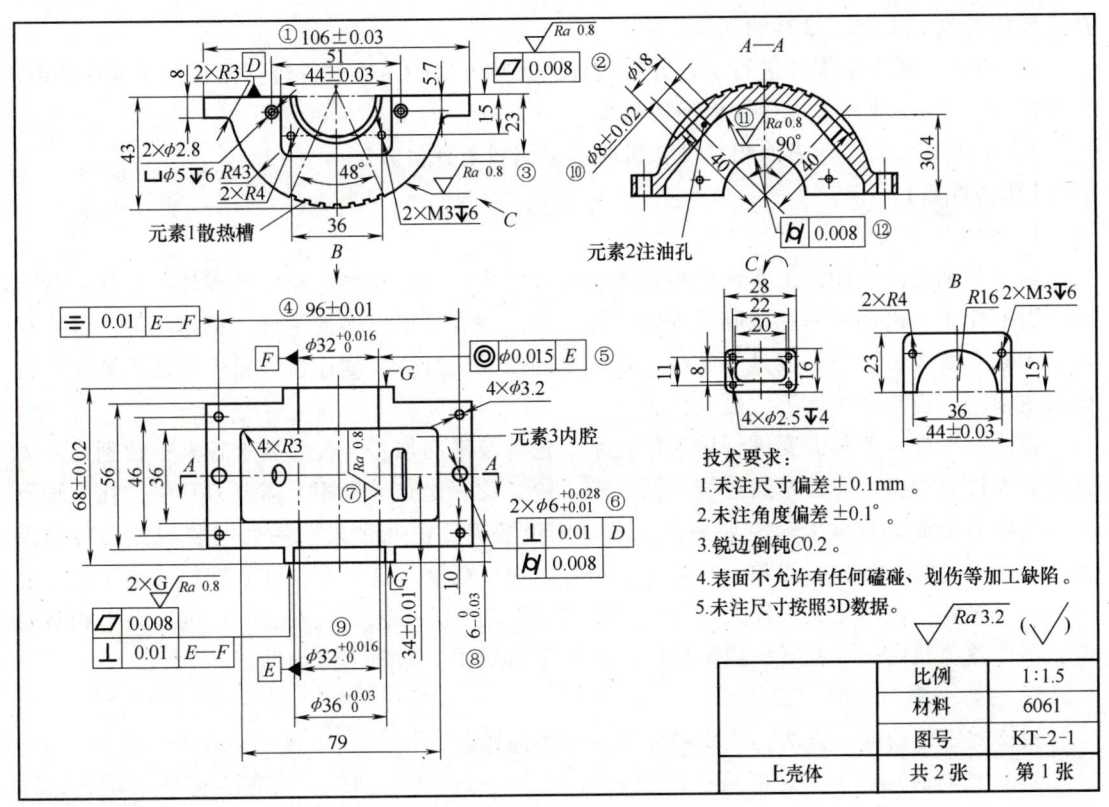

图 2-1-4　箱体特征零件图

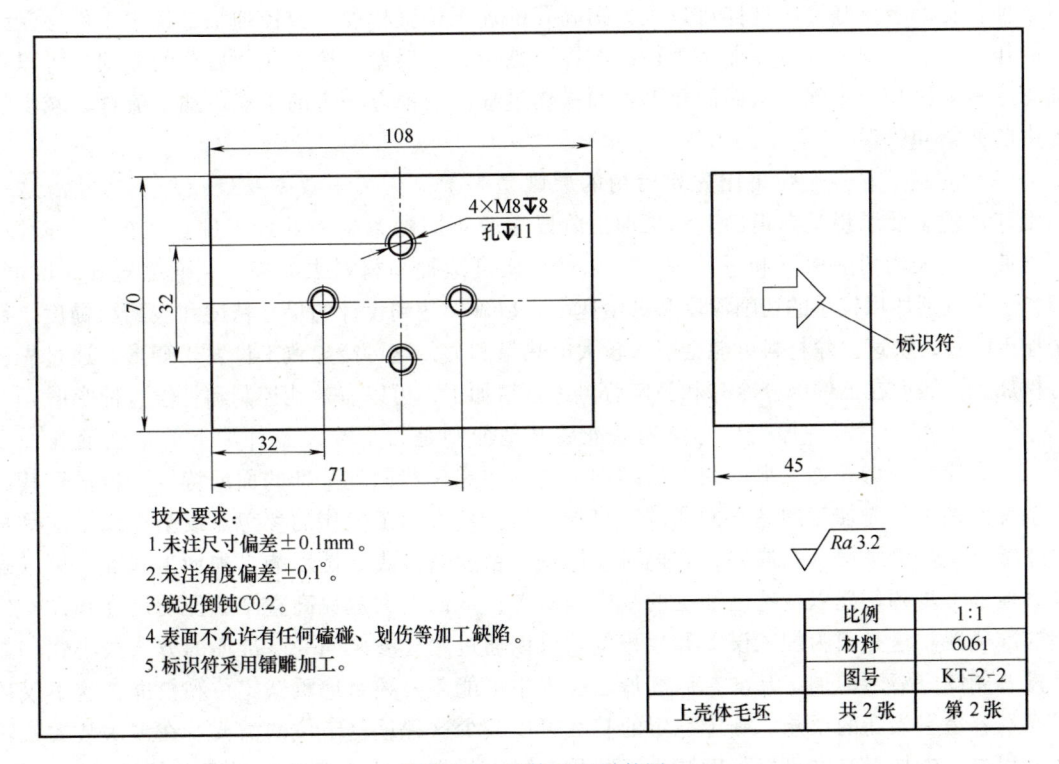

图 2-1-5　箱体毛坯零件图

择必要的夹具、刀具、量具和辅具等。

2）能针对较复杂零件进行工艺方案设计，运用 CAD/CAM 软件进行数控加工程序编制。

3）能应用工业软件进行数控加工仿真。

4）掌握几何公差与表面粗糙度在机或脱机测量与评价方法。

【任务准备】

1. 箱体特征零件加工特点

本节多轴定向数控加工实训选用箱体特征零件作为实训模型，箱体类零件一般是指具有一个以上孔系，内部有一定型腔或空腔，长、宽、高有一定比例的零件，箱体特征零件广泛应用于航空航天、汽车、模具等领域，如汽车的发动机缸体、变速器、箱体柴油机缸体，机床的主轴箱，齿轮泵壳体等，极具代表性。

箱体类零件一般都需要进行多工位孔系、轮廓及平面加工，公差要求较高，特别是几何公差要求较为严格，通常要经过铣、钻、扩、镗、铰、锪孔等工序，需要刀具多，在三轴数控加工中心上加工难度大，需要多次安装、定位装夹，由此带来一系列安装误差、转换误差、工序、工时、工装等问题，更重要的是难以保证精度。这类零件在五轴数控加工中心上加工，一次装夹可以完成工件大部分甚至全部的切削加工工艺，且安装、定位装夹也相对简单，零件各项精度一致性好，质量稳定，同时节省费用、缩短生产周期。

2. 箱体类零件一般加工原则

箱体类零件的加工方法，主要遵循以下几种原则：

(1) 先面后孔原则　先面后孔原则是指在开始加工孔之前，先进行平面的铣削，这样做的目的是为后续的孔加工提供一个平整且精确的基准面。平面加工后的工件表面可以作为后续加工孔的定位基准，这样可以大大提高孔的加工位置精度。数控加工过程中工件会受到力的作用，先铣削平面可以保持工件的刚性，减少加工误差。按照先面后孔的原则，可以更加有序地安排加工步骤，从而简化编程和操作过程。这种方法有助于规范加工流程，减少加工中的调整和错误。

(2) 先粗后精原则　采用先粗后精的原则是为了提高加工效率和确保加工质量。这一原则涉及的主要思想是在粗加工和精加工阶段采取不同的策略来处理工件。在粗加工阶段，通常使用较大的切削深度和进给速率，以最大限度地提高材料去除率，从而缩短加工时间；精加工阶段则使用较小的切削深度和进给速率，以确保达到设计的尺寸精度和表面粗糙度。在粗加工阶段，快速去除材料可能会引入较大的热量和力，这可能导致工件发生变形，通过先进行粗加工，然后在工件部分冷却和稳定后再进行精加工，可以有效地控制和补偿这种变形。

(3) 先基准后其他原则　遵循先基准后其他原则是为了确保工件加工的精确度和一致性。这个原则强调先加工那些用作后续加工过程中定位和测量基准的面或特征，再进行其他非基准的加工。先加工的基准面或特征将作为后续所有加工操作的参考点或基准线。这些基准通常是关键的平面、孔或轴，它们对整体加工精度具有决定性影响。先加工基准，可以确保其他加工步骤都能以这些已加工的基准为参考，从而极大地提高整个工件的尺寸和几何公差的准确性。这是因为加工误差和累积偏差可以通过始终参照同一基准面的方法最小化。如果没有先设定清晰的加工基准，后续加工过程中可能需要频繁地重新定位和校准，这不仅耗时而且容易引入新的误差。确定稳定的基准可以减少这种重复定位的需要。在多次装夹或转移过程中，先加工基准可以帮助减少因装夹不当或机器本身的精度限制而引起的加工偏差。

明确加工顺序和减少重复测量、定位，可以有效提升整个加工过程的效率和流畅性。

3. 实训设备介绍

本实训加工依托 GF Machining Solutions 研发生产的 GF MILL E 500U 五轴数控加工中心进行，该机床技术参数见表 2-1-4。

表 2-1-4　GF MILL E 500U 技术参数

项目	参数	项目	参数
X、Y、Z 轴运动定位精度	15μm	最大工作负重	300kg
B、C 轴运动定位精度	14″、10″	主轴最高转速	20000r/min
X、Y、Z 轴重复定位精度	8μm	刀柄规格	HSK-A63
B、C 轴重复定位精度	8″、5″	刀库容量	30
X、Y、Z 轴工作行程	500mm、450mm、400mm	X、Y、Z 轴快速移动速度	30m/min
B、C 轴回转角度	−65°~120°、360°	B、C 轴快速旋转速度	32m/min、112m/min
工作台直径	500mm	X、Y、Z 轴最高切削进给速度	10m/min
B、C 轴最高切削进给速度	60r/min、100r/min	数控系统	Heidenhain TNC 640

【任务实施】

1. 箱体特征零件的特征分析

观察箱体特征零件图 2-1-4，箱体特征零件包含几何公差中的平面度、对称度、同轴度、垂直度、圆柱度。箱体外部与内腔加工需两次装夹。其中平面度约束结合平面、垂直度和圆柱度约束定位销、圆柱度约束轴承孔、对称度约束螺栓孔、同轴度约束轴承孔，孔系 5 组、注油孔 1 个、安装台 2 个、安装槽 1 个、圆形阵列散热槽 1 组、内腔 1 个，如图 2-1-6 所示。

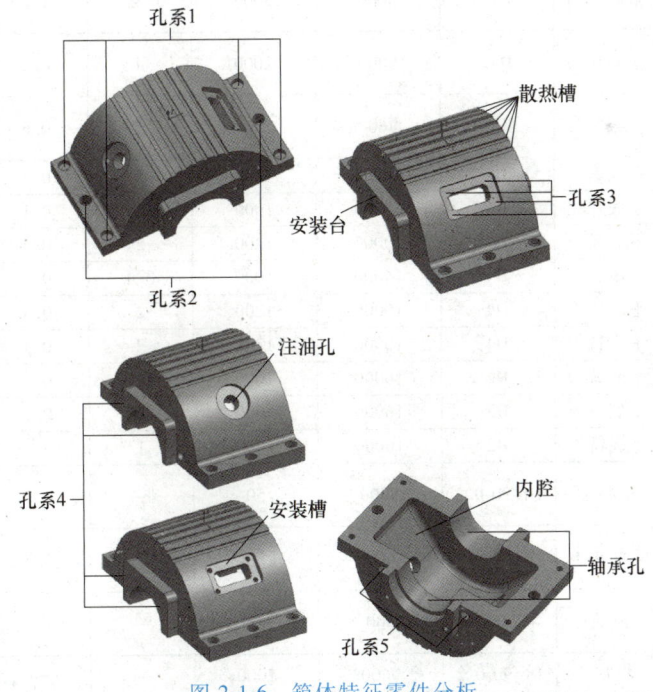

图 2-1-6　箱体特征零件分析

2. 加工难点分析

1）利用 CAD 软件绘制箱体特征零件模型及关键辅助曲线、曲面。

2）两工序加工，工序二加工需进行重新定位。

3）选用合理刀具与切削用量，提高加工效率，避免干涉碰撞、过切、断刀等加工问题。

4）刀具干涉与碰撞检查，避免定向加工坐标系转换导致过切与碰撞问题。

3. 工艺方案设计思路

箱体特征零件加工主要考查多轴定向加工理解与工序安排能力，根据对箱体特征模型及相关加工难点问题的分析，箱体外部与腔体都需要进行加工，工艺方案应分为正反两工序完成。工序一选择箱体外部特征进行加工，保留定位销与轴承孔，在工序二中在相同加工坐标系内再进行加工，保证其几何公差要求，工序一根据毛坯模型 M8 螺栓孔加工工装，采用零点快换或平口钳进行加工。工步设计过程需考虑加工效率，合理分配加工参数，在不产生碰撞与过切的前提下减少加工坐标系频繁更换次数、减少换刀次数、缩短 G00 移动距离。

箱体加工工序一工艺卡片见表 2-1-5。

表 2-1-5　箱体加工工序一工艺卡片

序号	工步	刀具	规格	主轴转速 /(r/min)	进给速度 /(mm/min)	切削宽度 /mm	切削深度 /mm	切削余量 /mm	坐标系[①]
1	外部轮廓粗加工-前	平底铣刀	D12	5000	3000	8	1.2	0.2	前视图
2	外部轮廓精加工-前	平底铣刀	D12	8000	2000	4	0.2	0	前视图
3	外部轮廓清根-前	平底铣刀	D6	9600	1200	2	0.6	0	前视图
4	外部轮廓粗加工-后	平底铣刀	D12	5000	3000	8	1.2	0.2	后视图
5	外部轮廓精加工-后	平底铣刀	D12	8000	2000	4	0.2	0	后视图
6	外部轮廓清根-后	平底铣刀	D6	9600	1200	2	0.6	0	后视图
7	注油孔粗加工	平底铣刀	D4	10000	1200	2	0.4	0.1	MCS-1
8	注油孔精加工	平底铣刀	D4	14000	1000	0.4	0.1	0	MCS-1
9	安装槽粗加工	平底铣刀	D4	10000	1200	2	0.4	0.1	MCS-2
10	安装槽精加工	平底铣刀	D4	14000	1000	0.4	0.1	0	MCS-2
11	孔系 5 加工-1	平底铣刀	D4	10000	1200	2	0.4	0.1	顶视图
12	孔系 5 加工-1	平底铣刀	D4	10000	1200	2	0.4	0	后视图
13	孔系 5 加工-2	平底铣刀	D2	16000	1000	1	0.2	0	后视图
14	孔系 3 加工	平底铣刀	D2	16000	1000	1	0.2	0	MCS-2
15	散热槽加工	平底铣刀	D2	16000	1000	1	0.2	0	MCS-3
16	孔系 4 加工-打点	中心钻	D6-90-0.2	5000	50	—	0.5	—	前视图、后视图
17	孔系 4 加工-深孔钻	钻头	D2.5	500	1500	—	1.5	—	前视图、后视图
18	孔系 4 加工-攻螺纹	丝锥	M3-0.5-4	300	600	—	1.5	—	前视图、后视图
19	倒角加工	大头刀	D6-90-0.2	9600	1000	—	—	—	—

① 箱体加工工序一工件坐标系（前视图、后视图、顶视图等基于 G54 转换）如图 2-1-7 所示。如图 2-1-8 所示，MCS-1 利用注油孔建立，Z 方向与孔轴线重合；MCS-2 利用安装槽建立，Z 方向与零件图 C 视角平行。箱体加工工序二工件坐标系如图 2-1-9 所示，MCS-3 利用散热槽建立，Z 方向与散热槽槽深方向平行，加工程序采用圆形阵列生成。

图 2-1-7　箱体加工工序一工件坐标系

图 2-1-8　箱体加工工序一自建坐标系

图 2-1-9　箱体加工工序二工件坐标系

工序二主要进行结合面加工、内腔加工、轴承孔加工、定位销加工。工序二选用平口钳装夹，重新装夹后进行坐标系对齐是难点，可通过高端五轴数控加工中心选配在机测头进行坐标系对齐工序。箱体加工工序二工艺卡片见表 2-1-6。

表 2-1-6　箱体加工工序二工艺卡片

序号	工步	刀具	规格	主轴转速 /(r/min)	进给速度 /(mm/min)	切削宽度 /mm	切削深度 /mm	切削余量 /mm	坐标系[①]
1	坐标系对齐	在机测头	Renishaw OMP-400	—	—	—	—	—	
2	结合面粗加工	平底铣刀	D12	5000	3000	8	1.2	0.2	顶视图
3	结合面粗加工	平底铣刀	D12	8000	2000	4	0.2	0	顶视图
4	轴承孔粗加工	平底铣刀	D12	5000	3000	5	1	0.2	前视图、后视图
5	轴承孔精加工	平底铣刀	D10	9600	1500	2	0.2	0	前视图、后视图
6	轴承孔光整	平底铣刀	D10	5000	600	2	—	0	前视图、后视图
7	端盖阶梯孔粗加工	平底铣刀	D10	8000	2000	5	1	0.2	前视图
8	端盖阶梯孔精加工	平底铣刀	D10	9600	1500	2	0.2	0	前视图

（续）

序号	工步	刀具	规格	主轴转速 /(r/min)	进给速度 /(mm/min)	切削宽度 /mm	切削深度 /mm	切削余量 /mm	坐标系[①]
9	定位销粗加工	平底铣刀	D4	10000	1200	2	0.4	0.1	顶视图
10	定位销精加工	平底铣刀	D4	14000	1000	0.4	0.1	0	顶视图
11	定位销光整	平底铣刀	D4	14000	1000	0.4	—	0	顶视图
12	内腔粗加工	平底铣刀	D12	5000	3000	8	1.2	0.1	顶视图
13	内腔曲面精加工	球头铣刀	D10R5	10000	2000	0.25	0.1	0	顶视图
14	内腔清根加工	球头铣刀	D6R3	14000	1000	—	—	—	顶视图
15	倒角加工	大头刀	D6-90-0.2	9600	1000	—	—	—	—

① 工序二工件坐标系（前视图、后视图、顶视图等基于 G54 转换）如图 2-1-9 所示。

4. 工艺程序编译

由于程序较多，加工工艺复杂，建议使用 CAM 软件进行加工程序编译。根据工艺方案设计中形成的工艺卡片，加工程序包括两工序加工，具体编译流程参考 2.1.1 中知识点 3 基于 CAM 软件生成数控加工程序的一般步骤，工步编译参考表 2-1-5 和表 2-1-6。此处以定向加工工序一工步 7 注油孔粗加工进行程序编译为例。本案例使用 OPENMIND 公司的 CAM 软件 hyperMill 2018 进行程序编译。

由于注油孔加工属于多轴定向加工工艺，应建立局部加工坐标系。此处建立的局部加工坐标系使用 3points（三点法）进行，选取注油孔阶梯孔平面中心作为圆心，X、Y 轴方向的选取如图 2-1-10 所示。

图 2-1-10 建立注油孔局部加工坐标系

完成局部加工坐标系建立后，应对加工刀具进行选用。根据工艺卡片，此处选用D4平底铣刀，在文本框中定义刀具相关参数，如图2-1-11所示。

如图2-1-12所示，在【策略】选项卡中选择粗加工。如图2-1-13所示，在【参数】选项卡中设置加工参数，选择合理加工区域、加工余量和进给量。如图2-1-14所示，在【边界】选项卡中设置加工边界。如图2-1-15所示，在【设置】选项卡中设置加工毛坯与加工面。

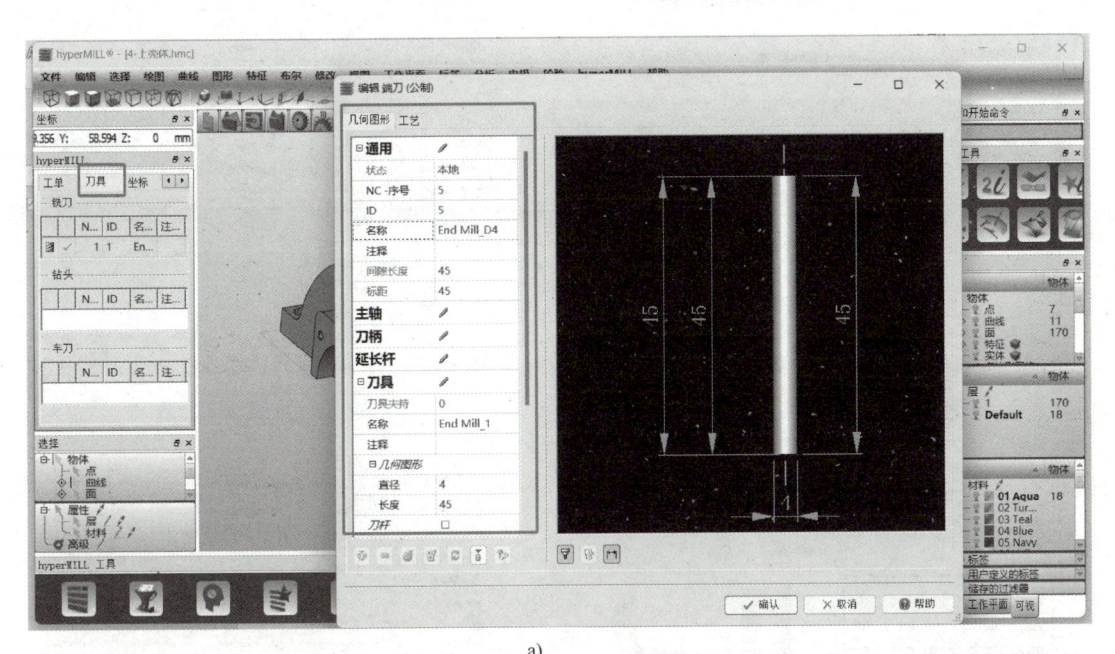

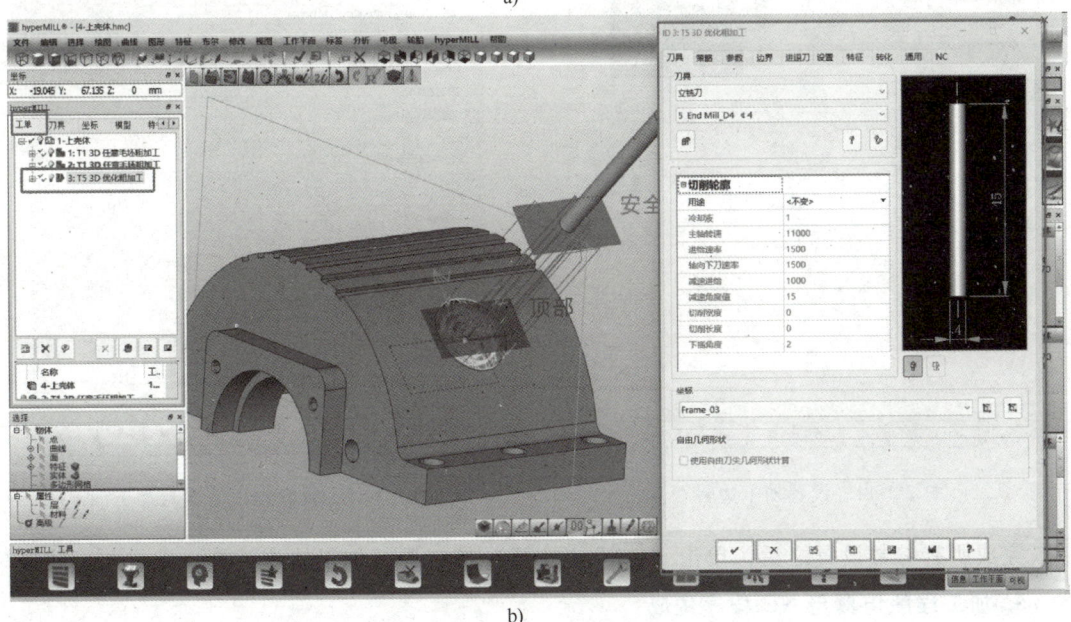

图2-1-11 创建工单和选择工艺

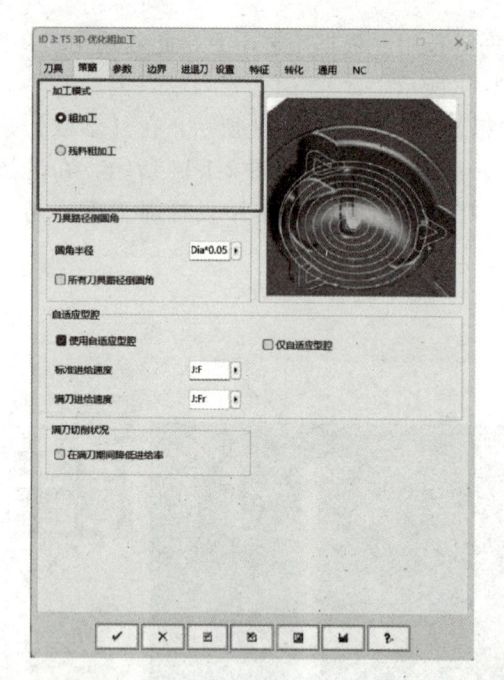

图 2-1-12　设置加工策略

图 2-1-13　设置加工参数

图 2-1-14　设置加工边界

图 2-1-15　设置加工毛坯与加工面

完成所有参数设置之后，单击" "（计算）按钮进行加工轨迹计算，生成加工轨迹。

5. 加工程序仿真与 NC 程序生成

右击对应【工单】，选择【内部模拟】或【内部机床模拟】命令，进行加工仿真，如图 2-1-16 所示。

a)

b)

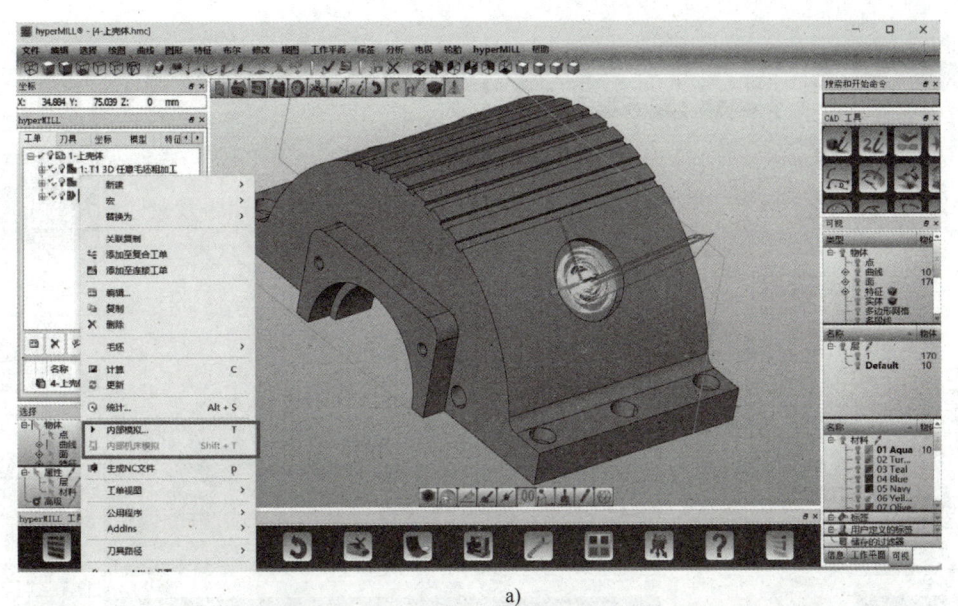

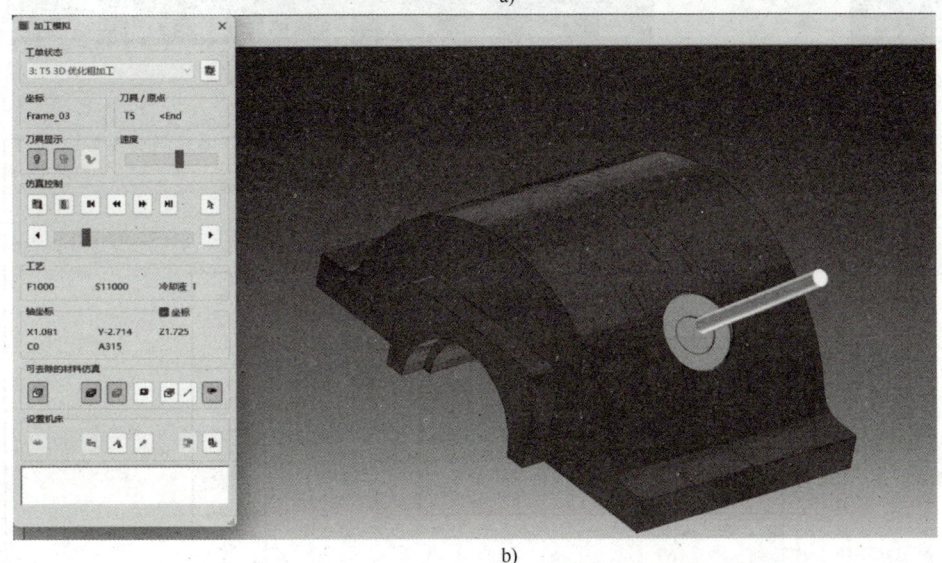

图 2-1-16　加工程序仿真

确保加工过程无碰撞、过切等加工问题，如图 2-1-17 所示，右击选择【生成 NC 文件】命令，进行 NC 程序输出，完成当前程序编译。多工步程序编译时，可对程序整体仿真并输出连续 NC 程序。

6. 加工准备工作

（1）备料　毛坯采用牌号为 6061 的铝合金，根据毛坯图样准备毛坯。

（2）准备刀具　根据工艺清单，选取或安装刀具。

（3）准备夹具　可自制工装夹具，本节中工序一使用如图 2-1-18 所示的工装与平口钳，工序二使用平口钳。

（4）对刀　根据程序刀具表设置安装所用刀具进入刀库，并使用对刀装置对刀具刀长进行测量，一般对刀设备包括但不限于激光对刀仪、触发式对刀仪等。

图 2-1-17　生成 NC 文件

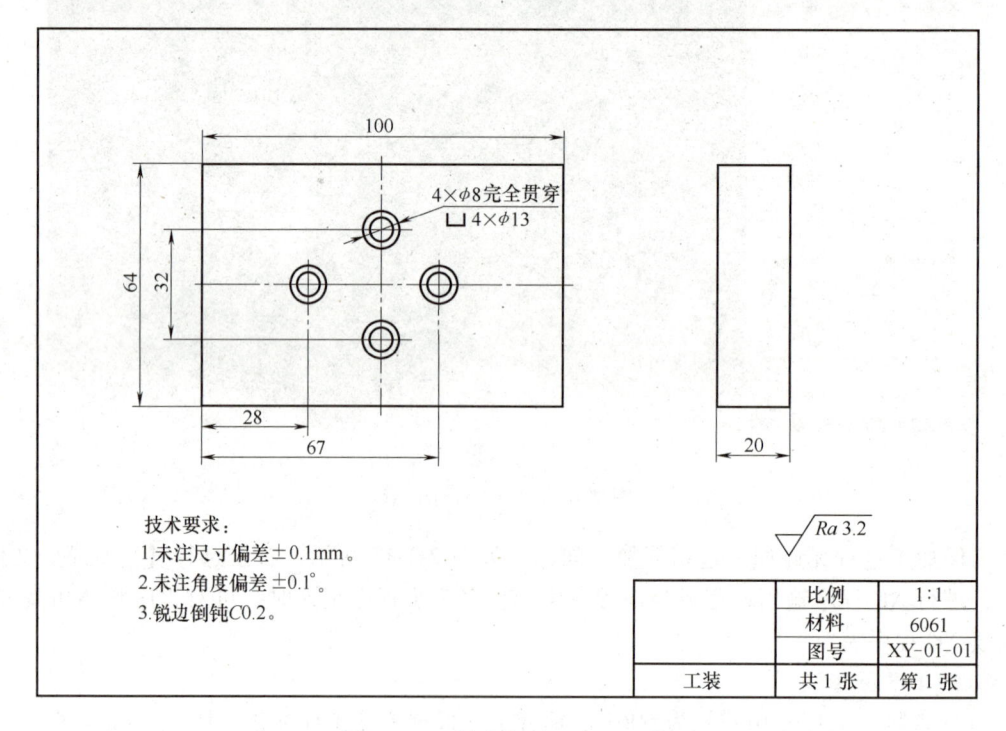

图 2-1-18　箱体加工工序一工装

7. 装夹毛坯与找正

为确保加工精度，装夹前应使用杠杆百分表或杠杆千分表找正平口钳钳口，使其与机床 X 轴进给方向或 Y 轴进给方向一致，平口钳钳口找正杠杆百分表安装方式如图 2-1-19 所示，找正步骤一般包括打表、调试夹具工装，具体操作方法不做赘述。

8. 建立工件坐标系

经过找正工作后，使用在机测头进行工件坐标系建立。

9. 试加工

加工前检查准备工作是否完成，按照工艺规划依次读取 NC 文件并执行，机床依据 CAM 软件规划 NC 文件执行加工任务，加工过程中可根据加工实际情况，适当调整加工过程中的主轴转速与进给速度。

10. 加工质量检测

根据图 2-1-4 中的几何公差、尺寸偏差及技术要求，对加工零件进行加工质量检测。其中标注尺寸偏差使用千分尺进行测量，几何公差编号②⑤⑨使用三坐标或在机测头进行测量，表面质量采用目视法或对比法考察。箱体零件加工质量检测项目见表 2-1-7。

图 2-1-19　平口钳钳口找正杠杆百分表安装方式

表 2-1-7　箱体零件加工质量检测项目

工件	精度编号	所在图样号	工程图坐标
上壳体	几何公差编号②	KT-2-1	A5
	几何公差编号⑤	KT-2-1	E6
	几何公差编号⑨	KT-2-1	H4

【任务评价】

对任务的实施情况进行评价，其评分内容及结果见表 2-1-8。

表 2-1-8　箱体加工实训评价表

序号	检查项目	内容	评分标准	记录	评分
1	箱体特征零件的加工程序（30分）	编写加工程序	1. 工序安排合理（10分） 2. 刀具安排合理（5分） 3. 工艺安排合理（5分） 4. 加工用量安排合理（5分） 5. 完成加工仿真（5分）		
2	工装夹具、刀具准备（10分）	准备工装夹具	1. 能正确选择工装夹具（3分） 2. 能正确安装工装夹具（2分）		
		安装刀具	1. 刀具种类选择正确（1分） 2. 刀柄种类选择正确（2分） 3. 刀具安装长度正确（2分）		
3	工件毛坯装夹、坐标系的建立、对刀（20分）	工件毛坯装夹	合理安装毛坯（5分）		
		加工坐标系建立	按照加工程序建立加工坐标系（10分）		
		对刀长	完成对刀（5分）		
4	机床操作（10分）	导入程序、运行程序	安全运行加工程序（10分）		
5	几何公差与表面粗糙度检测（20分）	几何公差检测 表面粗糙度检测	1. 能完成几何公差检测（5分） 2. 能完成表面粗糙度检测（5分） 3. 零件符合生产要求（10分）		

（续）

序号	检查项目	内容	评分标准	记录	评分
6	职业素养 （10分）	安全文明操作	1. 劳动保护用品穿戴整齐(1分) 2. 安全、正确、合理使用机床(1分) 3. 遵守安全操作规程(2分)		
		团队协作精神	1. 尊重指导教师与同学,讲文明礼貌(1分) 2. 分工合理,能够与他人合作、交流(1分)		
		劳动纪律	1. 遵守各项规章制度及劳动纪律(2分) 2. 实训结束后,清理现场(2分)		

2.1.3　多轴联动数控加工实训：叶轮特征零件加工

【任务描述】

如图2-1-20所示叶轮特征零件工程图，叶轮毛坯工程图如图2-1-21所示。采用五轴数控加工中心进行多轴联动数控加工，保证图样要求精度与表面粗糙度。

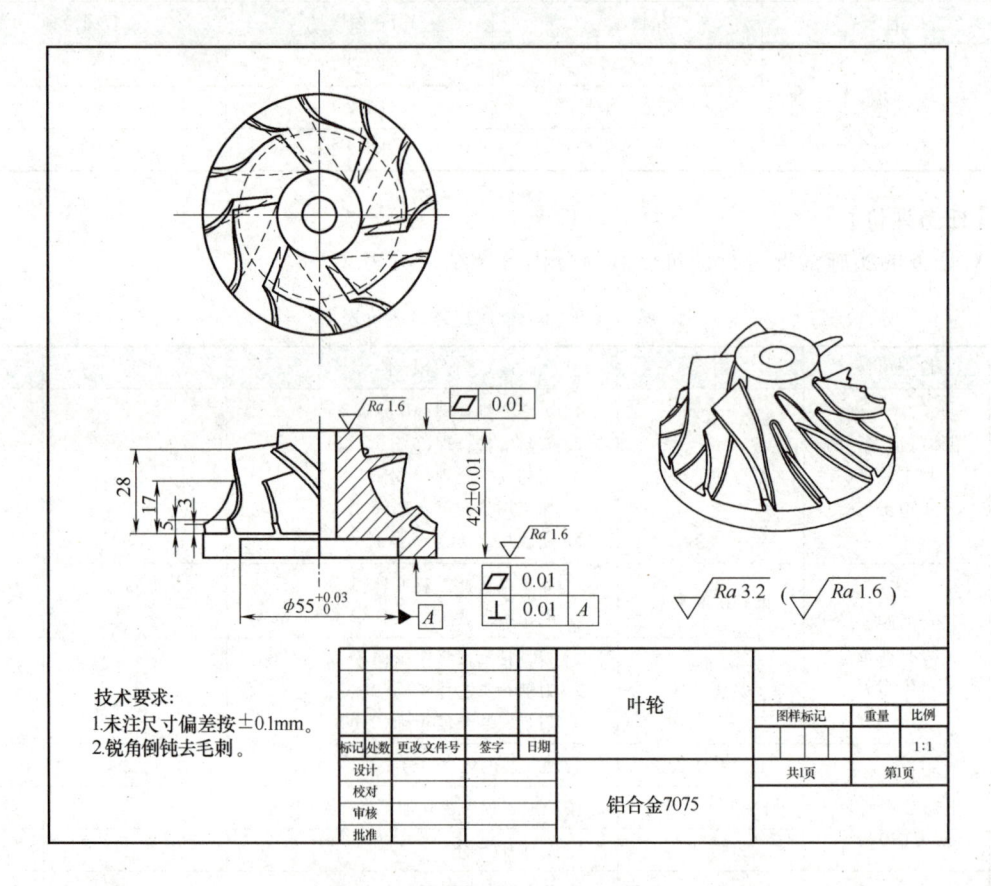

图2-1-20　叶轮特征零件工程图

【任务要求】

1）依托CAD/CAM软件完成叶轮特征零件的加工程序。

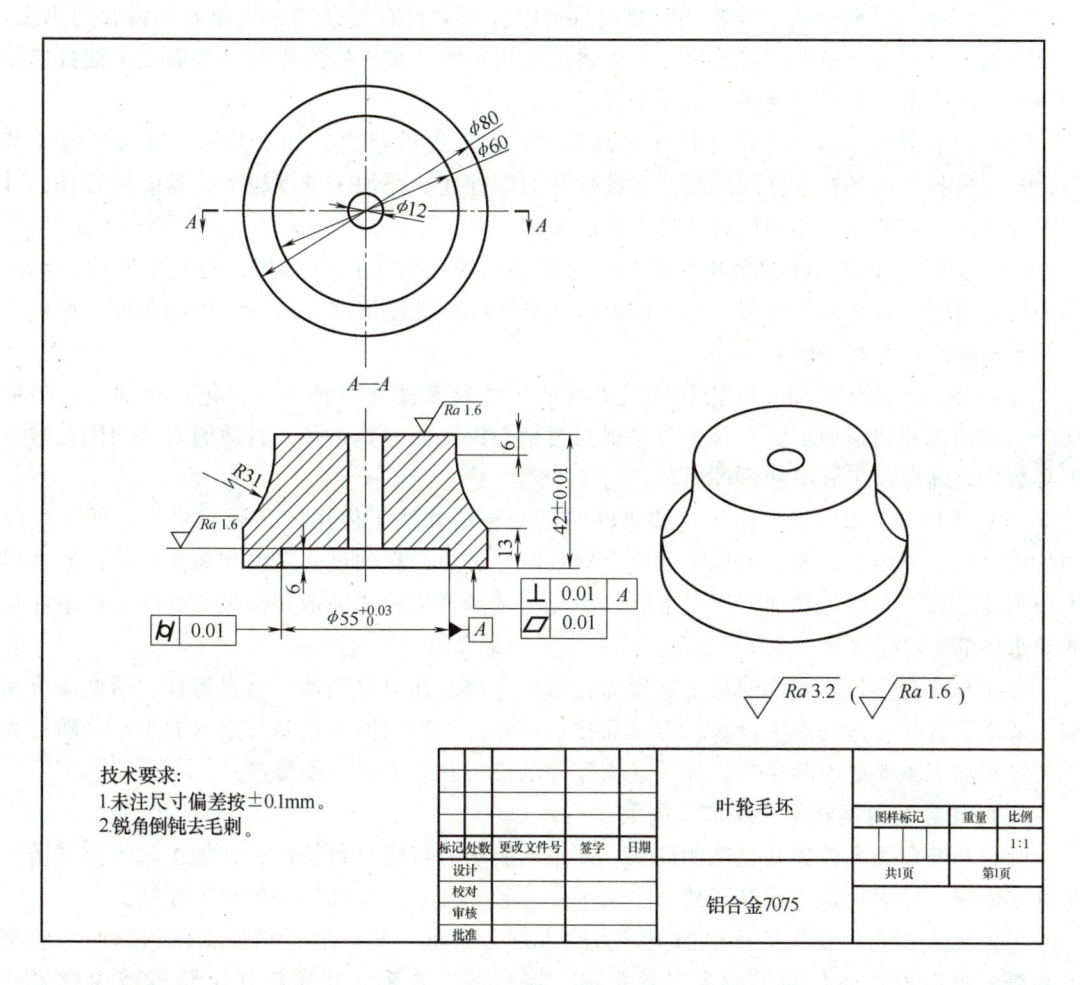

图 2-1-21 叶轮毛坯工程图

2) 准备叶轮特征零件加工所需工装夹具、刀具。
3) 操作机床完成工件毛坯装夹、工件位置找正、坐标系建立、对刀。
4) 检测加工精度与表面粗糙度。

【学习目标】
1) 掌握复杂零件特征分析能力，能够识别加工工艺需求，设计、选择必要夹具。
2) 针对较复杂零件进行多轴联动数控加工工艺设计，能够运用 CAD/CAM 软件进行数控加工程序编制。
3) 能够应用工业软件进行数控加工仿真。
4) 掌握几何公差与表面粗糙度在机或脱机测量方法。

【任务准备】

1. 叶轮和叶盘类特征零件加工特点

叶轮和叶盘类特征零件是许多机械和动力设备中的关键组成部分，如涡轮机、风扇、泵和压缩机等。这些零件通常具有复杂的几何形状，包括曲线、叶片和流道等特征，其加工有以下几个特点：

（1）**复杂的几何形状** 叶轮和叶盘类特征零件通常具有复杂的三维曲面和锐利的边缘，这要求加工时需要高精度的数控机床和先进的加工策略。加工这类零件通常需要多轴数控加工中心，能够进行五轴或更多轴的联动加工。

（2）**材料特性** 这些零件往往使用高强度、高硬度的材料，如不锈钢、钛合金或镍基超合金，这些材料具有良好的耐热、耐蚀性和力学性能，但加工难度较大，易磨损刀具，对加工设备的稳定性和刀具的材料选择有较高要求。

（3）**高精度要求** 叶轮和叶盘类零件通常在高速旋转工况下工作，对其平衡性、对称性和尺寸精度有着较高的要求。加工误差可能导致零件性能下降或故障，因此在加工过程中需要严格控制尺寸和表面质量。

（4）**多工序加工** 加工叶轮和叶盘类特征零件通常涉及多种工序，包括粗加工、半精加工、精加工和超精加工等。每个工序都需要精心设计的刀具路径、合适的刀具和优化的加工参数，以确保加工效率和零件质量。

（5）**散热和去屑问题** 由于这些零件的复杂形状和加工使用的是硬质材料，加工过程中的散热和去屑尤为重要。不良的散热会导致零件过热，影响尺寸精度和表面质量；而去屑不畅可能导致刀具损坏和加工质量下降。因此，选择合适的切削剂和确保良好的去屑条件是非常重要的。

叶轮和叶盘类特征零件的加工需要综合考虑零件的几何复杂性、材料特性、精度要求和加工效率，选择合适的加工设备、刀具和技术策略，以确保高质量和高效率的生产。随着数控技术和加工策略的不断进步，加工这类零件的能力和效率将不断提高。

2. 叶轮和叶盘类零件一般加工原则

叶轮和叶盘类零件因其复杂的形状、高精度要求和特殊材料特性，在加工时需要遵循一些基本原则，以确保加工质量和效率。以下是叶轮和叶盘类零件的一般加工原则：

（1）**先粗后精** 首先进行粗加工，去除大部分余量，然后进行精加工以达到所需的精度和表面粗糙度。这有助于减少刀具磨损，提高加工效率，并在精加工阶段减少材料的变形。

（2）**分步逐层加工** 对于复杂的三维曲面或深腔结构，采用分步逐层的加工方式，避免一次性切削过深导致刀具负荷过大或产生振动，影响加工精度和刀具寿命。

（3）**保证刚性** 确保工件和刀具的刚性，使用适当的夹具和支承来固定工件，避免加工过程中的振动和变形。选择合适的刀具长度和刀杆直径，以提高刀具的刚性。

（4）**合理选择刀具和切削参数** 根据材料特性和加工要求选择合适的刀具材料、形状和涂层，以及合理的切削速度、进给率和切削深度。高性能的刀具和优化的切削参数可以提高加工效率和表面质量，减少热影响。

（5）**控制加工误差** 通过合理的加工路径规划、误差补偿和过程监控，减少加工误差，确保加工精度。对于高精度要求的零件，可能需要在加工过程中进行检测和调整。

（6）**多轴联动数控加工** 对于形状复杂的叶轮和叶盘类零件，使用多轴联动数控机床进行加工，可以更有效地处理复杂曲面和细节，提高加工效率和精度。

3. 实训设备介绍

本节中实训加工依托北京精雕科技集团有限公司研发生产的 JDGR400T 五轴数控加工中心进行，该机床技术参数见表 2-1-9。

表 2-1-9　JDGR400T 技术参数

项目	参数	项目	参数
X、Y、Z 轴运动定位精度	0.002mm、0.002mm、0.002mm	最大工作负重	150kg
A、C 轴运动定位精度	6″、6″	主轴最高转速	20000r/min
X、Y、Z 轴重复定位精度	0.0018mm、0.0018mm、0.0018mm	刀柄规格	HSK-A50
A、C 轴重复定位精度	4″、4″	刀库容量	36
X、Y、Z 轴工作行程	450mm、680mm、400mm	X、Y、Z 轴快速移动速度	15m/min
A、C 轴回转角度	−120°~90°、360°	A、C 轴快速旋转速度	60r/min、100r/min
工作台直径	400mm	X、Y、Z 轴最高切削进给速度	10m/min
A、C 轴最高切削进给速度	60r/min、100r/min	驱动系统	交流伺服

【任务实施】

1. 叶轮特征零件的特征分析

本节多轴联动数控加工实训选用离心式整体叶轮作为实训模型，离心式整体叶轮是涡轮增压器（图 2-1-22）、涡轮发动机等关键装备的核心部件，具有材料去除率大、结构复杂、加工刚性差等特点，精度保持难度大、表面质量要求高。叶轮曲面形状复杂，加工主要依托多轴联动数控加工实现，主要装备为具有高可达性和高加工精度的五轴数控加工中心。

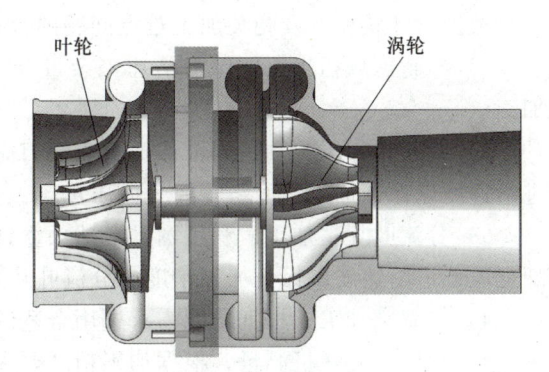

图 2-1-22　涡轮增压器

本节叶轮加工主要考查依托多轴联动数控加工的叶轮叶片加工工艺规划，要求掌握以下几点：依托 CAD 软件功能的复杂曲面辅助线、辅助面绘制，依托 CAM 软件的叶轮模块使用一般方法，刀具参数与切削用量选用方法，复杂曲面在机测量工艺规划。

叶轮特征零件工程图如图 2-1-20 所示，毛坯外包络圆柱尺寸为 $\phi85$mm，外形采用数控车床加工，材料为牌号 7075 的铝合金，毛坯精车叶轮套面的表面粗糙度值 Ra 为 1.6μm，叶轮毛坯零件工程图如图 2-1-21 所示。

离心式整体叶轮模型由叶片、分流叶片、轮毂、叶轮套构成，如图 2-1-23 所示。

图 2-1-23　离心式整体叶轮模型构成
a）叶片　b）分流叶片　c）轮毂　d）叶轮套

观察图 2-1-20，几何公差主要由精车毛坯保证，五轴联动数控加工主要保证叶轮的外形尺寸，包括直径、高度、叶片厚度、叶片间距等，确保它们符合设计规范和公差要求，根据技术要求，叶片轮廓度误差应小于 0.1mm，叶片表面粗糙度值 Ra 应小于 3.2μm。

2. 加工难点分析

离心式整体叶轮难点主要在于：

1) 利用 CAD 软件绘制叶轮模型以及关键辅助曲线、曲面绘制。

2) 选用合理刀具与切削用量，防止干涉碰撞、过切、断刀等加工问题。

3) 设计合理的工装及叶片毛坯的安装定位方法，确保加工基准与叶轮中心孔的同轴度。

4) 在机测量测点规划。

5) 刀具干涉检查。叶轮类零件结构复杂，所涉及的加工刀具轨迹是否符合要求十分关键。

3. 工艺方案设计思路

根据对叶轮模型及相关加工难点问题的分析，工艺方案可以分为以下五步：

1) 叶轮区域粗加工，保留精加工余量 0.15mm，采用较小切削深度、快速进给的方式加工。

2) 叶片精加工，利用圆锥形球头立铣刀完成叶片侧铣精加工，采用较高转速配合较低进给速度以保证加工精度与叶片表面质量。

3) 分流叶片精加工，利用圆锥形球头立铣刀完成分流叶片侧铣精加工，采用较高转速配合较低进给速度以保证加工精度与分流叶片表面质量。

4) 轮毂精加工，根据功能需求选用合适的切削宽度，形成流道。

5) 轮廓误差在机测量，根据加工精度要求规划相关测点分布位置。

叶轮特征零件加工工艺卡片见表 2-1-10。

表 2-1-10 叶轮特征零件加工工艺卡片

序号	工步	刀具	规格	主轴转速/(r/min)	进给速度/(mm/min)	切削宽度/mm	切削余量/mm
1	叶轮区域粗加工	圆锥形球头立铣刀	D2R1-15°	9600	1000	0.5	0.15
2	叶片精加工	圆锥形球头立铣刀	D2R1-15°	12000	200	0	0
3	分流叶片精加工	圆锥形球头立铣刀	D2R1-15°	12000	200	0	0
4	轮毂精加工	圆锥形球头立铣刀	D2R1-15°	12000	800	0.8	0
5	轮廓误差在机测量	在机测头	Renishaw OMP-400	—	—	—	—

4. 工艺程序编译

由于叶轮曲面为样条曲线形成的直纹面，加工程序编译难度大，辅助线构建困难，建议使用 CAM 软件叶轮模块进行加工程序编译。根据工艺方案设计中形成的工艺卡片，加工程序共 5 个工步，具体编译流程参考 2.1.1 中知识点 3 基于 CAM 软件生成数控加工程序的一般步骤，工步编译参考表 2-1-10 叶轮特征零件加工工艺卡片内容。

此处采用 CAM 软件 JDsoft SurfMill 9.5 以多轴联动数控加工工步 1 叶轮区域粗加工进行

程序编译为例进行分析。

如图 2-1-24 所示新建 CAM 文件，选择菜单栏【文件】，单击【新建】命令，进入 CAM 软件的模块选择，本节选用叶轮加工模块生成叶轮加工路径。

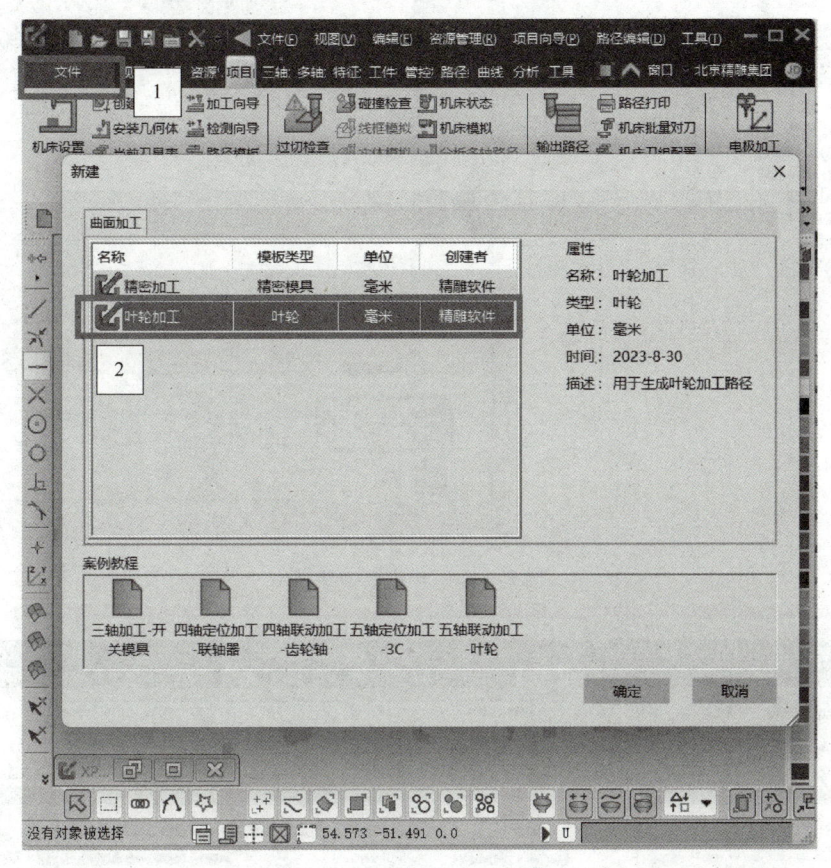

图 2-1-24 新建 CAM 文件

进入操作界面后，如图 2-1-25 所示，在软件界面左侧【导航工作条】列表框中选择 CAD 软件【3D 造型】按钮，再次选择菜单栏【文件】单击【输入】命令，根据模型类型选择辅助曲线、曲面，本节中模型为 STEP 格式，所以，在【模型向导】选项卡中，选用【三维曲线曲面】命令，将叶轮模型导入 CAM 软件中。

导入模型后，观察模型坐标系与位置，利用【变换】选项卡中的【3D 平移】、【3D 旋转】、【图形聚中】等命令，将模型坐标系变换至设定的工件坐标系。

创建毛坯可以利用 CAD 软件【3D 造型】按钮根据图纸手动绘制，也可使用其他 CAD 软件进行构建后导入。

根据工艺卡片设计，加工只涉及 D2R1-15°圆锥形球头立铣刀和 Renishaw OMP-400 在机测头。

如图 2-1-26 所示，选择【特征加工】选项卡中的【叶轮加工】按钮，进入后对加工方案、加工图形、加工刀具、走刀方式、刀轴控制、进给设置，以及安全策略等内容进行设置。

41

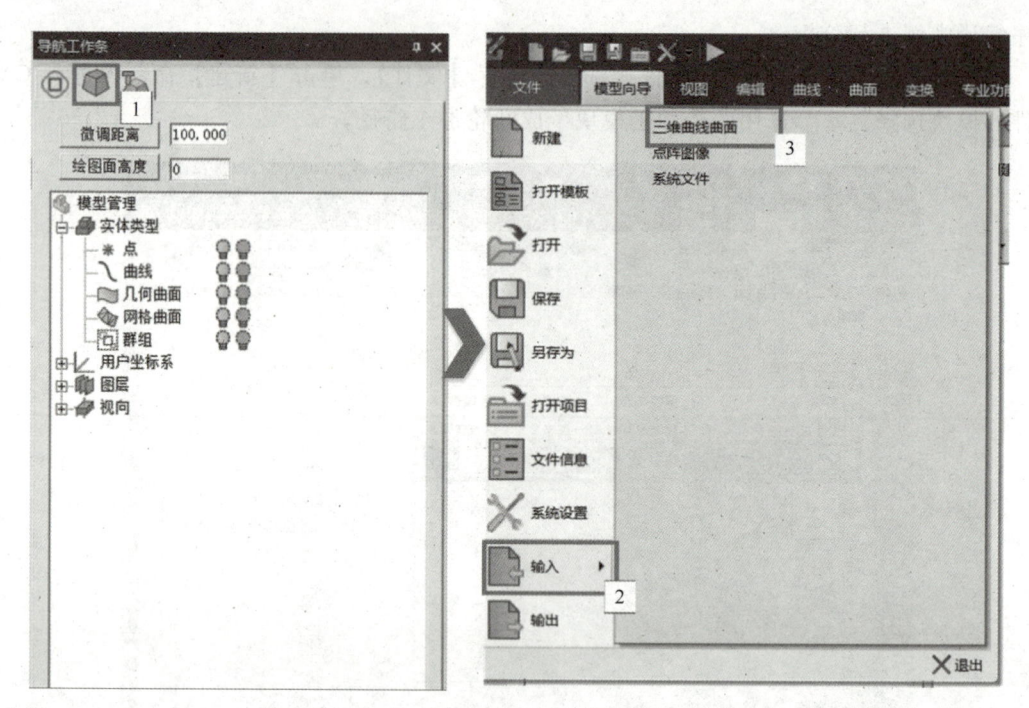

图 2-1-25 叶轮模型导入

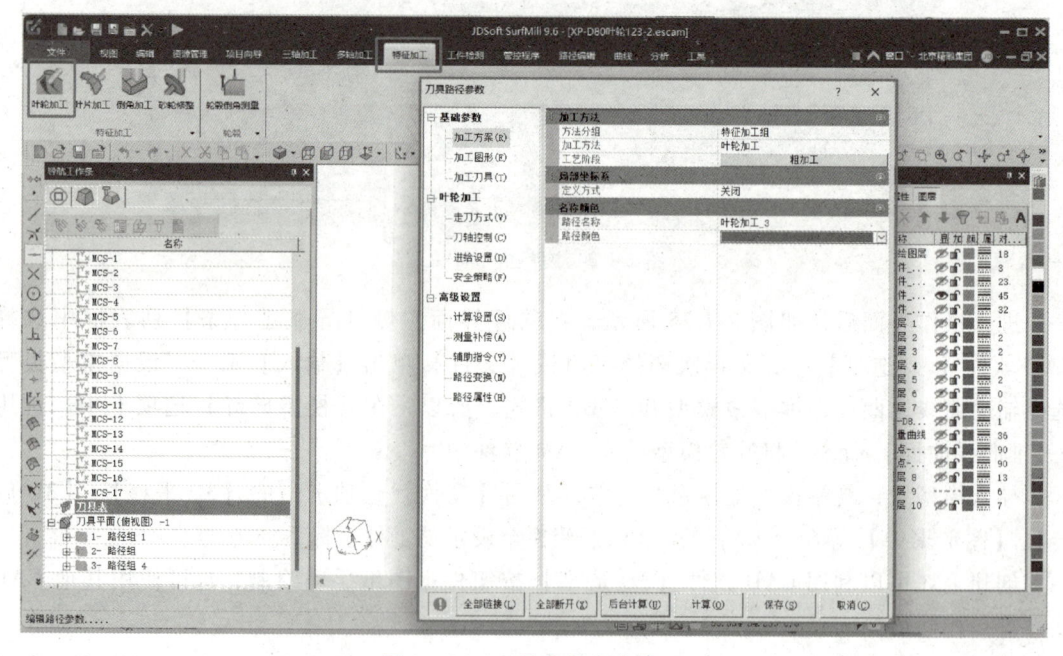

图 2-1-26 刀具路径参数设置

其中比较关键的参数设置（如加工图形设置等），如图 2-1-27~图 2-1-30 所示，这些参数设置主要为加工轨迹规划提供叶轮几何性质、规定加工区域等。侧铣顶部曲线与侧铣底部曲线规定形成直纹叶面的样条曲线，包覆曲面为叶轮套曲面，轮毂曲面则为叶轮轮毂。在加工图形设置中还包括余量设置。

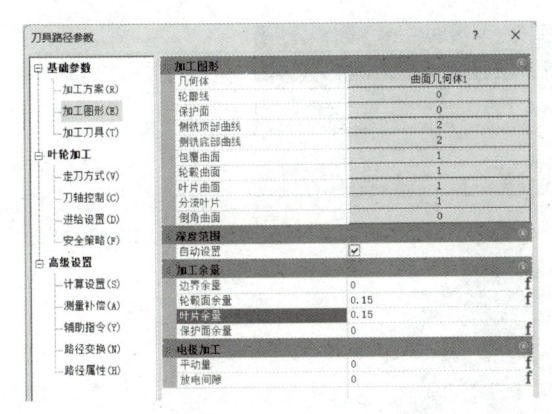

图 2-1-27　加工图形设置

图 2-1-28　加工刀具设置

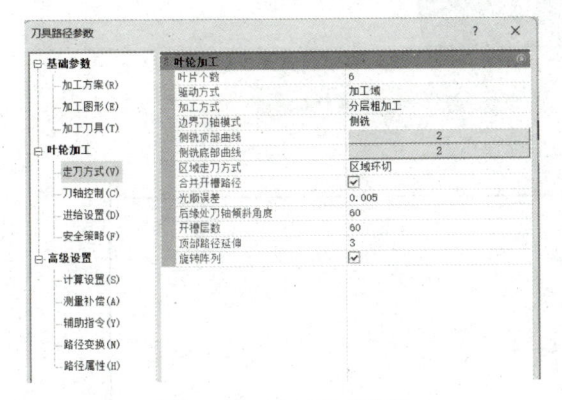

图 2-1-29　走刀方式设置

图 2-1-30　进给设置

走刀方式规定加工刀路规划策略，其中开槽层数是此模块比较关键的参数之一，它决定着开槽深度是否合理，开槽层数少则开槽深度大，铣削力大、刀具磨损大、易断刀。如图 2-1-30 所示，进给设置则规定加工刀路路径间距、进刀方式、下刀方式等关键参数。

5. 加工程序仿真与 NC 程序生成

如图 2-1-31 所示，完成所有工步规划后，选择【项目向导】选项卡，单击【实体模拟】和【机床模拟】按钮进行加工程序仿真，验证加工程序是否存在碰撞或过切等加工问题。

完成仿真加工后，确认程序无误后，选择【项目向导】选项卡，单击【输出路径】按钮，进行 NC 程序输出。

6. 加工准备工作

（1）备料　毛坯采用牌号为 7075（可根据实际情况更换材料）的铝合金，使用数控车床加工。

（2）准备刀具　根据不同刀柄，安装刀具。

（3）准备工装夹具　可自制工装夹具，本案例设计如图 2-1-32 所示叶轮加工工装，配合使用自定心卡盘。

（4）对刀　根据程序刀具表设置安装所用刀具进入刀库，并使用对刀装置对刀具刀长进行测量，一般对刀设备包括但不限于激光对刀仪、触发式对刀仪等。

43

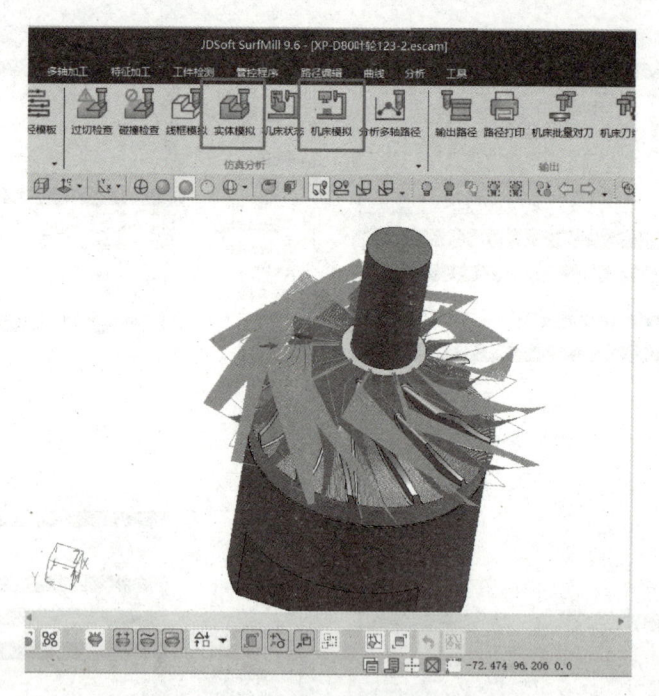

图 2-1-31 加工程序仿真

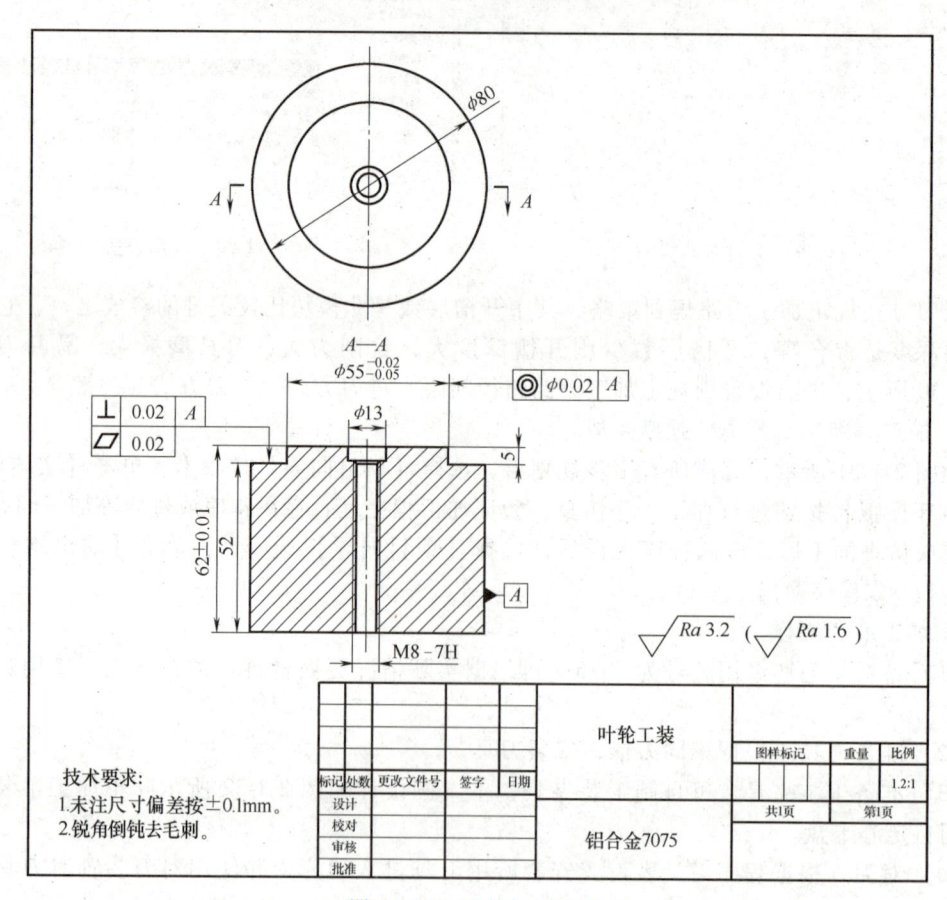

图 2-1-32 叶轮加工工装

技术要求：
1. 未注尺寸偏差按±0.1mm。
2. 锐角倒钝去毛刺。

7. 装夹毛坯与找正

毛坯外圆由数控车床精车完成，可作为精基准在自定心卡盘上进行装夹。装夹毛坯位置应保证加工过程不发生干涉（可根据仿真软件进行验证）。找正使用杠杆百分表进行，杠杆百分表安装方式如图 2-1-33 所示，找正步骤一般包括打表、调试夹具工装，具体不做赘述。

图 2-1-33 装夹毛坯与杠杆百分表安装方式

8. 建立工件坐标系

经过找正工作后，工件坐标系 X 轴、Y 轴坐标由回转工作台中心位置确定，Z_0 位置根据程序设置使用测头进行标定。

9. 试加工

加工前检查准备工作是否完成，按照工艺规划依次读取 NC 文件并执行，机床依据 CAM 软件规划 NC 文件执行加工任务，加工过程中可根据加工实际情况，适当调整加工时的主轴转速与进给速度。

10. 加工质量检测

根据图 2-1-20 中的技术要求，对叶轮进行加工质量检测。其中轮廓度误差采用在机测头测量或坐标测量机进行测量，表面质量采用目视法或对照法考察。此处采用在机测头测量方法作为示例。在机测量程序依托 JDsoft SurfMill 9.5 软件的工件测量功能编译。如图 2-1-34 所示，曲面轮廓度测量选用【工件检测】选项卡中的测量模块【点组】按钮。

图 2-1-34 轮廓度误差在机测量程序编译

点组测量模块包括加工方案、加工刀具、安全策略、刀轴控制、数据打印等内容设置。其中加工方案规定测量区域、测量坐标系等内容，加工刀具规定测头选用，安全策略设置测量速度、回退距离等安全参数，刀轴控制规定了测量过程中刀轴方向规划。多轴联动测量或多轴定向测量主要依据刀轴控制的设置，多轴联动测量或多轴定向测量主要依据图 2-1-35 中的设置。

与多轴联动加工相似，在机测量也存在着路径复杂的问题，并且相比较切削刀具，测头更加脆弱，因此避障与路径规划是在机测量中应重点考虑的内容。

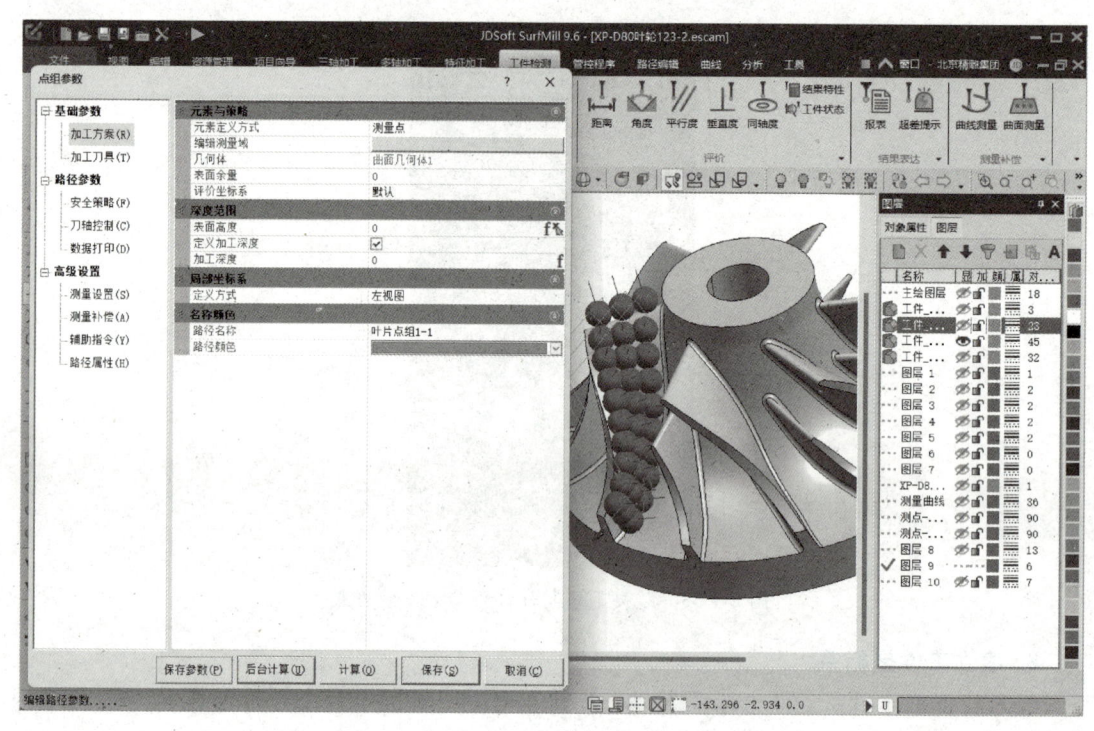

图 2-1-35　多轴联动测量或多轴定向测量参数设置

【任务评价】

对任务的实施情况进行评价，评分内容及结果见表 2-1-11。

表 2-1-11　叶轮加工实训评价表

序号	检查项目	内容	评分标准	记录	评分
1	叶轮特征零件的加工程序（30分）	编写加工程序	1. 工序安排合理（10分） 2. 刀具安排合理（5分） 3. 工艺安排合理（5分） 4. 加工用量安排合理（5分） 5. 完成加工仿真（5分）		
2	工装夹具、刀具准备（10分）	准备工装夹具	1. 能正确选择工装夹具（3分） 2. 能正确安装工装夹具（2分）		
		安装刀具	1. 刀具种类选择正确（1分） 2. 刀柄种类选择正确（2分） 3. 刀具安装长度正确（2分）		
3	工件毛坯装夹、坐标系建立、对刀（20分）	工件毛坯装夹	合理安装毛坯（5分）		
		加工坐标系建立	按照加工程序建立加工坐标系（10分）		
		对刀长	完成对刀（5分）		

(续)

序号	检查项目	内容	评分标准	记录	评分
4	机床操作(10分)	导入程序、运行程序	安全运行加工程序(10分)		
5	几何公差与表面粗糙度检测(20分)	几何公差检测 表面粗糙度检测	1. 能完成几何公差检测(5分) 2. 能完成表面粗糙度检测(5分) 3. 零件符合生产要求(10分)		
6	职业素养(10分)	安全文明操作	1. 劳动保护用品穿戴整齐(1分) 2. 安全、正确、合理使用机床(1分) 3. 遵守安全操作规程(2分)		
		团队协作精神	1. 尊重指导教师与同学,讲文明礼貌(1分) 2. 分工合理,能够与他人合作、交流(1分)		
		劳动纪律	1. 遵守各项规章制度及劳动纪律(2分) 2. 实训结束后,清理现场(2分)		

2.2 智能制造岛实训

2.2.1 焊接制造岛加工实训

【任务描述】

根据生产需求完成如图 2-2-1 所示的板组合件的机器人弧焊工艺。板组合件材料及规格数量见表 2-2-1。

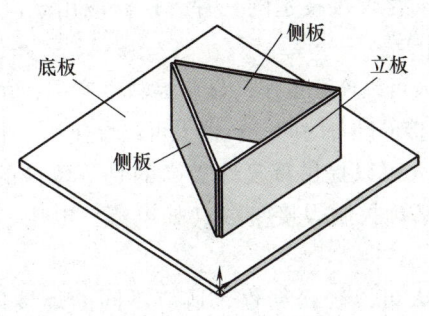

图 2-2-1 板组合件

表 2-2-1 板组合件材料及规格数量

编号	名称	规格	数量	材料
1	底板	200mm×200mm×6mm	1	Q235
2	立板	120mm×50mm×2mm	1	
3	侧板	120mm×50mm×2mm	2	

【任务要求】

1) 根据生产需求,进行板组合件机器人弧焊工艺安排。

2）根据生产需求，实现板组合件弧焊的示教编程与焊接。

【学习目标】

1）掌握板组合件弧焊特征分析能力，能够识别焊接工艺需求。
2）掌握板组合件机器人弧焊工艺安排方法。
3）掌握板组合件装配与定位焊思路。
4）掌握板组合件弧焊的示教编程与焊接机器人操作。

【任务准备】

1. 安全要求

在操作焊接机器人时，应遵守安全要求。以下是一些基本的安全操作规范：

（1）培训与教育　操作员必须接受专业的培训，了解机器人的操作规程和安全措施。

（2）穿戴个人防护装备　操作员应穿戴防护眼镜、防火服、手套等，以防止火花、热金属飞溅和辐射伤害。

（3）检查与维护　定期检查机器人及其组件的运行状况，包括焊接设备和安全系统，确保所有设备正常工作。

（4）安全区域　设置安全工作区域，使用防护栏或其他隔离措施，以限制未授权人员的接近。

（5）紧急停止　确保紧急停止按钮易于触碰且功能正常，以便在需要时迅速中断机器人的操作。

（6）程序检查　在启动焊接作业前，检查和确认焊接程序的正确性，以防程序错误导致意外。

（7）避免手动干预　在机器人运行时，避免手动干预机器运行，特别是避免直接接触移动部件和焊接区域。

2. 弧焊机器人焊接特点

弧焊机器人焊接作为自动化焊接技术的一种，广泛应用于汽车、船舶、建筑、机械制造等行业，通常具有以下特点：

（1）高效率　弧焊机器人可以连续工作，显著提高生产率，尤其是在需要大量重复焊接作业的生产线上，减少了人工焊接的准备时间，机器人可以快速从一个焊缝转移到另一个焊缝。

（2）高质量　弧焊机器人可以提供重复性极高的且一致性的焊接操作，减少焊接缺陷，如焊接飞溅、裂纹等。通过精确控制焊接参数（如电流、电压、速度等），可以获得更加稳定和可控的焊接质量。

（3）灵活性　弧焊机器人可以轻松编程，适应不同的焊接任务和工件，包括不同形状和尺寸的零件。通过更换焊枪或使用多种焊接技术，它们可以应对多样化的焊接需求。

（4）安全性　弧焊机器人的使用降低了人员直接参与高风险的焊接环境（如高温、辐射和有害气体等）的需求，提高了工作场所的安全性。弧焊机器人还可以在对人体有害的环境中工作，如有限空间或极端温度条件下。

（5）节省成本　虽然初期投资相对较高，但长期来看，机器人焊接可以通过减少材料浪费、提高产出和减少人工成本节省生产成本，而且降低了因焊接质量不一致导致的返修次数和废品率。

（6）集成性　弧焊机器人可以与其他自动化设备和生产线集成，形成高度自动化的制造系统。支持实时监控和数据分析，有助于生产管理和质量控制。

3. 机器人弧焊基础

典型机器人弧焊接头包括板状、管状、管板状。接头形式包括对接、角接、T形接头等。焊接位置包括平焊、立焊、横焊、仰焊等。焊丝指向一般遵循以下原则：

（1）焊接薄板时　原则上指向焊缝。

（2）板厚不同时　焊丝指向较厚板。

（3）裙边焊接时　焊丝指向中心，同时应考虑焊丝弯曲因素，注意缩短焊丝伸长、降低电压和电流，或选用工件倾斜放置、向下立焊。

（4）有焊接间隙时　焊丝应指向离焊枪较近的板，防止烧穿。

焊接起弧位置从常温瞬间达到熔化温度，需要给予足够热量，为实现顺畅良好的起弧、避免出现崩丝，一般采用 CO_2/MAG（熔化极活性气体保护焊）焊接方法，其电源在起弧时均具有"高电压、慢送丝"功能，为焊丝端部起弧聚集热量。

有些焊接机器人系统能够根据设置起弧规范在内部加以控制，避免在起弧时发生"焊丝扎向母材""焊丝跳动"等状况。此外，有些还需要人工设置起弧条件以改善起弧特性。

在结束焊接时，送丝控制随即停止，但由于送丝电动机的转动惯性，并不能立即停止送丝，致使焊接结束后可能发生粘丝情况，在收弧时发生"焊丝母材粘连""焊丝回烧""焊丝回烧过长"等状况，为改善收弧特性，除设置收弧电流填满弧坑外，还要设置滞后停气时间，保护收弧处不被氧化。

在焊接机器人编程中，对于转角、起焊点和收焊点的参数调整非常关键，以确保焊接质量和效率。转角、起焊、收焊点一般遵循以下原则：

（1）转角处　在转角处，由于焊缝方向的改变，适当降低焊接速度可以防止焊缝过热和不均匀。在角部留足够的时间确保焊缝填充充分，避免产生裂纹或孔洞。

（2）起焊点　焊接前的定位检查，确保起焊点的位置精确，避免起焊不良。起焊初期可以使用较低的电流或电压，然后逐步增加到正常焊接参数值，以防止焊接起点过热或飞溅。

（3）收焊点　逐渐减小电流，为避免收焊点处焊接不完全或形成裂纹，应逐渐减小电流或电压，并且延长后送时间，在结束焊接后，延长送丝时间可以帮助填充焊缝尾部，确保焊缝质量。

这些调整原则是确保焊接过程在不同的焊接阶段能够适应材料的热输入和机械移动的需求，从而优化焊接效果和提高结构强度。实际操作中，这些参数的调整需要根据具体的焊接工艺、材料类型和机器人的具体配置进行微调。

4. 智能化技术特征

（1）视觉监测与跟踪　视觉系统能实时监控焊缝的形状和位置，自动识别焊缝起始点和终止点，以及焊缝中的缺陷（如裂纹和孔洞）。此外，视觉系统能够跟踪焊缝轨迹，自动调整机器人的移动路径，确保焊接精度。

（2）自适应调整　在焊接过程中，视觉系统可以根据实时捕获的图像数据，调整焊接参数（如电流、电压、焊接速度和送丝速度），适应焊缝的变化和材料的不同特性。

（3）质量控制　通过对完成后的焊缝视觉检查，系统能自动评估焊缝质量，识别焊接缺陷，并提供反馈以优化后续焊接操作。

（4）数据集成与分析　集成的视觉系统能够生成大量数据，这些数据可以用于进一步分析焊接过程的效率和质量，帮助制定更优的焊接策略和维护计划。

（5）**操作灵活性和自动化程度高**　视觉系统的集成使得机器人能够灵活应对各种复杂和不规则形状的焊接任务，减少人工干预，提高自动化程度和生产率。

这些功能使得结合视觉系统的机器人焊接成为高效、精准和可靠的人工焊接难点的解决方案，特别适用于高质量标准的生产需求和复杂工件的生产环境。

5. 实训设备介绍

本实训所用弧焊机器人组成如图2-2-2所示。

图2-2-2　弧焊机器人组成

1—焊枪　2—机器人机座　3—气瓶　4—机器人控制器　5—焊丝盘　6—工作台　7—焊机

【任务实施】

1. 板组合件特征分析

如图2-2-3所示，板组合件包含3条立焊缝、1条平角焊缝，采用单层单道焊接。

2. 焊接难点分析

1）立焊易出现起弧不良。

2）平角焊角点位置易产生焊瘤。

3）平角焊平焊区域易发生焊偏、焊穿、焊缝尺寸不足等问题。

4）平角焊起收弧、弧点搭接处易出现缺陷。

3. 焊接方案设计思路

（1）焊接顺序　首先，依次焊接3条立焊缝；其次，进行平角焊缝焊接。

（2）焊接方向　CO_2/MAG焊接一般采用前进法与后退法进行焊枪移动。推焊（push welding，又称前进法焊接）与拉焊（pull welding，又称后退法焊接）是两种常见的电弧焊接技术，主要区别在于焊枪相对于焊接方向的角度和操作方式。这两种方法对焊缝形成、焊接质量和焊接区域的可见性有不同的影响。

在前进法焊接中，焊枪沿着焊接方向前进，焊枪通常与工件表面形成一个小于90°的角。焊接操作者将焊枪指向尚未焊接的部分，焊枪的移动方向与焊接方向一致。前进法提高了焊接区域的可见性，使操作者更容易看清焊接的起点和焊缝。前进法焊接不直接作用于工件，焊道平而宽，熔深小，可以进行薄板焊接或进行由薄到厚材料的焊接，但可能会导致焊缝略微凸起，因为熔融金属倾向于向焊枪移动的方向堆积。后退法焊接中，焊枪从已经完成的焊缝处拉向未焊接的区域，焊枪通常与工件表面形成一个大于90°的角，更适合较厚材料的焊接。因为它有助于更深的熔透和较大的热输入,焊道窄,余高较高,熔深较高,可以提供更好的焊缝渗透,但焊接区域的可见性较差。

立焊位主要考虑焊缝宽度(尺寸),采用向下立焊,中间设一个焊枪变姿点,避免在根部产生焊瘤。因焊枪与工件以垂直夹角由上至下移动的枪姿无法焊到底部,因此使用焊枪变姿将每条立焊缝分为两段,焊接接近底板段逐渐转换焊枪角度,枪姿向下推焊。转换点位置尽量靠下,底点焊枪角度约45°。焊丝干伸长始终保持12~14mm。

平角位工作角度为45°,焊枪沿 Z 轴方向逆时针旋转180°,起弧从机器人近点(板组合件立板的中间位置)开始逐点焊接,使焊枪绕 Z 轴顺时针旋转360°,起、收弧一次焊完。平角焊的焊接顺序是1~11,平角焊的焊枪工作角应始终保持45°,前进角为80°,焊丝干伸长始终保持在12~14mm。焊接时,焊枪绕 Z 轴逐点顺时针回转。起弧和收弧部位应有2~3mm 的搭接,平角位焊接点及焊接方向如图2-2-4所示。焊接参数根据焊接工艺指导书要求进行设置,推荐焊接参数见表2-2-2。

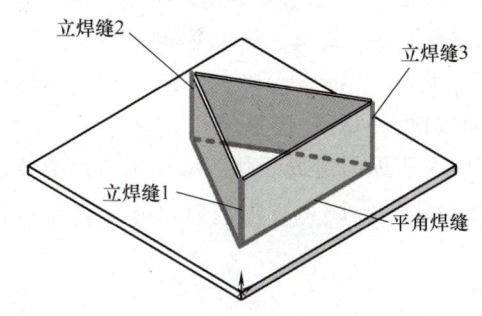

图 2-2-3 焊缝分布

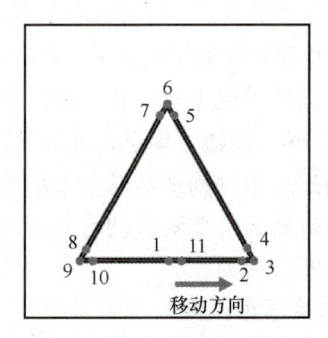

图 2-2-4 平角位焊接点及焊接方向

表 2-2-2 推荐焊接参数

焊接位置	焊接电流 /A	电弧电压 /V	气体流量 /(L/min)	焊接速度 /(m/min)	收弧电流 /A	收弧时间 /s
立焊缝	120~130	17~18	14~15	0.5~0.6	80~90	<0.1
底板平角焊	140~150	20~21	14~15	0.35~0.4	100~110	0.2~0.4

4. 焊接准备

(1)工件准备 准备相应零部件。

(2)表面清理 用钢丝刷将工件焊缝侧20~30mm 范围内外表面上的油、污物、铁锈等清理干净,使其露出金属光泽。

(3)画线 使用画线针和钢直尺,按照装配尺寸进行画线。

(4)定位焊组装 如图2-2-5a 所示,根据一、二、三的顺序,在定位焊工作台上借助磁力夹,先将立板固定,再用二氧化碳气体保护焊机(或氩弧焊机)定位焊立板内侧,然后定位焊2个侧板内侧,每块板定位焊点2点,如图2-2-5b 所示位置。定位焊时注意动作要迅速,防止因焊接变形而产生位置偏差。定位缝长度不超过20mm。

(5)定位 将工件放在机器人焊枪正下方,立板靠近机器人一侧,底板与工作台面紧密接触,用夹具对称定位、压紧。夹具的位置应保证焊枪的焊接位置空间,保证机器人焊枪在移动过程中不与夹具发生干涉,保证夹具位置不影响机器人焊枪行走轨迹和焊枪角度位置空间。

a)   b)

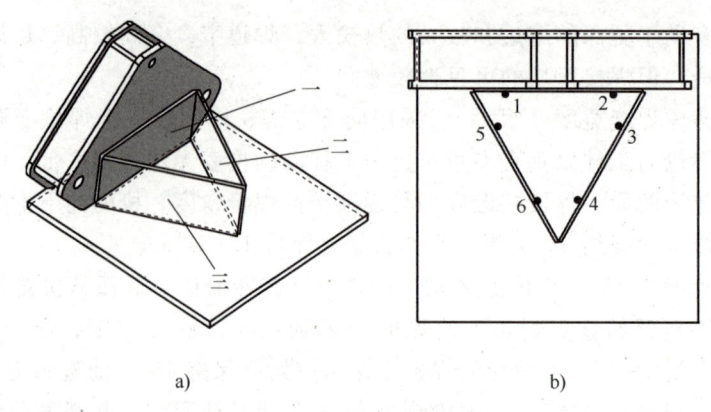

图 2-2-5 定位焊组装

5. 机器人沿轨迹施焊

程序检查无误后,检查保护气瓶开关是否为开启状态,按下示教盒的检气按钮,使用流量调节旋钮将保护气流量调至 14~15L/min,确认供气装置无漏气情况,然后关闭检气按钮。

将光标移至程序起始处,将示教盒的模式转换开关由〈Teach〉旋至〈AUTO〉,然后按下伺服〈ON〉按钮,确定工作区无人后,按下启动按钮,执行焊接程序。

焊接过程中时刻观察机器人系统工作状态,若因不明原因造成断弧,应让机器人继续运行下去,机器人会重新自动起弧焊接。断弧后重新起弧仍不能正常焊接时,应停止运行程序,检查断弧原因。

6. 焊接质量评价

机器人焊接过程中可能出现的常见缺陷(图 2-2-6)主要包括:

(1) 裂纹　焊接后焊缝或热影响区出现裂纹,是一种在固态下由局部断裂产生的缺陷,可能源于冷却或应力效果。裂纹包括纵向裂纹、横向裂纹、放射状裂纹、弧坑裂纹、间断裂纹群以及枝状裂纹等。

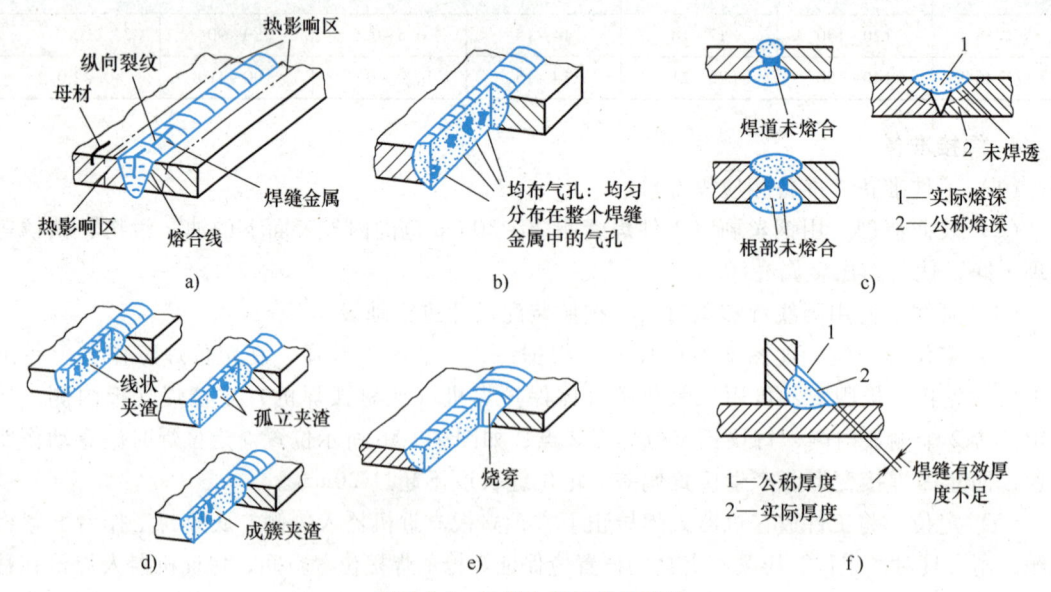

图 2-2-6 机器人焊接常见缺陷

(2) 气孔　焊缝中出现的小孔洞，通常由残留气体形成。气孔包括球形气孔、均布气孔、局部密集气孔、链状气孔、条形气孔、虫形气孔、表面气孔、缩孔等。

(3) 飞溅　焊接过程中金属飞溅，这会影响焊接质量和表面整洁度，通常由不恰当的焊接参数或保护气体不足引起。

(4) 固体夹杂　在焊缝金属中残留的固体杂物。固体夹杂包括夹渣、焊剂夹渣、氧化物夹杂、褶皱、金属夹杂等。

(5) 未焊透及未熔合　未焊透是指实际熔深与公称熔深之间存在差异，未熔合是指焊缝金属的母材或焊缝金属各焊层之间存在未结合的部分。

(6) 形状和尺寸不良　形状不良是指焊缝的外表面形状或接头的几何形状不良，包括咬边、缩沟、焊缝超高、凸度过大、下塌、焊缝型面不良、焊瘤、错边、角度偏差、下垂、烧穿、未焊满、焊脚不对称、焊缝宽度不齐、表面不规则、根部收缩、根部气孔、焊缝接头不良等。尺寸不良是指由于焊接收缩和变形导致尺寸超标，包括焊缝尺寸不正确、焊缝厚度过大、焊缝宽度过大、焊缝有效厚度不足、焊缝有效厚度过大等。

【任务评价】

对任务的实施情况进行评价，评分内容及结果见表2-2-3。

表2-2-3　焊接制造岛加工实训评价表

序号	检查项目	内容	评分标准	记录	评分
1	焊接方案设计（15分）	编写加工程序	1. 工序安排合理（5分） 2. 工艺安排合理（10分）		
2	准备工作（30分）	焊接准备工作	1. 材料准备合理（5分） 2. 表面清理达标（5分） 3. 画线位置准确（5分） 4. 定位焊组装准确（10分） 5. 定位方案合理（5分）		
3	焊接效果（30分）	焊接情况	1. 角焊缝焊脚高度（6分） 2. 立焊缝宽度（6分） 3. 立焊缝饱满度（6分） 4. 咬边情况（6分） 5. 焊缝外观成形（6分）		
4	焊接机器人自动运行（15分）	运行程序	安全运行加工程序（15分）		
5	职业素养（10分）	安全文明操作	1. 劳动保护用品穿戴整齐（1分） 2. 安全、正确、合理使用设备（1分） 3. 遵守安全操作规程（2分）		
		团队协作精神	1. 尊重指导教师与同学，讲文明礼貌（1分） 2. 分工合理，能够与他人合作、交流（1分）		
		劳动纪律	1. 遵守各项规章制度及劳动纪律（2分） 2. 实训结束后，清理现场（2分）		

2.2.2 切削制造岛加工实训

【任务描述】

现有如图 2-2-7 所示法兰特征零件，毛坯为直径 90mm、高 47mm 的棒料。根据生产需求，采用智能制造岛进行数控加工，保证生产要求精度与表面粗糙度。

【任务要求】

1）根据生产需求，设计加工岛内工序安排。
2）根据生产需求，依托 CAD/CAM 软件完成法兰特征零件的加工程序。
3）根据生产需求，操作机床完成首件工件毛坯装夹、工件位置找正、坐标系建立、对刀。
4）根据生产需求，使用工业机器人完成上下料动作规划。

【学习目标】

1）掌握批量生产零件特征分析能力，能够识别加工工艺需求。
2）理解设计、选择必要夹具的思路。
3）掌握机加工制造岛内加工单元与上下料单元的配合关系。
4）掌握机加工制造岛内工序安排能力。

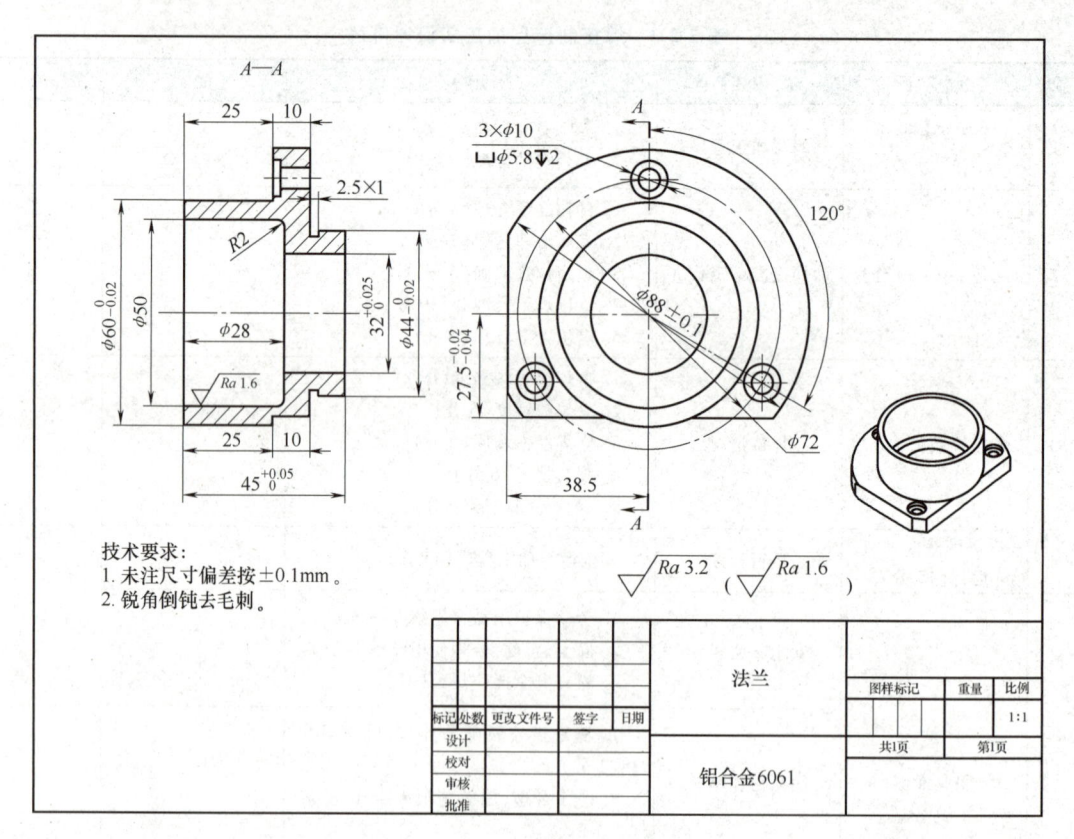

图 2-2-7 法兰特征零件图

【任务准备】

1. 切削制造岛一般生产特点

切削制造岛的批量生产涉及高效率、一致性和成本控制的加工原则。切削制造岛的一般特点包括标准化生产、加工工艺优化、高效刀具使用、自动化和机械化、批量加工与夹具设计、加工参数的精细调整、质量控制与工艺持续改进等。依托制造岛完成的批量生产需要通过优化加工流程、采用自动化技术、严格控制质量和持续改进加工过程，实现高效率、高质量和低成本的生产目标。

2. 法兰类零件一般加工原则

法兰是一种常见的机械连接件，广泛应用于各种管道系统、设备和结构中，用于连接管道、阀门、泵、管件等。法兰的主要用途包括管道连接、设备接口、提供访问点、承受压力和载荷、封闭系统、适应不同的介质、结构支承。法兰加工需要遵循一般加工原则以确保产品的质量、精度及加工效率。这些原则包括：

（1）加工前的准备　对铸造或锻造的毛坯进行充分的检查，确保没有裂纹、气泡或其他缺陷。必要时进行预加工，以去除表面缺陷，提高加工效率。

（2）确定加工顺序　合理规划加工顺序，通常先进行粗加工去除大量余量，再进行精加工以达到所需的尺寸和表面粗糙度。

（3）精确的加工设定　精确设置加工参数（包括刀具选择、切削速度、进给率和切削深度），以优化切削效率和确保加工质量。

（4）使用专用夹具　使用专为法兰设计的夹具，以确保在加工过程中法兰的稳定性和准确定位，减少加工误差。

（5）螺孔和螺纹加工　对于法兰上的螺孔和螺纹，需要精确加工以确保其尺寸精度和互换性，保证装配质量。

（6）表面和密封面处理　特别注意法兰的密封面加工，确保其平整度和表面粗糙度满足密封要求，防止泄漏。

（7）质量控制　加工过程中和加工后需进行严格的质量检测，包括尺寸检测、表面粗糙度检测和密封性能测试。

（8）持续改进　批量生产根据加工结果和实际应用反馈持续优化加工工艺、提高产品质量和生产效率。

3. 实训设备介绍

本实例加工依托机加工制造岛进行，机加工制造岛设备摆放示意图如图2-2-8所示，制造岛内包含一台数控加工中心、一台数控车床，以及一台六自由度关节式工业机器人，机加工制造岛设备具体型号见表2-2-4。

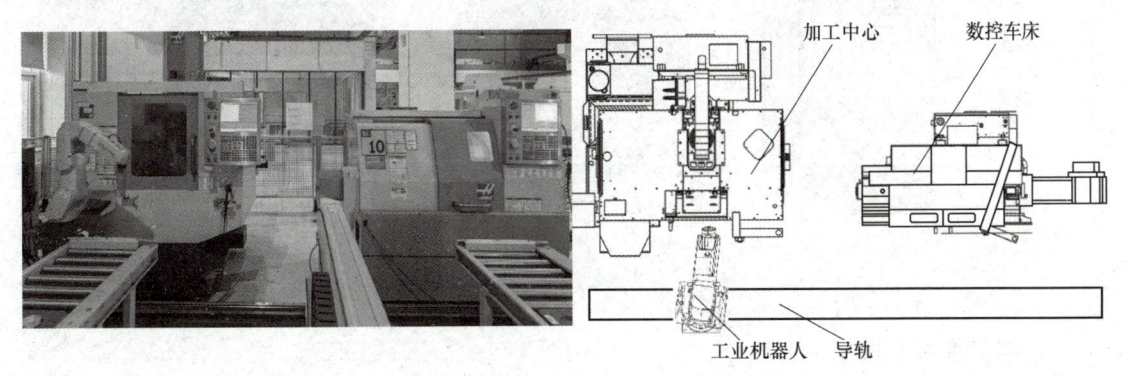

图2-2-8　机加工制造岛设备摆放示意图

表 2-2-4　机加工制造岛设备明细

序号	设备名称	设备型号	设备照片	设备基本参数
1	数控车床	Haas SL-10		设备归类:加工单元 主轴转速:6000r/min 刀塔刀位:12
2	数控加工中心	Haas Mini Mill		设备归类:加工单元 主轴转速:8000r/min 刀库刀位:10
3	工业机器人	FANUC LR MATE 200iD/7L		设备归类:上下料单元 可控轴数:6 可达半径:911mm 手腕部可搬运质量:7kg 重复定位精度:±0.01mm

【任务实施】

1. 法兰特征零件特征分析

观察图 2-2-7 及图 2-2-9，法兰零件涉及车削加工与铣削加工，车削两端加工需调方向进行两次装夹加工，铣削加工涉及阶梯孔与盘体去除进行翻面加工。加工特征包括 A 端外圆车削、阶梯内腔车削、B 端外圆车削、圆盘侧面铣削，以及阶梯孔系。

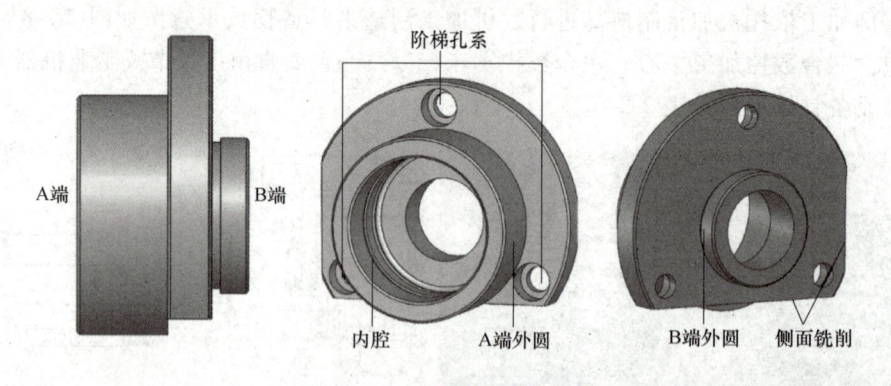

图 2-2-9　法兰零件特征分析

2. 加工难点分析

1）四工序加工，涉及车削、铣削转换，两工序翻面加工。

2）选用合理刀具与切削用量，提高加工效率，避免干涉碰撞、过切、断刀等加工问题。

3）设计合理工装夹具，配合制造岛完成自动化生产。

4）合理安排工序，完成机器人-机床交互工作。

3. 机加工工艺方案设计思路

法兰制造岛加工主要考查多设备、多工序安排能力，根据对法兰模型及相关加工难点问题的分析。法兰加工 A 端外圆和内孔，以及 B 端外圆可依托数控车床选择车削加工工艺，阶梯孔加工及 $\phi88$ 圆盘外圆侧平面材料去除可依托数控加工中心，选择钻孔和铣削加工工艺。法兰加工工序工艺卡片见表 2-2-5 ~ 表 2-2-8。

工序一使用气动自定心卡盘装夹零件 A 端 $\phi60$ 外圆，使用 $\phi30$ U 型钻进行中心孔钻孔，粗车 $\phi44$ 外圆面、端面及台阶面，以及 $\phi88$ 圆盘外圆面；粗车孔 $\phi32$ 内孔；精车 $\phi44$ 外圆面、端面及台阶面，以及 $\phi88$ 圆盘外圆面；精车孔 $\phi32$ 内孔，切槽，倒角。

工序二使用气动自定心卡盘装夹 B 端，完成粗车 $\phi60$ 外圆面、端面及台阶面，粗车 $\phi50$ 心孔，精车 $\phi60$ 外圆面、端面及台阶面，精车 $\phi50$ 内孔，倒角。

工序三使用专用工装配合气动平口钳装夹 $\phi60$ 外圆，粗铣 $\phi88$ 圆盘外圆侧平面，精铣 $\phi88$ 圆盘外圆侧平面。

工序四使用专用工装配合气动平口钳装夹 $\phi44$ 外圆，使用圆盘外圆侧平面对齐坐标系，进行 $\phi5.8$ 孔钻孔加工，$\phi10$ 阶梯孔铣孔加工。

表 2-2-5 法兰加工工序一工艺卡片

序号	工步	刀具	规格	主轴转速 /(r/min)	进给速度 /(mm/min)	切削深度 /mm	切削余量 /mm
1	中心孔钻孔	U 型钻头	D30	800	40	—	—
2	粗车 $\phi44$ 端面	外圆车刀		800	160	0.5	0.3
3	粗车 $\phi44$ 外圆面	外圆车刀	90°	800	200	2	0.3
4	粗车 $\phi44$ 台阶面	外圆车刀		800	40	0.5	0.3
5	粗车 $\phi88$ 外圆面	外圆车刀	90°	800	200	2	0.3
6	粗车 $\phi32$ 内孔	内圆车刀	93°	800	200	2	0.3
7	精车 $\phi44$ 端面	端面车刀		1000	100	0.3	0
8	精车 $\phi44$ 外圆面	外圆车刀	90°	1000	100	0.3	0
9	精车 $\phi44$ 台阶面	端面车刀		1000	100	0.3	0
10	精车 $\phi88$ 外圆面	外圆车刀	90°	1000	100	0.3	0
11	精车 $\phi32$ 内孔	内圆车刀	93°	1000	100	0.3	0
12	切槽	切槽刀	2mm	800	160	0.5	0
13	倒角	外圆车刀	45°	1000	100	1	0

表 2-2-6　法兰加工工序二工艺卡片

序号	工步	刀具	规格	主轴转速/(r/min)	进给速度/(mm/min)	切削深度/mm	切削余量/mm
1	粗车 φ60 端面	端面车刀		800	160	0.5	0.3
2	粗车 φ60 外圆面	外圆车刀	90°	800	200	2	0.3
3	粗车 φ60 台阶面	端面车刀		800	40	0.5	0.3
4	粗车 φ50 内孔	内圆车刀	93°	800	200	2	0.3
5	精车 φ60 端面	端面车刀		1000	100	0.3	0
6	精车 φ60 外圆面	外圆车刀	90°	1000	100	0.3	0
7	精车 φ60 台阶面	端面车刀		1000	100	0.3	0
8	精车 φ50 内孔	内圆车刀	93°	1000	100	0.3	0
9	倒角	外圆车刀	45°	1000	100	1	0

表 2-2-7　法兰加工工序三工艺卡片

序号	工步	刀具	规格	主轴转速/(r/min)	进给速度/(mm/min)	切削深度/mm	切削宽度/mm	切削余量/mm
1	粗铣 φ88 圆盘外圆侧平面	平铣刀	D10	1000	500	1	6	0.2
2	精铣 φ88 圆盘外圆侧平面	平铣刀	D10	2000	300	0.2	2	0

表 2-2-8　法兰加工工序四工艺卡片

序号	工步	刀具	规格	主轴转速/(r/min)	进给速度/(mm/min)	切削宽度/mm	切削余量/mm
1	φ5.8 孔钻孔加工	钻头	D5.8	1000	100	—	0
2	φ10 阶梯孔铣孔加工	平铣刀	D6	3000	200	2	0

4. 机器人-机床交互工序安排

如图 2-2-8 所示，法兰加工使用的机加工制造岛包括加工中心、数控车床，以及配备导轨的工业机器人。要实现制造岛内的法兰自动化生产，需要完成机器人-机床交互工序安排，即完成坯料由传送带或其他方式输入，在制造岛内完成所有机加工程序，再将产品输出回传送带的过程。整个过程中，涉及机器人抓取毛坯料、输送产品，以及机器人与数控车床、加工中心气动夹具交互完成工序间上下料任务。法兰自动化加工制造岛内机器人-机床交互工序流程如图 2-2-10 所示。流程涉及使用示教器进行机器人任务编程方法、机床-机器人信号交互方法、机器人与产线信号交互方法将在第 3 章中进行介绍。

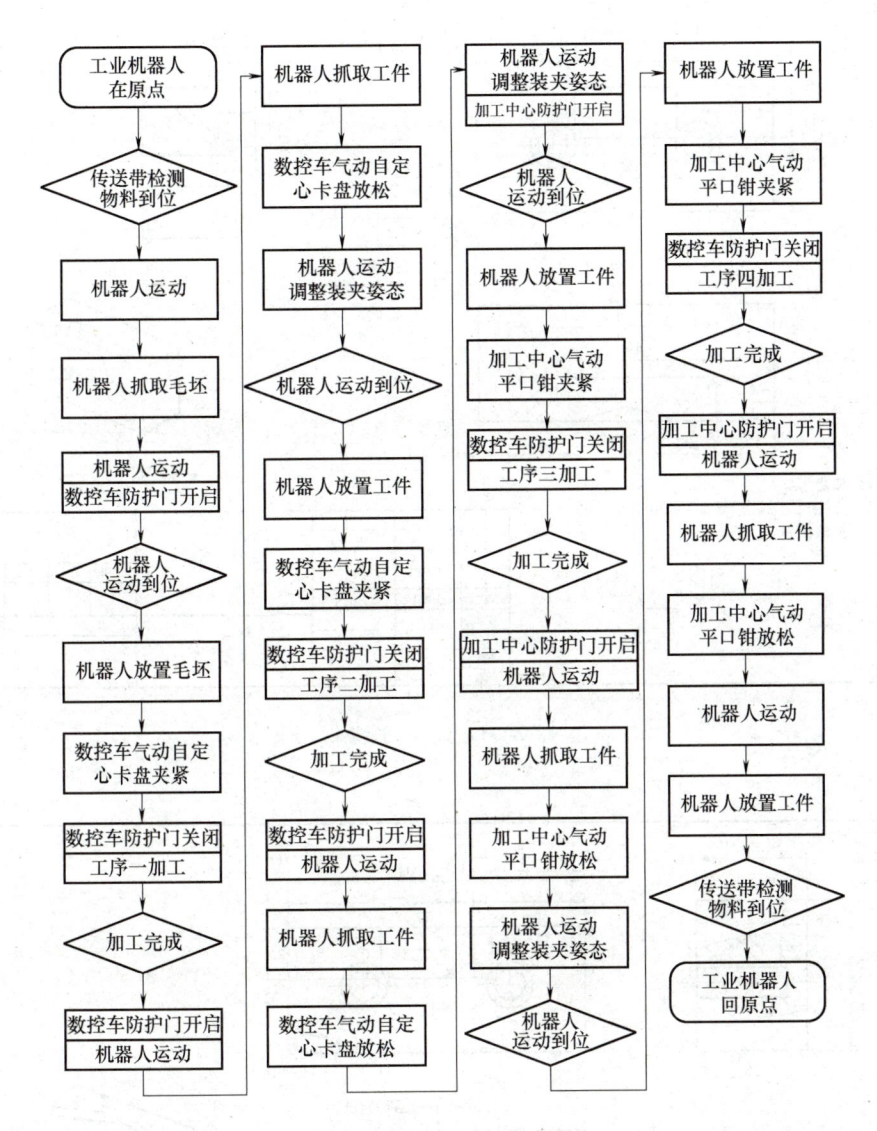

图 2-2-10　法兰自动化加工制造岛内机器人-机床交互工序流程

5. 准备工作

（1）备料　毛坯采用牌号为 6061（可根据实际情况更换材料）的铝合金。

（2）准备刀具　根据不同工序安装刀具。

（3）准备工装夹具　可自制工装夹具，本案例设计按照图 2-2-11 与图 2-2-12 工装，配合气动平口钳使用，工序三按照图 2-2-13a 装夹，工序四按照图 2-2-13b 装夹。

（4）对刀　根据程序刀具表设置安装所用刀具进入刀库，并使用对刀装置对刀具刀长进行测量，一般对刀设备包括但不限于激光对刀仪、触发式对刀仪等。

（5）创建机器人原点　设置上下料机器人原点。

（6）调试机器人　安装机器人夹爪、建立工具坐标系、根据货盘设置用户坐标系等。

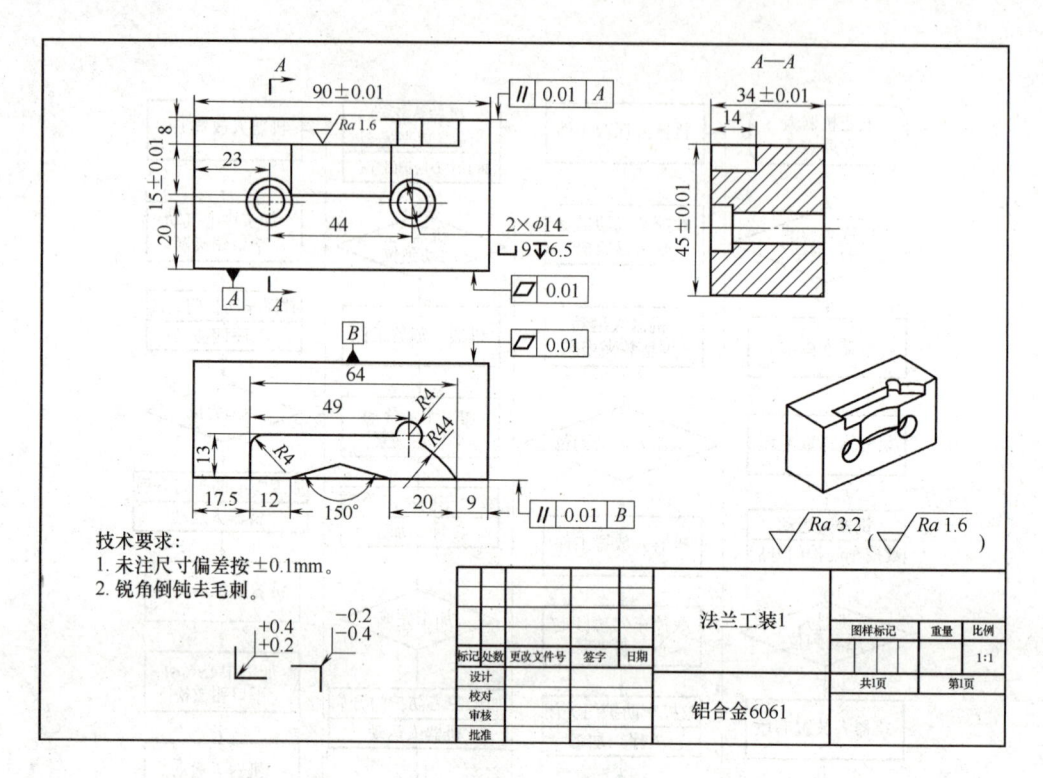

图 2-2-11　法兰工装 1

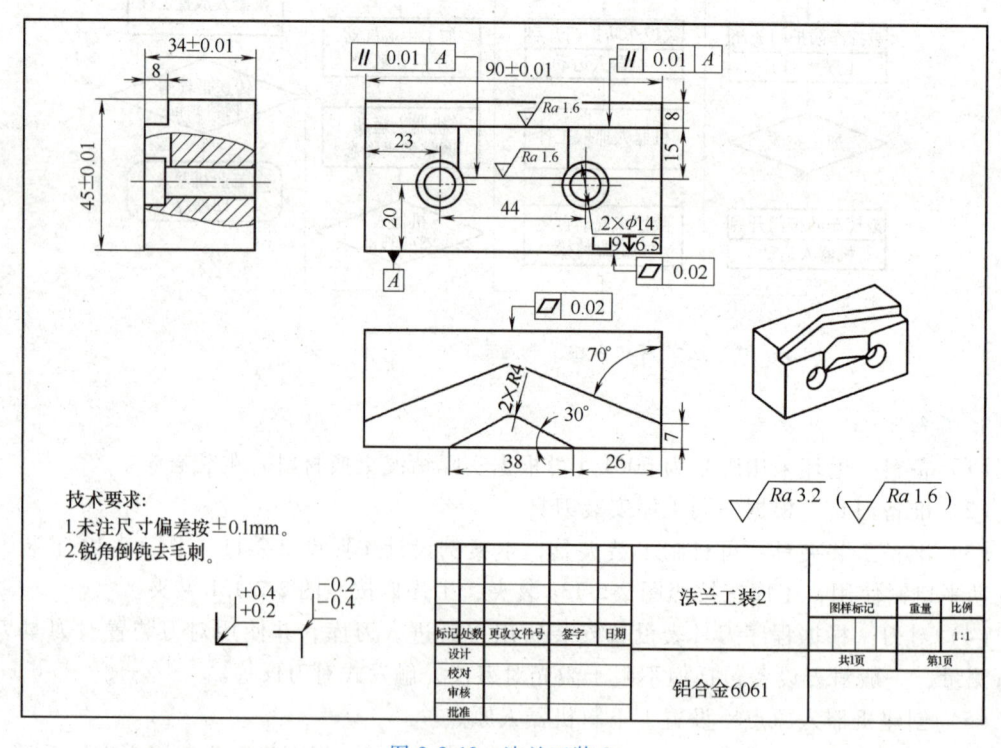

图 2-2-12　法兰工装 2

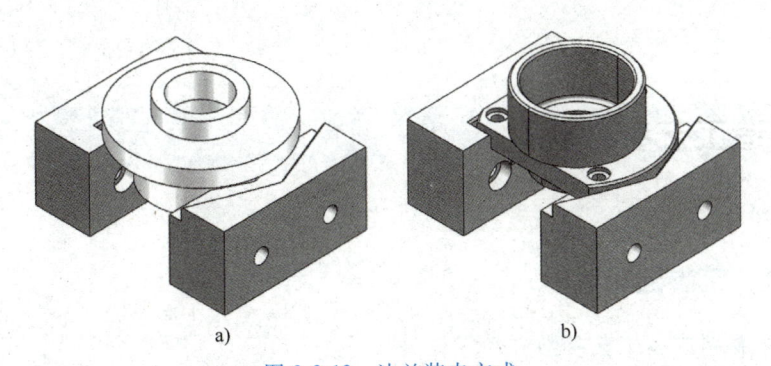

图 2-2-13　法兰装夹方式

a）工序三装夹方式　b）工序四装夹方式

6. 试加工

运行制造程序检查准备工作是否完成，使用 MES 类软件按照工艺规划依次下发工作指令，产线依据程序执行上下料、加工任务。

7. 加工质量检测

根据图 2-2-7 中的几何公差、尺寸偏差及技术要求，对加工零件进行加工质量检测。尺寸偏差使用游标卡尺、千分尺进行测量，几何公差中的圆跳动使用坐标测量机进行测量。

【任务评价】

对任务的实施情况进行评价，评分内容及结果见表 2-2-9。

表 2-2-9　切削制造岛加工实训评价表

序号	检查项目	内容	评分标准	记录	评分
1	法兰特征零件的加工程序（25 分）	编写加工程序	1. 工序安排合理（15 分） 2. 工艺安排合理（10 分）		
2	机器人-机床交互程序（30 分）	编写工业机器人-机床交互程序	1. 能创建工业机器人抓取程序（10 分） 2. 能创建工业机器人的放置程序（10 分） 3. 能完成工业机器人上下料动作（10 分）		
3	准备工作（30 分）	准备工装夹具	合理设计工装夹具（5 分）		
		加工坐标系建立	按照加工程序建立加工坐标系（5 分）		
		准备刀具	完成对刀（5 分）		
		调试机器人	1. 设置上下料机器人原点（5 分） 2. 建立工具坐标系（5 分） 3. 建立用户坐标系等（5 分）		
4	制造岛自动运行（5 分）	运行程序	安全运行加工程序（5 分）		
5	职业素养（10 分）	安全文明操作	1. 劳动保护用品穿戴整齐（1 分） 2. 安全、正确、合理使用机床（1 分） 3. 遵守安全操作规程（2 分）		
		团队协作精神	1. 尊重指导教师与同学，讲文明礼貌（1 分） 2. 分工合理，能够与他人合作、交流（1 分）		
		劳动纪律	1. 遵守各项规章制度及劳动纪律（2 分） 2. 实训结束后，清理现场（2 分）		

2.3 制造工艺参数优化

2.3.1 制造工艺参数概述

知识点 1　材料成型工艺参数

材料成型工艺是制造过程的关键一环，涉及将原材料转变成具有特定形状和尺寸的过程。这一过程包括多种不同的技术，如铸造、锻造、塑性成型（包括注塑和挤出）、轧制等。每种成型工艺都有其特定的工艺参数，这些参数对最终产品的质量、性能和成本有着决定性的影响。以下是一些主要的材料成型工艺参数及其影响：

（1）成型温度　成型温度是指在材料成型过程中，材料或工件被加热到的特定温度。这个温度对材料的加工性能和最终产品的质量有着重要影响。因此，精确控制成型温度是实现高质量成型的关键因素。这里主要讨论两个要点，充型前加热温度及其范围的影响，以及充型后的冷却曲线（冷却速率）的影响。

1）充型前加热温度及其范围的影响。加热温度需确保材料具有足够的流动性以充分填充模具，从而避免成型缺陷（如短射、气泡和不均匀）。适当的加热温度可以改善材料的流动性，减少应力集中，提高产品的力学性能和表面粗糙度；过高的加热温度可能导致能耗增加和生产率降低。同时，过高或过低的温度都可能增加废品率，从而增加原材料和处理废品的成本。

2）充型后的冷却曲线（冷却速率）的影响。冷却速率直接影响材料的微观结构和相变，进而影响产品的力学性能和尺寸稳定性。快速冷却可能产生内部应力和变形，而慢速冷却可能导致晶粒粗大或不均匀。冷却速度的控制也关系到生产周期时间，快速冷却可以缩短生产周期，提高生产率，但可能需要更昂贵的冷却系统或技术，适当平衡冷却速率和生产率是降低生产成本的关键。

（2）成型压力　成型压力是指在材料成型过程中施加于材料上以实现其形状和尺寸变化的压力。这种压力对于确保材料能否充分填充模具的每一个部分，形成所需的几何形状至关重要。成型压力的大小和分布直接影响成型过程的质量和效率，以及最终产品的性能。成型压力的计算和控制是成型工艺设计和优化的关键环节。它不仅需要考虑材料的物理性质和流动特性，还需要考虑模具的设计、加工精度以及成型机的性能。适当的成型压力可以提高生产率，降低生产成本，并确保产品具有良好的质量和性能。

（3）材料冷却速率　材料冷却速率是指材料从高温状态冷却到低温状态的速度，通常以如℃/s 或 ℃/min 来表示。在材料成型工艺中，冷却速率是一个关键参数，它影响材料的微观结构、相变、力学性能以及产品的尺寸稳定性和表面质量。

冷却速率的控制是成型工艺中的一个关键环节，需要根据材料特性、产品设计和性能要求进行精确控制。通过优化冷却系统设计（如冷却通道布局）、调整冷却介质的类型和流速，以及使用温度控制设备等方法，可以实现对冷却速率的有效控制，从而确保成型件具有优良的微观结构、尺寸稳定性、表面质量和性能。随着计算机模拟技术的发展，通过模拟分析冷却过程，可以在成型工艺设计阶段预测和优化冷却速率，以提高产品质量和生产率。

（4）成型速度　成型速度通常指材料在成型过程中填充模具的速度，或者在连续成型工艺中（如挤出成型）材料通过模具的速度。它反映了材料成型的快慢，通常以单位时间内模具填充完成的距离（如 m/min）为单位或以单位时间内成型机能够生产的件数来衡量。成型速度的选择依赖于材料的性质、成型工艺的要求以及最终产品的质量标准。过快的成型速度可能导致材料填充不完全、产生缺陷或影响产品质量，而过慢的成型速度则会降低生产率和增加成本。

成型速度是成型工艺中的关键参数，其对产品质量、生产率以及成本有着直接的影响。

（5）材料流动性　材料流动性是指材料在一定条件下流动的能力，它是衡量材料是否易于成型和填充模具的重要指标。在成型工艺中，特别是在塑料注塑、金属铸造、玻璃成型等工艺中，材料流动性直接影响到成型过程的效率、产品的质量以及产品的细节再现能力。

材料流动性直接影响成型工艺的选择和优化、模具设计、生产率以及产品的结构完整性和外观质量。因此，在材料选择和成型工艺参数设定时，需要充分考虑材料流动性，以确保高效、高质量的生产过程。

知识点 2　机加工工艺参数

机加工工艺是制造领域中一个重要的环节，它通过切削、磨削、钻孔等方法从原材料中去除多余部分，以制造出具有特定形状、尺寸和表面质量的产品。机加工工艺参数的选择对于确保加工质量、提高生产率和降低成本至关重要。

主要的机加工工艺参数有主轴转速（n）、切削速度（v）、进给率（F）、切削深度（a_p）。在面向智能制造和自动化加工的环境中，机加工工艺参数的选择和优化是关键因素，其直接影响加工过程的连续性、稳定性，以及工件的性能一致性和可加工性。

切削速度的适当选择对确保加工质量和效率至关重要。较高的切削速度可以提高生产率，但可能会增加刀具磨损和产生较高的切削温度，影响工件的热稳定性。在智能制造中，切削速度通常会根据材料性质和刀具耐用性进行动态调整，以优化切削效率和延长刀具寿命。

进给率影响切屑的形成和切削力。适当的进给率可以避免刀具过载和断屑性能不佳的情况，特别是在加工韧性大的材料时。在自动化系统中，通过精确控制进给率，可以保证切削过程的稳定性和高效性，减少机器停机时间。

切削深度直接影响到切削负荷和机床的负载。控制适当的切削深度可以避免机床过载和刀具磨损，确保加工的连续性和稳定性。在智能制造中，切削深度的选择往往需要考虑机床的动态性能和刀具的承载能力。

使用高性能的刀具材料，如硬质合金、陶瓷或钻石，以及优化的刀具几何形状，可以提高切削效率，减少磨损，延长刀具使用寿命。这对于保持加工过程的连续性和减少生产中断极为重要。

在自动化加工中，优良的断屑性能是必需的，避免切屑缠绕和堵塞，影响加工质量和安全。通过调整上述参数，以及使用专门设计的断屑几何形状，可以有效控制切屑形态，提高自动化加工的连续性和安全性。

通过智能监控和自动调整机加工工艺参数，智能制造系统能够实时响应加工条件的变化、优化加工过程，提高生产率，同时保证加工质量的一致性。

知识点 3　装配工艺参数

装配工艺是将各个零部件或组件准确、有效地组合成一个完整产品的过程。装配工艺的质量直接影响到最终产品的性能、可靠性和寿命。装配工艺参数的选择和优化对于确保产品质量、提高装配效率和降低成本至关重要。对装配过程有影响的主要装配工艺参数包括装配顺序、装配方法、装配力和装配精度。自动化装配或智能装配要求装配顺序保证其装配过程稳定、连续和高效率、等节拍。

（1）装配顺序　在自动化装配或智能装配系统中，装配顺序的设计对于整个生产过程的效率和质量至关重要。自动化装配或智能装配系统中装配顺序一般具有以下特点：

1）**模块化设计**。装配过程中，组件和部件通常被设计为模块化，以便在多个产品中重复使用。模块化有助于简化装配流程和减少错误。

2）**标准化操作**。标准化的装配步骤确保每个组件都能以相同的方式和顺序被有效地装配，从而提高效率和一致性。

3）**复杂度管理**。在设计装配顺序时，将复杂的装配分解为简单、易于管理的步骤，以降低错误率和提高装配速度。

4）**集成监控与检测**。装配过程中集成实时监控和质量检测，确保可以及时发现问题并处理，减少返工次数和废品率。

为确保装配顺序稳定、连续和高效率，装配顺序的设计应遵守以下原则：

1）**先易后难原则**。在装配顺序的设计中，通常先进行简单的组装操作，后进行技术要求更高或更复杂的装配步骤，这有助于装配的稳定性和准确性。

2）**最小化物料搬运**。在装配线设计时，优化组件的存放和运输路径，尽量减少物料在生产线上的搬运距离和时间，缩短生产周期。

3）**平衡生产线**。设计装配流程时，确保各工作站的工作负载均衡，避免某些工作站过载而其他工作站闲置的情况，提高整体生产率。

4）**灵活性与可调性**。装配系统应具备一定的灵活性和可调性，以满足产品更新换代或市场需求变化的需要，可通过可编程的自动化设备和软件实现。

5）**维护与可访问性**。在设计装配线时，确保所有设备都易于访问和维护，有助于减少设备停机时间和提高生产连续性。

（2）装配方法　装配方法指的是将两个或多个部件连接和固定在一起，形成一个完整产品或子组件的技术和过程。装配方法因其所需的设备、工具、材料，以及应用的特定环境而异，目的是确保构成部件之间的正确定位和稳定连接。装配方法的选择取决于多种因素，包括产品设计、材料类型、生产率、成本和最终产品的使用要求。常见的装配方法包括螺纹连接、焊接、铆接、胶接、冲压装配、插接和卡扣连接等。

装配方法对于整个装配工艺及最终产品的质量、成本、生产率和可维护性都有着重要的影响。正确选择和应用装配方法是确保产品达到预期性能和可靠性要求的关键环节。装配方法直接影响产品的结构强度、耐久性和密封性。不同的装配方法对设备、材料和人工的需求不同，进而影响成本结构。装配方法的选择会影响装配速度和过程的复杂程度，装配方法还决定了产品的可维护性和可拆卸性。装配方法的可靠性对产品的安全性至关重要，特别是在承受高负载或处于极端环境下使用的产品。某些装配方法可能对环境有较大影响，例如，焊接过程中可能产生有害烟雾和气体，而使用胶黏剂的装配方法可能排放有挥发性的有机化合物（VOCs），因此选择环境友好型的装配方法尤为重要。

（3）装配力　在装配过程中，矢量力和转矩的选择是实现安全精确装配的关键。矢量力指的是具有大小和方向的力，它在装配中用来推动或压合部件。例如，将一部件插入另一部件时所需的直线推力。转矩是作用于物体使其旋转的力矩，是力的矢量与力臂（力作用点到旋转轴的距离）的乘积。在装配中，转矩常用于拧紧螺纹或旋紧零件。

装配力的大小、方向、分布、速度、持续时间决定了装配结果。施加的力的大小必须能够实现装配目标，同时又不能导致被装配部件损坏。力的方向影响组件的配合形式和在装配过程中是否正确对齐。力的均匀分布至关重要，能避免造成材料失效的应力集中。力的施加速度及其持续时间显著影响装配质量，快速施加力可能导致材料受到冲击和损坏，而力的施加速度过慢则可能导致装配效率低下。

（4）装配精度　装配精度是指在装配过程中，部件之间、部件与整体之间达到的几何尺寸、形状和相对位置的精确度。它反映了装配后的产品是否符合设计规范和技术要求，包括尺寸偏差、几何公差，以及配合的紧密程度等。装配精度对产品的功能性、可靠性和寿命有直接影响，在实际操作中，装配精度受多种因素影响，包括部件的加工精度、装配方法、装配工具和设备的精确性，以及操作人员的能力等。高装配精度能够确保产品的高性能和长期稳定运行，而低装配精度可能导致产品性能下降、寿命缩短甚至故障。因此，控制和提高装配精度是生产高质量产品的重要环节，装配工艺参数的合理选择和优化是保证产品质量和提高装配效率的关键。通过优化装配顺序、选择合适的装配方法、控制装配力和精度，以及合理利用装配工具和自动化设备，可以有效提升装配工艺的性能，降低成本，并提高产品的市场竞争力。随着智能制造和工业自动化技术的发展，装配工艺的自动化和智能化水平将不断提高，为制造业的高效、灵活和可持续发展提供强有力的支持。

装配结束后需要进行装配调试，装配调试是装配工艺中的一项关键环节，一般由经验丰富的工程师或技师来完成这项工作，装配调试决定产品的最终质量。

2.3.2　工艺参数优化方法

优化工艺参数旨在提高生产率、降低成本、保证或提升产品质量，并确保生产过程的稳定性和可靠性。材料成形工艺参数优化旨在确保材料流动性和成形性，减少内部应力和变形，提高成型件的力学性能和尺寸精度；机加工工艺参数更注重提高加工效率，延长刀具寿命，保证加工质量，减少加工缺陷（如毛刺、烧伤等）；装配工艺参数则以提高装配效率，确保装配质量，减少装配过程中的错误和返工次数，提高产品的整体性能和可靠性等为目标。

优化工艺参数的方法随着新科学技术的应用越来越丰富，常见工艺参数优化方法：

（1）实验设计方法

1）正交试验：通过设计少量具有代表性的试验，分析不同工艺参数对结果的影响。这种方法可以有效地减少试验次数，快速找到最佳参数组合。

2）因子试验：系统地改变一个或几个参数，同时保持其他参数不变，观察不同参数对加工结果的影响。

（2）数学建模和仿真

1）数学模型：建立加工过程的数学模型，通过理论分析预测不同参数对加工结果的影响。

2）计算机仿真：利用CAD/CAM和其他仿真软件，模拟加工过程，评估不同工艺参数对加工质量、效率和成本的影响。

（3）统计过程控制（SPC） 采用统计方法监控和控制生产过程，通过数据分析确定工艺参数的最佳设定点和控制范围。

（4）优化算法 遗传算法、模拟退火、粒子群优化等启发式算法，用于在复杂的参数空间中寻找全局最优解或近似最优解。

（5）标准化和模块化 对于常见的加工过程，可参考行业标准，采用标准化和模块化的参数设定，提高加工的可靠性和重复性。

（6）试错法 在条件允许的情况下，通过试错法逐步调整参数，找到满意的加工条件。这种方法简单直观，但可能耗时较长。

（7）经验法则 利用经验数据和专家知识，对工艺参数进行调整。这要求操作人员或工程师具有丰富的经验和对加工过程的深刻理解。

（8）质量功能展开（QFD） 通过质量功能展开的方法，将客户需求转化为设计和制造过程中的具体参数，以确保产品质量满足客户期望。

工艺参数优化是一个多方面、多方法的综合过程，通常需要结合实验、理论分析、经验和先进的优化工具。正确的优化方法取决于具体的加工条件、可用的资源和优化的目标。通过细致的工艺参数优化，可以显著提高生产率、降低成本并提升产品质量。本节中涉及的工艺参数优化实训可以采用因子实验法或计算机仿真法进行。

2.4 本章小结

本章对智能制造单元实训进行了详细介绍，帮助学生理解并掌握智能制造系统中的基本单元和关键技术。智能制造装备与智能制造岛是智能制造生产系统的基础单元。本章高端数控加工实训部分，介绍了数控加工的基本概念和流程，帮助学生掌握数控加工的核心技术与操作技能，通过多轴定向与联动数控加工实训，学生能够了解并实践复杂零件的加工工艺，增强对数控技术的实际应用能力。焊接制造岛加工与切削制造岛加工实训部分，详细讲解了加工型制造岛在工业生产中的应用，强调了自动化技术在提高生产率和生产质量方面的重要性。随着智能制造技术的不断发展，数字化与自动化在生产中的应用将更加广泛。本章通过实训使学生系统掌握智能制造单元的应用技能，为未来在智能制造生产场景中的工作与研究打下坚实基础。

思考题

1. 在数控加工的过程中，工艺设计包括哪些关键步骤？请结合多轴定向数控加工实训，解释如何通过工艺设计保证加工的质量、效率和稳定性。

2. 在箱体零件的加工过程中，如何根据任务需求调整刀具选择、加工路径和切削用量等参数来实现精度、表面质量和效率的最佳平衡？

3. 简述 CAM 软件在多轴数控加工中的应用价值，并结合叶轮零件的加工过程，说明如何利用 CAM 软件进行程序编译与仿真，以确保加工过程的精准性和高效性。

4. 在叶轮零件的多轴联动数控加工中，常见的加工难点有哪些？结合本章中的实训任务，讨论如何通过工装设计、工艺参数优化和测量技术的应用，克服这些难点并确保加工质量。

5. 焊接机器人实施严格的安全协议为什么至关重要？不遵守这些要求会有什么潜在后果？

6. 讨论材料准备的重要性，包括焊接前的清洁和定位，这些步骤如何影响最终的焊接质量？

7. 简述机器人焊接生产的特点。与传统焊接生产相比，使用机器人焊接生产在效率、质量和安全方面有什么优势？

8. 编程和操作焊接机器人执行复杂焊接任务需要哪些技能？

9. 将机器人焊接与其他制造过程集成如何提高生产力和生产一致性？

10. 设计一个智能制造岛中机器人与数控机床的交互流程，如何才能确保这些系统间的无缝协同工作？

11. 探讨在加工制造岛中实施智能监控系统的优势，这种系统如何提高生产率并减少生产故障？

12. 如何在智能制造岛中管理和优化刀具的使用，保证持续地提高生产率和降低成本？

13. 讨论智能制造岛中实施的几种有效的质量控制技术，这些技术如何保证产品的一致性和合格率？

14. 分析多工序的智能制造岛（包含车削、铣削和钻孔）中主要面临的加工挑战，并提出可能的解决方案。

15. 讨论成型温度对塑料注塑成型中产品力学性能和表面粗糙度的具体影响。成型温度应如何调整以最小化成型缺陷（如短射和气泡）？

16. 解释冷却速率如何影响金属铸造产品的微观结构及其力学性能。冷却速率的不同调整策略是如何影响产品的尺寸稳定性和内部应力的？

17. 讨论在不同材料类型（如软金属与硬质合金）的加工中，切削速度如何影响刀具的寿命和工件的热稳定性？为何在智能制造中，切削速度需要根据材料性质和刀具耐用性动态调整？

18. 解释适当的进给率和切削深度如何共同确保加工过程的高效性和稳定性？在处理高韧性材料时，不当的进给率和切削深度可能导致哪些具体问题？如何通过自动化系统实现这些参数的优化控制？

19. 讨论在智能装配系统中，模块化和标准化如何提高装配效率和减少错误。请举例说明如何通过设计装配顺序优化复杂产品的装配过程。

20. 描述在自动化装配中，如何通过精确控制装配力（包括矢量力和转矩）确保产品的组装精度和结构完整性。请讨论力的不当应用可能导致的典型装配问题，并提出解决方案。

21. 考虑汽车轮毂的 CNC 机加工具体的制造过程。描述如何应用统计过程控制（SPC）和计算机仿真来优化该过程的切削速度和进给率。讨论这些技术如何提高生产率和保证产品质量，并思考加工过程中可能出现的挑战和限制。

第 3 章

智能产线实训

章知识图谱　说课视频

> **导语**
>
> 　　智能制造产线实训的主要环节包括在线检测、工业机器人、智能仓储、AGV，以及管控软件的相关基础知识和应用。智能产线的设备种类较多，同类设备的品牌型号也不尽相同，各实训教学基地在使用本教程教学时可结合自身资源的实际情况做相应替代调整。本章节的学习先了解设备的工作原理和基础知识，再通过实训过程加深理解和掌握。实训环节包括采用视觉实时检测工作台上的轴承安装质量的非接触式的在线检测实训，采用三坐标测量机作为接触式的在线检测实训，工业机器人应用场景的实训操作，结合立体仓库的入库、出库、RFID 技术、AGV 等的典型的智能仓储应用场景的实训操作。

3.1　智能感知与在线检测实训

　　智能感知（intelligent perception）是指通过各种智能传感器模拟人的视觉、听觉、触觉等感知行为能力，借助语音识别、图像处理、人工智能等技术，将实际物理世界的各种信号映射到数字世界，辅助控制器做出理解、规划、决策等智能判断。

　　在线检测是指在设备系统运行状态下进行的检测。相较于离线检测，在线检测的优点是可以及时发现问题并及时修复和调整，减少生产过程中出现的错误和损失；可以实时监测设备的运行状态，减少设备故障的发生，提高设备的可靠性和稳定性；可以实时采集数据和信息，为生产过程中的优化提供依据和参考。

　　智能在线检测是采用了传感器技术、数据采集与处理技术等实现了数据的在线检测，运用人工智能技术、云计算与物联网技术、虚拟现实技术等对数据进行分析、处理、评估和模式识别，从而实现实时诊断和状态预测。

　　智能在线检测有多种方式、方法，涉及检测设备种类很多，本节通过典型的在线检测应用场景进行智能产线的在线检测实训，包括智能产线的视觉检测、3D 坐标检测等检测环节，帮助学生更好地掌握和理解智能感知和在线检测技术。

3.1.1 非接触式在线检测

非接触式在线检测是一种在生产过程中实施的质量控制和测量方法，它使用<u>不直接触碰被测物体的传感器或设备来收集数据</u>。这种检测方式依赖于各种先进的传感技术（如光学、激光、超声波、电磁等），来实现对工件的几何尺寸、形状、表面特性等信息的实时监测和分析。非接触式在线检测技术在智能制造、自动化生产线和质量控制系统中发挥着重要作用，能够提高生产率，保证产品质量，减少废品率。

1. 非接触式在线检测的主要特点

（1）<u>无物理接触</u>　检测过程中不与被测物体发生直接接触，避免了对敏感或精细表面的潜在损伤。

（2）<u>高速测量</u>　非接触式检测通常能够快速收集数据，适用于高速生产线的实时监控。

（3）<u>广泛的应用范围</u>　可用于各种材料和表面类型的检测，包括金属、塑料、玻璃、半导体等。

（4）<u>高精度</u>　采用先进的光学和电子技术，能够实现微米级甚至纳米级的测量精度。

（5）<u>复杂特性测量</u>　除了基本的几何参数外，还可以测量颜色、温度、表面粗糙度等多种特性。

2. 非接触式在线检测的主要应用领域

（1）<u>尺寸和形状测量</u>　使用激光扫描、光学投影等技术测量工件的尺寸和轮廓。

（2）<u>表面质量检测</u>　通过机器视觉系统检测表面缺陷，如划痕、凹陷、异物等。

（3）<u>裂纹和缺陷检测</u>　利用超声波或 X 射线技术检测内部裂纹、气孔等缺陷。

（4）<u>物料分类和分拣</u>　通过光谱分析等技术对不同材料或成分进行识别和分类。

（5）<u>位移和形变监测</u>　在结构测试和材料实验中测量物体的位移和形变情况。

【任务描述】

现有一个配有工业视觉检测的装配工作台（图 3-1-1），用于实现轴承与轴套的安装。根据生产需求，工业视觉检测实时检测工作台上的轴承安装的质量。

【任务要求】

1）根据生产需求，自动识别轴套的位置。

2）根据检测数据，实现自主抓取的控制。

【学习目标】

1）掌握非接触式测量的基础知识。

2）掌握视觉测量的基本方法。

3）掌握视觉传感器在线检测的方法。

【任务准备】

1. 非接触式测量的常用技术

非接触式在线检测技术主要包括以下几种：

（1）<u>机器视觉系统</u>　利用工业视觉检测捕获被测物体的图像，并通过图像处理软件对图像进行分析，用于尺寸测量、缺陷检测、形状识别等。

图 3-1-1　配有工业视觉检测的装配工作台

（2）激光扫描 使用激光束扫描被测物体的表面，并根据光反射的特性来测量物体的几何尺寸、形状和表面特征。

（3）红外热成像 通过捕捉物体表面的红外热辐射分布图像来进行温度分布测量，用于检测电路板、机械设备的热点问题。

（4）紫外线检测 利用紫外线照射并检测物体反射或荧光特性，用于检测表面涂层、印刷错误或特定材料的缺陷。

（5）X 射线和 γ 射线检测 透视检测技术，能够检测到物体内部的缺陷或异物，常用于包装食品和机械部件的内部检查。

（6）声学发射检测 通过捕捉和分析材料在受到应力时产生的声波，用于检测裂纹、脱粘等内部缺陷。

2. 工业视觉在线检测

工业视觉检测是非接触式在线检测的一种重要形式，它利用数字图像处理技术对生产过程中的物品进行自动检测和分析。通过安装在生产线上的一台或多台摄像头捕获工件或生产过程的图像，然后利用计算机视觉算法对这些图像进行处理和分析，识别缺陷、测量尺寸、检测位置和方向等，从而实现自动化的质量控制和生产监控。

工业视觉检测的原理基于计算机视觉技术，通过对采集到的图像进行处理和分析，从而实现对物体特征的识别、测量和判断。整个过程可以分为以下几个关键步骤：

（1）图像采集 使用工业摄像头或相机在特定的照明条件下捕获待检测物体的图像。高质量的图像是确保检测准确性的前提，因此，照明控制和相机选择非常关键。

（2）图像预处理 为了提高图像分析的准确性和效率，采集到的图像通常需要经过预处理，包括去噪、灰度转换、对比度增强、滤波、边缘检测等步骤，以突出需要的特征或减少不相关信息的干扰。

（3）特征提取 根据检测任务的需要，从预处理后的图像中提取相关的特征，如边缘、角点、轮廓、纹理、颜色等。这些特征用于后续的分析和识别。

（4）图像分析和识别 利用各种图像处理算法和模式识别技术对提取的特征进行分析和识别，以判断物体的类别、状态或质量。这一步可能包括比对模板、统计分析、机器学习等方法。

（5）决策和反馈 根据图像分析的结果，如识别出的缺陷类型、产品合格或不合格的判断等，系统会做出相应的决策，并将这些信息反馈给生产控制系统指导后续的生产活动。

整个工业视觉检测过程是自动化和实时的，能够在不干扰生产流程的情况下进行，从而实现高效、精确的在线质量控制。随着计算机视觉技术和人工智能算法的发展，工业视觉检测系统的智能化水平和应用范围不断扩大，成为现代智能制造不可或缺的一部分。

3. 在线激光检测

非接触式在线激光检测是一种使用激光作为主要检测手段的测量技术，它不需要与被测物体直接接触即可获得高精度的测量结果。这种检测技术利用激光束的稳定性和高能聚焦性，通过激光与物体相互作用产生的光学效应（如反射、折射、散射等）获取物体的相关信息。

激光检测的基本原理包括：

（1）激光三角测量 激光发射器发出的激光束照射在被测物体上，激光点在物体表面产生反射，反射光被位于一定角度的接收器（通常是 CCD 或 CMOS 相机）捕捉。通过计算发射点、反射点和接收点构成的三角形的几何关系，可以得到物体表面的位置信息。

（2）激光干涉测量　利用激光的相干性，通过测量激光在两个路径中传播时产生的干涉图案来获取距离信息。这种方法常用于高精度的距离和位移测量。

（3）激光光时域反射　通过测量激光脉冲从发射到被物体反射回接收器所需的时间，计算出激光往返的距离，从而获得物体的位置信息。

【任务实施】

1. 相机校准

（1）点阵板　点阵板是视觉供应商提供给用户用于相机校准的专用工具，如图3-1-2所示。视觉供应商一般提供多种不同尺寸的点阵板，点阵间隔有 7.5mm、11.5mm、15mm、22.5mm、30mm 等，一般选用比相机视野尺寸大一圈的点阵板来进行相机校准。

校准点阵板上有 11×11 个圆点，在校准时只需要检测出其中 7×7 个圆点（务必包含中间 4 个大点）即可确保精度，无须检出所有点。在此基础上，尽量让整个拍摄画面布满圆点。

（2）设定坐标系

1）坐标系的概念。

① 基准坐标系。用于计算相机校准基准的用户坐标系，一般使用 0 号用户坐标系即可。

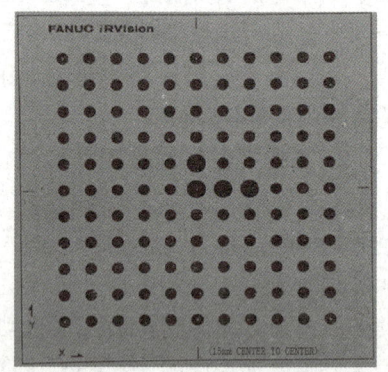

图 3-1-2　点阵板

② 点阵板坐标系。进行点阵板相机校准时用于计算实物与图像之间的数学关系的坐标系。点阵板固定安装时，设定为用户坐标系（User Frame）；点阵板安装在机器人关节上时，设定为工具坐标系（Tool Frame）。

2）设定点阵板坐标系的操作步骤。

① 进行点阵板的坐标系创建。固定好点阵板位置，按〈MENU〉键→选择【设置】→单击【坐标系】命令，采用四点法建立【用户坐标系】。

设定完机器人的工具坐标系后，利用机器人的工具中心点（TCP）修正图 3-1-3b 所示的 4 点（即坐标原点、X 轴始点、X 轴方向、Y 轴方向）进行点阵板用户坐标系的设定。

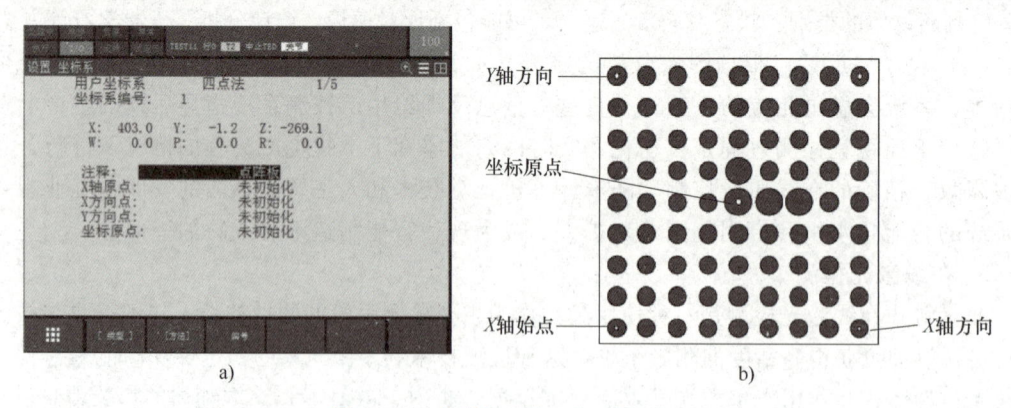

a)　　　　　　　　　　　　　　b)

图 3-1-3　点阵板用户坐标系设定

② 创建视觉相机（图 3-1-4）。在 IE 浏览器上，输入机器人的 IP 地址，在出现的界面中，单击【示教和试验】按钮，进入创建界面。单击【新建】按钮，在【相机数据】列表框中选择视觉类型【2D Camera】命令并在文本框中输入名称。

a)

b)

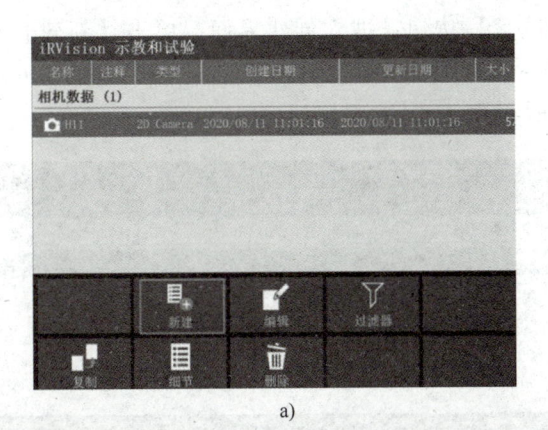

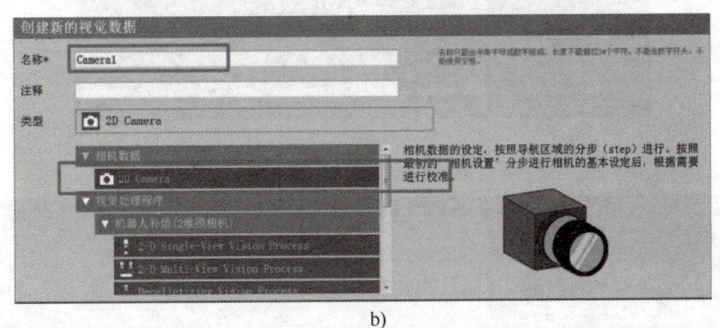

图 3-1-4 创建视觉相机

③ 在相机数据【CAMERA1】中设置基准坐标系和点阵板的坐标系,点阵板坐标系为步骤①中所设定的用户坐标系编号,如图 3-1-5 所示。

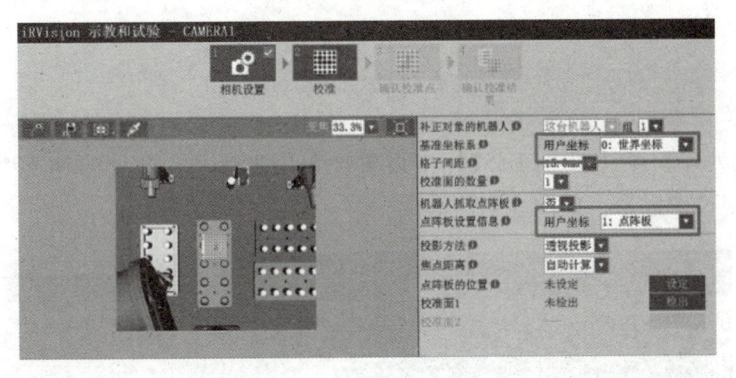

图 3-1-5 设置点阵板坐标系

2. 视觉处理程序

(1) 补正用坐标系 补正用坐标系是用于计算补正量的坐标系。进行位置补正时,补正用坐标系设定为用户坐标系;进行抓取偏差补正时,补正用坐标系设定为工具坐标系。

① 补正用坐标系的 XY 平面必须与工件的移动平面平行,并且与照相机光轴垂直。
② 补正用坐标系可用手动方法设定,也可用"点阵板坐标系设置"功能自动设定。

(2) 创建视觉处理程序的操作步骤

1)单击【示教和试验】按钮,进入创建界面。单击【新建】按钮,在【机器人补偿(2维照相机)】列表框中选择视觉类型【2-D Single-View Vision Process】命令并在文本框中输入名称,如图3-1-6所示。

a)

b)

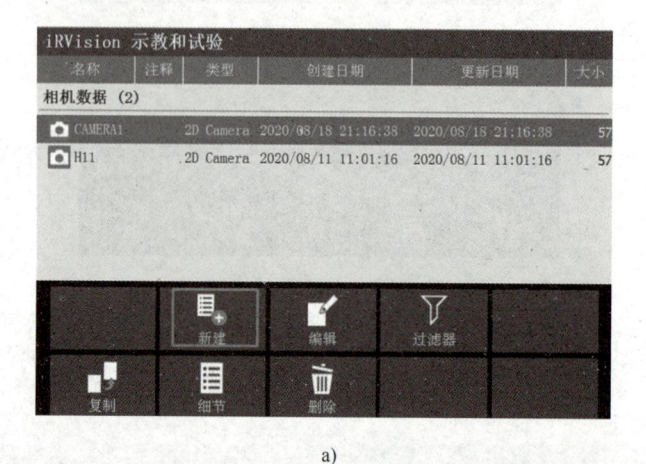

图 3-1-6　创建视觉处理程序

2)在视觉处理程序【PROCESS1】中设置补正用坐标系,此处的补正用坐标系是与工件平面平行的用户坐标系,如图3-1-7所示。

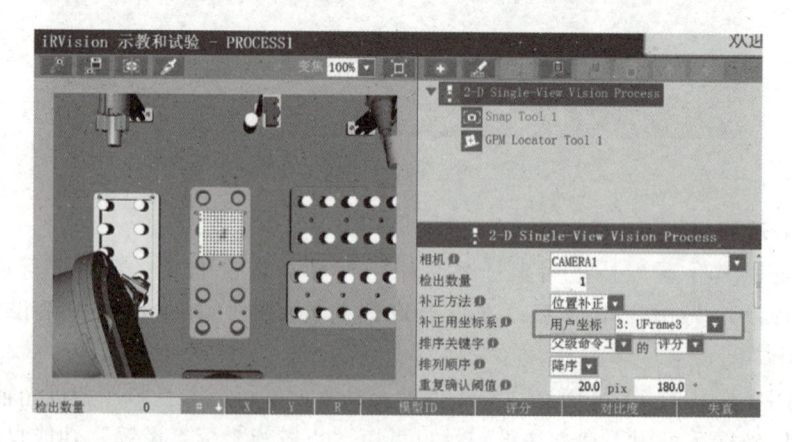

图 3-1-7　设置补正用坐标系

3. 视觉检测程序

（1）视觉寄存器（图3-1-8） FANUC工业机器人的视觉检测数据被存储于视觉寄存器VR［i］中，一个视觉寄存器可以存储一个检出工件的数据。

按〈DATA〉键→选择【类型】→单击【视觉寄存器】命令，可以查看视觉寄存器中工件的数据。

视觉寄存器"="后的"R"表示该寄存器已有数据记录，"*"表示该寄存器未被使用。按〈SHIFT+F5〉键可以清除寄存器的数据。

（2）视觉程序指令 机器人使用视觉进行工件的检出或判断时，需要编写视觉程序指令，如图3-1-9所示。

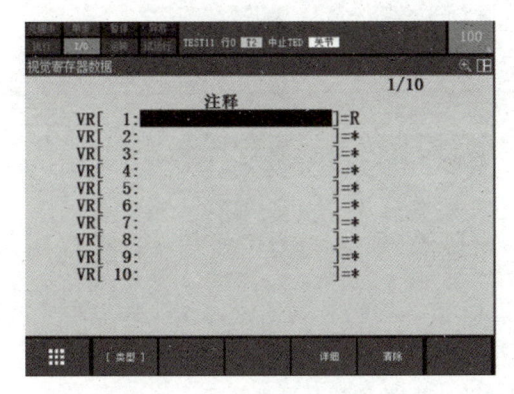

图3-1-8 视觉寄存器

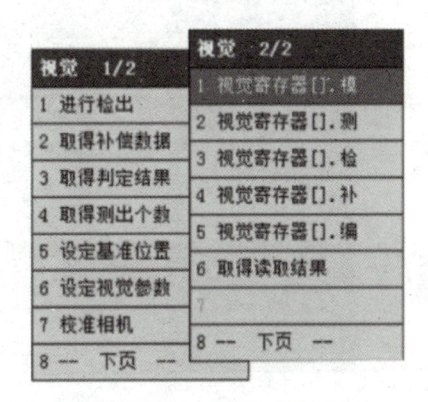

图3-1-9 视觉程序指令

其中，常用的视觉程序指令如下：

1）VISION RUN_FIND(视觉程序名)。进行检出指令。启动视觉程序，完成拍照检出。当视觉程序包含多个照相机视图时，可在该指令后面使用附加照相机视图指令CAMERA_VIEW［i］，即

VISION RUN_FIND(视觉程序名)CAMERA_VIEW［i］

2）VISION GET_OFFSET(视觉程序名)VR［i］JMP,LBL［a］。取得补偿数据指令。从视觉程序中读取检测结果，将其存到指定的视觉存储器VR［i］中，视觉程序检出多个工件时，反复执行取得补偿数据指令。若没有检出结果或反复执行此指令而没有更多的检出结果时，跳转至LBL［a］。

3）VOFFSET。视觉补正指令。视觉补正指令是附加在机器人动作指令上的附加指令。对机器人示教位置进行视觉补正，使机器人运动到工件的实际位置上（补正后的位置为工件的实际位置）。

视觉补正指令有2种形式：

① 直接视觉补正，程序为：

L P［1］200mm/sec FINE VOFFSET,VR［2］

② 间接视觉补正，程序为：

VOFFSET CONDITION VR［2］

L P［1］200mm/sec FINE VOFFSET

4）R［a］=R［b］.MODELID，模型ID代入指令。

将检出工件的模型 ID 号复制到 R［a］寄存器中。此指令在有多个模型 ID 时使用。

4. 视觉定位

（1）**机器人工具坐标系设置**　机器人手臂的第六轴换上标定工具先进行机器人工具坐标系设置（使用四点法）。

（2）**进入视觉设置界面**　查看机器人 IP 地址，再设置计算机的 IP 地址，使两个 IP 地址在同一个网段内，然后在计算机网页上输入机器人的 IP 地址，进入视觉设置的网页，如图 3-1-10 所示。

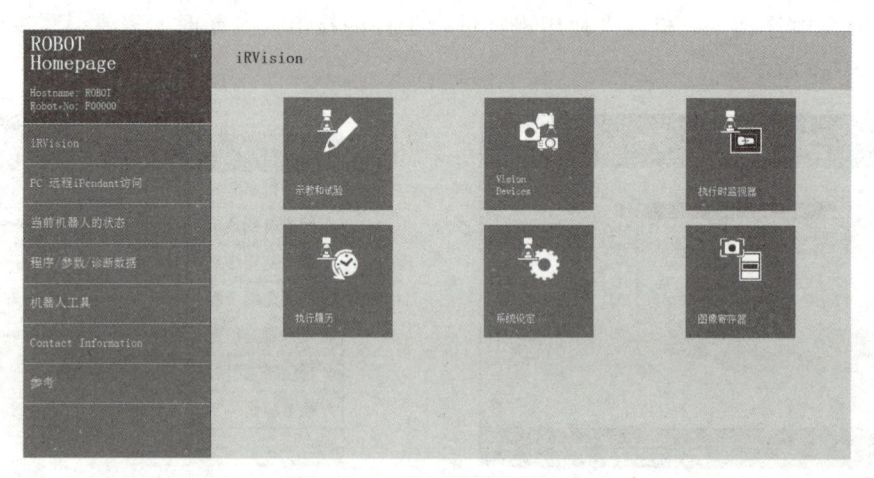

图 3-1-10　进入视觉设置界面

（3）**创建 2D 相机数据**　在电脑网页进入视觉设置界面后，单击【示教和试验】按钮，在【创建新的视觉数据】选项卡中，选择【相机数据】列表框中的【2D Camera】命令，再选择【名称】文本框输入名称，最后单击【确定】按钮，如图 3-1-11 所示。

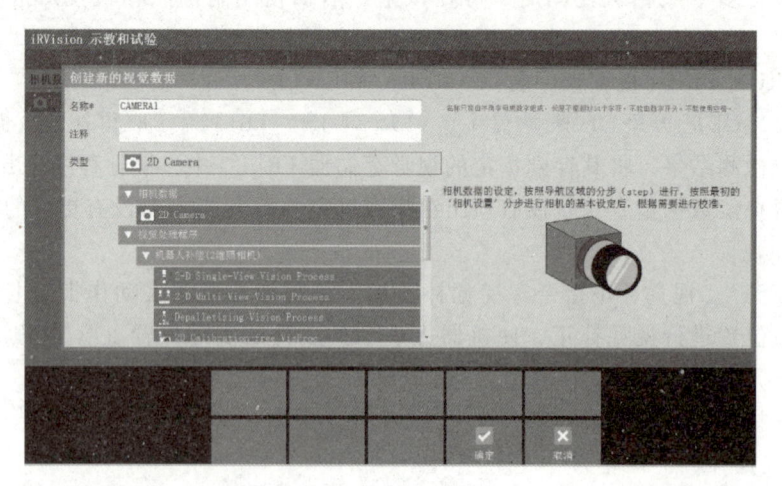

图 3-1-11　创建 2D 相机数据

（4）**相机数据设置**（图 3-1-12）　相机数据中的最后一步进行确认校准点误差，可以查看每个圆点显示出的误差，如果误差特别大，如光标所在的第五行，可以选中第五行单击【删除】命令。一般坐标系对点精确的情况下，不会出现很大的误差，误差特别大的可以删除，不会影响结果。

a)

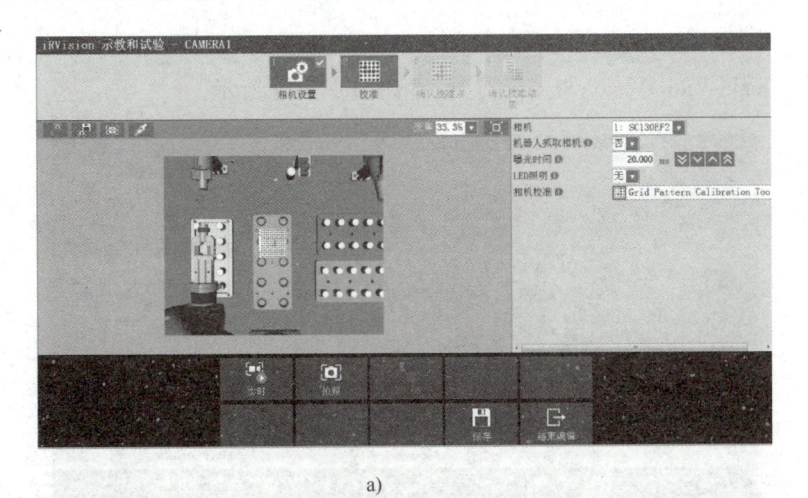

b)

图 3-1-12　相机数据设置

（5）创建视觉定位文件　完成步骤（4）中的操作后，回到上一级界面，再单击【新建】按钮，新建视觉处理文件【2-D Single-View Vision Process】，创建完成后双击进入新建的视觉程序中，如图 3-1-13 所示。

图 3-1-13　创建【2-D Single-View Vision Process】文件

(6) 设置【2-D Single-View Vision Process】文件

1)【2-D Single-View Vision Process】设置如图 3-1-14 所示。

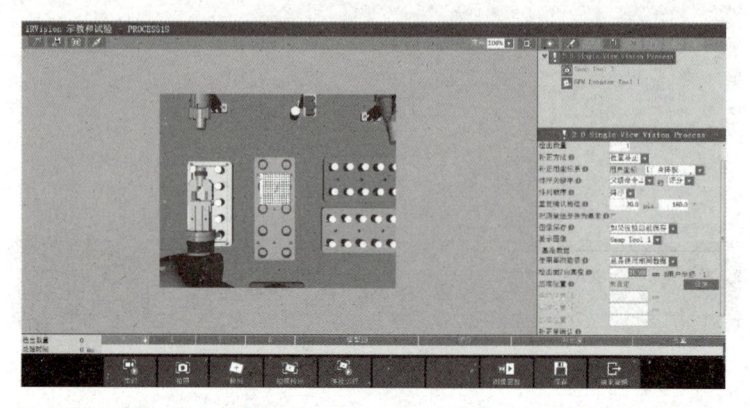

图 3-1-14 【2-D Single-View Vision Process】设置

2)【Snap Tool】设置如图 3-1-15 所示。

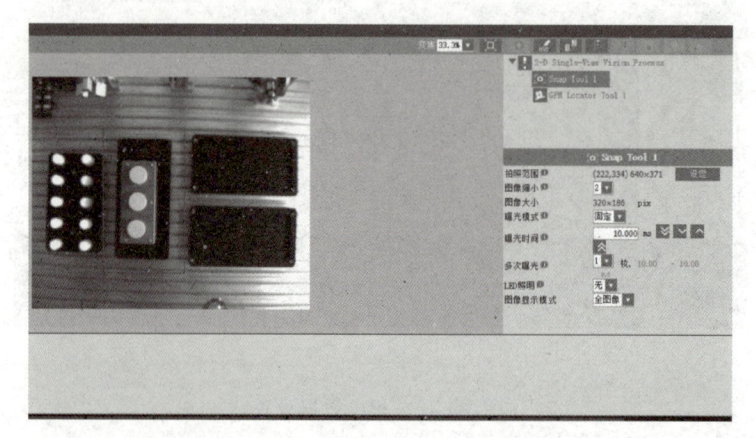

图 3-1-15 【Snap Tool】设置

3)【GPM Locator Tool 1】设置如图 3-1-16 所示。

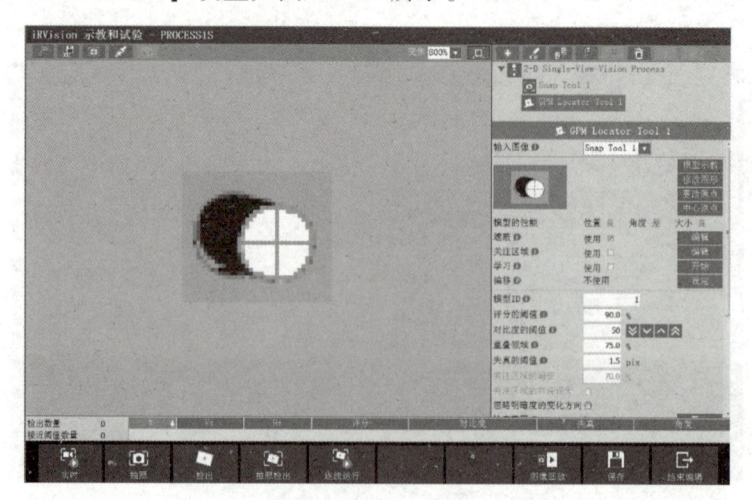

图 3-1-16 【GPM Locator Tool 1】设置

① 把需要检测的物体拍照，然后单击【模型示教】按钮，圈出需要检测的物体所在的区域，如果有多余的外部线条，在【遮蔽】按钮旁边打上【√】，单击【编辑】按钮把多余线条擦掉即可。

② 然后单击中心原点，系统会自动识别物体的中心原点。

③ 单击【拍照检出】按钮，会出现图形的得分，根据图形的得分，在【评分的阈值】文本框输入低于图形得分的分值。

(7) 设定基准位置　　以上设置完成后，回到【2-D Single-View Vision Process】设置栏下，设置【基准位置】，单击【设定】按钮，成功设定会出现提示信息"设定完了"，如图3-1-17所示。

(8) 计算补差量　　设定完成后，工件放在原地不动，使用示教器编写一个机器人抓取工件的程序，以第一个抓取的工件为基准，之后在抓取一样的工件时会以第一个工件的数据为基准计算补差量。

(9) 取得补偿数据　　最后编写机器人程序，进行视觉检测，并取得补偿数据，【PROCESS1】为之前创建的视觉处理程序的名称，如图3-1-18所示。

图 3-1-17　设定基准位置

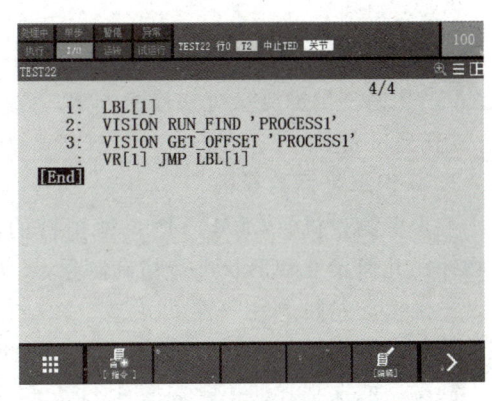

图 3-1-18　视觉处理的程序名称

3.1.2　接触式在线检测

接触式在线检测是一种在生产过程中实时进行的质量控制方法，它依赖直接与被检测物体接触的传感器或测量装置来获取数据。这种检测方式能够提供物体尺寸、形状、表面粗糙度等物理属性的精确信息。

接触式在线检测的主要特点包括：

(1) 实时性　　检测过程与生产过程同步进行，可以及时发现问题并采取措施，避免生产不合格品。

(2) 高精度　　由于是直接接触测量，接触式在线检测通常能提供较高的测量精度。

(3) 物理接触　　检测装置需要与被测物体直接接触，这可能会对某些敏感或易损的表面造成损伤。

(4) 适用性　　特别适合用于对尺寸精度要求高的加工过程（如车削、铣削、磨削等）的检测。

接触式在线检测的主要应用范围：

(1) **尺寸测量** 在加工过程中实时监控零件的尺寸，确保其符合设计要求。

(2) **形状检测** 检测零件的形状是否满足特定的几何公差标准，如圆度、平面度等。

(3) **表面质量检测** 评估加工表面的粗糙度和其他表面质量指标。

(4) **裂纹和缺陷检测** 通过接触式探针等装置检测零件表面或内部的裂纹和缺陷。

接触式在线检测是保证生产质量和提高生产率的重要手段，但在应用时需要考虑到其对生产速度的影响和对被测物体表面可能造成的损伤。因此，选择合适的检测设备和合理设计检测方案对于确保检测效果和生产率都非常关键。

【任务描述】

现有一台三坐标测量机（图3-1-19），用于实现数控机床加工完成的半成品检测。根据生产需求，三坐标测量机需要检测工件的尺寸，检测后判断加工的精度是否合格。

【任务要求】

1）根据生产需求，完成工件尺寸的实时检测。

2）根据检测数据，判断工件的加工精度。

【学习目标】

1）掌握三坐标测量机的基本使用方法。

2）掌握三坐标测量机的检测方法。

【任务准备】

1. 认识三坐标测量机

三坐标测量机（CMM）是一种精密的测量装置，能够对物体的几何尺寸和形状进行精确测量。

图3-1-19 三坐标测量机

三坐标测量机利用一个可沿 X、Y、Z 三个轴向移动的探针接触被测物体的表面，通过探针触点的位置数据确定物体的几何特征。这种装备可以配置不同类型的探头，如接触式探针、激光扫描头等，以适应不同的测量需求。

三坐标测量机能够测量零件的长度、宽度、高度、孔径等尺寸参数，确保零件符合设计规格。三坐标测量机的基本功能包括：

(1) **形状和位置公差检测** 通过测量，三坐标测量机可以检测零件的形状和位置公差（如平面度、圆度、同轴度、对称度等）。

(2) **复杂几何特征测量** 对于具有复杂几何形状的零件，三坐标测量机可以测量其曲线、斜面、凹槽等特征，提供详细的三维数据。

(3) **质量控制与反馈** 三坐标测量机在生产线上实时测量，能够及时发现加工偏差，为生产调整提供数据支持，及时纠正加工误差，提高产品质量。

(4) **数据记录与分析** 测量数据可以用于生产过程的监控、质量分析和持续改进，帮助制造商优化生产工艺。

三坐标测量机作为接触式在线三维检测装备，在智能制造中扮演着重要的角色，适用于精密制造、汽车、航空航天等行业的质量控制。由于测量过程中需要与被测物体接触，三坐标测量机可能不适用于表面易受损或柔软的材料。因此，在应用CMM时，需要根据被测物体的材料特性和表面状态选择合适的探头和测量策略。

常用的三坐标测量机品牌有：海克斯康、蔡司、西安力德、米通、法尔、勒洛伊等。

2. 三坐标测量机的测量探针

三坐标测量机利用一个可沿 X、Y、Z 三个轴向移动的探针，接触被测物体的表面，通过探针触点的位置数据来确定物体的几何特征。

如图 3-1-20 所示，三坐标测量机的测量探针是一个杆状金属件，其前端装有一个高精度、高耐磨的圆球，通常采用红宝石材料制成，探针的尾部安装在探头下端，探头随测量机测轴做位移运动，其任意时刻所在的空间位置数据能够通过测量机的三轴光栅尺精确读出。探头的内部装有一个与探针联动的高度灵敏的三维微动传感器（三向应变式微动传感器），当探针前端圆球与被测表面发生接触时，微动传感器会随即发送对应的位置触发信号，此信号经测量机计算机拾取并处理，产生可对外输出的相应的坐标数据及与关联点之间的距离等几何量。

测量探针实用、方便，不仅广泛地用于三坐标测量机，也被配置到高端机床上实现在线或在机检测功能。例如，进行刀具对刀检测和磨损监测，对工件定位、托盘定位及加工尺寸进行检测等。

图 3-1-20 测量探针

【任务实施】

1. 测量件零件分析

检测任务如图 3-1-21 所示，其中尺寸偏差为 $(3±0.02)$ mm，几何公差有平面度 0.02mm 与相对于基准 A 的平行度 0.04mm。

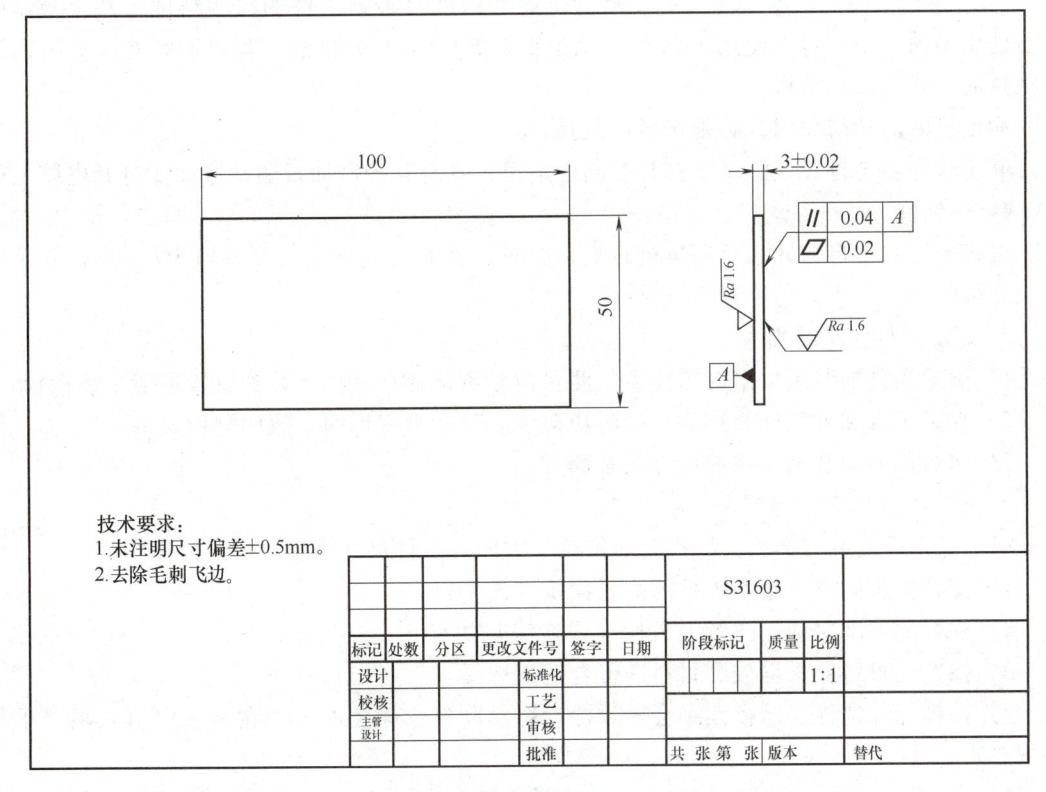

图 3-1-21 测量件零件图

2. 测量任务分析

为了保证工件检测的准确性,需要在测量之前检查测量室的工作环境、测量机的清洁度及开关机,制定检测方案(包括零件的装夹方法、测针直径及安装方向、采点位置等)。

(1) 测量室工作环境　为保证高水平的位移精度,三坐标测量机的 XYZ 导轨都是采用空气静压式导轨设计,因此对作业环境及被测件的洁净度、温湿度都提出了较高的要求。

三坐标测量机有产线现场和专用测量室两种配置环境,产线现场配置环境相对于专用测量室而言,要求更高。

1) 温度与湿度控制。在产线现场,由于生产活动的持续进行,温度和湿度的控制可能较为困难。为了保证三坐标测量机的精度,仍需要尽量将温度维持在(20±2)℃,相对湿度不得超过60%。这可能需要额外的温湿度控制设备,并需要经常进行监控和调整。

2) 空气质量。产线现场可能存在更多的灰尘、颗粒物等污染物,这些污染物可能会黏附到测量机表面或进入内部,影响测量精度。因此,在产线现场使用三坐标测量机时,需要更频繁地进行清洁和维护,以保证空气质量满足国家标准 GB/T 16292—2010 中的 100 级别标准。

3) 振动与噪声。产线现场可能存在各种机械设备的运行振动和噪声,这些都会对三坐标测量机的精度产生影响。为了尽量减少这种影响,可能需要采取一些减振和降噪措施,如使用减振地基或配置主动关振设备。

4) 电源环境。产线现场的电源环境可能较为复杂,电压波动和频率变化可能较大。因此,需要配置稳压电源或不间断电源(UPS)来保证三坐标测量机的电源稳定性。

(2) 测量机的清洁度及开关机　测量机的清洁度会影响工件的检测精度,甚至会影响机器使用寿命。采用每天使用无纺布或无尘纸蘸99.7%无水酒精,对导轨顺着一个方向进行擦拭的方式清洁测量机。

测量机的启动与关闭,必须按照规范操作。

开机顺序:①打开气源;②打开控制柜电源;③打开控制面板驱动Ⓜ;④打开电脑上的 CALYPSO 软件。

关机顺序:①将探针移至测量机右上角位置;②关闭电脑上的 CALYPSO 软件;③关闭控制面板驱动Ⓜ;④关闭控制柜电源;⑤关闭气源。

3. 确定工件固定装夹

1) 确定工件的装夹方案时需注意,测量位置不能存在遮挡,装夹位置不能干涉探针。

2) 保证工件和夹具安装牢靠,同时应避免工件受力变形而导致的测量误差。

3) 尽可能一次装夹,完成所有元素测量。

4. 测量机探针选择与校准

确定好工件装夹方案后,根据装夹位置、方向、工件尺寸来选择测量所需探针。

1) 探针的方向要尽量和工件的测量面垂直或平行。

2) 探针的长度要满足图纸上最长(或最深)的尺寸。

3) 探针的材料要根据被测材料进行合适的选择。

4) 探针球径选择,球径太小会导致探针容易断裂,球径太大会在测量中引入很严重的机械滤波。

综上所述,结合工件及其装夹方案,选择球径3mm、杆长58mm的红宝石材料探针,并设定探针的方向。

校准时通过标准球、主探针和工作探针进行校准。

三坐标测量机的标准球（图 3-1-22）是一种用于校准和检验三坐标测量机准确性和精度的工具。标准球通常由高硬度和耐磨损的材料制成，如金属、陶瓷或是高精密刚玉球。又因其形状为精确的球形，测量过程中严禁磕碰。

主探针（图 3-1-23）是安装在三坐标测量机的主轴上的探针，主要用于对工件进行粗略的定位和初始测量。主探针一般具有较大的测量范围和较快的测量速度，可以快速对工件进行大致的测量，为后续的精细测量提供初始数据。

工作探针（图 3-1-24）是用来进行精细测量和检测的探针，安装在三坐标测量机的主探针上。工作探针通常具有较小的测量范围和较高的测量精度，可以对工件的各个细节进行精确的测量和检测，保证测量结果的准确性和可靠性。

图 3-1-22　标准球　　　　图 3-1-23　主探针　　　　图 3-1-24　工作探针

将标准球安装在工作台上，主探针及工作探针安装在库位架上，校准主探针及工作探针的标准误差（S），其值在 0.0005 以下才可进行测量，否则需用无尘布蘸 99.7% 无水酒精对标准球、探针进行擦拭，然后再次进行测量，直到标准误差（S）在 0.0005 以下为止。

5. 导入 CAD 模型

在软件中单击【CAD】按钮，再选择【CAD 文件】子菜单，单击【导入】命令，如图 3-1-25 所示，选择需要导入的模型及类型，如图 3-1-26 所示。

图 3-1-25　CAD 文件导入　　　　图 3-1-26　选择需要导入的模型及类型

6. 建立工件坐标系

在导入模型后，接下来建立测量基准——工件坐标系，工件坐标系采用面-线-点的方式，步骤如下：

1）先创建建立坐标系所需要的元素（面、线、点），如图 3-1-27 所示，以打点形式建立元素，打点位置避开垫铁，面元素要选取图纸上的基准 A。

2）选择【测量程序】选项卡中的"基本/初定位坐标系"，在【基础坐标系】选项卡中，选中【建立新的基础坐标系】按钮，在下拉列表框中选择【标准方法】后单击【确定】按钮如图 3-1-28 所示，在弹出的【基本坐标系】对话框中选择对应的面、线、点等元素，单击【确定】按钮，工件坐标系建立完毕。

a)

b)

c)

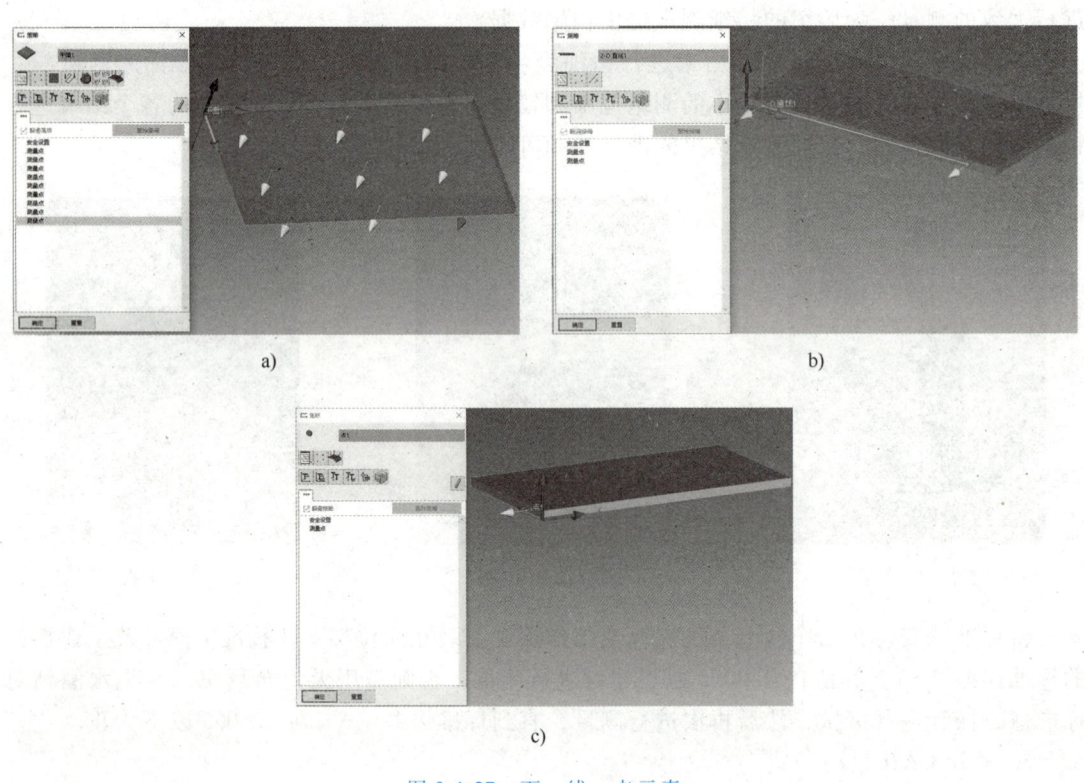

图 3-1-27 面、线、点元素

a)

b)

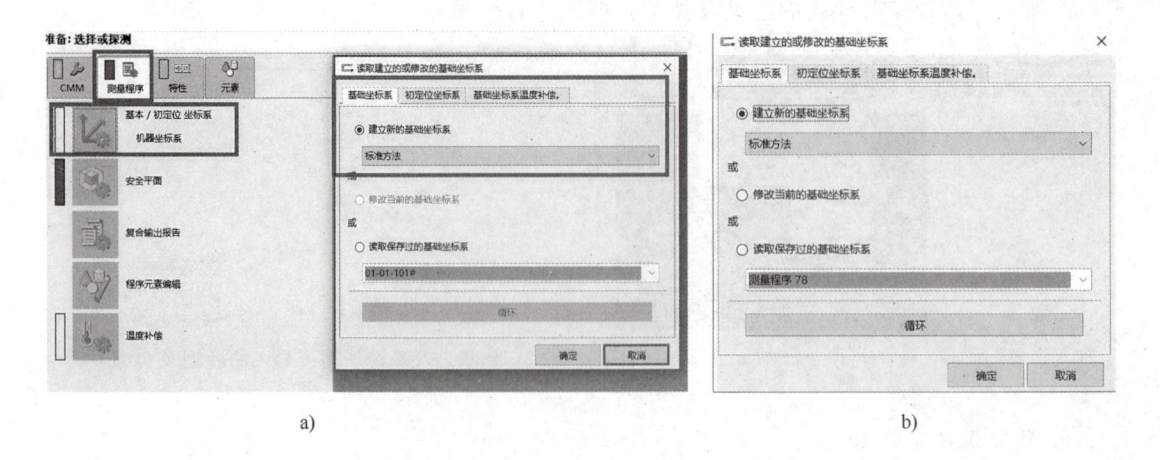

图 3-1-28 工件坐标系建立

c)

图 3-1-28 工件坐标系建立（续）

7. 创建安全平面

安全平面是将一个工件测量范围完全包裹的六面体空间。机器在元素和元素之间运行时不允许探针的任何部分进入安全平面，安全平面具有规划探针路径的功能，有 CAD 模型时可以按照模型提取，具体操作如图 3-1-29 所示。

8. 编辑测量程序

1）编辑测量元素。对图纸上测量所需要的元素进行分析，并在软件中获取相应的元素，对照图纸可知，尺寸偏差为（3±0.02）mm，选择抽取元素方法，单击需要的平面（如平面2），能获取想要的平面元素，获取到元素后，双击将元素打开，进入元素编辑界面设置测量点，如图 3-1-30 所示。

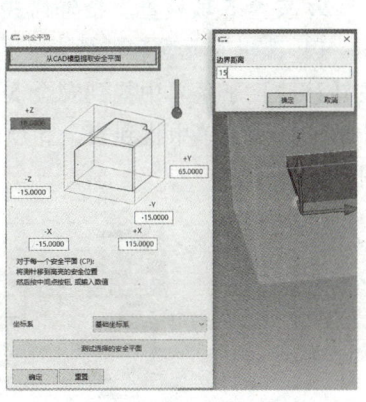

图 3-1-29 创建安全平面

a)

b)

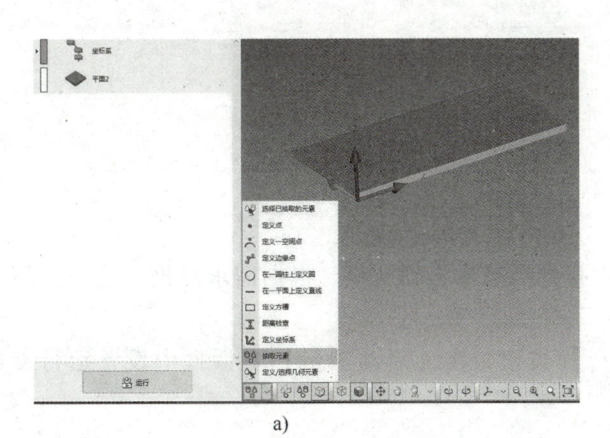

图 3-1-30 元素创建

2）编辑测量特性。元素获取完成后，接下来输出这些元素所具有的特性，尺寸偏差（3±0.02）mm 特性输出如图 3-1-31 所示，平面度 0.02mm 特性输出如图 3-1-32 所示，平行度 0.04mm 特性输出如图 3-1-33 所示。

图 3-1-31　尺寸偏差（3±0.02）mm 特性输出

图 3-1-32　平面度 0.02mm 特性输出

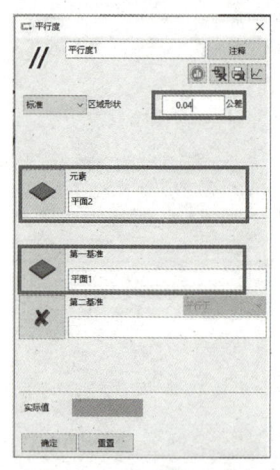

图 3-1-33　平行度 0.04mm 特性输出

9. 安全 5 项检查、报告格式及运行参数设置

1）编辑完元素和特性后，对安全 5 项进行检查。在【程序元素编辑】选项卡后，可以在【移动】子菜单中找到安全 5 项的前三项（安全平面组、安全距离、回退距离），在【探针系统】子菜单中找到安全 5 项的后两项（探针系统、测针），分别对这 5 项进行检查，如图 3-1-34 所示。

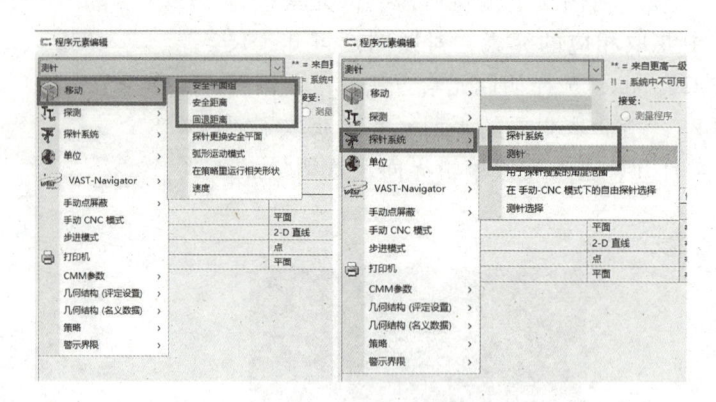

图 3-1-34　安全 5 项

2）报告格式设置。在菜单栏中找到结果输出到文件，根据需求对报告输出类型进行选择，如图 3-1-35 所示。

3）运行参数设置。单击【运行】按钮，在【启动测量】对话框中设置运行参数，如图 3-1-36 所示。

10. 程序运行及生成报告

所有设置完成后，选择【手动坐标系找正】，如图 3-1-37 所示，按照步骤提示，使探针对工件上的坐标系元素进行探测，探测完成后就能运行，运行完毕后自动生成报告，测量报告如图 3-1-38 所示。

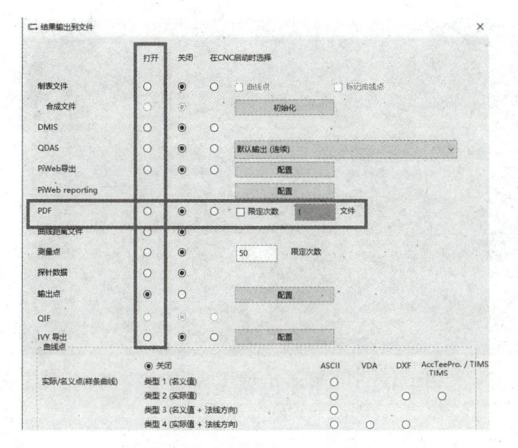

图 3-1-35　报告格式设置

图 3-1-36　运行参数设置

图 3-1-37　手动坐标系找正

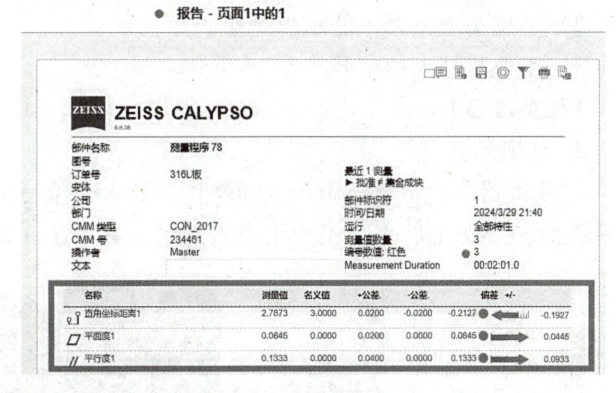

图 3-1-38　测量报告

检测完成后，要求操作者给出检测结论的文字报告。

3.2　工业机器人的典型应用

工业机器人目前已经广泛应用于家电制造、电子产品、纺织、航空、化学工业、机械工具、建筑、金属、汽车、食品、物流等行业，工业机器人在智能产线的典型应用包括搬运、装配、焊接、检测等。

3.2.1　工业机器人的搬运应用

本节使用的工业机器人型号为 FANUC 的 LR MATE 200ic/5L，控制柜型号为 R-30iA Mate。

【任务描述】

现有如图 3-2-1 所示的工业机器人搬运系统,用于实现数控机床的自动上下料。根据生产需求,工业机器人 RB1 需要将传送带上待加工的工件搬运至数控机床,待数控机床加工完成后,RB1 再将加工完成的工件搬运至传送带。

【任务要求】

1)根据生产需求,完成工业机器人的基本轨迹规划。

2)实现工业机器人的自动控制。

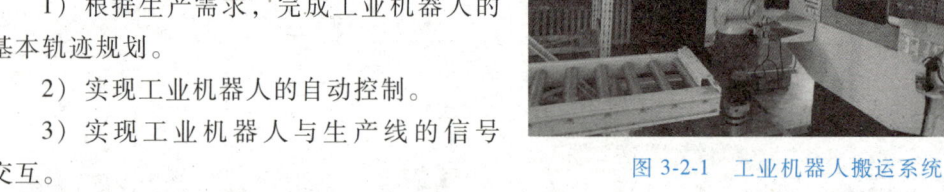

3)实现工业机器人与生产线的信号交互。

图 3-2-1 工业机器人搬运系统

4)实现工业机器人与数控铣床的信号交互。

【学习目标】

1)掌握工业机器人的基本运动指令。

2)掌握工业机器人的示教操作。

3)工业机器人的信号控制。

【任务准备】

1. 认识示教器

工业机器人的示教器用于点动操作机器人、编写机器人程序、试运行程序、生产运行和查阅工业机器人的状态。工业机器人的示教器如图 3-2-2 所示。

图 3-2-2 工业机器人的示教器

示教器包含液晶画面、68 个键控开关、有效开关、安全开关、急停按钮等。其中,有效开关是将示教器切换至有效或者无效状态,只有按下安全开关才可以点动操作机器人及手动运行程序,按下急停按钮机器人立即停止运行。键控开关的功能见表 3-2-1。

表 3-2-1 键控开关的功能

键控开关	功能
PREV key	返回键,显示上一屏幕
SHIFT key	功能键,与其他键一起执行特定功能

（续）

键控开关	功能
MENUS key	菜单键，使用该键显示屏幕菜单
Cursor keys	光标键，使用这些键移动光标
STEP key	单步键，使用该键在单步执行和循环执行之间切换
RESET key	复位键，使用该键清除警告或错误
BACK SPACE key	后退删除键，使用这个键清除光标之前的字符或者数字
ITEM key	选项键，使用该键选择它所代表的项
ENTER key	确认键，使用该键输入数值或从菜单选择某个项
POSN key	位置键，使用该键显示位置数据
ALARMS key	报警键，使用该键显示警告屏幕
QUEUE key	队列键，使用该键显示任务队列屏幕
APPL INST key	使用该键显示测试循环屏幕
STATUS key	状态键，使用该键显示状态屏幕
MOVE MENU key	使用该键显示运动菜单屏幕
MAN FCTNS key	使用该键显示手动功能屏幕
Jog Speed keys	使用这些键来调节机器人的手动操作速度
COORD key	坐标系键，使用该键选择手动操作坐标系
Jog keys	点动键，使用这些键手动操作机器人
BWD key	后退键，使用该键从后向前地运行程序
FWD key	前进键，使用该键从前向后地运行程序
HOLD key	暂停键，使用该键停止机器人
Program keys	程序键，使用这些键选择菜单项

2．工业机器人的基本运动指令

工业机器人的轨迹是一组运动指令的集合，基本运动指令包括关节运动、直线运动和圆弧运动。

（1）基本运动指令

1）关节运动是指工具在两个指定的点之间任意运动。

2）直线运动是指工具在两个指定的点之间沿直线运动。

3）圆弧运动是指工具在三个指定的点之间沿圆弧运动。

（2）基本运动指令的用法　基本运动指令的格式包括运动类型、位置数据类型、速度单位、终止类型和附加运动语句，其用法如图3-2-3所示。

1）位置数据类型。

① P：一般位置。

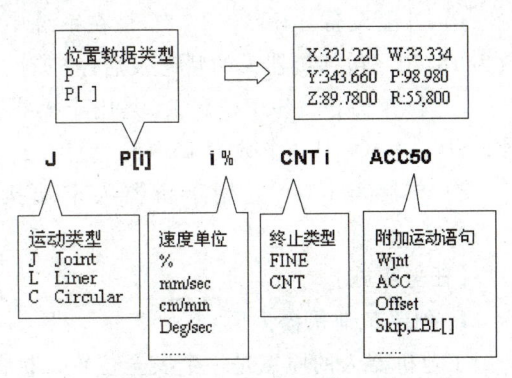

图3-2-3　基本运动指令的用法

② PR[ ]：位置寄存器。

2）速度单位。速度单位随运动类型改变而改变，常用的运动类型及其范围见表 3-2-2。

表 3-2-2 常用的运动类型及其范围

运动类型	速度范围	运动类型	速度范围
关节运动	1%~100%	直线运动	0.1~4724.0in/min[①]
直线运动	1~2000mm/s	圆弧运动	1°/s~520°/s
直线运动	1~12000cm/min		

① 1in/min=0.0254m/min。

3）终止类型。终止类型包括 FINE 和 CNT 两种类型，在运动的起点和终点一般用 FINE 作为运动终止类型，这样做可以使机器人精确地运动到开始位置和结束位置。

绕过工件的运动一般使用 CNT 作为运动终止类型，可以使机器人的运动看上去更加连贯。

不同的终止类型对运动轨迹的影响如图 3-2-4 所示。

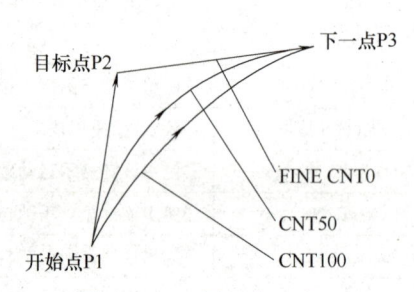

图 3-2-4 不同的终止类型对运动轨迹的影响

3. 工业机器人的信号交互

工业机器人的信号交互一般是通过 IO 通信实现。FANUC 机器人的输入、输出信号是机器人与末端执行器、外部装置等系统的外围设备进行通信的控制信号。分为通用 I/O 和专用 I/O。

(1) 通用 I/O　通用 I/O 是用户可进行自定义的信号，可分成三类：

1) 数字 I/O。属于通用数字的 BOOL 信号，分为数字输入和数字输出，状态为 ON/OFF，DI[ ]/DO[ ]，数量为 512/512。

2) 群组 I/O。属于通用数字的组合信号，可以分为输入和输出，GI[ ]/GO[ ]，数量为 100/100，状态为数值型。

3) 模拟 I/O。属于模拟量信号，可以分为模拟量输入和输出信号，AI[ ]/AO[ ]，个数为 64/64。

(2) 专用 I/O　专用 I/O 是系统定义的专用的 IO 信号，用户不能重新定义信号的功能，专用信号的功能已经确定，分为下列三种类型：

1) 外围设备（UOP）I/O。是在系统中已经确定用途的专用信号，UI[ ]/UO[ ]，个数为 18/20，包括机器人的状态及启停控制。

2) 操作面板（SOP）I/O。是用于操作面板、操作箱的按钮和 LED 状态的数字专用信号，SI[ ]/SO[ ]，个数为 15/15。

3) 机器人 I/O。是用于机器人末端执行器的机器人 IO 信号，RI[ ]/RO[ ]，个数为 8/8。

【任务实施】

1. 创建工业机器人原点

工业机器人的原点是一个安全位置，机器人在这一位置通常处于准备状态，并且远离工件和周边设备。当工业机器人在原点时，会给其他控制器设备同时发出信号，根据此信号控制器可以判断工业机器人是否在原点。

设置基准点包括下列步骤：

1）在示教器上选择【MENU】菜单，通过【设定】子菜单单击【设定基准点】命令，如图 3-2-5 所示。

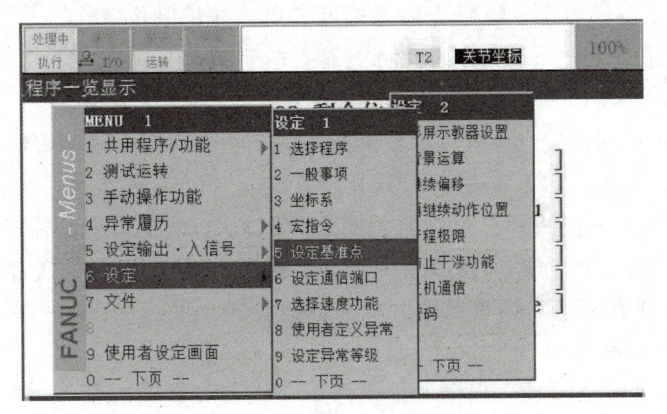

图 3-2-5　进入设定基准点

2）在【设定基准点】对话框中，单击【细节】建立【界面基准点1】，将【注解】文本框修改为"HOME"，将基准位置确认为有效，通过手动示教工业机器人的每个轴，将其运行至零点位置，并"记录位置"，记录后将信号定义为 DO[140]，作为原点输出信号。设定基准点如图 3-2-6 所示。

2. 创建工具坐标系

工业机器人工具坐标的默认原点位于机器人 J6 轴的法兰中心，根据需要，将工具坐标系的原点移到工作的位置和方向上，该位置为工具的中心点 TCP（Tool center point）。工具坐标系如图 3-2-7 所示。

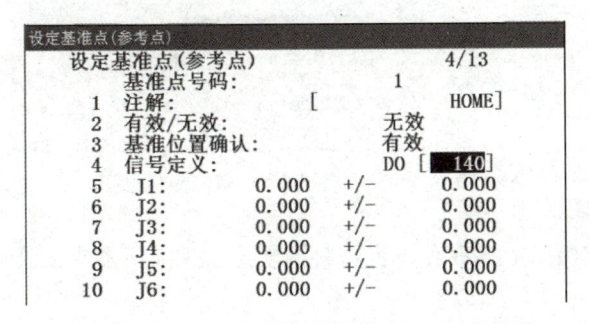

图 3-2-6　设定基准点

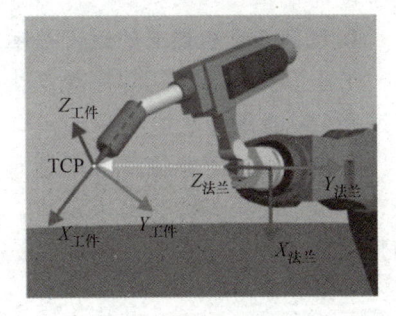

图 3-2-7　工具坐标系

所有的工具坐标系的测量都是相对于 TCP 的，用户最多可以设置 10 个工具坐标系。由于工具坐标系已知，机器人的运动始终可预测，同时工业机器人可以沿工具作业方向移动或者绕 TCP 调整姿态。

工具坐标系的设置有三种方法，分别是：三点法、六点法、直接输入法。下面以六点法为例，说明 TCP 设置的方法。

1）打开 MENU 菜单，选择 SETUP，在 TYPE 列表框下选择 Frame 命令，可以选择指定的坐标编号来创建工具坐标。

2）通过 DETAIL 菜单，选择创建工具坐标的方法为六点法。

3）手动示教工业机器人，以三个接近点（Approach point1、Approach point2、Approach point3）去接近尖点（origin point），并记录位置。

4）手动示教工业机器人，以垂直姿态接近尖点，并记录位置。

5）接下来设置 TCP 的 X、Y 方向，将机器人的示教坐标系改为通用坐标系，示教机器人沿 X 正方向至少移动 250mm，并记录位置。

6）将机器人示教回到尖点位置，示教机器人沿 Z 正方向至少移动 250mm，并记录位置。

7）记录完成后 UNINIT 变成为 RECORD，当六个点记录完成后，新的工具坐标系会被自动计算，按〈PREV〉键回到上个界面，按〈SETIND〉键激活刚设置的工具坐标系。

8）将机器人的示教坐标系切换成新的工具坐标系，通过分别绕 X、Y、Z 轴旋转，检查 TCP 点是否正确，如有偏差，则重复以上步骤重新设置。

3. 创建用户坐标系

用户坐标系（工件坐标系）根据世界坐标系在机器人周围的某一个位置上创建坐标系。其目的是使机器人的运动，以及编程设定的位置均以该坐标系为参照。因此，设定的工件支座和工件的边缘、货盘或机器的外缘均可作为基准坐标系中合理的参照点。

用户坐标系的建立可以采用三点法、四点法和直接输入法。

三点法创建用户坐标分为两个步骤：

1）确定坐标原点。将工业机器人示教至"坐标原点"，记录位置，坐标原点显示为"已记录"，如图 3-2-8 所示。

2）定义坐标方向。示教工业机器人沿用户坐标系的 X 正方向至少移动 100mm，记录位置；示教工业机器人沿用户坐标系的 Z 正方向至少移动 100mm，记录位置。

4. 创建工业机器人的运行程序

工业机器人的运行程序包括工业机器人的运行轨迹和 I/O 控制。

在本节中，工业机器人的运行轨迹主要包括两条，一条轨迹是工业机器人从生产线上抓取和放置物料的轨迹，另一条是工业机器人从数控机床上抓取和放置物料的轨迹，工业机器人工作流程图如图 3-2-9 所示。

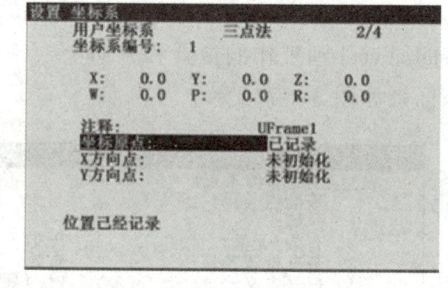

图 3-2-8 确定坐标原点

5. 设置工业机器人交互信号

工业机器人交互信号需要根据机架和插槽进行设置。机架是指 IO 模块的种类，IO 模块的常用类型包括：

1）0 表示处理 I/O 印制电路板、I/O 连接设备连接单元。

2）1~16 表示 I/O Unit-MODEL A/B。

3）32 表示 I/O 连接设备从机接口。

4）48 表示 R-30iB Mate 的主板（CRMA15, CRMA16）。

插槽指构成机架的 I/O 模块的编号。

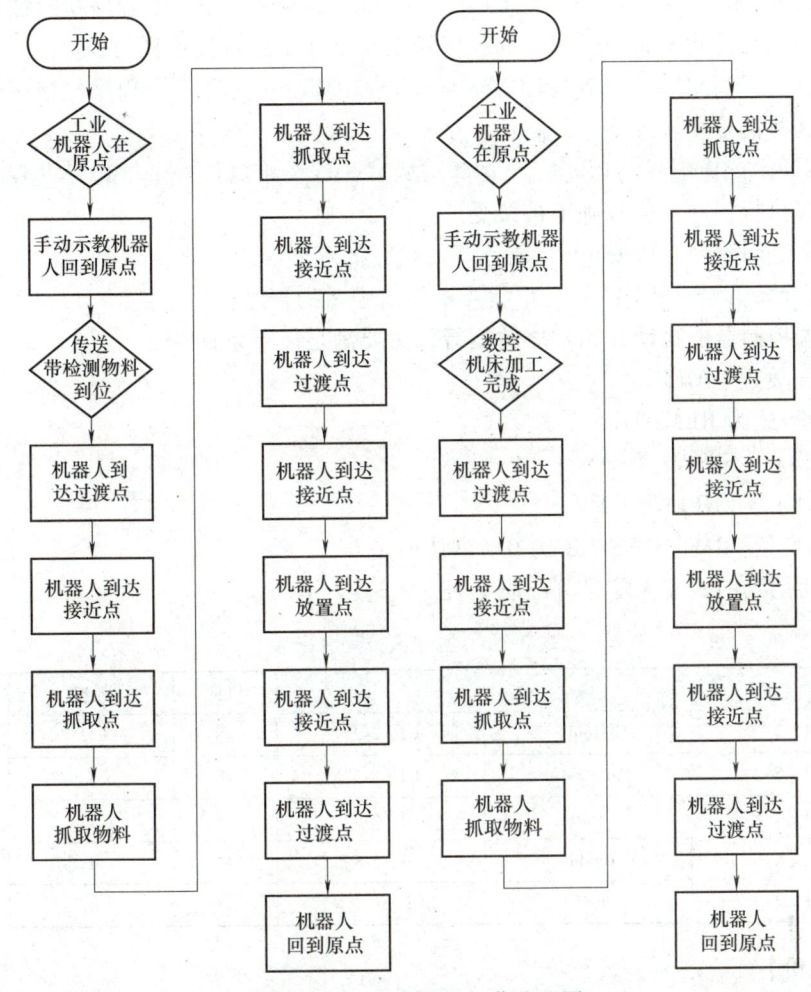

图 3-2-9　工业机器人工作流程图

1）使用处理 I/O 印制电路板、I/O 连接设备连接单元时，按连接的顺序为插槽 1、2…。

2）使用 I/O Unit-MODEL A 时，安装有 I/O 模块的基本单元的插槽编号为该模块的插槽值。

3）使用 I/O Unit-MODEL B 的情况下，通过基本单元的 DIP 开关设定的单元编号，即为该基本单元的插槽值。

4）在 I/O 连接设备从机接口、R-30iB Mate 的主板（CRMA15，CRMA16）中，插槽值始终为 1。

I/O 信号设置如图 3-2-10 所示。

6. 程序的外部自动运行

程序的外部自动运行是通过外部 I/O 来实现，外部 I/O 控制自动执行程序和生产。

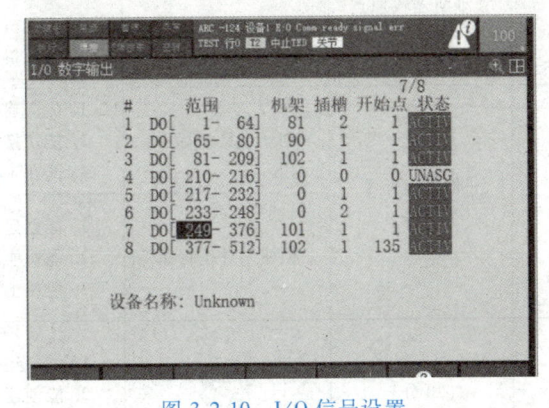

图 3-2-10　I/O 信号设置

1）机器人需求信号（RSR1~RSR4）选择和开始程序。当一个程序执行或被中断，被选择的程序处于等待状态，一旦原先的程序停止，就开始运行被选择的程序。

2）程序号码选择信号（PNS1~PNS8 和 PNSTROBE）选择一个程序。当一个程序被中断或执行，这些信号则被忽略。

3）自动开始操作信号（PROD_START）从第一行开始执行一个被选择的程序，当一个程序被中断或执行，这个信号则不被接受。

4）循环停止信号（CSTOPI）停止当前执行的程序。

5）外部开始信号（START）重新开始当前中断的程序。

为使远端控制器能自动开始程序的运行，需要满足以下条件：

1）TP 开关置于 OFF。

2）自动模式为 REMOTE。

3）UI［3］*SFSPD 为 ON。

4）UI［8］*ENBL 为 ON。

5）系统变量$RMT_MASTER 为 0（默认值是 0）。

本节需要用到的机器人信号分配表见表 3-2-3。

表 3-2-3　机器人信号分配表

				机架	插槽	开始点
1	UI［2］	Hold	UI［2-2］	48	1	21
2	UI［5］	Fault reset	UI［5-5］	48	1	22
3	UI［6］	Start	UI［6-6］	48	1	23
4	UI［8］	Enable	UI［8-8］	48	1	24
5	UI［9］	RSR	UI［9-12］	48	1	25

【任务评价】

对任务的实施情况进行评价，评分内容及结果见表 3-2-4。

表 3-2-4　工业机器人的搬运应用评价表

序号	检查项目	内容	评分标准	记录	评分
1	工业机器人原点（20分）	创建工业机器人原点	1. 能手动示教操作工业机器人(10分) 2. 工业机器人原点姿态正确(5分) 3. 工业机器人原点信号正确(5分)		
2	机器人坐标系（20分）	创建工具坐标系	1. 能创建工具坐标系(3分) 2. 能切换不同的工具坐标系(3分) 3. 能在工具坐标系下操作机器人(4分)		
		创建工件坐标系	1. 能创建工件坐标系(3分) 2. 能切换不同的工件坐标系(3分) 3. 能在工件坐标系下操作机器人(4分)		
3	机器人程序（20分）	编写工业机器人程序	1. 能创建工业机器人抓取程序(10分) 2. 能创建工业机器的放置程序(10分)		

（续）

序号	检查项目	内容	评分标准	记录	评分
4	工业机器人自动运行（30分）	外部信号交互及自动执行程序	1. 能与数控机床进行信号交互（10分） 2. 能自动启动程序完成抓取功能（10分） 3. 能自动启动程序完成旋转功能（10分）		
5	职业素养（10分）	安全文明操作	1. 劳动保护用品穿戴整齐（1分） 2. 安全、正确、合理使用工具（1分） 3. 遵守安全操作规程（2分）		
		团队协作精神	1. 尊重指导教师与同学，讲文明礼貌（1分） 2. 分工合理，能够与他人合作、交流（1分）		
		劳动纪律	1. 遵守各项规章制度及劳动纪律（2分） 2. 实训结束后，清理现场（2分）		

3.2.2 工业机器人的装配应用

【任务描述】

现有如图3-2-11所示的工业机器人装配系统，用于实现轴承的装配工作。

【任务要求】

1）根据生产需求，完成工业机器人的基本轨迹规划。

2）根据生产需求，实现工业机器人的自动控制。

3）根据生产需求，实现工业机器人与生产线的信号交互。

【学习目标】

1）掌握工业机器人与机器视觉的配置。

2）掌握工业机器人的高级指令应用。

【任务准备】

1. 寄存器指令

（1）数值寄存器 R[i]

图 3-2-11　工业机器人装配系统

$$R[i] = \begin{cases} \text{Constant}(常数) \\ R[i](寄存器的值) \\ PR[i, j](元素寄存器的值) \\ DI[i](信号的状态) \\ \text{Timer}[i](程序计时器的值) \end{cases}$$

数值寄存器支持"＝"（赋值）、"＋""－"运算。

1）查看数值寄存器的值，具体步骤如下：

① 按〈Data〉键，再按〈F1〉（类型）键，出现图3-2-12所示界面。

② 在【类型】列表框中选择【数值寄存器】命令，按〈ENTER〉键，即可查看数值寄

95

存器的值，如图 3-2-13 所示。

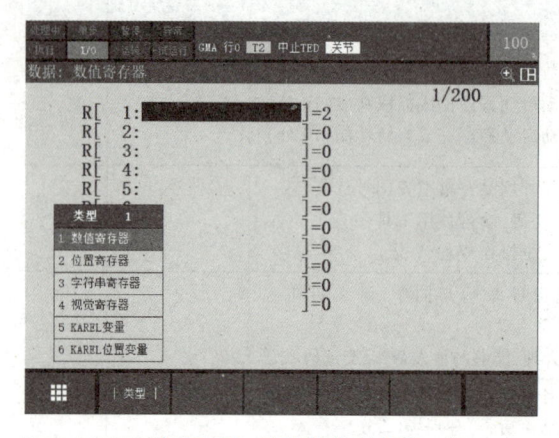

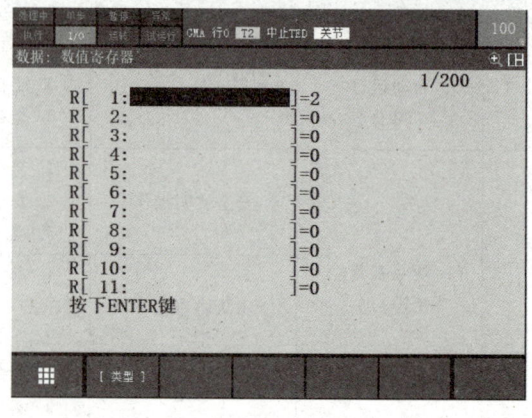

图 3-2-12　选择数值寄存器　　　　　　图 3-2-13　查看数值寄存器的值

2）修改数值寄存器的值。

① 将光标移至寄存器号后，按〈ENTER〉键，输入注释。

② 将光标移至值处，使用数字键可直接修改数值。

（2）位置寄存器 PR[i]

$$PR[i] \begin{cases} PR[i] \\ P[i] \\ LPOS(当前位置的直角坐标值) \\ JPOS(当前位置的关节坐标值) \\ UFRAME[i](用户坐标系i的值) \\ UTOOL[i](工具坐标系i的值) \end{cases}$$

位置寄存器支持"="（赋值）、"+""-"运算。

查看和修改位置寄存器的值具体使用步骤参考数值寄存器。

（3）位置寄存器要素指令 PR[i，j]（图 3-2-14）

PR[i，j]=PR[i]的第 j 个要素（坐标值）

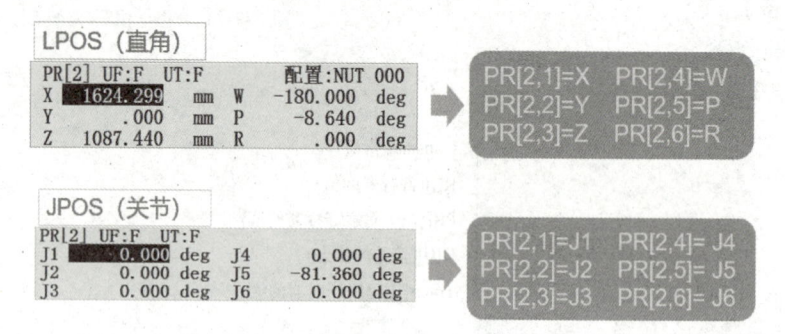

图 3-2-14　PR[i，j] 指令

2. 偏移条件指令（OFFSET）

（1）位置补偿条件指令和位置补偿指令

1）位置补偿条件指令：OFFSET CONDITION PR[i]/(偏移条件，PR[i])。

2）位置补偿指令：OFFSET。

通过此指令可以将原有的点偏移，偏移量由位置寄存器决定。偏移条件指令只对包含附加运动 OFFSET 的运动语句有效。偏移条件指令一直有效到程序运行结束或者下一个偏移条件指令执行为止。

（2）偏移指令（图 3-2-15）

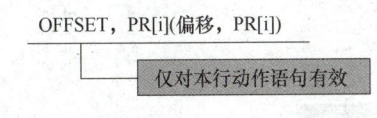

OFFSET，PR[i]（偏移，PR[i]）
仅对本行动作语句有效

例1：
1.OFFSET CONDITION PR[10]
2.L P[1] 1000mm/sec FINE ！偏移无效
3.L P[2] 1000mm/sec FINE，OFFSET ！偏移有效
4.L P[3] 1000mm/sec FINE，OFFSET，PR[20]

例2：
1.L P[1] 1000mm/sec FINE
2.L P[3] 1000mm/sec FINE，OFFSET，PR[10]

图 3-2-15　偏移指令

3. 其他指令

（1）用户报警指令　当程序中执行该指令时，机器人会报警并显示报警消息。

用户报警指令：UALM[i]　　默认下，i=1～10

使用用户报警指令前，需要先设置用户报警，具体操作如下：

1）依次按下〈MENU〉键→〈SETUP〉键→User alarm（用户报警），按〈ENTER〉键进入用户报警设置。

2）进入用户报警设置后，将光标置于需要使用的报警编号行，按〈ENTER〉键后可输入报警内容，如图 3-2-16 所示。

（2）计时器指令　计时器指令用来启动或停止程序计时器，计时器的值可以通过寄存器指令在程序中查看。程序计时器的运行状态，可通过程序计时器界面进行查询，具体操作步骤如下：

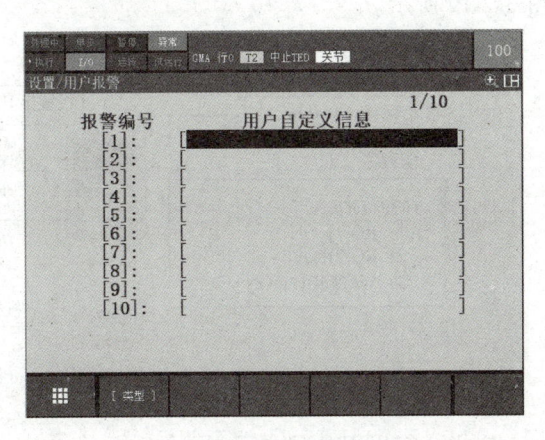

图 3-2-16　用户报警设置

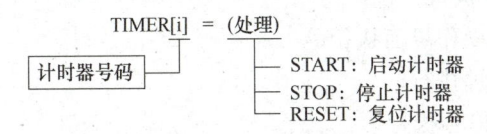

TIMER[i] = (处理)
计时器号码
START：启动计时器
STOP：停止计时器
RESET：复位计时器

1）按〈MENU〉键→【状态】子菜单→【程序计时器】命令，按〈ENTER〉键，如图 3-2-17 所示，进入程序计时器一览界面。

2）在程序计时器一览中，可以查看计时器的值，以及对计时器进行注释，如图 3-2-18 所示。

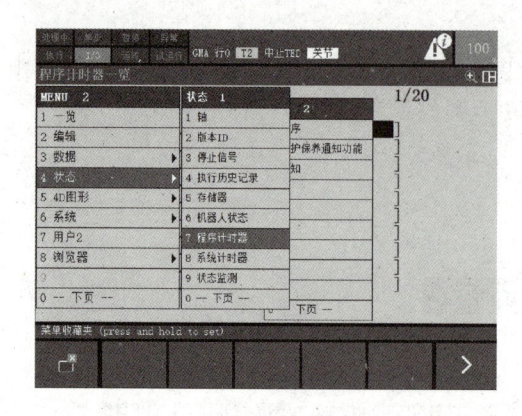

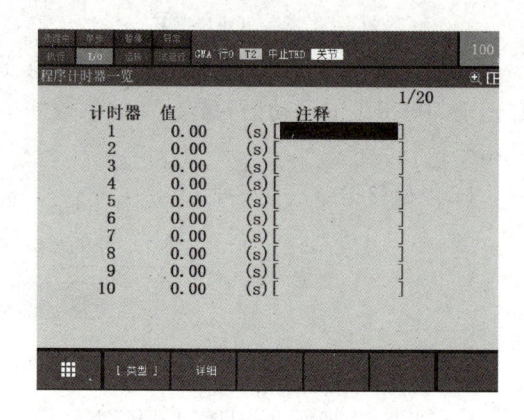

图 3-2-17 菜单序列　　　　　　　　图 3-2-18 程序计时器一览

计时器的值超过 2147483.647s 时将溢出。

（3）速度倍率指令　　速度倍率指令是用来改变速度倍率的指令，指令格式如下：

$$OVERRIDE = (value)\%$$

$$value = 1 \text{ to } 100$$

4. 宏指令

（1）宏指令的介绍　　宏指令是将若干程序指令集合在一起，一并执行的指令。在机器人的编程中常用到宏指令，宏指令可以使机器人编程更加简化，达到事半功倍的效果。如图 3-2-19 所示。

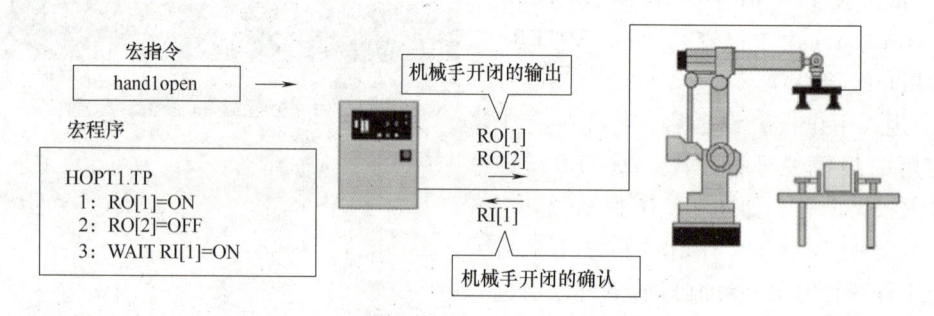

图 3-2-19　宏指令在机器人编程中的使用

宏指令有以下几种应用方式：

1）作为程序中的指令执行。

2）通过 TP 上的手动操作界面执行。

3）通过 TP 上的用户键执行。

4）通过 DI、RI、UI 信号执行。

（2）设置宏指令

1）创建宏程序，程序名为"hand_op1"，如图 3-2-20 所示。

2）修改程序细节，修改"组掩码"文本框中的群组将设定改为（*，*，*，*，*），如图 3-2-21 所示。

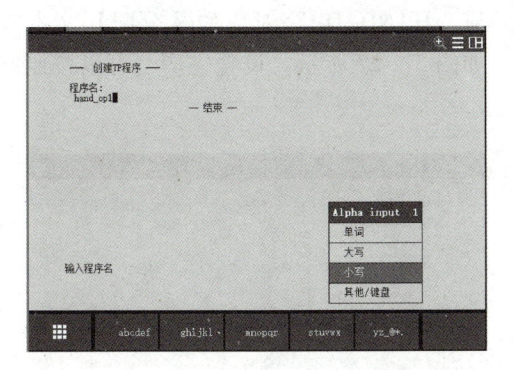

图 3-2-20　创建宏程序

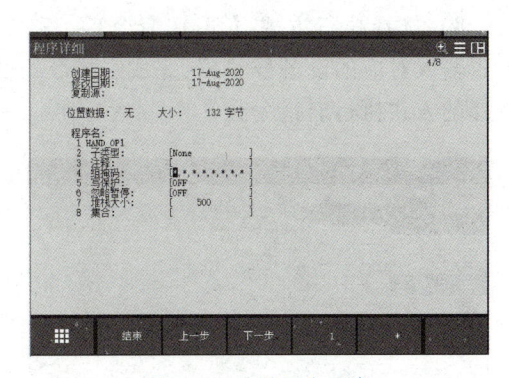

图 3-2-21　设置宏程序

3）按〈MENU〉键选择【6 设置】→【5 宏】命令，如图 3-2-22 所示。

4）系统默认共有 6 组宏指令，选择默认之外的第 7 组，按〈ENTER〉键，可以给宏指令重新命名。如图 3-2-23 所示，选择 Alpha input（字符输入类型）为大写，输入字符，将宏指令命名为"HAND_OP"。

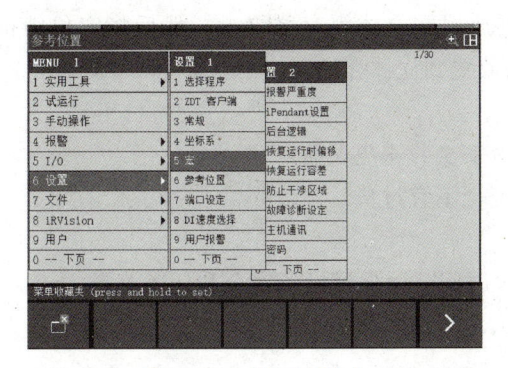

图 3-2-22　打开宏指令

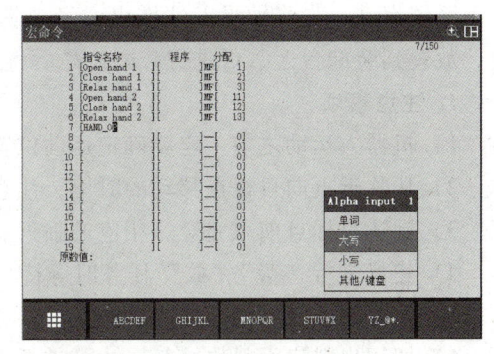

图 3-2-23　命名宏指令

5）如图 3-2-24 所示，将光标移动至"HAND_OP"对应的【程序】文本框。

6）按〈F4〉（选择）键，如图 3-2-25 所示，选择程序"HAND_OP1"，按〈ENTER〉键确认。

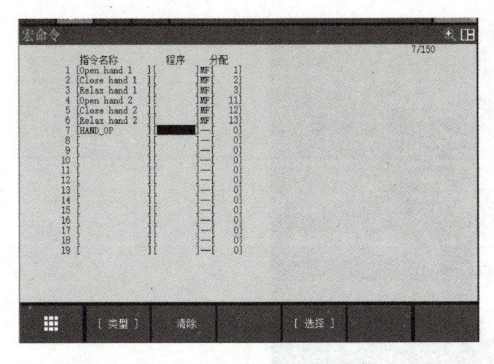

图 3-2-24　光标移至程序

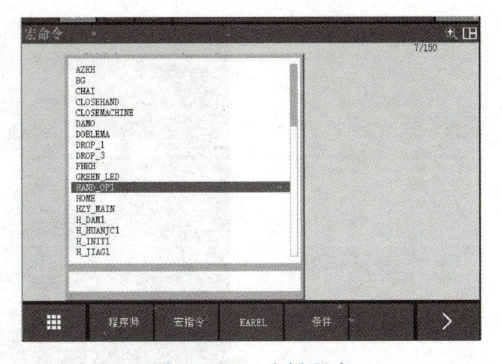

图 3-2-25　选择程序

7）移动光标到定义项【—】处，按〈F4〉（选择）键，选择执行方式【SU】命令，如图 3-2-26 所示。

8）选择执行方式【SU】命令后，移动光标到"HAND_OP"对应的【分配】文本框处，输入对应的设备号"4"完成宏指令的设置，如图3-2-27所示。设置完毕，可以按照所选择的方式执行宏指令。

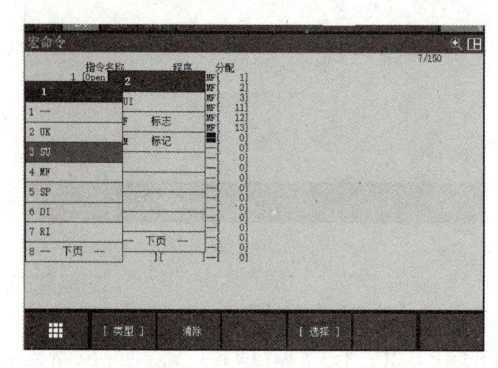

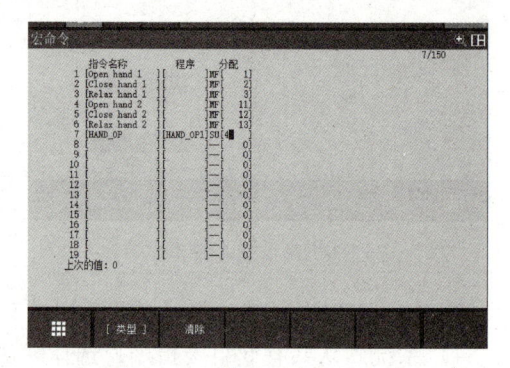

图 3-2-26　选择执行方式　　　　　　　　图 3-2-27　输入对应的设备号

【任务实施】

系统启动，先将轴承工件推出，经视觉检测放置在立体缓存位置上，然后将定位销推出，放置到装配台上，再进行装配，最后将成品放置到立体存储区。

1. 注意事项

1）机器人运动之前一定要确定运动位置是否安全，避免误撞。
2）从临近点向目标点移动的时候，注意速度，不宜过快。
3）到达目标点前须先经过相应的临近点。
4）建议进行"吸""放"任务时等待一小段时间，以保证设备安全和任务流畅。
5）注意调节气缸的速度，以防止气缸速度太快导致料块飞出。
6）切记出料口无料块，气缸才可进行推料。

2. 相关知识提示

根据实验要求，需要将料杯供给装置、皮带供给装置和装配装置的信号输入到PLC中，料盖供给装置、龙门检测装置、按钮的信号输入到机器人中，设备25芯电缆插接如图3-2-28所示。

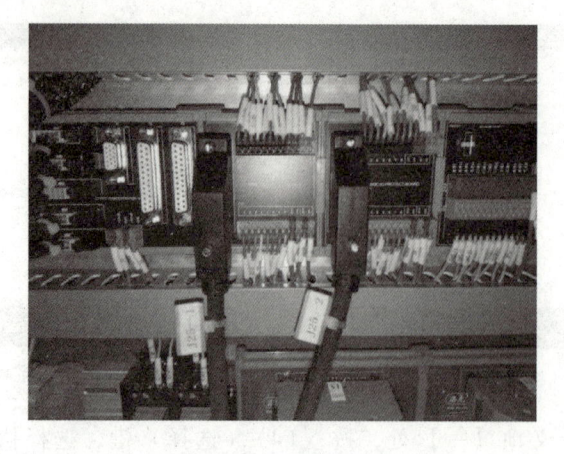

图 3-2-28　设备 25 芯电缆插接

IO 分配图如图 3-2-29 所示。机器人 IO 分配表见表 3-2-5。

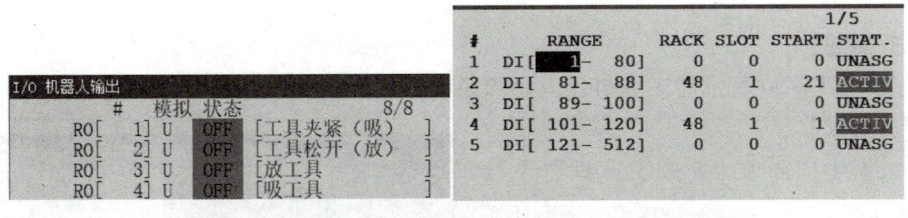

图 3-2-29 IO 分配图

表 3-2-5 机器人 IO 分配表

机器人输入			机器人输出		
地址	符号	注释	地址	符号	注释
DI[101]	B-SQ1	推料气缸 1 原点	DO[101]	YV1	气缸 1 推出
DI[102]	B-SQ2	气缸 1 推到位	DO[104]	HL2	正转
DI[103]	B-SQ3	料仓 1 检测有料	DO[112]	YV2	气缸 2 推出
DI[104]	SQ1	输送带到位	DO[113]	YV3	压合
DI[110]	M-SQ1	光电传感器			
DI[111]	M-SQ2	颜色传感器			
DI[112]	G-SQ1	推料气缸 2 原点			
DI[113]	G-SQ2	气缸 2 推到位			
DI[114]	G-SQ3	料仓 2 检测有料			

3. 操作步骤

1）按下启动按钮 SB1，机器人首先进行初始化操作，然后进行夹取工具（平行夹）步骤，结束后回到 HOME 点。

2）推料气缸先将轴承工件推出，经皮带传送到达末端，机器人将其夹取。

3）机器人夹取轴承工件到监测点进行检测，检测完将轴承工件放置到立体存储处，机器人回到安全点。

4）推料气缸将定位销推出，经皮带传送到达末端，机器人将其夹取。

5）机器人夹取定位销到监测点进行检测，根据检测轴承的角度，将定位销装配至轴承工件中。

6）装配完成，机器人将其取出。

7）机器人将成品放置于存储区。

8）重复步骤，机器人循环再次进行轴承的装配。

9）物料全部装配完，机器人放回工具，回到 HOME 点，任务结束。

3.2.3 工业机器人的码垛应用

【任务描述】

现有如图 3-2-30 所示的工业机器人码垛系统，用于实现成品的出库码垛。

【任务要求】

1) 根据生产需求，完成工业机器人与控制器的连接。

2) 根据生产需求，实现工业机器人的外围控制。

3) 根据生产需求，实现工业机器人的码垛控制。

【学习目标】

1) 掌握工业机器人与 PLC 的信号交互。

2) 掌握工业机器人的偏移指令。

【任务准备】

图 3-2-30 工业机器人码垛系统

在了解 PLC 的控制技术及工业机器人的编程后，实现 PLC 控制机器人就较为容易，只需要将工业机器人和 PLC 有效地连接起来进行信号之间的传输即可。在工业生产中，可编程控制器与工业机器人 I/O 的通信方式主要分为 I/O 通信和总线通信两种，这里介绍 I/O 通信。

FANUC 工业机器人的 I/O 通信主要是通过 R-30iB Mate 主板与外围设备进行信号连接，R-30iB Mate 主板备有输入 28 点、输出 24 点的外围设备控制接口，由机器人控制器上的两根电缆线 CRMA15 和 CRMA16，连接至外围设备上的 I/O 印制电路板（50 针集线器），如图 3-2-31 所示。

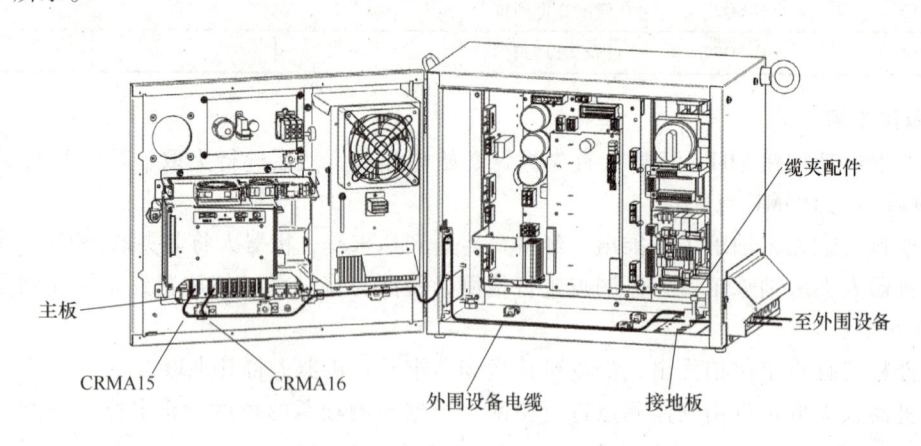

图 3-2-31 R-30iB Mate 的主板 I/O 接线

图 3-2-32 为 I/O 印制电路板，每块电路板上均有 50 个引脚。FNUAC 机器人 I/O 分配的方式有简略分配和全部分配两种，本节介绍 FNUAC 机器人简略分配时的 I/O 配置。

FANUC 机器人简略分配，是指使用点数少的外围设备 I/O，即输入 8 点、输出 4 点的物

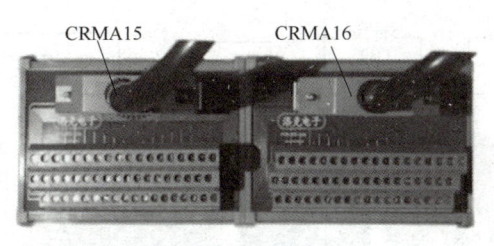

图 3-2-32　I/O 印制电路板

理信号被分配给外围设备 I/O。表 3-2-6 为简略分配的 I/O 配置。

表 3-2-6　简略分配的 I/O 配置

\multicolumn{6}{c	}{CRMA15}	\multicolumn{6}{c}{CRMA16}
引脚	地址	引脚	地址	引脚	地址	引脚	地址	引脚	地址	引脚	地址
01	DI101	—	—	33	DO101	01	XHOLD	—	—	33	CMDENBL
02	DI102	19	SDICOM1	34	DO102	02	RSRET	19	SDICOM3	34	FAULT
03	DI103	20	SDICOM2	35	DO103	03	START	20	—	35	BATALM
04	DI104	21	—	36	DO104	04	ENBL	21	DO120	36	BUSY
05	DI105	22	DI117	37	DO105	05	PNS1	22	—	37	—
06	DI106	23	DI118	38	DO106	06	PNS2	23	—	38	—
07	DI107	24	DI119	39	DO107	07	PNS3	24	—	39	—
08	DI108	25	DI120	40	DO108	08	PNS4	25	—	40	—
09	DI109	26	—	41	—	09	—	26	DO117	41	DO109
10	DI110	27	—	42	—	10	—	27	DO118	42	DO110
11	DI111	28	—	43	—	11	—	28	DO119	43	DO111
12	DI112	29	0V	44	—	12	—	29	0V	44	DO112
13	DI113	30	0V	45	—	13	—	30	0V	45	DO113
14	DI114	31	DOSRC1	46	—	14	—	31	DOSRC2	46	DO114
15	DI115	32	DOSRC2	47	—	15	—	32	DOSRC2	47	DO115
16	DI116	—	—	48	—	16	—	—	—	48	DO116
17	0V	—	—	49	24F	17	0V	—	—	49	24F
18	0V	—	—	50	24F	18	0V	—	—	50	24F

通过机器人控制柜上的两根 CRMA15、CRMA16 电缆将 R-30iB Mate 主板上的 28 输入/24 输出接口引至 I/O 印制电路板上，再通过该电路板将引脚引至 I/O 保护转接板（机器人）上，最后通过一根双头线缆将工业机器人与 PLC 进行 I/O 信号进行交互。机器人与 PLC 的信号交互连接图如图 3-2-33 所示。

通常，将通用 I/O（DI/DO、GI/GO）信号和专用 I/O（UI/UO、RI/RO）信号统称为逻辑信号。在编写机器人程序时，需要对逻辑信号进行信号处理。如果要实现通过程序控制物理信号，需要提前将逻辑信号和物理信号一一对应起来。在 FANUC 机器人中，指定物理信号可借助"机架"和"插槽"来指定 I/O 模块，并利用该 I/O 模块内的信号编号（物理编号）指定各个信号。

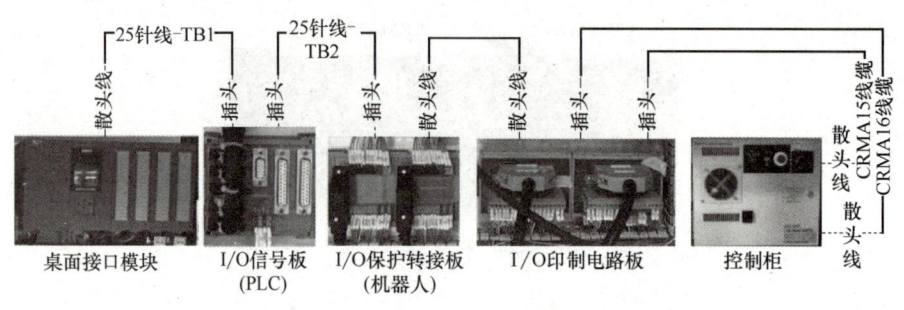

图 3-2-33　机器人与 PLC 的信号交互连接图

"机架"是指 I/O 模块的种类，"插槽"是指构成机架的 I/O 模块的编号。

FANUC 机器人在出厂设置时，默认状态下是处于简略分配，并且已自动分配好 I/O 信号。操作者可以清除机器人的 I/O 信号，并根据实际需要配置适当的 I/O 信号。

I/O 信号分配的具体操作步骤如下：

1) 打开示教器，按〈MENU〉键→选择【I/O】子菜单→单击【数字】命令，如图 3-2-34 所示。

2) 进入数字输入一览界面，如图 3-2-35 所示，按〈F3〉键可进行输入/输出切换，首先分配数字输入信号。

图 3-2-34　I/O 信号分配

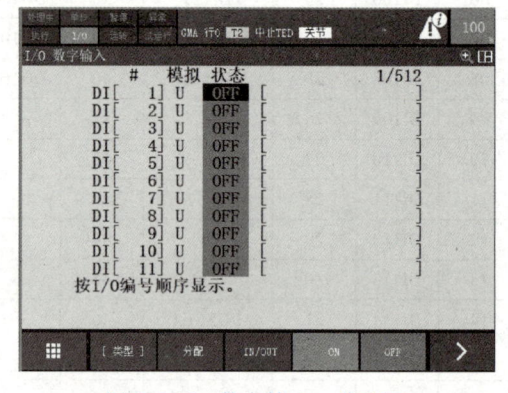

图 3-2-35　数字输入一览界面

3) 按〈F2〉键，进入信号分配界面。由于要将 IN1~IN20 分配给 DI101~DI120，因此应将 DI101~DI120 分配在一个组里，如图 3-2-36 所示。

4) 依次将机架 48、插槽 1、开始点 1 分配到 DI101~DI120 所在的组，如图 3-2-37 所示。

其中，分配的状态所代表的含义如下：

① ACTIV。当前正使用该分配。
② UNASG。尚未被分配。
③ PEND。以正确分配，需要重启控制柜。
④ INVAL。设定有误。
⑤ PMC。已分配完成，无法更改。

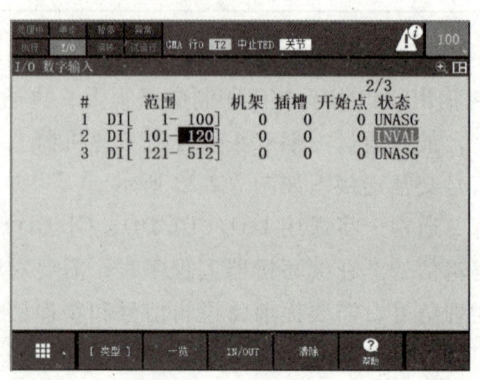

图 3-2-36　信号分配

104

5）分配完成后，机器人控制柜重新通电，状态变成"ACTIV"，说明数字输入信号分配完成，如图 3-2-38 所示。

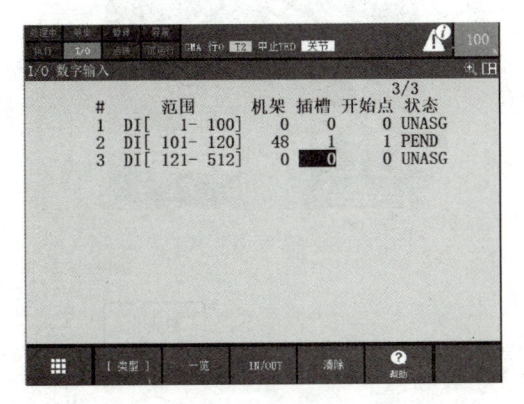

图 3-2-37　分配机架、插槽及开始点 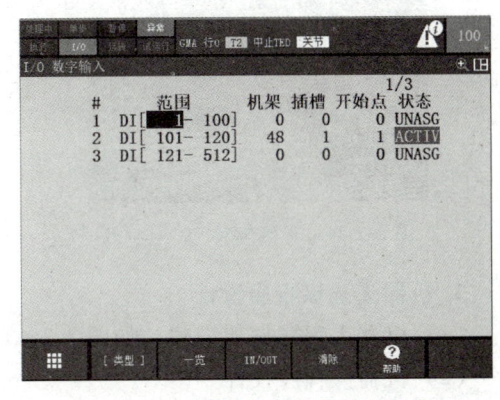　　　　图 3-2-38　数字输入信号分配完成

6）以相同的方式完成数字输出信号的分配。

【任务实施】

工业机器人如果将工件从输送线位置搬运至位置 1，需要对抓取点和位置 1 这两个位置点进行示教。因此，1 层 5 个工件就需要示教 5 个点，如图 3-2-39 所示，10 层则需要 50 个点。

同样第二层码垛，需要进行位置 6 和位置 8 的示教，其余位置点可以通过运算得到，如图 3-2-40 所示。

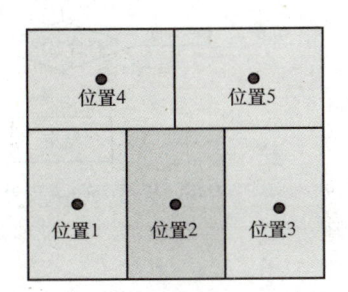

图 3-2-39　第一层摆放位置 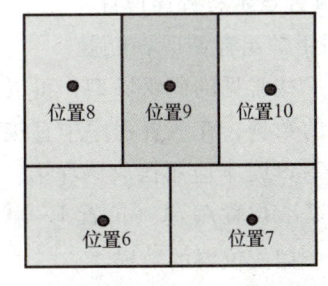　　　　图 3-2-40　第二层摆放位置

1. 创建任务数据

本应用中，工件坐标系均采用用户坐标系三点法创建。在虚拟示教器中，根据图 3-2-41~图 3-2-45 所示位置设定工件坐标系。

图 3-2-41　工件坐标系 　　　图 3-2-42　原点 pHome 示教图 　　　图 3-2-43　抓取点 pPick 示教

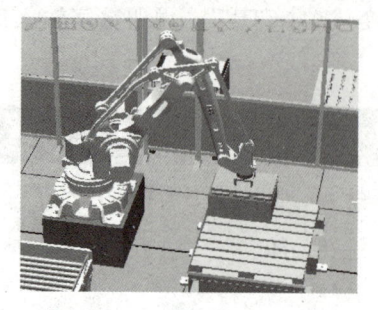

图 3-2-44　右侧旋转 90°点示教

图 3-2-45　右侧不旋转点示教

2. 机器人码垛程序设计

（1）机器人程序框架搭建，如图 3-2-46 所示。

（2）机器人程序设计

1）手动示教目标点程序。

2）主程序设计。

3）初始化子程序设计。

4）抓取子程序设计。

5）放置子程序设计。

6）计数程序设计。

7）计算放置点程序设计。

8）位置点示教程序设计。

3. 利用数组存储码垛位置

对于一些常见的码垛垛型，可以利用数组来存放各个摆放位置的数据，在放置程序中直接调用该数据即可。

图 3-2-39 是本应用摆放码垛第一层的 5 个位置，只需示教一个基准位置点 p1（位置 1）就能创建一个数组，用于存储 5 个摆放位置的数据。

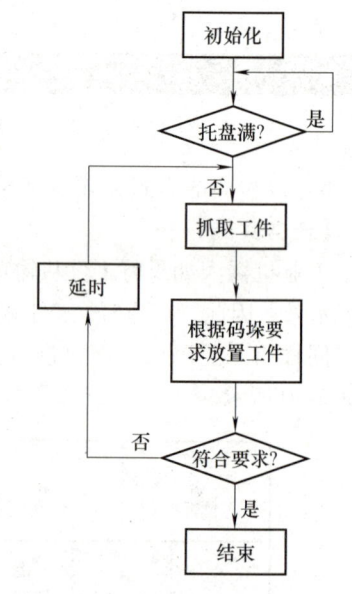

图 3-2-46　机器人码垛程序框架

3.3　智能仓储实训

智能仓储是指利用先进的信息技术和物联网技术对仓储管理进行优化和智能化的过程。这种仓储模式将传统的仓库管理与现代科技相结合，以提高仓储效率、降低成本、提升服务质量。

智能仓储的存储形式包括自动化立体仓库、虚拟仓库、AGV 存储等多种方式，其中自动化立体仓库采用高层货架存储货物，配合堆垛机等自动化设备实现货物的自动存取，提高了仓库的存储密度和货物的存取效率。

【任务描述】

现有如图 3-3-1 所示的立体仓库系统的实验系统，用于产线的待加工件、在制品件和加工完成件的自动存取作业。根据生产需求，现要求通过触摸屏实现立体仓库入库操作，将指定物料存入指定的库位。

【任务要求】

1）根据生产需求，完成巷道堆垛机的基本控制。

2）根据生产需求，实现立体仓库的入库控制。

【学习目标】

1）掌握工业机器人的基本运动指令。

2）掌握工业机器人的示教操作。

3）了解工业机器人的信号控制。

【任务准备】

1. 认识立体仓库

图 3-3-1 立体仓库系统的实验系统

自动化立体仓库是在计算机系统控制下自动完成对货物的存取，通过计算机管理系统及自动化存储设备实现立体仓库的智能化运行，如图 3-3-2 所示的立体仓库的整体效果图，主要由货架、单元托盘及配套的货箱、巷道堆垛机、外围输送线、自动导向车及仓储管理系统（WMS）组成。

与传统仓库相比，立体仓库具有以下优点。

1）提高了生产率，货物流通更加迅速。

2）降低了人力成本，同时减少了工伤事故的发生，更加安全可靠。

3）货物在各个中转环节都能被查询到，减少库存积压。

4）实现全方位的信息管理。

2. 认识巷道堆垛机

巷道堆垛机是由叉车、桥式堆垛机演变而来的，是一种能自动寻位存取物料的轨道

图 3-3-2 立体仓库的整体效果图

式升降机，能在横向与纵向两个方向快速移动，并配有前后伸缩的货叉平台，通动移动货叉平台可以到达立体仓库的任意一个库位，从而可以实现快速将物品从货架中取出或存入。

巷道堆垛机的一般构成：

（1）起升机构　巷道堆垛机的起升机构由电动机、制动器、减速器（链轮及柔性件）组成。

（2）运行机构　常用的运行机构是地面行走式的地面支承型和上部行走式的悬挂型、货架支承型。

（3）载货台及存取货机构　载货台是货物单元的承载装置。存取货装置是堆垛机的特殊工作机构，取货装置部分的结构会根据货物的外形特点设计，常见的是伸缩货叉。

（4）机架　巷道堆垛机的机架由立柱、上横梁和下横梁组成。根据机架结构的不同，将巷道堆垛机分为双立柱和单立柱巷道堆垛机两种。

（5）电气装置　电气装置是由电动驱动装置和自动控制装置组成，自动控制包括本地控制和远程控制两种方式。巷道堆垛机一般由交流电动机驱动。

【任务实施】

1. 硬件配置

熟悉立体仓库的硬件结构，立体仓库在硬件上由双排立体货位、巷道堆垛机、驱动器和控制器等组成。如图 3-3-1，以 TUTE-FMS 系统中的立体仓库为例，仓库货位的每个货架能承载 5kg 负载重量，每个仓库都配有料位检测传感器，能够判断有无工件。立体仓库控制由触摸屏、PLC 控制器和伺服器等组成。

1）触摸屏。显示屏为 10.1 寸的 TFT 触摸屏，分辨率为 1024×600。

2）PLC 控制器。采用紧凑型 CPU 的 DC/DC/DC，本体自带 2 个 PROFINET 通信协议接口，集成了 14 个 24VDC 数字输入的 I/O 功能。

3）伺服器。采用 DC 伺服驱动器，带有 PROFINET 通信协议接口，输入电压为 200～240V（单相交流），驱动电动机为 0.2kW。

2. 入库流程

系统的入库流程如图 3-3-3 所示。

物料到仓库后，配送人员将送货单交给库管员，库管员引导配送人员将商品从车上卸下，放在待收货区。

入库流程指的是物料到达仓库到收货的全过程，包括根据入库计划创建入库单、打印条码标签并贴标、采用 PDA 扫描物料条码收货、放置到库位并扫描库位码或 RFID 电子标签进行绑定、入库完成确认等操作。

（1）入库计划管理　WMS 提供入库计划导入功能，可导入 Excel 文件，也可导出到 Excel 文件。系统同时支持人工新建入库计划、删除入库计划。入库计划包括计划单号、物料编码、物料名称、规格、供应商、单包数量、计划数量、计划状态等。

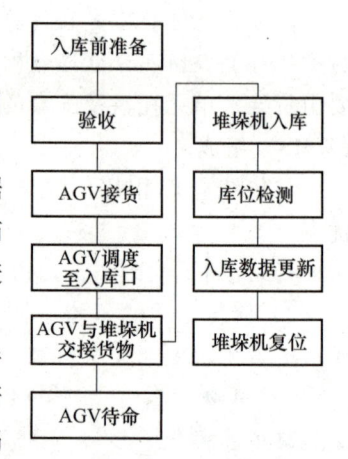

图 3-3-3　系统的入库流程

导入示例如图 3-3-4 所示，导出示例如图 3-3-5 所示，入库计划示例如图 3-3-6 所示。

图 3-3-4　导入示例　　　图 3-3-5　导出示例　　　图 3-3-6　入库计划示例

（2）新建入库单　用户可根据即将到达的货物信息创建入库单，入库单也是物料收货操作的依据，收货时操作人员可以此核对货物情况。

用户根据入库计划在系统中创建入库单（入库任务）。入库单包括入库单号、物料编码、物料名称、物料规格、数量、物料序号、供应商、计划入库时间、入库单创建时间、入库单执行状态等。

（3）入库单管理　在系统中可以对入库单进行查询、修改、删除操作。对于入库过程中出现违反入库计划和入库任务的情况，系统会自动报错，并给出操作提示。

（4）物料贴标入库　系统可根据入库计划生成物料条码，提前打印出条码，贴在到货的物料包装上，然后用PDA扫描条码，并扫描放置的库位的RFID电子标签或库位码进行绑定，进行入库确认。

PDA扫描操作如图3-3-7所示。

（5）物料退库管理　系统可对物料退库进行管理，通过扫描退库物料的物料条码，确认退库物料的信息和数量，录入退库原因，并扫描放置的库位的RFID电子标签或库位码进行绑定。退库绑定操作示意如图3-3-8所示。

图3-3-7　PDA扫描操作

图3-3-8　退库绑定操作示意

3. 出库流程

出库流程如图3-3-9所示。

经过系统库存查询到指定物料的库位后，堆垛机将会自动运行至指定库位，将货物移至出库口，同时通过系统调度，AGV也会在出库口处与堆垛机进行交接，完成出库操作。

出库流程包括根据出库计划创建出库单、采用PDA扫描物料条码出库、出库完成确认等。

（1）出库计划管理　WMS提供出库计划导入功能，可导入Excel文件，也可导出到Excel文件。系统同时支持人工新建出库计划、删除出库计划。出库计划包括计划单号、物料编码、物料名称、规格、供应商、单包数量、计划数量、计划状态等。

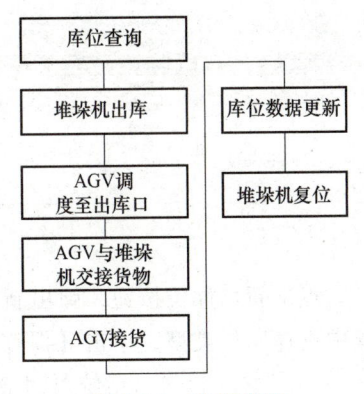

图3-3-9　出库流程

（2）新建出库单　用户根据出库计划在系统中创建出库单（出库任务）。出库单包括计划单号、物料编码、物料名称、物料规格、数量、物料序号、供应商、计划出库时间、出库单创建时间、出库单执行状态等。

出库单可以在PDA终端上显示。

（3）出库单管理　系统中可以对出库单进行查询、修改、删除操作。对于出库过程中出现违反出库计划和出库任务的情况，系统会自动报错，并给出操作提示。

（4）出库识别核对　用户根据出库单到相应的库位进行取料，用 PDA 扫描物料条码，进行出库确认。

（5）物料先进先出管理　系统根据入库操作信息自动记录物料的入库时间和相关信息，当需要进行出库时，系统按照物料在库内先进先出原则，自动在出库单中指示应该出库的物料所在库位，生成拣货序列，用户根据拣货序列到相应的库位拣货。

4. 库存查询

在库存查询中，用户可对某个物料商品进行查询（如现有库存情况），也可查看全部物料商品全部仓库的现有库存情况，也可查看某个仓库中存在有多少种物料商品，每种物料商品的数量。

在仓库管理系统中，库存查询一般有分类查询、搜索查询、排序查询、筛选过滤几种方式。

（1）库位信息查询　系统可依据物料名称、入库时间、库位等信息查询仓库中每个库位的物料名称和数量等。

（2）库位管理　系统可对仓库中的库位进行查询、新增、修改、删除操作。库位管理界面如图 3-3-10 所示。新增库位画面如图 3-3-11 所示。

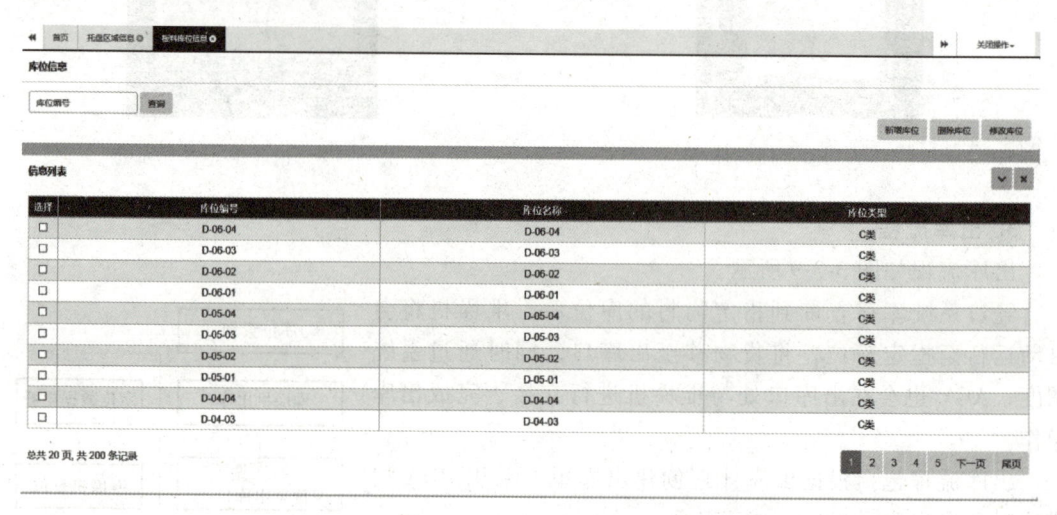

图 3-3-10　库位管理界面

点击新增库位按钮，弹出新增窗体。在文本框中输入库位编号、库位名称，在下拉列表框中选择库位类型，单击【保存】按钮，进行数据保存。

（3）移库管理　系统可对仓库中的物料进行移库，通过 PDA 进行移库操作。用户可扫描物料条码，画面显示物料名称、包装数和原来所在库位，用户再扫描新的库位 RFID 电子标签或库位码后，单击 OK 按钮则实现移库。PDA 移库操作画面，如图 3-3-12 所示。移库流程图如图 3-3-13 所示。

图 3-3-11　新增库位画面

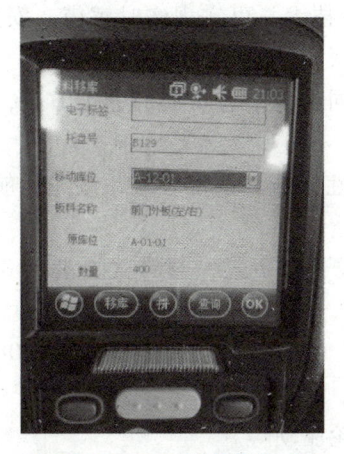

图 3-3-12　PDA 移库操作画面

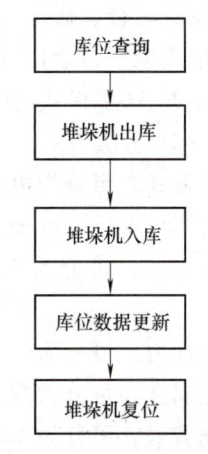

图 3-3-13　移库流程图

3.4　智能生产管理实训

智能生产管理是综合运用计算机技术、自动化技术、传感器技术和人工智能等多种技术手段用于生产管控的信息系统。它通过对生产过程的实时监控、数据采集、分析和处理，实现对生产过程的智能化管理和控制。智能生产管理系统（图 3-4-1）一般由订单管理模块和智能排程模块两部分组成，借助于 ERP、PLM、MES 等软件工具自动生成排程计划，并能根据实际运行情况进行动态优化调整。

智能生产管理系统可以实现生产计划的自动化管理，根据生产计划和生产数据，自动调整生产过程中的生产速度、生产数量等参数，实现生产过程的智能化管理和控制。

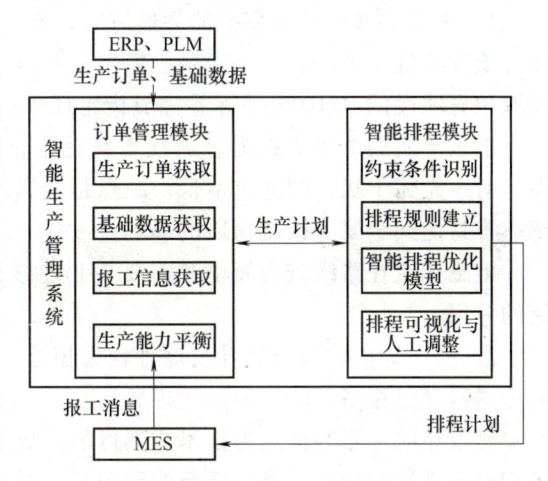

图 3-4-1　智能生产管理系统

3.4.1　AGV 的调度控制

自动导引车（automated guided vehicle，AGV）是指装备有电磁或光学等自动导引装置，能够沿规定导引路径或自主优化路径行驶，且具备编程装置、安全保护装置和各种移载功能的运输车。随着技术的不断发展与产品的不断创新，AGV 衍生出了多种类型，其中自动导引是 AGV 最主要的特征。狭义的 AGV 多指依赖于电磁等外部导引标识，沿预设路径行驶且无法自主避障绕行的传统 AGV；而在广义定义中，AGV 包含传统 AGV、自主移动机器人（autonomous mobile robot，AMR）、无人叉车、料箱机器人、复合机器人等多种自动导引运输设备。AGV 的主要组成部分包括车体、驱动单元、导航系统、控制系统、安全保护系统等。作为集环境感知、规划决策、多等级辅助功能于一体的综合系统，AGV 集中运用了计算机、传感、信息融合、通信、工业视觉及自动控制等技术，可实现实时感应、安全识别、多重避障、智能决策、自动执行的物料搬运或操作。

目前市面上的 AGV 形式与类型复杂多样，根据不同的标准有不同的分类方式，以下简述几种常见的 AGV 分类方式：

1）按导航方式，可分为电磁导航、磁条导航、惯性导航、色带导航、激光导航、视觉 SLAM（并发建图与定位）导航等。

2）按移载方式，可分为辊道式、叉车式、牵引式、背负式、举升式、潜入式、码垛式等。

3）按荷载能力，可分为轻型（500kg 以下）、中型（500kg~2t）、重型（2t~20t）等。

4）按功能属性，可分为搬运型、装配型、巡检型、复合型等。

5）按驱动方式，可分为单轮驱动、双轮驱动和多轮驱动等。

6）按控制形式，可分为智能型和普通型。

知识点 1　AGV 的导航方式

按照 AGV 是否铺设外部设备，可以将导航技术分为固定路径导航、自由路径导航和组合导航。

（1）固定路径导航　固定路径导航主要分为电磁导航或色带导航，以埋设磁条、磁电、电磁线或色带为基础的导航技术，目前应用较广。埋设的导引方式，其铺设和施工的成本高，改造和维护困难，定位精度较低。固定路径导航主要有如下几种方式：

1）电磁导航。一种传统的导航方式，在 AGV 的行驶路径上埋设金属线，并在金属线上加载低频、低压电流，产生磁场，通过车载电磁传感器识别导引磁场信号和跟踪实现导航，读取预先埋设的 RFID 电子标签完成指定任务。

电磁导航的主要优点为金属线埋在地下，隐蔽性强，不易受到破坏，导引原理简单可靠，对声光无干扰，制造成本低。缺点是金属线的铺设麻烦，且更改和拓展路径困难，电磁感应容易受到金属等铁磁物质的影响。

电磁导航在路线较为简单和需要 24h 连续作业的生产制造（如汽车制造）中有比较广泛的应用。

2）磁条导航。与电磁导航原理较为相近，在 AGV 的行驶路径上铺设磁条，通过车载电磁传感器对磁场信号的识别来实现导航。

磁条导航主要的优点为技术成熟可靠，成本较低，磁条的铺设较为容易，拓展与更改路径相对电磁导航较为容易，运行线路明显，对于声光无干扰。缺点为路径裸露，容易受到机械损伤和污染，需要定期维护，容易受到金属等铁磁物质的影响，AGV 一旦执行任务只能沿着固定磁条运动，无法更改任务。

磁条导航适用于地面嵌入型、轻载牵引的作业方式，可用于非金属地面、非消磁的室内环境，能够稳定持久作业。

以电磁导航和磁条导航为代表的传统导航方式，因为沿整个运行路径预埋导引线，所以具有建立地图简单、创建导航坐标系容易，以及通过相应的传感器检测车体与预埋的导引线之间的偏差即可实现定位等优点，但定位精度差、路线一旦完成预埋就无法进行更改。

3）磁钉导航。磁钉导航和磁条导航都需要磁条传感器来定位 AGV 相对于路径的左右偏差，主要差异在于铺设方式为连续或离散。假如需要完全使用磁钉导航，则需要铺设大量磁钉。

磁钉导航的优点是成本低、技术成熟、隐蔽性好、比磁条导航美观、抗干扰性强、耐磨损、耐酸碱。磁钉导航的缺点是 AGV 路径易受铁磁物质影响，更改路径施工量大，磁钉的施工会对地面产生一定影响。磁钉导航在码头 AGV 上应用较多，此外，磁钉导航还以辅助导航的形式出现，用以提高 AGV 的定位精度。

4）二维码导航。二维码导航坐标的标志通过地面上的二维码实现，二维码导航与磁钉导航较为相似，只是二者的坐标标志物不同。二维码导航是通过 AGV 应用摄像头扫描地面二维码，通过解析二维码信息获取当前的位置信息。二维码导航通常与惯性导航相结合，实现精准定位。

亚马逊使用的 KIVA 二维码导航机器人，其类似棋盘的工作模式令人印象深刻，国内的电商、智能仓库也纷纷采用二维码导航机器人。二维码导航的移动机器人的单机成本较低，但是在项目现场需要铺设大量二维码，且二维码易磨损，维护成本较高。

5）色带导航。在 AGV 的行驶路径上设置光学标志（粘贴色带或涂漆），通过车载的光学传感器采集并识别图像信号实现导引。色带导航与磁条导航较为类似，主要的优点是路面铺设较为容易，拓展与更改路径相对磁条导航容易，成本低。缺点是色带较为容易受到污染和破坏，对环境的要求高，导航的可靠性受制于地面条件，停止定位精度较低。

色带导航适用于工作环境洁净、地面平整性好、AGV 定位精度要求不高的场合。

固定路径导航有着成本低、运行路线明显、可靠的优点，但易受外界物质的影响，且不易改变路径，不适用于复杂的场景。

(2) 自由路径导航　自由路径导航是指 AGV 无须提前规划行驶路径，依靠光学导航、GPS 导航、惯性导航等导航技术，实现 AGV 自主寻径的导航方式，由自由路径导航代替固定路径导航已经成为一种大趋势。自由路径导航主要有如下方式：

1）激光导航（带反射板）。激光导航一般是指基于反射板定位的导航。具体原理是在 AGV 行驶路径的周围安装位置精确的反射板，在 AGV 车体上安装激光扫描器。激光扫描器随 AGV 的行走，发射激光束，发射的激光束被沿 AGV 行驶路径铺设的多组反射板直接反射，触发控制器，记录旋转激光头遇到反射板时的角度，控制器根据记录的角度值与实际的反光板的位置相匹配，计算出 AGV 的绝对坐标，基于这个原理就可以实现非常精确的激光导航。

2）自主导航。自主导航也是激光导航的一种，通过激光传感器感知周围环境，不同的是激光导航（带反射板）的定位标志为反射板或反光柱，而自主导航的定位标志物可以是工作环境中的墙面等信息，不需要依赖反射板。相比于传统的激光导航，自主导航的施工成本与周期都较低。

3）视觉导航。视觉导航是指在 AGV 上安装视觉传感器，获取行驶区域周围的图像信息，从而实现导航的方式。视觉导航不仅需要可视摄像头，还需要补光灯和遮光罩等硬件。

AGV 在移动过程中，其视觉导航系统利用一个或多个摄影头采集周围环境的图像，在捕捉到地面纹理后会自动构建地图，将其与自建地图中的纹理图像进行比较，利用相位相关法计算两幅图像之间的位移和旋转，然后推算得到 AGV 的当前位置，从而实现 AGV 的定位导航。

4）惯性导航。利用 AGV 内部传感器（光电编码器或陀螺仪）实时获取当前的位置信息。AGV 的车轮上装有光电编码器，在运动过程中利用编码器的脉冲信号进行粗略的航位推算，确定当前位置。利用陀螺仪可以获取 AGV 的三轴角速度和加速度，通过运算获取位置信息，两种航位推算可以进行融合。惯性导航的成本低、短时间定位精度较高、隐蔽性好且抗干扰性强，但会随着运动累计误差，直至丢失位置。所以在一般情况下，惯性导航会作为其他导航方式的辅助定位形式。

（3）组合导航　组合导航指应用两种或两种以上导航方式实现 AGV 运行的方法。如二维码导航与惯性导航的组合，利用惯性导航短距离定位精度高的特性，将两个二维码之间的导航盲区使用惯性导航。激光导航与磁钉导航组合应用，在定位精度要求较高的站台位置使用磁钉导航，增加 AGV 定位的稳定性。

根据应用场景，以提高 AGV 性能为目的对其进行组合，可以将不同方法的优势都体现出来，弥补了单一方法的缺点，因此组合导航方法有时能取得更佳的结果，如视觉导航和惯性导航组合的 AGV 导航方法。组合导航优点是使 AGV 能适应各种使用场景中，使用相对灵活，改变路径也比较容易，因此在各行业的应用越来越广泛。

目前，已经成熟的组合导航技术有基于磁钉技术与惯性导航的 AGV 组合导航系统，激光导航和红外导航的 AGV 组合导航方法，激光雷达和二维码地标组合导航方法，基于 GPS/DR 信息融合的 AGV 导航系统，基于二维码导航技术与惯性导航的双摄像头扫码的组合导航方法，视觉导航与惯性导航系统的组合导航方法，惯性导航和视觉导航的 AGV 组合导航方法，多目视觉导航与激光导航组合导航的精确定位方法，惯性导航系统结合埋设 RFID 电子标签的导航方法，惯性导航系统与超宽带及地标组合导航方法等。

总体来看，AGV 作为一种先进的自动化搬运工具，已经被越来越多的行业采用。虽然AGV 的导航方法有很多，但各有各的不足和优势，再加上环境越来越复杂、动态且多变，导航的精度还需要进一步提高，需要根据实际使用场景选择合适的导航方法。

知识点 2　AGV 的控制方式

AGV 硬件系统负责信息感知、执行运动控制等任务，是影响 AGV 系统性能的关键因素。本节主要对 AGV 运动控制系统做简单介绍，为后续的理论研究奠定基础。

运动控制系统主要是保证驱动系统以及 AGV 的稳定运行，主要负责 AGV 启动、停止、调速、紧急制动等基础控制功能，从而控制整个 AGV 的运动过程，实现 AGV 的移动以及定位。AGV 的运动控制系统（图 3-4-2）是 AGV 系统的核心部件，是 AGV 的大脑。运动控制器接收任务指令，转化成各个电动机的速度，然后下发给驱动器，驱动电动机运转，从而控制 AGV 本体的运动。同时，运动控制器接收来自 AGV 各个传感器的反馈信号，对接收到的信息进行分析处理。运动控制器会按照预存的信息、AGV 的运行状态，以及周围环境信息等做出运动决策，提高 AGV 的可靠性、精确度及效率。

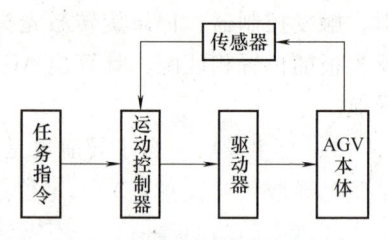

图 3-4-2　AGV 的运动控制系统

运动控制系统的功能是根据决策控制部分给定的期望任务，控制自身运动，达到预期的效果。运动控制子系统可分为速度轨迹生成（velocity trajectory generation）、速度轨迹跟踪（velocity trajectory tracking）两个部分。速度轨迹生成部分针对决策控制部分制定的任务，根据 AGV 当前位置、当前速度、目标点位置和目标点速度，为 AGV 生成一条从当前点到目标点的最优速度轨迹。速度轨迹跟踪部分控制 AGV 的驱动机构，实时控制 AGV 的速度跟踪生成的速度轨迹，使 AGV 完成自身规划的各种位置和姿态等目标。

AGV 运动控制系统硬件主要由运动控制器、伺服驱动器、减速器、直流电动机等组成。为了实现运动控制器与各驱动之间的通信及传输功能，必须选择合适的通信保证设备，且设备之间的通信协议相互兼容。

知识点 3　AGV 应用实训

本实训采用广州里工实业有限公司的高寻 TaskDo205 小车（图 3-4-3），高寻 AGV 的性能参数如下：

1）导航方式为激光 SLAM 导航与视觉辅助导航。

2）尺寸（不含机械臂），长为 850mm，宽为 537mm，高为 650mm。

3）质量为 151kg（底盘及箱体 132kg，机械臂 19kg）。

4）最大速度为 2m/s。

5）工作速度参考，前进为 0.8m/s（可配置），后退为 0.1m/s（可配置）。

6）定位精度为 ±8mm。

7）角度精度为 ±1°。

8）振动值不大于 0.5g。

9）机械臂有效载荷为 5kg。

10）机械臂重复精度为 ±0.05mm。

图 3-4-3　高寻 TaskDo205 小车

（1）AGV 通电并初始化

1）按照以下步骤，给 AGV 通电。按下 AGV 后盖板上的右侧按钮并拉动，打开盖板。将电源开关旋转到"打开"位置，开关按钮将变为蓝色。顺时针转动急停按钮将其解锁，并确保急停按钮都处于解锁状态。

2）启动手臂，初始化并加载手臂程序。

① 取消急停开关，并按下启动按钮启动系统。

② 为协作机器人编程，也可以直接加载程序。

③ 初始化机器人，协作机器人的各个手臂回到安全点。

3）连接控制界面，输入账号和密码，登录控制界面。

4）确定初始位置并启用 AGV。

① 单击"初始化位置"，在地图上把 AGV 的大概位置标识出来，然后先不松手，拖动手指确认方向。箭头指向的是车头方向。

② 单击"匹配"，系统会自动匹配自身激光（红色激光）和扫描到的墙体重合，即定位完成。

（2）通电并初始化　打开气源、电源，通电。

（3）发起生产任务

1）MES 下发任务。登录网站，登录后下发相应产线订单。

2）总控下发任务。

（4）整线完成启动。

3.4.2 生产排程的管理控制

知识点 1　生产节拍

生产节拍，也被称为节拍时间（takt time），是一个在生产和制造业中常用的术语，它描述了为满足客户需求而设定的生产速率。对离散型生产来说，节拍是指完成两件或两批相同制件或产品的时间间隔；对流程型生产来说，节拍是指单位时间内的完成品数量。例如，一台机床的节拍是其完成一个加工件的平均时长，一条产线的节拍是下线一件产品的平均时长。一条产线包含多个工序，产线的节拍取决于用时最慢的工序的节拍时长。

当所有工序或单元的节拍都相等或接近相等时，称该产线达到了节拍平衡或线平衡，此时的产线资源效益最好，生产率达到最佳，是一种理想状态，是生产节拍管控的终极目标。

具体到某一工序，生产节拍的关注点在于：

1）效率优化。识别并减少该工序中的任何浪费（如等待时间、过度加工、不必要的运输等），以最快的速度完成工作，提高单元时间内的生产量。

2）流程协调。确保该工序的生产节拍与上下游工序相协调，避免产生瓶颈或积压，实现生产过程的顺畅流动。

3）持续改进。通过持续监控和调整生产节拍，寻求方法和技术创新，不断提升工序的生产率和生产质量。

在实践中，确定和优化某一工序的生产节拍需要考虑多种因素，如工序的复杂性、所需技能水平、设备的性能，以及原材料的可用性等。理想情况下，每个工序的生产节拍应当与整个生产系统的节拍时间相匹配，从而实现整体的高效和协调。

知识点 2　生产节拍的管控

生产节拍的管控是一种旨在确保生产过程与预定节拍时间相匹配的管理实践，在满足客户需求的同时优化生产率和资源利用。它涉及监测、分析和调整生产活动，以保持生产节奏与设定的生产节拍一致。通过精确控制生产节拍，企业能够更好地实现精益生产的目标，包括减少浪费、提高生产流程的透明度和灵活性，以及加强对市场需求变化的响应能力。

生产节拍管控定义为一系列方法和技术的集合，这些方法和技术用于确保生产过程能够在满足客户需求的同时，以最佳的效率和最小的浪费进行。生产节拍管控包括调整生产速度、平衡生产线、实施持续改进和采取纠正措施来应对生产过程中的偏差。

以下是几种常用的生产节拍管控方法：

1）流程分析和标准化。对生产流程进行细致的分析，识别和消除浪费事项（如过度加工、等待时间、不必要的运输等）。以工作指导书形式规范标准化操作流程，确保每个步骤都能以最有效的方式完成。

2）平衡生产线。对工作站的作业时间进行平衡，确保每个工序的作业时间与生产节拍相匹配，避免某些工作站成为瓶颈。重新布局生产线，以减少物料和产品在工作站之间的移动时间。

3）设备维护和可靠性运行。实施预防性维护计划，确保生产设备的高可靠性和停机时间的最小化。通过总体设备效率（OEE）监控，持续跟踪设备性能，及时进行调整或维护。

4）数据分析和实时监控。使用生产管理软件和实时数据监控系统跟踪生产进度，确保及时调整生产流程，以满足生产节拍。分析生产数据，识别趋势和模式，用于预测生产问题和指导未来的改进方向。

总的来说，生产节拍管控是实现高效、灵活和可持续制造业务的关键，它通过确保生产活动与市场需求的同步，帮助企业建立起更加高效和具有竞争力的生产系统。

知识点3 生产排程

生产排程（production scheduling）是生产管理中的一个关键环节，该环节的目标是给出生产计划，排程的目的是优化生产流程，减少等待时间和库存成本，提高生产率和产品质量。生产排程又称为生产排产。任务内容包括需求分析、生产计划制定、调度执行等。

生产排程通常包括以下几个关键步骤：

1) 需求分析。分析市场需求、客户订单和库存水平，确定生产需求。
2) 资源评估。评估可用的生产资源，包括人员、机器、原材料和生产能力。
3) 生产计划制定。基于需求分析和资源评估的结果，制定生产任务和目标，分配资源，确定生产顺序和时间表。
4) 调度执行。按照生产计划进行生产活动，同时监控生产进度和资源使用情况。
5) 调整和优化。根据生产过程中的实际情况（如订单变化、机器故障、人力变动等），对生产计划进行调整和优化，以保证生产目标的实现。

生产排程可以起到提高生产率、减少库存和浪费、提高交付准时率、增强生产灵活性的作用。生产排程优化是一个复杂且动态的过程，需要综合考虑多方面因素和约束。生产排程的优化方法有启发式方法、数学规划法、元启发式算法等。

为了完成订单，有必要与同一时期内使用相同生产资源（设备、作业人员、模具等）的其他订单进行协调，以提高整体的运转率。以此为目的的生产排程的方法有如下四种。

1) 前导式排程。前导式排程指的是一旦获得订单立刻着手的排程方法。医院的挂号采取的就是这种排程方法。其缺点是在很多情况下会增加工序之间的半成品库存。
2) 后导式排程。后导式排程指的是以最终交货期为起点沿着加工产品的流程倒推工序，并以工序前置期为基础决定各个工序的着手和完成时刻的排程方法。后导式排程由于交货期明确，因此容易理解，被许多制造行业采用。
3) 瓶颈工序排程。即最大限度地利用瓶颈工序产能的排程方法。为了进行排程，所需信息有加工数量、交货期、加工顺序、工作中心、各项作业的更换作业程序的时间、作业时间、等待加工的时间、移动时间、等待移动的时间、工作中心的可利用产能等。
4) 穷举法排程。穷举法是根据订单要求确定排程的大致范围，并在此范围内对所有可能的排程情况逐一验证，直到全部情况验证完毕。若某个情况验证符合订单要求的全部条件，则为最佳排程。穷举法也称为枚举法。

排程的结果根据如下基准进行评价。

1) 完工时间最短。
2) 设备机械的运转率最大。
3) 工序的半成品库存最小。
4) 交货的延迟时间最短。

在实际生产中，机械故障、质量方面的问题、断货，以及其他障碍的出现往往会使情况变得复杂，因此制订最佳生产排程的步骤较为繁复。

例如，现有一批个性化订单V102一件，V103一件，V104一件，要求按照加工时间最短进行生产排程，产品生产工艺及单站生产时间见表 3-4-1。

表 3-4-1 产品生产工艺及单站生产时间　　　　　　　　　　　（单位：s）

订单	供料工作站	灌装工作站	钻孔工作站 预钻孔	钻孔工作站 深钻孔	钻孔工作站 装配	分拣工作站
V102	12	5	6	6	—	18
V103	12	5	5	5	5	10
V104	12	5	3	3	4	12

本例中可以采用穷举法列出所有的排程方案及对应方案的生产时间，选择其中排程时间最短的方案。

3.4.3 基于数字化管理软件的产线管控

知识点 1　制造执行系统（MES）

制造执行系统（MES）是一种基于软件的生产信息化管理系统，用于在制造过程中监控和控制车间的生产流程。在制造运营管理中，MES 充当企业的计划和控制系统（如企业资源计划系统）与实际制造运营之间的桥梁。MES 的主要目的是实时跟踪和记录原材料到成品的过程。它从各种来源（包括机器、传感器和操作人员）捕获数据，以提供有关生产活动状态的准确信息和最新信息。

MES 提供对生产流程的实时可见性和控制，使利益相关者能够监控运营、识别瓶颈、最大限度地减少停机时间并及时做出相应的决策。通过优化生产计划和调度，MES 可确保高效的资源分配、工作负载平衡，保证准时交货，从而提高盈利能力。MES 还通过执行质量控制程序、监控指标和捕获实时数据，在质量保证和合规性方面发挥着关键作用。MES 能够管理库存水平、跟踪物料流动并确保物料及时可用，从而优化库存管理并最大限度地减少生产延迟。此外，MES 通过提供全面、准确的生产数据实现数据驱动的决策，能够为不断改进流程并优化资源利用率提供依据。MES 可以帮助决策者确定 OEE，这是一个广泛用于监控制造效率的指标。通过简化工作流程、自动化任务和提供实时反馈，MES 提高了工厂车间的效率和生产力。此外，这些管理系统还能在整个智能制造生命周期内跟踪材料和流程的移动情况，实现可追溯性和谱系化，这对于有严格规定的行业来说至关重要。

MES 从工厂车间的各种来源捕获实时数据，并使用这些信息来监视和控制制造运营。以下是该过程的总体概述：

1）数据收集。系统从多个来源收集数据，包括机器、传感器、操作人员和其他信息系统，如 ERP 系统或产品生命周期管理（PLM）系统。这些数据包括生产率、机器状态、库存水平、质量评测等。

2）数据集成。收集的数据经过处理并集成到 MES 中，从而创建制造环境的全面视图，这种集成可确保 MES 获得准确的最新信息。

3）生产计划。根据从上级计划系统收到的生产订单，MES 会生成生产计划，生产计划考虑订单优先级、可用资源、机器产能和人工可用性等因素。

4）工单管理。系统根据日程安排将工单分配给操作人员或工作站，为操作人员提供说明、规范和必要的文档，以帮助他们执行任务。系统会跟踪每个工单的进度，并实时更新工作进度状态。

5）**机器和设备集成**。系统与车间的机器和设备连接，以监控其状态、收集生产数据并交换信息。这种集成可以通过各种方式实现，如机器传感器、可编程逻辑控制器（PLC）接口或基于开放平台通信（open platform communications）的通信协议。

6）**质量管理**。在生产过程中采集质量数据，如测量、检查和测试结果，执行质量控制程序，触发质量问题警报或通知，并记录质量相关信息以进行分析和追溯。

7）**材料和库存管理**。MES跟踪整个生产过程中材料和组件的移动，监控库存水平，发起物料申请或补货，并确保在正确的时间以正确的数量提供正确的材料。

8）**数据分析和报告**。分析收集的数据以提供实时洞察分析和性能指标，生成报告、仪表板和可视化，帮助管理层和操作人员做出决策并确定需要改进的部分。

9）**与更高级别的系统集成**。该系统可与其他系统（如企业资源计划系统、产品生命周期管理系统或供应链管理系统）连接。这种集成可以实现数据交换、信息同步，以及制造流程与整体业务运营的协调。

知识点2　企业资源计划（ERP）

企业资源计划（ERP）软件系统是一种业务管理软件系统，通过自动化和集成，管理和简化组织的职能、过程和工作流程。

ERP是美国的Gartner Group公司在20世纪90年代提出的，旨在管理企业的所有部分（财务、人力资源、制造、供应链、服务、采购、供应链管理、产品生命周期管理、项目管理等），因而成为企业日常业务运营的必要组成部分。ERP软件由全部相连且共享一个公共数据库的业务应用程序组成，因此减少了端到端业务运行所需的资源数量。

ERP软件中各个模块的业务应用程序各自专注于一个特定的业务领域，但又能共同满足企业的需求。由于企业的规模和需求各不相同，这些模块并非千篇一律，企业可以选择最适合自身业务的ERP模块。

ERP软件系统有三种类型：现场ERP、基于云的ERP和混合ERP。这些系统都有助于企业决策并提高盈利能力。它们各有优缺点，具体根据企业的需求及企业的选择使用合适的ERP软件系统。

1）现场ERP。现场ERP，也称为本地ERP，通常部署在现场，主要由企业控制。希望完全控制ERP软件和需求安全性的企业可以选择这种模式。使用企业需要本地专用IT资源来处理技术和应用程序维护活动。

2）基于云的ERP。云端ERP系统通常被称为软件即服务（SaaS），意味着第三方在云端管理ERP软件。这种灵活的系统模式利用人工智能（AI）和机器学习等技术实现，可以提高自动化效率，并允许员工通过互联网在任何设备上搜索企业数据。IBM、Infor、Microsoft、Oracle和SAP提供了新的ERP软件模型。

基于可扩展性、敏捷性及低成本，这种类型成为常用的ERP软件模型。其主要缺点是企业需要承担信任ERP供应商时可能产生的安全风险，由于业务数据非常敏感，需要谨慎处理。

3）混合ERP。适合同时需要现场和SaaS模式特征满足业务需求的企业。在此模型中，一些ERP应用程序和数据将位于云端，一些位于本地，这种模型有时被称为两层ERP。

ERP系统基于支持特定业务流程的各种模块，有些模块是ERP系统的基础，不能被第三方应用程序访问，其他的非基础功能可被第三方应用程序访问。下面给出一些常用的 ERP 模块，并提供了部署选项。

1) **财务和会计**。财务和会计模块通常对于许多 ERP 系统来说是最重要的。该模块的主要目的是帮助企业了解财务前景并分析整个业务。该模块的主要功能是跟踪应付账款（AP）和应收账款（AR），同时有效地结账并生成财务报告和定价。该模块可以自动执行计费相关任务，并存储企业的重要财务信息，如供应商付款、现金管理和对账。它还为企业提供明确的指标，并帮助进行生产计划。

2) **采购**。采购模块帮助企业采购制造商品所需的材料和服务。该模块有助于实现采购自动化，以及跟踪和分析外来报价。通过采购模块，企业可以维护供应商列表并将供应商与某些物料挂钩，从而有助于发展和管理良好的供应商关系。

3) **制造**。制造模块通常称为制造执行系统，是 ERP 软件的重要规划和执行组件（有时是独立的软件，需要建立接口）。该模块帮助制造商规划生产，并确保生产所需的一切准备就绪。制造模块可以更新在制品的状态，同时提供在制品或成品的实时信息，该模块通常还包括物料需求计划（MRP）解决方案。

4) **销售**。销售模块是与客户和潜在客户保持畅通的沟通渠道。它可以使用数据驱动的洞察能力，增加销售额并做出针对性决策，并在促销或升级销售机会时协助开具发票。其他功能（包括供应链解决方案）能够提供有用的库存管理和订单管理，包括仪表板、更强大的商业智能和物联网（IoT）技术。

5) **客户关系管理**。客户关系管理（CRM）模块或服务模块帮助企业提供卓越的服务。通过存储客户信息（如通话记录、电子邮件和购买历史），企业可以获得更好地服务当前和未来客户所需的数据。借助该模块，员工能够在客户进入时轻松获取所需信息，并通过 ERP 软件保存的数据提供针对性客户体验。

6) **人力资源管理**。人力资源模块提供工时、考勤和工资单等基本功能。该模块维护所有员工的数据并存储与每个员工相关的文档，如绩效评估或工作描述。企业可以获取整个人力资本管理（HCM）套件并将其连接到 ERP，从而增强 HR 功能。

ERP 的优势众多，最突出的是提高生产力、降低运营成本、高灵活性和信息集成。商业智能 ERP 部署提供的功能比传统会计软件产品要丰富得多。

思考题

1. 智能感知技术在智能制造中的应用有哪些？
2. 在线检测与离线检测相比有哪些优点？
3. 非接触式在线检测的主要特点有哪些？请列举并解释。
4. 非接触式在线检测的应用领域有哪些？
5. 工业视觉检测的原理是什么？请简述工业视觉检测的主要步骤。
6. 激光检测的基本原理是什么？
7. 如何设定相机的点阵板坐标系？
8. 三坐标测量机的基本功能包括哪些方面？
9. 请简述三坐标测量机的测量原理。

10. 接触式在线检测适用于哪些生产过程？
11. 接触式在线检测的主要特点有哪些？
12. 什么是工业机器人的轨迹？工业机器人的基本运动指令包括哪些？
13. 工业机器人在智能产线的典型应用有哪些？
14. 请描述工业机器人搬运应用的任务要求和学习目标。
15. 工业机器人示教器的主要功能键有哪些？请列举并说明其用途。
16. 如何通过示教器设置工业机器人原点？请描述步骤。
17. 工业机器人程序的外部自动运行需要满足哪些条件？
18. 工业机器人码垛系统的主要任务要求是什么？
19. 如何实现工业机器人与 PLC 的信号交互？请详细描述。
20. 智能仓储的存储形式有哪些？
21. 请描述自动化立体仓库的优点和典型应用。

第4章

智能制造系统中的工业互联网认知与实训

章知识图谱　说课视频

> **导语**
>
> 　　工业互联网是指新一代信息通信技术与工业经济深度融合的新型基础设施、应用模式和工业生态，实现对人、机、物等的全面连接，并不是简单的用于工业上的"互联网"或"物联网"，建设的重点不是工业场景下的"互联网"，而是由人、机、物的全面互联构建出来的业务数字化体系。目前在工业现场多采用边缘计算终端、PLC 工业控制器、工业交换机、协议转换网桥或网关设备等实现对终端设备和环境的数据采集、传输，以及互联互通。工业互联网的基础数据除了通过设备本身获取外，也可以通过附加控制器、传感器等方式获取。

4.1 工业互联网与传感器应用技术

4.1.1 基础与体系结构

　　常见的工业互联网功能体系架构如图 4-1-1 所示，底层是由众多设备构成的设备层，通过它们实现对设备、产品、人及环境的感知，然后通过网络（通常由 Modbus、OPC—UA、EtherCAT 等总线网络构成）实现各元素间的互联互通，这一部分构成了工业互联网的网络体系。在网络体系上面，则是各类平台服务应用，如边缘计算故障诊断服务、工业大数据平台等。

　　目前工业互联网除了满足设备间网络连接，还支持车间级和工厂级的连接，如图 4-1-2 所示。

　　工厂内部多采用异构的网络架构来满足对各种工业设备的兼容和网络安全隔离等需求，而工厂外部则大多基于互联网、通过构建 VPN 虚拟专线进行连接。

知识点 1　物联网设备与传感器

　　工业互联网借助传感器来实现对加工过程的监测，按照数据采集的连续情况，可以分为离散型生产系统用传感器和流程型生产系统用传感器。离散型生产系统用传感器有位移传感器（用于检测物体的位置、位移和位置变化）、转速传感器（用于检测旋转物体的转速和方

第4章 智能制造系统中的工业互联网认知与实训

	平台体系			安全体系
应用层	工业APP (设计、生产、管理、服务等)	应用商店/开发者社区	工业创新应用(研发设计、工艺优化、能耗优化、运营管理)	应用安全
能力层	工业能力中心			
	工业开发工具	工业人工智能	工业区块链　工业数字孪生	
数据层	工业数据中台			数据安全
	工业数据管理	工业数据建模	工业数据分析　边缘数据服务	
基础层	通用PaSS组件			
	云原生框架	计算服务引擎	数据库服务　消息队列服务　DevOps服务	
边缘层	工业边缘云			控制安全
	工业数据采集	边缘数据处理	边缘智能分析　边缘应用服务	
	网络体系			
	标识编码与解析			
网络层	工业总线/以太网　5G/NB-IoT/Wi-Fi　工业PON　TSN/DetNet/DIP　IPv6+/SRv6			网络安全
设备层	传感器　智能仪表　智能机器　其他成套设备　协议转换网关/网桥			设备安全

图 4-1-1　常见的工业互联网功能体系架构

向，包括磁电式、光电式、霍尔效应式传感器等）、<u>加速度传感器</u>（用于检测物体的加速度变化，可以监测振动和冲击。包括压电式、电容式、热电式传感器等）、力传感器（用于检测压力、拉力、扭力等力学量，常见的有压电式、电阻应变式传感器等）、振动传感器（用于检测机械设备的振动，可以监测设备运行状态，主要有压电式、电磁式传感器等）。流程型生产系统用传感器，常见的有<u>电流传感器</u>（用于检测电路中的电流大小和方向，包括电阻式、霍尔效应式、光纤式传感器等）、<u>电压传感器</u>（用于检测电路中的电压大小，常见有电阻分压式、电容式传感器等）、<u>流量传感器</u>（用于检测管道或容器中流体的流量大小，有浮子式、涡轮式、电磁式传感器等）、<u>温度传感器</u>（用于检测物体或环境的温度，包括热电偶、热电阻、热敏电阻传感器等）、<u>湿度传感器</u>（用于检测环境的相对湿度，有电容式、电阻式、电子管传感器等）。

这些传感器能够实时监测各种物理量，为工业互联网提供海量的生产过程数据，为优化生产提供支撑。在历史和实时生产数据的基础上，借助大数据和人工智能技术，进一步提高生产率、质量和可靠性。

知识点 2　云平台

为应对工业领域海量数据存储、分析，以及智能化深度分析的要求，工业大数据采用了云端服务与边缘计算的方式。其中，云平台根据业务用途可分为云计算平台、大数据平台、AI应用平台、物联网平台，平台分工如下：

（1）<u>云计算平台</u>　云计算为工业互联网提供了数据存储和处理的基础设施，使得海量

智能制造实践训练

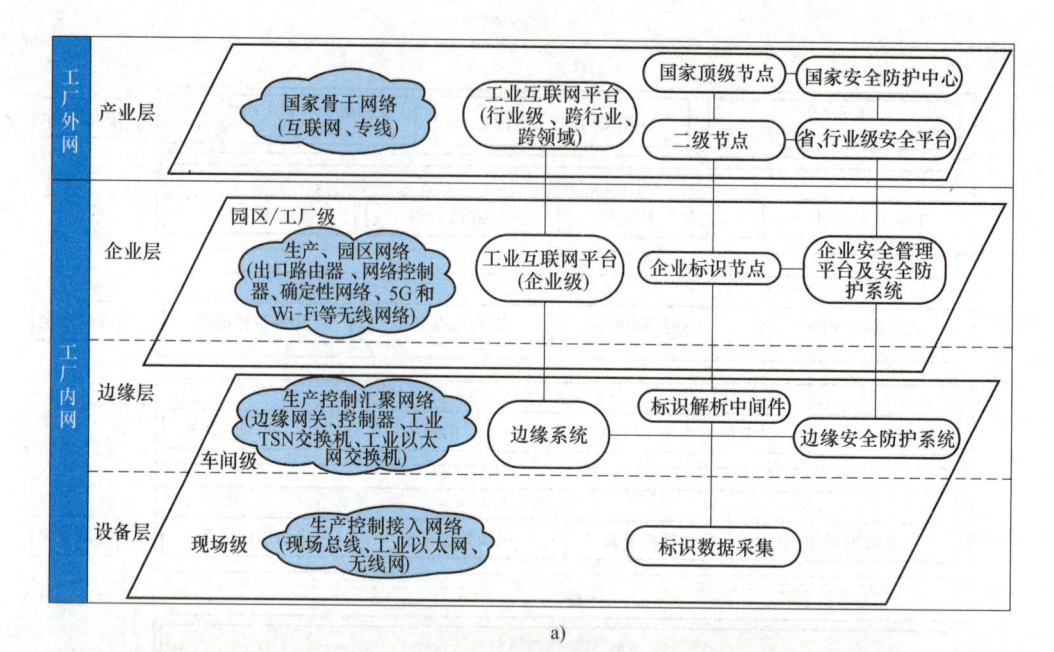

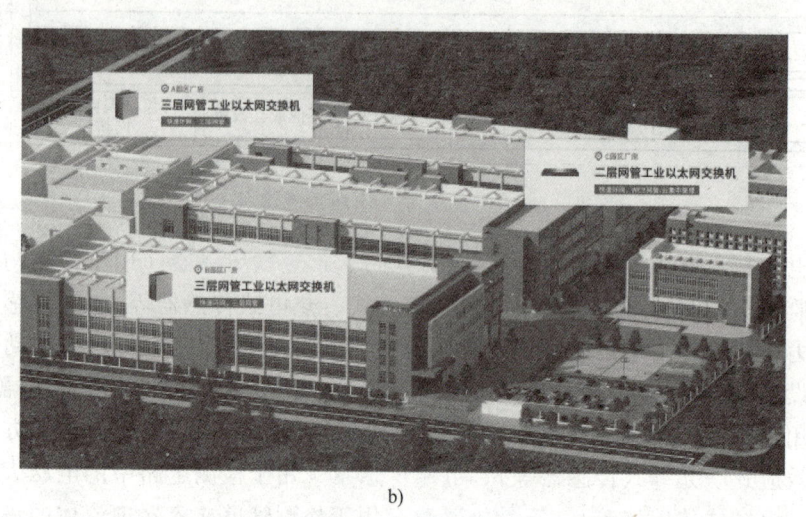

图 4-1-2 跨厂区工业互联网架构
a）工业互联网平台多级架构功能构成　b）多区域工业互联网联网方案实景空间示意图

的工业数据能够得到有效的管理和分析。

（2）**大数据平台**　工业互联网在生产过程中产生了大量的数据，大数据技术可以对这些数据进行深度挖掘和分析，为生产决策提供了有力支持。

（3）**AI 应用平台**　人工智能技术在工业互联网中发挥着重要作用，通过对生产过程的智能化控制，能够提高生产率、降低能耗、优化产品质量。

（4）**物联网平台**　物联网平台为企业提供具体的可视化管理窗口，可通过 web、客户端、APP 等方式，远程实时监测和管理设备、制定决策和优化生产过程。

在实际应用中，很多企业采用微服务方式建设平台，各个平台相互配合、共同发挥作用，也可整合到某一平台来统一提供服务。

124

知识点 3　网络通信

工业互联网需要可靠和高效的数据通信技术，以保证设备之间的信息交换。工业互联网的通信网络构建方式比较丰富，在底层网络上可采用兼容网关、网桥、边缘计算终端等。在产线或厂区的通信，则多采用工业以太网、光纤网络、WiFi 网络等构建区域网络。一些特殊场景下，企业也可以选择自建 4G/5G 基站来构建厂区无线通信网络。

底层网络连接包括兼容网关（用于连接不同协议和接口的设备，实现数据互通）、网桥（将不同的现场总线网络互联起来，为上层应用提供统一的数据接口）、边缘计算终端（部署在生产现场，对采集的数据进行预处理和分析，降低上行带宽需求）。该层级网络设施能够实现对单一设备、传感器等节点的数据获取。

区域网络通信包括工业以太网（基于标准以太网技术，针对工业现场的实时性、可靠性等要求进行优化，如 PROFINET、EtherCAT 等）、光纤网络（利用光纤的大带宽优势，满足高速数据传输需求，抗干扰能力强）、WiFi 网络（无线连接灵活，适用于对线缆布放有限制的场景，利用工业级 WiFi 可实现高可靠性通信）。

厂区无线网络包括 4G/5G 基站（企业自建或与运营商合作，部署专属的移动通信网络，覆盖整个厂区），满足工业生产低时延、高可靠性的需求，实现设备、机器、AGV 等的实时互联。

工业互联网需要构建从底层网络到区域网络，再到厂区无线网络的全面通信体系，确保信息的及时传输和数据的可靠交换，为智能制造提供坚实的网络基础。

知识点 4　安全和隐私

工业互联网的网络安全问题尤为重要，需采取一系列安全措施来确保数据的保密性和完整性。随着网络安全技术的不断提升，工业互联网将能够提供更安全、可靠的网络环境，确保数据的安全性和完整性，主要措施有访问控制和身份认证、数据加密和防篡改、网络边界防护，以及安全运维和应急管理。

（1）访问控制和身份认证　采用安全的用户身份认证机制，如双因素认证等，限制对系统的访问权限。实现设备、应用程序等的身份认证，可以防止未经授权的设备接入网络。

（2）数据加密和防篡改　对传输的数据进行加密，保证数据的机密性。利用数字签名、时间戳等技术，确保数据的完整性和不可否认性。

（3）网络边界防护　尤其是重点工业企业，采用物理隔离方式，与外网进行隔断，而厂区间通过网络运营服务商构建虚拟 VPN 或光纤专网直接连接。常见的防护措施则通过部署工业防火墙、工业入侵检测系统等，实现对工业网络流量的监测和异常检测，及时发现和阻止攻击行为，进行机密数据和端口的阻断。

（4）安全运维和应急管理　制定完善的安全运维管理制度，及时修补软件漏洞、进行系统升级。建立应急预案和事故响应机制，降低安全事故的影响。

随着工业互联网安全技术的不断发展，如《物联网基础安全标准体系建设指南》的制定、工业级密码算法的应用、工控系统安全防护等，工业互联网将能提供更安全可靠的网络环境，切实保护数据的安全性和完整性，为智能制造提供强有力的网络支撑。

4.1.2　通信网络与互联协议

知识点 1　传统通信协议认知

工业设备种类多样、传感器类型丰富，为了实现对象间互联互通，工业互联网的通信协议要求尽可能兼容。目前工业通信协议根据对象目标可分为设备间通信协议和总线通信协议两大类。设备间通信协议为点对点直接通信，设备之间采用直接连接方式。总线通信协议则支持设备通过共同的通信线路进行多设备间信息交互。以下为几种常见的通信协议：

（1）IEEE 802.3　IEEE 802.3（Ethernet）是局域网基本协议，它提供了多种网络标准的定义，是目前应用最为广泛的通信协议，可通过各种类型的铜缆或光缆在节点、基础设施设备（集线器、交换机、路由器）之间建立物理连接，生活中常见的局域网、以太网，就是以 IEEE 802.3 为基础构建的，常见的工业通信电缆接口如图 4-1-3 所示。

（2）PROFIBUS　PROFIBUS 早在 1989 年就发布了第一批产品，是一种用于工业自动控制的总线系统，可以在控制器（如 IO 模块、电动机驱动器等）、传感器和数据采集设备之间连接总线节点，连接的节点可以互相通信。其特点是不限制通信速率和距离，常应用于过程自动化、配电控制以及工业现场控制与监测系统。

图 4-1-3　常见的工业通信电缆接口

（3）Modbus　Modbus 是 1979 年由 Modicon 公司发明的现代工业通信协议，可以用于远程窗口应用程序。早期的物理连接方式多为串行接口，随着以太网通信技术的广泛应用，也可以使用以太网等作为数据传输媒介，从而大大简化工业控制系统的设计，兼容多种工业领域的特殊使用要求。Modbus 常应用于非高速控制模块、传感器数据采集、控制器参数设置等。

（4）PROFINET　PROFINET 是 PROFIBUS 的进化版本，一种用于工业自动化的可靠的实时网络通信协议，它使工业网络可以利用普通的网络技术实现更灵活的通信应用。它整合了以太网技术，把 TP（确保可靠通信）、DP（面向局域网的数据通道）和 IP（面向互联网的数据通道）+IO（数据类型、参数及控制等）一体化，具有网络质量、安全性及效能上的实时保障。

（5）CAN　CAN（controller area network）是实时分布式控制的现代工业通信协议。它是一种低开销的网络通信协议，使用跳线技术能够把不同类型的设备连接到电气控制系统中，从而提供成本低、可靠性高、扩展性强的通信环境，能够高效地传输大量实时信号。它有四种不同的模式，即单步模式、抢占模式、多步模式和非抢占模式。由应用需要选择不同的模式来实现控制和监测应用程序，常见于高速领域，如汽车车身总线等，目前在电动机控制等方面也应用广泛。

知识点 2　网络总线通信认知

按照现场总线和工业以太网的国际标准 IEC 61158-1：2023 所规范的各种通信协议，常用的工业通信协议有 24 种。此外，还有一些特殊的通信协议也在工业通信中使用，比如各大自动化公司开发的 PLC、DCS 系统所采用的专用通信协议以及由 ISO 发布的国际标准 ISO 11898-2：2024 所规范的 CAN 总线等。按照协议的发展历程和常用领域可归纳为以下几类：

1）第一类的通信协议分支包括了如 CAN、interbus、PROFIBUS、DeviceNet、CC-Link、FF 等，它们来源于 20 世纪 70 年代开始的电子工程，是从 RS 232/RS 485 串行通信协议发展到现场总线的，属于早期通信技术进一步拓展延伸到总线协议。

2）第二类的通信协议由 20 世纪 80 年代依据 ISO 的开放系统互连 OSI 七层模型发展而来，最早由美国波音公司和通用汽车在计算机网络工程中开发，是第一批使用令牌总线的协议，弥补了当时传统通信技术的不足。目前在市场竞争中在逐步被以太网取代，但很多工业现场总线还在使用。

3）第三类的通信协议则是目前应用十分广泛的以太网，它同样起源于计算机工程，随着计算机的进步而高速发展。这类通信协议凭借其极高的开放性受到了市场的关注，在 20 世纪 90 年代进入到工业应用领域，一直到现在都还是工业通信最重要的协议之一，其中典型的工业应用有 EtherNet/IP 网络和 RS 485/RS 232 总线连接，如图 4-1-4 所示。

图 4-1-4　EtherNet/IP 网络和 RS 485/RS 232 总线连接

需要注意的是，不同场景下的工业应用对指标（如高可靠、低延时、容错率等）的要求各有侧重，需要结合实际场景综合考虑，不可一味求新。在达到指标要求情况下，系统未来的可维护性、可拓展性也需要重点关注。

4.1.3　感知互联与智能传感器

知识点 1　智能传感器类型

国家标准 GB/T 7665—2005《传感器通用术语》把传感器定义为能感受被测量并按照一定的规律转换成可用信号的器件或装置，通常由敏感元件和转换元件组成。而智能传感器是在传统传感器基础上，增加了信息处理与传输等功能。智能传感器（smart sensor）具体是指具有信息检测、信息处理、信息记忆、逻辑思维和判断功能的传感器。智能传感器充分利用集成技术和微处理器技术，集感知、信息处理、通信于一体，能提供以数字量方式传播的具有一定知识级别的信息。可以简单认为，传统传感器仅提供表征待测物理量的模拟电压信号，而智能传感器最主要的特征是输出数字信号，便于后续计算处理。

智能传感技术是一门多学科交叉的高技术领域，伴随着物理学、生物科学、信息科学和材料科学等相关学科的高速发展，智能传感技术向着功能全面化、结构微型化、集成一体化方向发展，以更有效模仿人类的感官来检测、处理和分析复杂的信息。GB/T 7665—2005 中列举了物理量、化学量和生物量三大类被测量对象，其中，又可分为力学、热学、光学、磁学、电学、声学、气体、湿度、离子、生化、生理等。被测量对象可根据不同的工作原理来实现，如电阻、电容、霍尔、PN 结压阻、光电等。不同工作原理由不同的材料或结构实现，在性能、环境适应性和可靠性等方面具有多样性，这种多样性决定了产品的不同应用领域。智能传感器型谱体系如图 4-1-5 所示。

物理量传感器是指能感受规定物理量并转换成可用输出信号的传感器，根据被测量对象可分为力、热、声、光、电、磁六大类，每一大类传感器中又包括多个种类的被测量对象。在选择传感器时，需要考虑传感器是以何种物理量作为技术路线来实现的，以匹配应用场景。

知识点 2 智能传感器选型及应用

目前使用广泛的智能传感器产品主要包括以下类别：

（1）压力传感器 压力传感器根据工艺和工作原理不同，主要包括MEMS（微型电系统）压力传感器、陶瓷压力传感器、溅射薄膜压力传感器、微熔压力传感器、传统应变片压力传感器、蓝宝石压力传感器、压电压力传感器、光纤压力传感器和谐振压力传感器等。

MEMS压力传感器可分为压阻式和电容式两类，具有小型化、可量产、易集成等优点，是智能压力传感器的重要组成部分。汽车电子行业是MEMS压力传感器的主要应用市场，广泛应用于动力传动系统、安全系统、胎压监测系统、燃油系统等。此外在智能手机、无人机、可穿戴设备等领域也有广泛应用。

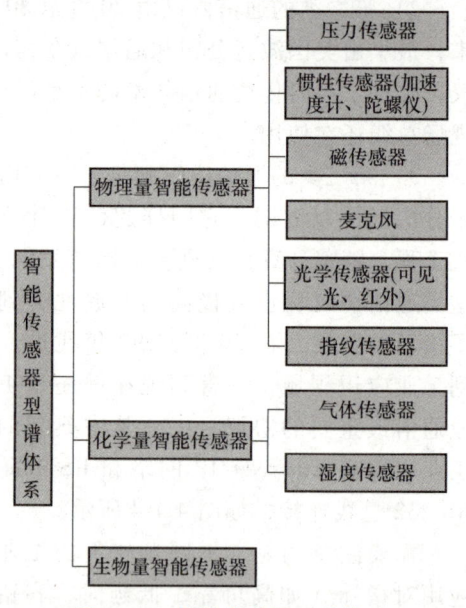

图 4-1-5 智能传感器型谱体系

陶瓷压力传感器是用量较大的智能传感器，耐腐蚀的优点使其广泛应用于汽车电子和工业电子行业，如汽车的发动机系统、暖通空调系统等。

溅射薄膜压力传感器和微熔压力传感器环境适应性较强，主要用于汽车电子和工业电子行业。传统应变片技术制作的压力传感器由于具备形状可变、应用灵活的特点，目前应用于计量等有特殊要求的领域。

蓝宝石式、压电式、光纤式和谐振式压力传感器具备耐高温、耐恶劣环境等强环境适应性，一般多用于航空航天、石油勘探等领域。

（2）惯性传感器 惯性传感器是一种运动传感器，主要用于测量物体在惯性空间中的运动参数，依据被测量对象的不同主要分为加速度计和陀螺仪两大类。

加速度计按照自由度分为单轴、双轴、三轴加速度计，其中三轴加速度计市场占有率最高。加速度计和陀螺仪、磁力计多组合应用，构成惯性测量单元、电子罗盘等，以达到集成化、多功能的运动检测。加速度计的主要类型有MEMS加速度计、石英挠性加速度计、压电加速度计和光纤加速度计。MEMS加速度计是智能加速度计的主要实现形式之一，消费电子行业是其最大的应用市场，广泛用于智能手机、可穿戴设备、无人机等。MEMS加速度计在汽车的惯性导航系统、动力系统、防抱死刹车系统中也有着广泛应用。压电式加速度计具有测量范围广、耐高温、高频响等特点，主要用于工业过程中的测量控制、振动试验设备监测等。石英挠性加速度计能达到较高的精度和稳定性，主要应用在航空航天的惯性制导系统等。光纤加速度计的主要特点是一根光纤可布设多点，从而降低使用成本。

陀螺仪按照工作原理和结构特点分为MEMS陀螺仪、光纤陀螺仪、激光陀螺仪、压电陀螺仪、半球谐振陀螺仪等。同加速度计类似，MEMS陀螺仪是智能化陀螺仪的主要实现方式之一，其精度虽低于光纤陀螺仪、激光陀螺仪等高端产品，但由于体积小、功耗低、易于数字化和智能化、成本低、易于批量生产，非常适合手机、汽车、医疗器材等大批量生产设备。光纤陀螺仪、激光陀螺仪、压电陀螺仪、半球谐振陀螺仪等高精度陀螺仪用量小、成本高，主要用于航空航天等高端惯性领域。

（3）磁传感器　磁传感器是通过感测磁场强度、磁场分布、磁场扰动等精确测量电流、位置、方向、角度等物理参数，广泛用于消费电子、现代工农业、汽车和高端信息化装备中。

磁传感器主要实现技术包括霍尔技术（Hall technology）、各向异性磁阻技术（AMR technology）、巨磁阻技术（GMR technology）、隧道结磁阻技术（TMR technology）等。其中霍尔技术由于成本较低，是市场上大多数应用的优先选择，而 AMR、TMR 技术凭借其高灵敏度及精准度的优势，也逐渐拓宽其应用领域。

磁传感器可用于位置和速度传感、开关控制、电流传感等，随着自动驾驶汽车对可靠性的需求提升，动力总成系统和辅助无刷电动机系统对磁传感器的可靠性提出了更高的要求。磁传感器在工业控制、交通、智能家居、消费电子等领域的应用较为广泛。虽然其单价较高，但在可穿戴设备、无人机、机器人等新兴领域仍有着市场潜力。

（4）光学传感器　光学传感器是一类依据光学原理进行测量的传感器，因此多用于非接触和非破坏性测量、几乎不受干扰、支持高速传输，以及可遥测和遥控等场景。主要包括一般光学计量仪器、激光干涉式、光栅、编码器以及光纤式传感器等光学传感器或仪器，用于各种工业、汽车、电子产品和零售自动化的运动检测、测量等。光学传感器按照感测波段的不同分为可见光传感器、红外传感器。

1）可见光传感器。可见光传感器主要包括化合物可见光传感器、硅 PN 结型可见光传感器和硅阵列型可见光传感器（即图像传感器）。其中化合物可见光传感器和硅 PN 结型可见光传感器主要用于手机、电脑、仪表盘等显示设备的光线感知和自动调节，国内制造技术已较为成熟，年需求量在数亿个。硅阵列型可见光传感器占据了可观的市场份额，也是智能传感器中价值较高的产品。硅阵列型可见光传感器主要实现方式有 CMOS 和 CCD 两种技术，CCD 技术具备成像质量高、灵敏度高、噪声低、动态范围大的优势，但由于成本较高、功耗大且读取速度较慢，主要用于航空航天、天文观测等成像质量需求较高的领域。CMOS 技术成本低、功耗低且读取方式简单，广泛应用于手机摄像头、数码相机、AR/VR 设备、无人机、先进驾驶辅助系统、机器人视觉等领域。

2）红外传感器。红外传感器具有精度高、检测范围大、不易受外界环境干扰等优点，随着技术的提高和成本的降低，在工业检测、智能家居、节能控制、气体检测、家庭安防等应用的需求迅速提升。红外传感器包括单元红外传感器、阵列红外传感器和焦平面红外传感器三大类别。

单元红外传感器主要为热传感器，成本较低且使用简单，主要应用于自动感应、入侵报警、非色散气体检测、工业测温、人体测温等领域。阵列红外传感器主要为热传感器，成本适中、可同时输出图像及温度数据。焦平面红外传感器包括非制冷型和制冷型焦平面传感器（或称探测器），非制冷型红外焦平面传感器具有体积小、质量轻、寿命长等特点，由于成本低，在工业测温热像仪、安防监控、汽车辅助驾驶等装备中广泛应用，而制冷型焦平面红外传感器由于成本较高，主要用于卫星等航空航天领域。

（5）温度传感器　通过感应结构和温度并转换成可用输出信号的传感器。温度传感器是温度测量仪表的核心部分，品种繁多。按测量方式可分为接触式和非接触式两类；按传感器材料及电子元件特性可分为热电阻和热电偶两类。

目前国际上新型温度传感器正从模拟式向数字式发展，由集成化向智能化、网络化的方向发展，追求高精度、多功能、总线标准化、高可靠性及安全性等。温度传感器的应用市场主要有化工、石油天然气、消费电子、能源和电力、汽车电子、医疗保健、食品、金属矿业等。在医疗电子领域，随着先进的病人监护系统和便携式健康监测系统等技术的出现，对温度传感器的需求不断增加，小型化、高精度的温度传感器是推动医疗电子设备迅猛发展的巨大动力。在消费电子领域，温度传感器主要应用在如手机电池、笔记本计算机主板、显示器、计算机微处理器等通信类产品的温度探测上。在汽车电子领域，温度传感器主要用于发动机、冷却系统、传动系统、空调系统等，其性能和可靠性水平对汽车的安全性、舒适性、智能性和节能性都有着重要影响。

（6）气体传感器　气体传感器主要应用于工业生产领域，如石油、化工、钢铁、冶金、矿山等。随着互联网与物联网的高速发展，气体传感器逐渐应用于智能家居、可穿戴设备、智能移动终端、汽车电子等领域。智能气体传感器的技术发展方向趋向低功耗、低成本、无线通信和支持多气体检测等，主要包括半导体气体传感器、电化学气体传感器、催化燃烧式气体传感器和光学气体传感器四大类。

1）半导体气体传感器适用面广、简单易用、成本低，但线性范围小，易受背景气体和温度干扰，在家用、工业、商业可燃气体泄漏报警、防火安全探测、便携式气体检测器等领域广泛应用。

2）电化学气体传感器具有功耗低、体积小、重复性好、线性范围大、易受干扰的特点，适合低浓度毒性气体检测，以及氧气、酒精等无毒气体检测，多用于石油、化工、冶金、矿山等工业领域和道路交通安全检测领域。

3）催化燃烧式气体传感器具有对可燃气体响应光谱性、温湿度不敏感、结构简单、精度较低的特点，多用于工业现场的可燃气体浓度检测，以及有机溶剂蒸气检测。

4）光学气体传感器主要包括红外气体传感器和紫外气体传感器，具有灵敏度高、分辨率高、响应时间快、功耗低、具有多种输出方式、技术难度较大、价格较高等特点，是智能气体传感器的重要组成部分，主要应用在暖通制冷与室内空气质量监控、新风系统、工业过程及安全防护监控、农业及畜牧业生产过程监控等领域。

此外还有一些如超声波振动传感器、噪声传感器、光谱检测传感器等。但应用原理都是相似的，以被测量对象为选型的基准进行选择。

知识点 3　智能传感器数据处理及应用

有别于传统传感器的数据电信号、数字量等直传，智能传感器采集的数据大多在前端通过内嵌的芯片对数据进行自动校正、对齐和过滤。智能传感器数据处理流程一般分为以下几个步骤：

（1）数据清洗与预处理　智能传感器会对原始数据进行清洗，即去除异常值、噪声和错误数据。传感器数据可能会受到各种外界干扰，有些智能传感器借助中值滤波、卡尔曼滤波等传统算法，或基于人工智能算法识别并消除干扰。此外，智能算法也会对数据进行预分析，完成数据标准化、特征选择和降维等操作，提取有用的特征信息并输出。

（2）数据建模与分析　在传感器数据处理中，数据建模是必不可少的步骤。通过建立数学模型，可以更好地理解数据的内在规律和特征。人工智能算法在数据建模中起到了关键作用，可以利用机器学习和深度学习等方法挖掘数据中的隐藏信息。传感器数据处理的常见方法之一是聚类分析。聚类分析是将数据按照相似性分成若干组的方法，可应用于传感器数据的异常检测、分类和识别等任务，为进一步的数据处理奠定基础。传感器数据处理的常见方法还有时间序列分析。时间序列是按照时间顺序排列的一系列数据，如传感器数据的变化趋势。人工智能算法可以通过学习历史数据预测未来的数值变化，从而为决策提供依据。例如，在能源管理领域，通过对传感器数据进行时间序列分析，可以预测电力需求，优化能源调度，实现能源的高效利用。

（3）数据挖掘　　基于人工智能的传感器数据处理方法还可以通过数据挖掘技术发现数据中的关联规律和隐含知识。数据挖掘可以用于数据提取、特征选择和模式识别等任务。

4.1.4　数据服务与工业应用

知识点1　数据采集和存储

在智能产线中，各种智能传感器和智能仪器设备会产出大量的数据，实际生产中需要将这些数据进行采集、存储，并用于后续的提取、整合。数据采集系统承担着工业互联网数据的源头的配置、连接、管理工作，具备多种有线、无线接口，能将各设备产出的数据，通过接口等方式实时传到采集分析系统当中，以打破数据孤岛，为大数据分析提供素材。

数据类型包含工业生产和运营中产生的各种数据，如产线的温度、湿度、振动、压力、电流、压强等数据，还包括供应链、质量控制、维修保养等工业应用领域中的数据。这些数据可能是结构化的，也可能是非结构化的，需要通过专业分析系统对这些数据进行拆解，分别提供给各个平台。各个平台按照业务类型可分为以下几大类：

（1）ERP（企业资源计划）　管理财务、物流、人力资源、生产和供应链等资源。

（2）MES（制造执行系统）　管理和跟踪生产从物料订购到最终产品发货的全过程。

（3）SCADA（监控与数据采集系统）　用于企业实时监控设备的运行状态和生产过程，同时对生产过程中的数据进行采集和存储。

（4）HMI（人机界面）　用于操作人员实现查看、控制、监视和管理设备。

（5）PLM（产品生命周期管理）　管理产品的设计、开发、制造、测试、上市、技术支持等全过程。

（6）BOM（物料清单）　管理物料清单，包括物料的属性、数量、单位、价格等信息。

（7）LIMS（实验室信息管理系统）　管理实验室检测数据，包括实验结果、样品信息、检测数据存储和追踪等。

（8）OEE（总体设备效率）　监控设备在各个生产阶段的效率，实现设备运行状态的及时诊断和优化。

（9）WMS（仓库管理系统）　管理物料的存放、入库、出库，以及库存的盘点和统计等。

（10）EDI（电子数据交换）　以电子方式进行数据交换，实现数据的安全传输和共享。

以上各个平台之间相互协作，发挥专项功能，实现业务上的相互交互，但核心数据独立。企业工业互联网各个平台构成及数据流向如图4-1-6所示。

知识点2　实时监测和控制

工业互联网作为数据互联的枢纽和管控载体，提供可视化管理和控制界面，企业通过监控和可视化工具获取实时的数据，然后拟合成各种图表，如用于显示某指标实时状态的仪表

智能制造实践训练

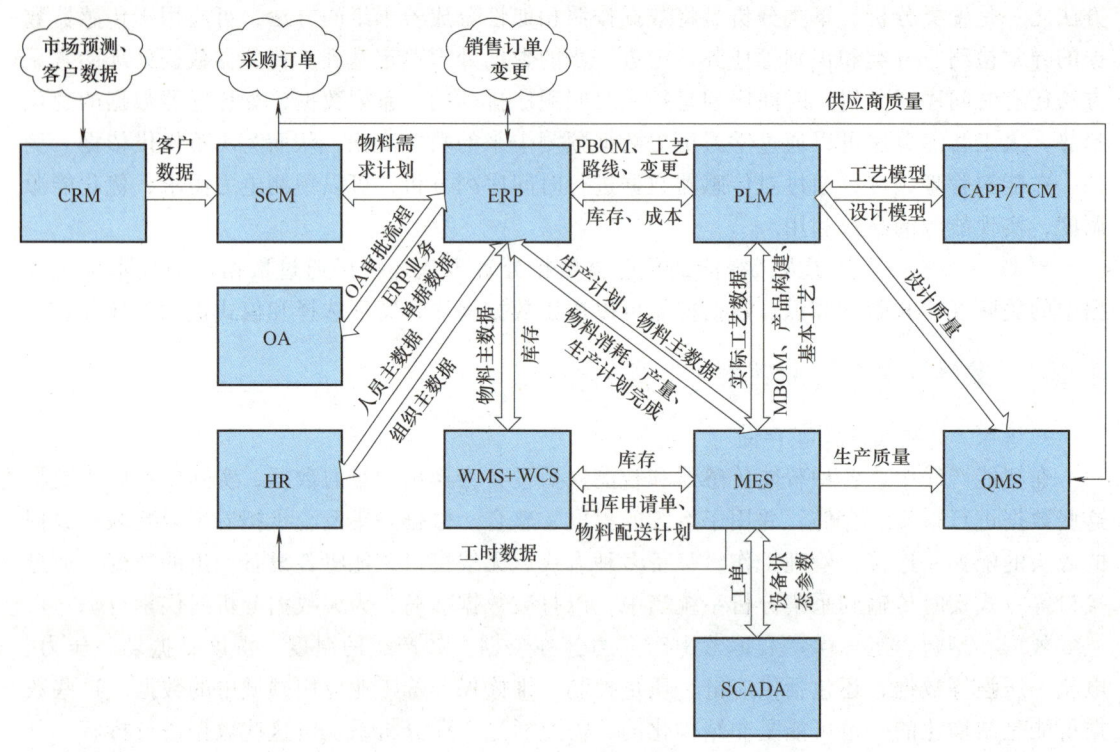

图 4-1-6　企业工业互联网各个平台构成及数据流向

盘、某类产品产量产能折线图，用于分布统计的柱形图、堆叠柱形图，用于关联性和占比分析的导向图和环形图，以支持现场调度决策，如图 4-1-7 所示。同时该平台也为第三方服务提供数据接口服务。

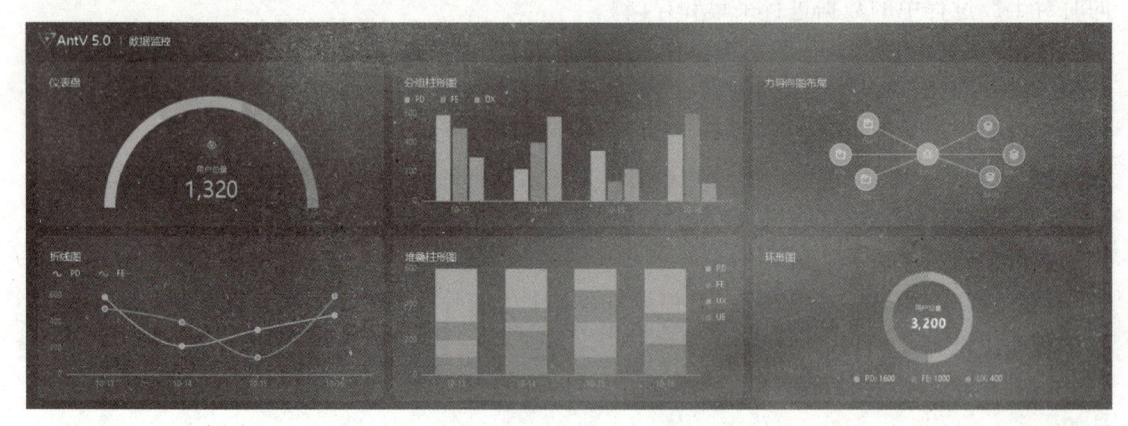

图 4-1-7　常见的数据驾驶舱图示

知识点 3　数据分析和挖掘

工业互联网蕴含着大量的生产和运营数据，通过对这些数据进行分析和挖掘，可以为企业带来诸多价值，这也是工业互联网能够提质增效的一个重要原因。针对数据分析和挖掘，主要用途有：

（1）设备状态监测和故障预警　实时收集设备运行数据，如温度、压力、电流等参数，

132

通过大数据分析，找出故障规律，基于周期性缺陷，预测故障并制定新的生产调节方案，从而提高设备的可靠性和生产率。利用数据分析模型，识别设备异常状态，预测可能出现的故障，及时预警，帮助维护人员进行有针对性的维修保养。

（2）生产过程优化　分析生产设备、工艺参数与产品质量之间的关系，找出影响生产率和产品质量的关键因素，然后调整工艺参数，优化生产过程，提高产品良品率。对大量原材料和半成品的质量数据进行采集和分析，如通过分析采集的数据是否超过设定的上下超差值，使用本地边缘控制器或平台系统，发出超差报警提示，从而实现更高的质量标准。

（3）供应链协同与库存管理　除可以将数据传输到相应的控制系统外，还可以将各种信息传输到 MES 等，完成产线的智能化管理，整合上下游企业的订单、库存、物流等数据，应用预测分析模型，准确预测需求变化趋势，优化库存水平，提高供应链响应速度和灵活性。

（4）能源管理与碳排放分析　收集生产设备、公用设施的能耗数据，分析能源使用模式，发现节能机会，预测碳排放量，指导企业碳足迹管理。

（5）生产安全与质量管理　分析生产过程中的安全隐患和质量问题，发现影响安全和质量的关键因素，制定针对性的预防和改进措施。

总的来说，工业互联网数据分析和挖掘能为企业提供宝贵的决策支持，提高生产率、产品质量并优化能源管理，为企业的数字化转型提供重要支撑。

4.2　基础应用及实训

4.2.1　EtherNet/IP 应用实训

【任务描述】

现有工业互联网基础设备，包含工业交换机、路由器、操作主机、受控设备等，基于 EtherNet/IP（industrial protocol）网络实现设备间互联互通。

【任务要求】

1）制作 RJ45 网线及网络连通性测试。

2）设计网络架构、绘制拓扑结构图，实现设备连接和通信。

3）完成网络及协议网关配置，实现设备状态采集和指令转发。

【学习目标】

1）掌握 EtherNet/IP 网络常用设备、物理连接要点及测试方法。

2）掌握常规协议转换方法，了解和实践网络连接方式。

3）了解和实践网络配置，加深对 EtherNet/IP 协议的理解。

【任务准备】

EtherNet/IP 是一种工业领域常用的工业以太网通信协议，它广泛应用于工业自动化和控制系统中。EtherNet/IP 基于以太网技术，结合工业协议和通信机制，为工业设备和控制器之间提供实时数据传输和通信。常见的工业用网络设备如图 4-2-1 所示。

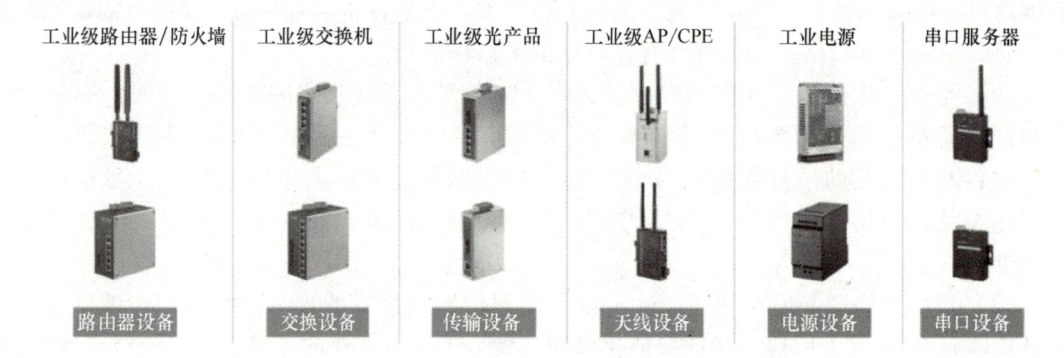

图 4-2-1　常见的工业用网络设备

T568A/B 在部分线序上有不同。其中，T568A 用于同种设备之间直连（PC-PC，交换机-交换机），T568B 通常用于设备之间的交叉连接，也是最常用的一种方式，能够兼容 T568A。EtherNet/IP 采用标准的 T568B 接法，支持直连和交叉接线方式，如图 4-2-2 所示。EetherNet/IP 只需要连接以太网的①、②、③、⑥这四根信号线即可实现通信。

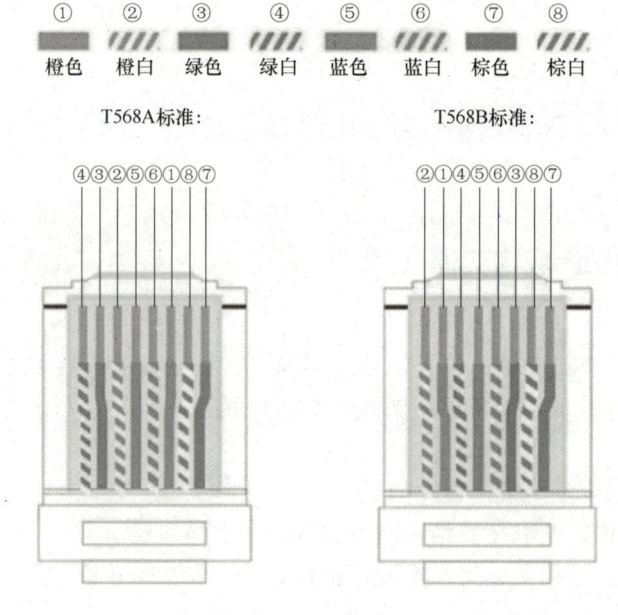

图 4-2-2　RJ45 水晶头线序

在工业互联网总线网络方面，多采用网线进行设备连接。网线制作工具和检测设备如图 4-2-3 所示，其中，双绞线测试仪用于测试网线连通性。

【任务实施】
1. 制作并检验标准常用型的网线
制作流程如图 4-2-4~图 4-2-9 所示。

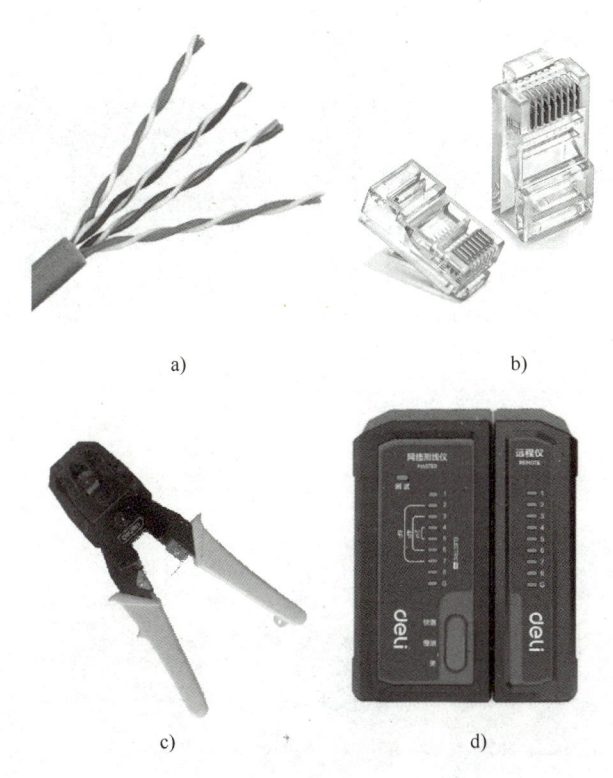

第4章 智能制造系统中的工业互联网认知与实训

图 4-2-3 网线制作工具和检测设备

a）去除外皮的网线（双绞线） b）RJ45 水晶头 c）网线钳 d）双绞线测试仪

（1）**网线排序与线端规整** 使用网线钳剥去网线外皮（图 4-2-4a），然后将内芯线按照 T568A/B 顺序排好（图 4-2-4b），并再次用网线钳裁剪（图 4-2-4c），保证端面一致，注意此处线芯不宜过长，12～15mm 为宜。

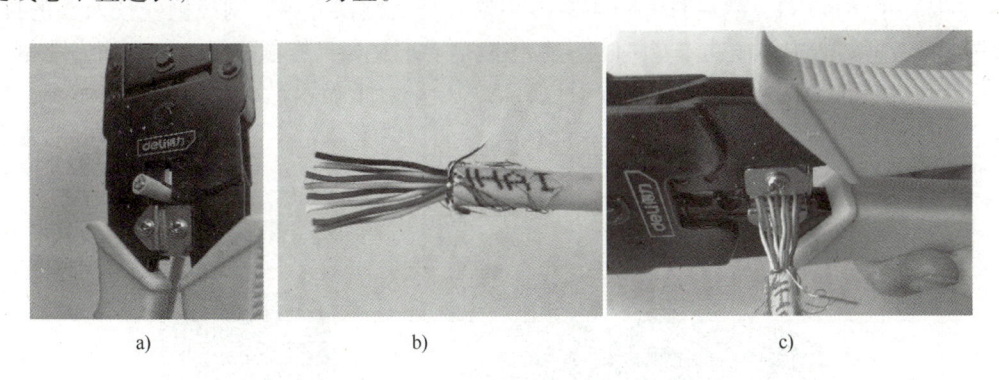

图 4-2-4 网线排序及线端规整

（2）**安装水晶头** 将做好的网线插入水晶头，如图 4-2-5a 所示，每一根内芯线需要顶到水晶头的黄色铜头接触的末端，从水晶头的侧面可以看到每一根内芯均已顶到末端。然后将水晶头插入网线钳的卡扣处，如图 4-2-5b 所示，然后夹紧，即可完成夹装。注意检查水晶头的金属片均需挤压到位，如图 4-2-6a 所示。外皮应抵到水晶头下方卡口位置，如图 4-2-6b 所示，可以提高网线的耐用性。

135

智能制造实践训练

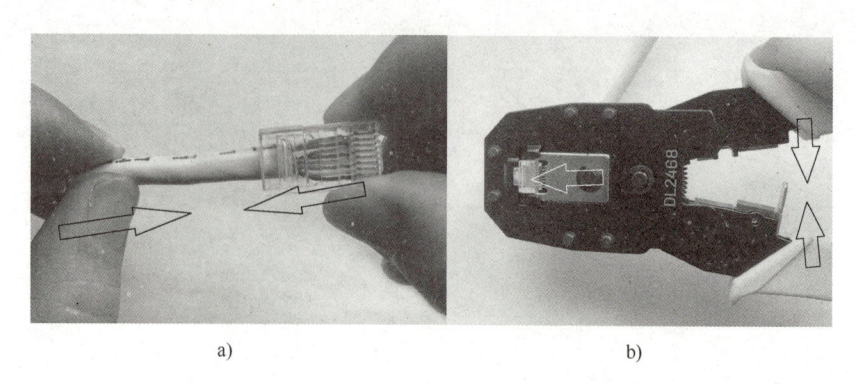

图 4-2-5　安装水晶头和固定夹紧（夹装时注意水晶头方向和线序）

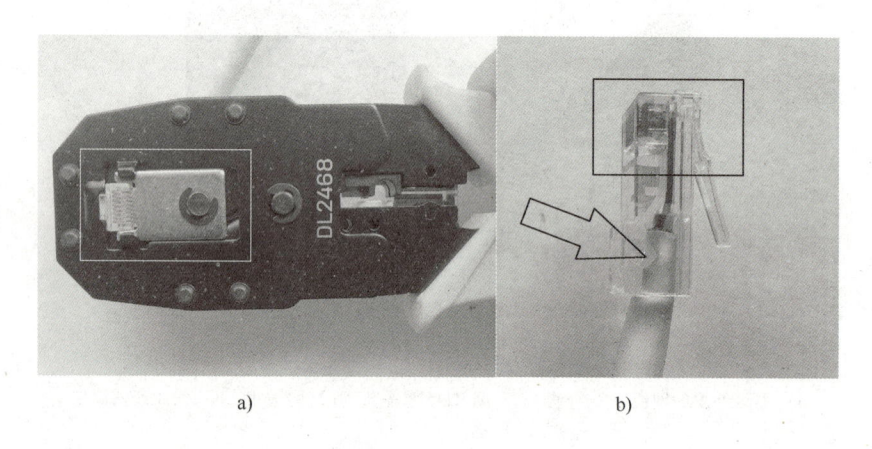

图 4-2-6　水晶头夹紧端

（3）测试网线　网线两头均已做好后，即可进行测试。将网线插入网线测线仪（图 4-2-7a）的 RJ45 口，然后打开图 4-2-7b 中箭头处的测试开关，网线测线仪两端的排灯，如果按照顺序循环、依次亮起，表明网线制作满足要求。如果有顺序错位，表明有一侧水晶头线序错位，请依照图 4-2-2 重新检查颜色，需再检查、重做水晶头。如果有灯不亮，则表明对应顺序的线芯夹紧不够，按图 4-2-5a 检查、重新夹紧。如不能解决，需要剪掉水晶头重新制作。

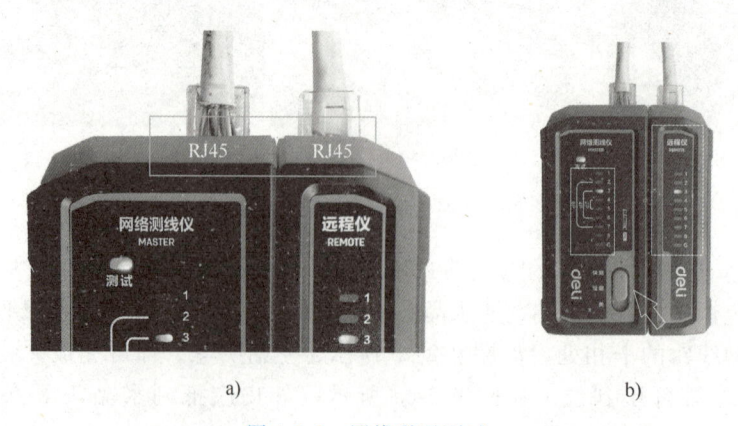

图 4-2-7　网线联通测试

第4章 智能制造系统中的工业互联网认知与实训

2. EtherNet/IP 的电气接口拓扑设计及连接

制作好网线后，基于实训项目要求，自行完成网络拓扑结构设计，以本实训案例，控制 PLC 通过 TCP/IP 读取从站信息，连接拓扑结构可如图 4-2-8 所示，该种总线支持多级网络结构，能够灵活适应工业场景，根据实训任务、设备类型等制定拓扑方案。

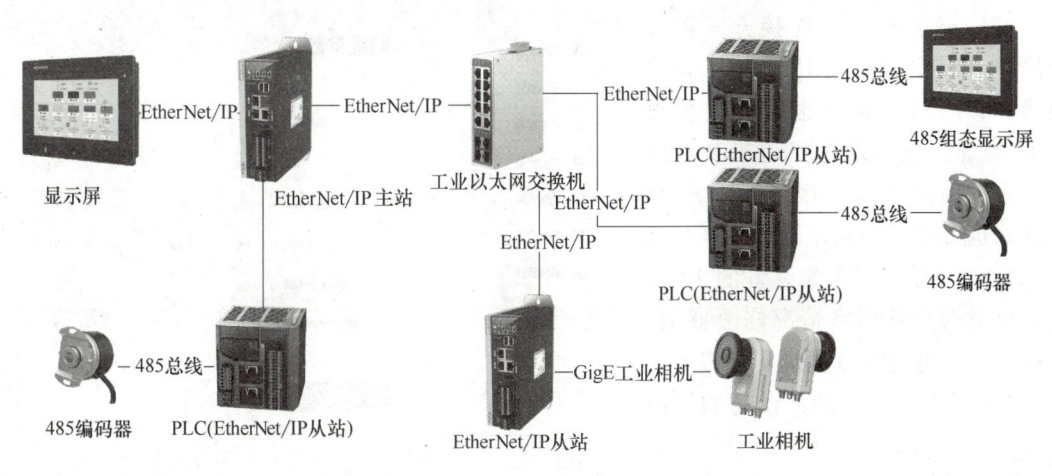

图 4-2-8　EtherNet/IP 常见连接拓扑样例

3. 网络配置

如图 4-2-9 所示，需要重点关注 IP 地址分配模式、地址绑定等。

图 4-2-9　网络通信端口参数配置参考
a）计算机连接到交换机进行配置　b）计算机配置　c）查看计算机地址状态

（1）**确认设备连接**　将计算机与工业路由器或交换机连接好，完成一次配置后即可断开计算机。首次使用设备登录 Web 管理界面，需要注意：

1）确保设备已正确连接到电源，并正常启动。

2）计算机与设备的网络线接口需接入到设备的任一 LAN 口（LAN 为内网口，WLAN 用于与上一级网络连接）。

（2）**登录 Web**　打开浏览器登录管理界面，输入域名（部分厂商支持域名登录）或 IP 地址。网络路由器或交换机一般出厂状态下默认静态 IP 地址为 192.168.1.1 或者

192.168.1.254。注意，需要将主机修改至同一网段才能登录。一般需要计算机设置网络地址获取方式为自动获取，如图 4-2-10 所示，在网络参数里配置相关参数，或单击详细信息查看网关（IPv4 默认网关）地址，在浏览器中输入网关地址即可打开网络设备的 Web 管理界面。

（3）连接方式　连接方式可选择静态 IP，手动设置 IP 地址。该种模式下，所有的设备也需要单独设置 IP 地址。也可以选择动态 IP，此时所有的内网设备从服务器获取 IP 地址，也可设置为固定 IP。

1）IP 地址。设置设备的 IP 地址，可根据实际网络情况修改此值。局域网内部可通过该地址访问设备。

2）子网掩码。设置设备的子网掩码，默认为 255.255.255.0，可根据实际网络情况修改此值。

图 4-2-10　Web 配置网络参数

（4）配置网关　可根据实际实训项目内容，设置网关协议转换，如图 4-2-11 所示，面向 PROFINET 和 Modbus，建立 Agent 转换节点，完成数据网关的设置。

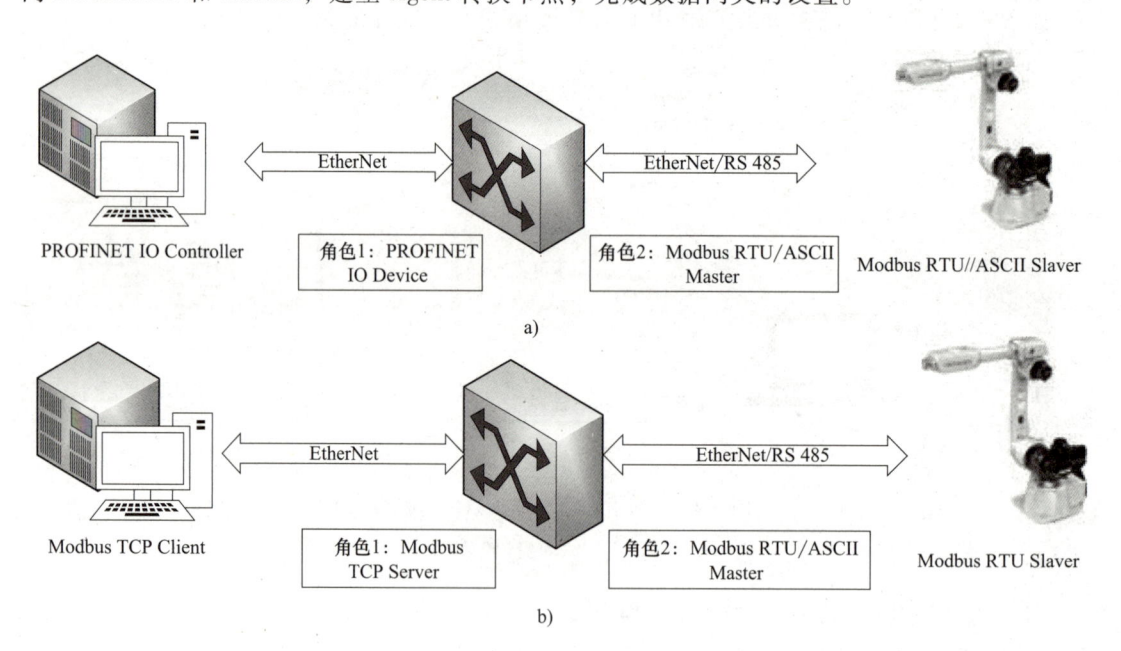

图 4-2-11　配置网关实现双向互联的可选设置方式
a）Agent 模式下的 PROFINET IO 设备与 Modbus 协议网关转换　b）Modbus Client 与 Modbus RTU 协议转换

其中，工业 GigE 相机需要在设备连接到网络设备后，使用专用相机厂商软件设置地址。

【任务评价】

对任务的实施情况进行评价，评分内容及结果见表 4-2-1。

表 4-2-1 Ethernet/IP 实训评价表

序号	检查项目	内容	评分标准	记录	评分
1	连接拓扑结构图绘制（25分）	根据设备类型设计拓扑	1. 设备接口识别及安排合理(15分) 2. 网关及拓扑合理(10分)		
2	网络设备地址配置及绑定（25分）	扫描设备、配置管理及资源分配	1. 设备扫描及配置(10分) 2. 分配设备地址互联互通测试(10分) 3. 资源及地址范围划分合理(5分)		
3	准备工作（20分）	网线制作及测试	测试通过且完整(4分)		
		网络拓扑结构及配置	满足系统要求和拓展性要求(4分)		
		网关设备通信管理及绑定	设备管理分配及绑定完成(4分)		
		设备数据互通及测试	1. 测试数据通路情况成功(2分) 2. 完成数据交互和简单的内嵌控制(2分) 3. 完成设备联网状态查看(4分)		
4	设备间信息交互（20分）	执行信息交互及控制	能够连续执行和联动控制(20分)		
5	职业素养（10分）	安全文明操作	1. 劳动保护用品穿戴整齐(1分) 2. 安全、正确、合理使用工具(1分) 3. 遵守安全操作规程(2分)		
		团队协作精神	1. 尊重指导教师与同学，讲文明礼貌(1分) 2. 分工合理、能够与他人合作、交流(1分)		
		劳动纪律	1. 遵守各项规章制度及劳动纪律(2分) 2. 实训结束后，清理现场(2分)		

4.2.2 EtherCAT 应用实训

【任务描述】

基于工业 EtherNetCAT 实现对工业自动化设备电动机、IO 模块等控制和监测。

【任务要求】

1）搭建和设计 EtherCAT 网络拓扑。

2）安装 EtherCAT 配置及调试工具环境。

3）实现对目标 EtherCAT 设备控制。

【学习目标】

1）掌握 EtherCAT 的协议。

2）EtherCAT 设备的控制要素。

3）了解 EtherCAT 常用环境特征和优势。

4）关键参数及优化策略。

【任务准备】

EtherNetCAT 是一种以太网通信协议，用于实时控制和通信。它基于以太网技术，并结合了 CAN 总线的实时性能，可以在工业自动化领域中实现高性能的实时控制。本实训是让用学生通过配置 EtherCat 设备，了解总线的使用方式、方法、注意事项，以及网卡配置等方面的要求。

1. 搭建 EtherCAT 网络拓扑

与其他总线网络有所不同，EtherCAT 网络要求必须有且只有一个 Master 节点，负责分配时钟和任务节拍，拓扑结构组合灵活，几乎支持所有的拓扑结构（星型、线型、树型、菊花链型等）也可以是多种结构的组合，如图 4-2-12 所示。支持各类电缆、光纤等多种通信介质，还支持热插拔，保证了各设备之间连接的灵活性。

EtherCAT 几乎没有设备容量限制，最大从站设备数可达 65535 个，网络中无须交换机，仅通过设备间的拓扑结构即能使 EtherCAT 数据直达每个从站。

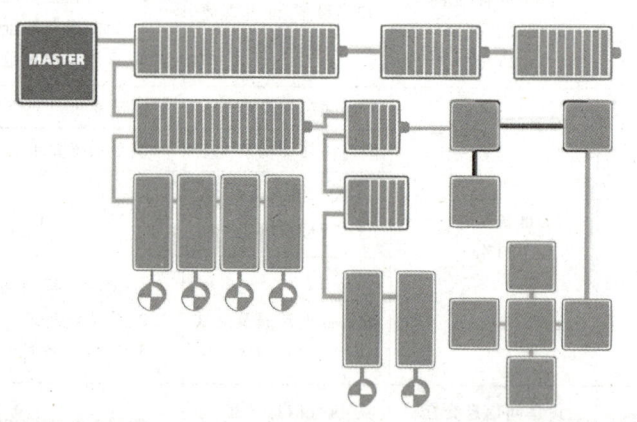

图 4-2-12　EtherCAT 兼容多种灵活的拓扑结构

2. 配置 EtherCAT 网络参数和设备

EtherCAT 通信架构是主从架构，其中一个主站设备控制整个 EtherCAT 网络，负责网络链路上多个从站设备的网络资源的时钟协调及调度工作。

（1）主站（Master）　主站是 EtherCAT 网络的控制中心，负责协调整个网络的数据传输和控制。主站可以是计算机、工控机、PLC 等设备，它通过 EtherCAT 接口连接到 EtherCAT 网络。主站发送和接收数据帧，并处理从站设备的数据。

（2）从站（Slave）　从站是在 EtherCAT 网络中扮演被动角色的设备。从站可以是各种不同类型的设备，如传感器、执行器、驱动器等。每个从站设备都有一个唯一的设备地址，通过 EtherCAT 通信实时与主站交换数据。从站的核心单元模块是 EtherCAT Slave Controller（ESC），负责实时处理和转发从站数据，它的作用是解析 EtherCAT 数据帧、执行数据处理和控制算法，并将数据传递到下一个从站或主站。其中，EtherCAT 数据帧是在数据环网上传输的通信单位，它包含控制指令、数据和状态信息。在一个周期内，主站从流经数据环网的每个从站设备上读取和写入数据。

如图 4-2-13 所示，实现基于 EtherCAT 总线的数控机床控制系统。实践平台可基于实体或虚拟数控机床为载体开展，相关配置软件可使用倍福 Twincat3 仿真或 Codesys 等软 PLC。目前很多伺服电动机支持 EtherCAT，实现 EtherCAT 电动机驱动器与电动机一体。

【任务实施】

1. 扫描添加 EtherCAT 设备

（1）扫描 EtherCAT 设备　倍福的 PLC 网段默认是 169.254.×.×，子网掩码 255.255.0.0，设置 PLC 到该网段，在 SYSTEM 里面扫描到 PLC（仿真时可选择 Local 设备），如图 4-2-14 所示，本例中扫描的 IP 为 192.168.1.105，此外不一致不影响后续。

图 4-2-13　基于 EtherCAT 总线的数控机床控制系统

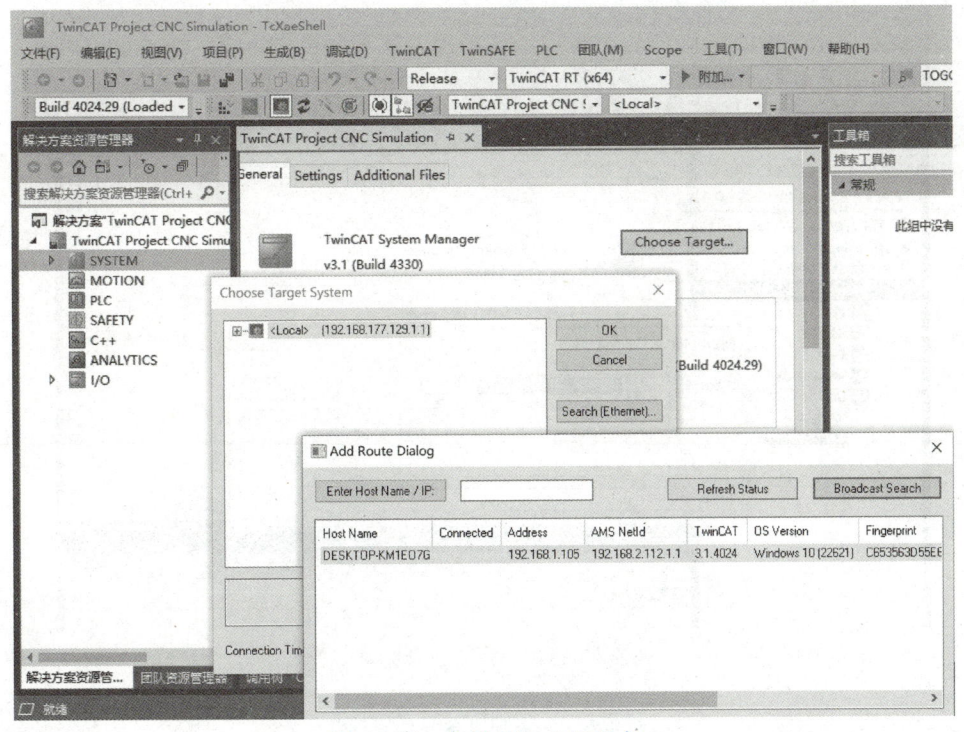

图 4-2-14　扫描 EtherCAT 设备

（2）添加 PLC 远端设备　单击"Add Remote Route"为 PLC 增加静态路由，建议对 PLC 的访问连接，如图 4-2-15 所示。

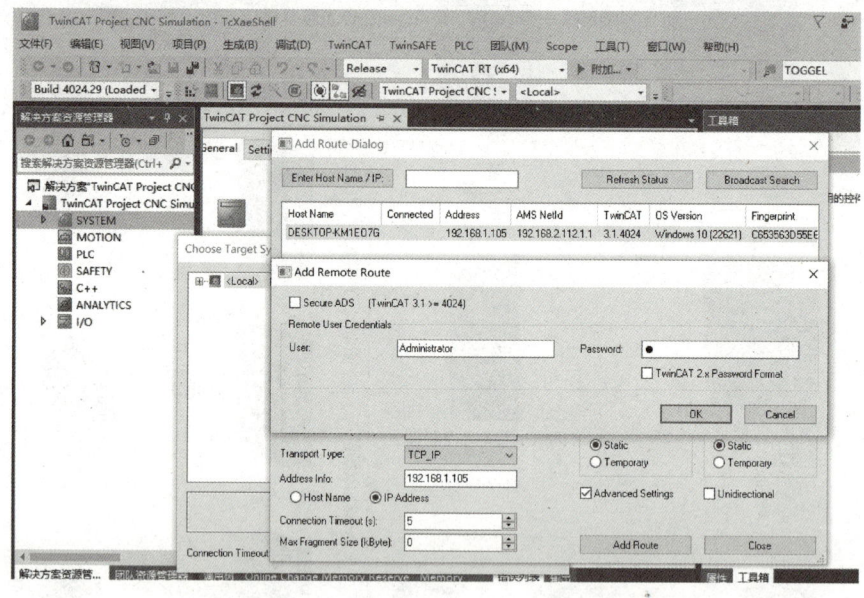

图 4-2-15　添加 PLC 远端设备

（3）添加设备与伺服设备　网线连接好倍福 PLC 和 EherCAT 伺服驱动器，在软件中进行扫描，在 MOTION 中会自动建立实体轴对应的虚拟"NC 轴"（如果是第三方伺服电动机，需要加载好相关的 XML 文件），如图 4-2-16 所示。

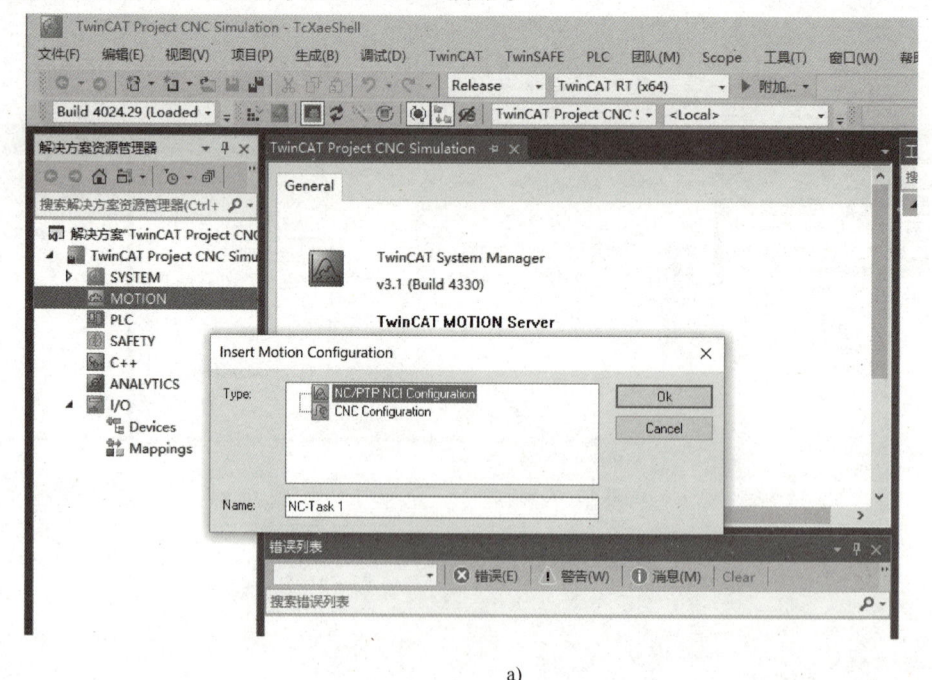

a)

图 4-2-16　添加设备与伺服设备

a）添加伺服设备并设置 NC 虚拟轴

b)

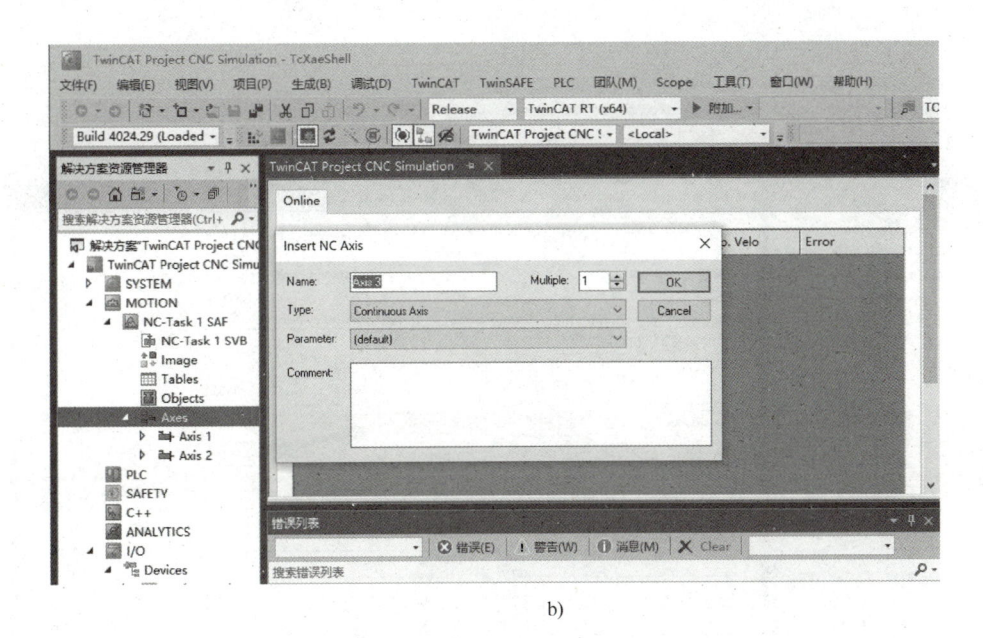

图 4-2-16　添加设备与伺服设备（续）

b）可配置添加多个虚拟轴

2. 添加 NC 轴调试控制伺服

激活后到 Online 选项卡，进行点动伺服控制，如图 4-2-17 所示。

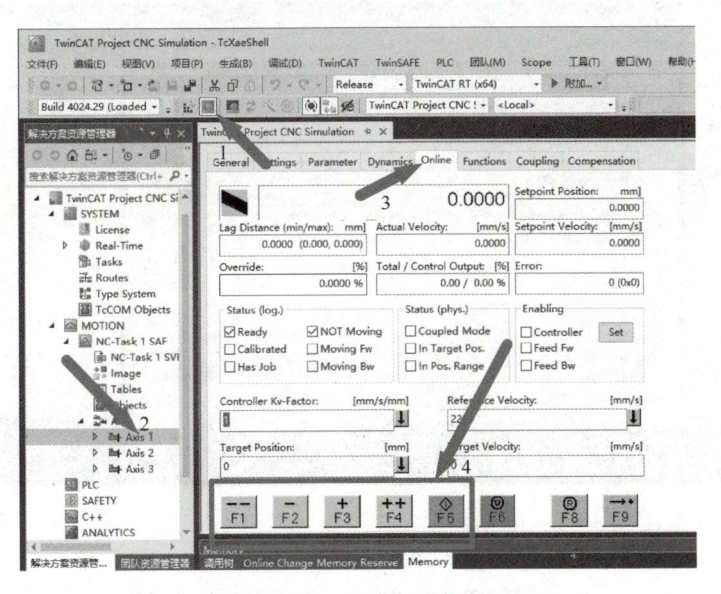

图 4-2-17　点动伺服控制

在 Online 选项卡中单击 Set 按钮系统，弹出 Set Enabling，其中，Controller 按钮表示使能，Feed Fw 按钮表示正转，Feed Bw 按钮表示反转，Override 表示速度，在 Override 文本框中填入 30，如图 4-2-18 所示。

在实际应用中，需要检查实际运动参数是否与控制参数一致。在 AXIS-1 列表→选择

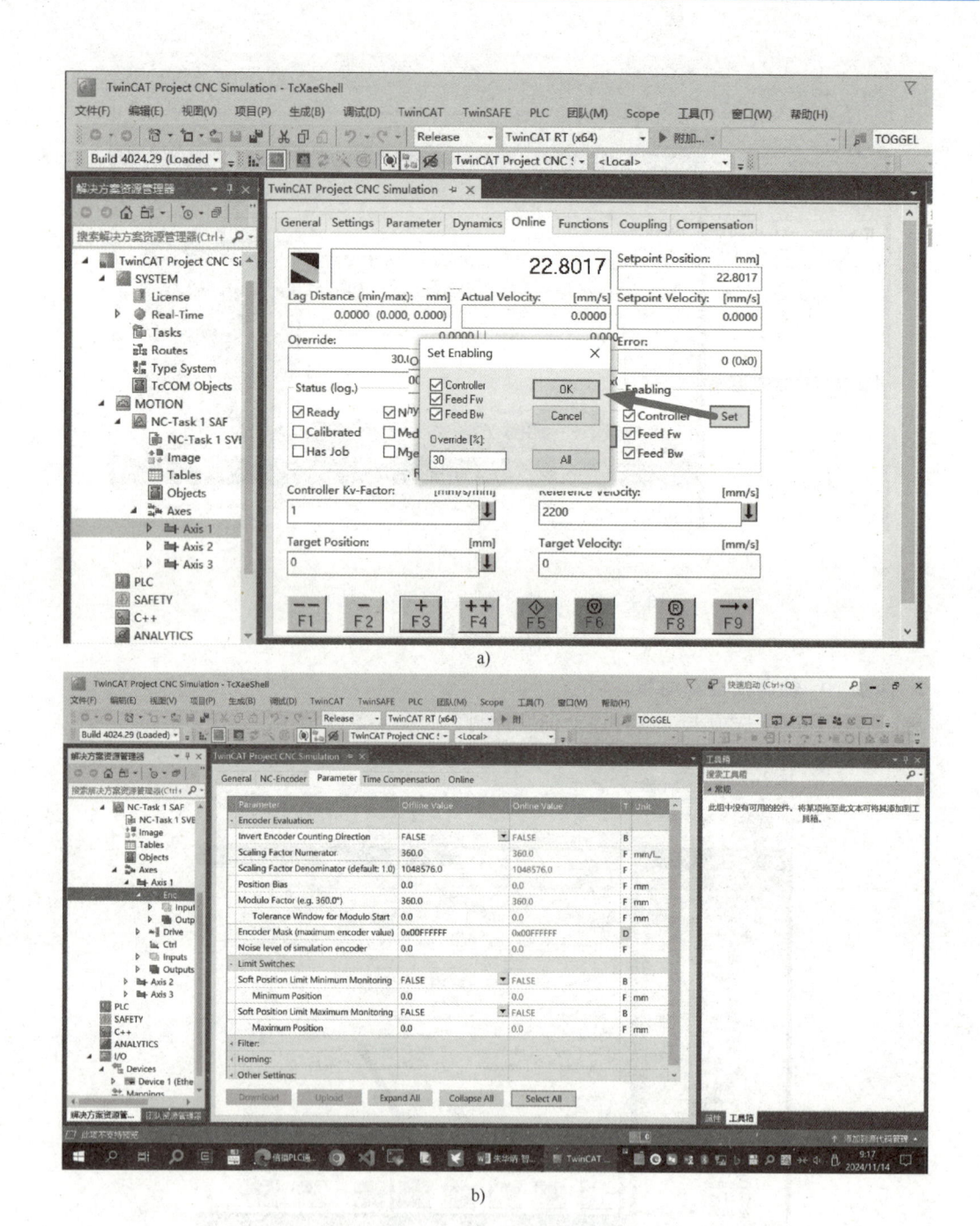

图 4-2-18 运动参数设置

a) 设置控制权限及参数配置 b) 设置运动控制参数

ENC→在 Parameter 选项卡中设置电子齿轮比,测试动用 20 位的多圈绝对编码器,即 2^20 = 1048576;360 表示 360°,即伺服电动机转 360°,编码器反馈脉冲是 1048576 个。设置电子齿轮比后,伺服电动机转一圈,位置值即变化 360°。

设置完编码后,就可正常点动了。至此,伺服硬件简单配置就完成了。

【任务评价】

EtherCAT 基础实训的任务评价见表 4-2-2，重点在考核设备的添加和配置，实现功能上的联动。

表 4-2-2　EtherCAT 实训评价表

序号	检查项目	内容	评分标准	记录	评分
1	EtherCAT 拓扑结构图绘制（25 分）	根据设备类型设计拓扑	1. 设备接口识别及安排合理(15 分) 2. 网关及拓扑合理(10 分)		
2	网络设备扫描和添加（30 分）	扫描设备、配置管理及资源分配	1. 设备扫描(15 分) 2. 功能添加(15 分)		
3	准备工作（20 分）	线路连接及测试	测试通过且完整(5 分)		
		总线及设备绑定配置	设备管理分配及绑定完成(5 分)		
		设备数据互通及测试	1. 测试数据通路情况成功(5 分) 2. 完成数据交互和设备配置(5 分)		
4	设备间信息交互（15 分）	执行信息交互及控制	能够连续执行和联动控制(15 分)		
5	职业素养（10 分）	安全文明操作	1. 劳动保护用品穿戴整齐(1 分) 2. 安全、正确、合理使用工具(1 分) 3. 遵守安全操作规程(2 分)		
		团队协作精神	1. 尊重指导教师与同学,讲文明礼貌(1 分) 2. 分工合理,能够与他人合作、交流(1 分)		
		劳动纪律	1. 遵守各项规章制度及劳动纪律(2 分) 2. 实训结束后,清理现场(2 分)		

4.2.3　PROFINET 应用实训

【任务描述】

基于工业 PROFINET（process field network）实现对工业自动化设备电动机、IO 模块等进行控制和监测。

【任务要求】

1）安装 PROFINET 配置及调试工具环境。

2）配置 PROFINET 设备。

3）实现设备的实时监控和测试。

【学习目标】

1）了解 PROFINET 的常用工况。

2）掌握 PROFINET 的配置方法。

【任务准备】

PROFINET 是一种用于工业自动化领域的以太网通信协议。它是一种开放的、标准化的通信协议，旨在提供高性能、实时的数据传输和通信能力。PROFINET 基于以太网技术，可用于各种工业设备和控制器的连接和通信，如传感器、执行器、PLC 等。实训设置为 PROFINET 网络配置、设备集成和通信、实时数据传输、设备监测和诊断。目的是让学生通过实践深入理解 PROFINET 协议和工业网络的应用。

【任务实施】

1. PLC 与设备连接

受一些专业设备接口的约束，可选择一些转接口来实现协议转换，如图 4-2-19 所示，通过协议网关实现 OPC UA 与 PROFINET 的转换。

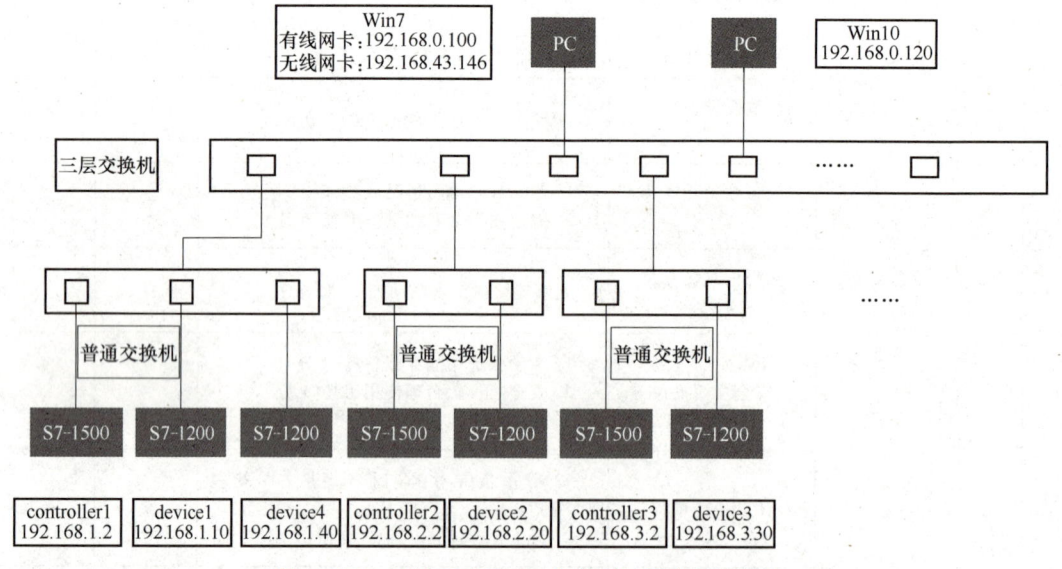

图 4-2-19　工业 PROFINET 实训测试平台架构拓扑

结合实际需要，在实验平台上添加不同数量的设备。同一个实验平台的 S7 或同类型 PLC 可以使多台 PC 在同一个网络中并行运行。实训平台架构如图 4-2-20 所示，分为：

1）PC 端（上位机）。通过 OPC UA 协议与主站 PLC 进行通信，实时读取 DB 块内的数据；解析读取到的数据，将其转换为相应的数据类型；将解析后的数据显示在程序界面上。

2）主站 PLC。主站 PLC 收集来自 PROFINET IO 系统内从站的数据；将这些数据写入 DB 块，以便 PC 端读取。

3）从站 PLC。负责采集产品监测信息并发送到主站 PLC 的 DB 块，配置 PLC 程序以确保从站数据能够正确发送到主站 DB 块。使用 PROFINET IO 协议进行主从站之间的数据传输。

4）交换机。配置不同网段以实现网络分段，确保数据流的有效管理。要求需要根据网络架构配置 VLAN，以隔离不同类型的流量（如 PLC 通信与 PC 端通信）。

2. 配置与控制

基于德国西门子（SIEMENS）公司生产的可编程序控制器和技术，以 S7-1500 PLC 为主

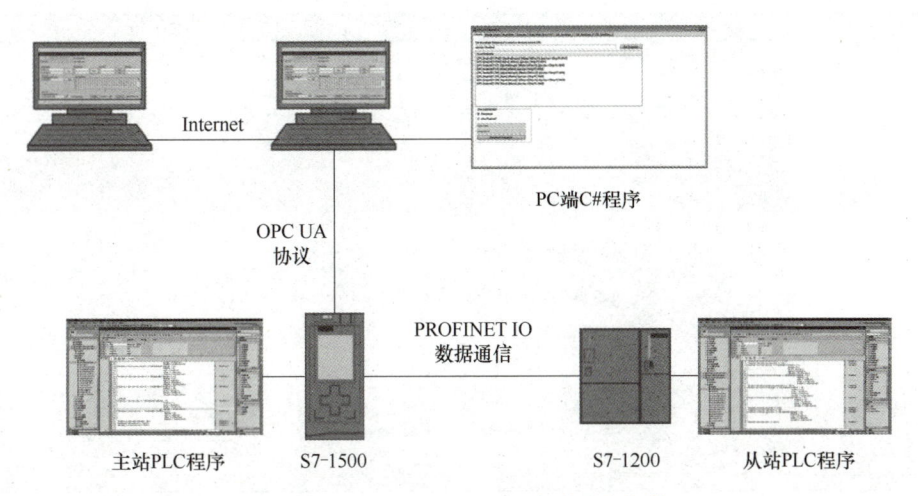

图 4-2-20 工业 PROFINET 实训平台架构

站，以 S7-1200 PLC 为从站，主从站之间通过 PROFINET IO 通信，在实现以往数据传输系统功能的基础上，扩展新的数据传输功能，以满足更多客户的需要。本实训使用西门子博图软件进行配置。

（1）完成硬件连接和软件网络配置 主站 PLC 和从站 PLC 之间数据的传输使用 PROFINET IO 通信的方式，将使用的 PLC 放在同一个 PROFINET IO 系统之中，且可以分配各个从站 PLC 的 IO 控制器。通过 PROFINET，分布式现场设备（如现场 IO 设备信号模板）可直接连接到工业以太网，与 PLC 等设备通信。并且可以达到与现场总线相同或更优越的响应时间，其一般的响应时间在 10ms 的数量级，完全满足现场级的使用要求，PROFINET 设备配置如图 4-2-21 所示。

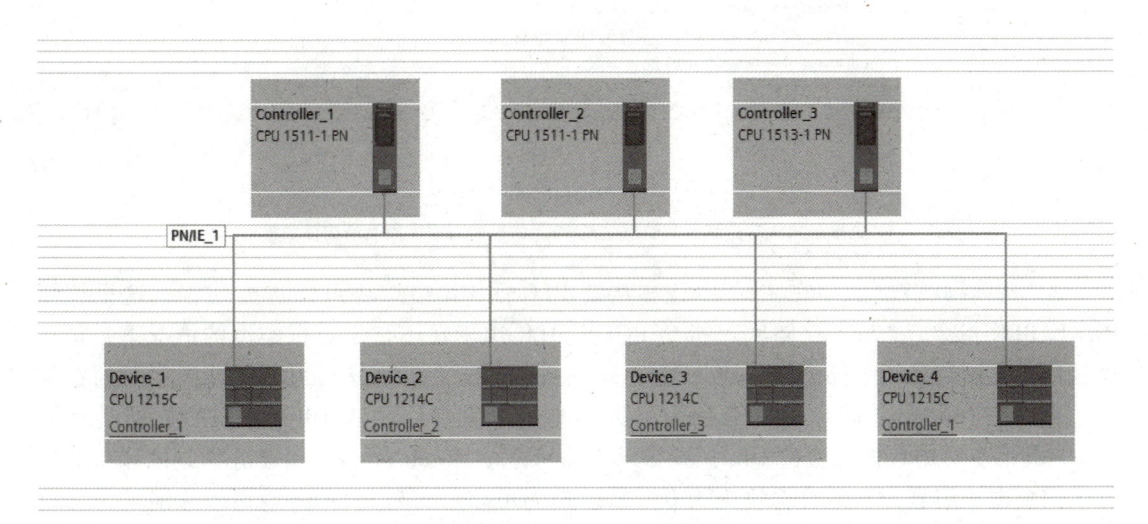

图 4-2-21 PROFINET 设备配置

（2）配置 IO 端口映射 项目 PLC 之间数据传输使用 IO 映射的方法，如图 4-2-22 所示，在从站 PLC 的操作模式里将其设置为 IO 设备，为该从站分配 IO 控制器。在智能设备通信下新建传输区，设置主站 PLC 与从站 PLC 进行数据传输的起始地址和传输数据字节数。

智能制造实践训练

```
PROFINET 接口_1 [Module]                          属性  信息  诊断
常规   IO 变量   系统常数   文本
 常规                    操作模式
 以太网地址
 时间同步
▼操作模式                      ☑ IO控制器
 ▼智能设备通信                IO系统:
  传输区_1                设备编号: 0
  传输区_2                      ☑ IO 设备
 ▼实时设定
  IO 周期           已分配的 IO 控制器: controller_2.PROFINET接口_1
 ▶高级选项                      ☐ PN 接口的参数由上位 IO 控制器进行分配
 Web 服务器访问                ☐ 可选 IO设备
                              ☐ 优先启用
                     设备编号: 1

智能设备通信
传输区域
  传输区     类型   IO控制器中的地址    智能设备中的地址    长度
1 传输区_1   CD    Q 10000…10169  → I 700…869       170字节
2 传输区_2   CD    I 10000…10169  ← Q 700…869       170字节
3 <新增>
```

a)

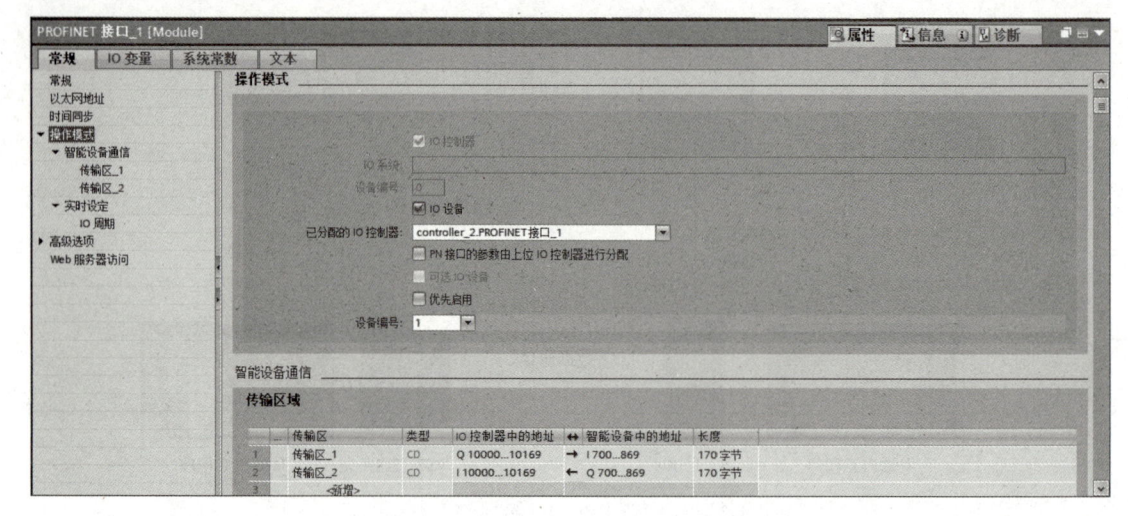

```
//将源存储区I10000~I10300的数据写入目的存储区DB1000/SendData数据块
#MyArea_SRC := 16#81;
#MyDBNum_SRC := 0;
#MyArea_DEST := 16#84;
#MyDBNum_DEST := 1000;
#MyCount := 170;
#MyByteoffset_SRC := 10000;
#MyByteoffset_DEST := 20;

POKE_BLK(area_src := #MyArea_SRC,
         dbNumber_src := #MyDBNum_SRC,
         byteOffset_src := #MyByteoffset_SRC,
         area_dest := #MyArea_DEST,
         dbNumber_dest := #MyDBNum_DEST,
         byteOffset_dest := #MyByteoffset_DEST,
         count := #MyCount);
;
```

b)

图 4-2-22　PROFINET IO 配置

a）主站添加从站控制器及映射关系　b）映射的数据字段及结构体数据

（3）读写映射数据　在主站 PLC 和从站 PLC 的 DB 组织块可以进行编程，这里调用 POKE_BLK 指令，"写入存储区"指令 POKE_BLK 用于在不指定数据类型的情况下，将存储区内容复制到另一个存储区。输入参数 area_src 和 area_dest 分别为源存储区和目的存储区。它们为 16#81 ~ 16#84 时，分别为输入、输出、位存储区和 DB。它们的数据类型位 Byte，其他参数的数据类型位 DInt。参数 dbNumber_src 和 dbNumber_dest 分别是源和目的存储区的数据块编号，不是数据块则为 0。参数 byteOffset_src 和 byteOffset_dest 分别是源和目的的存储区的字节编号，参数 count 为要复制的字节数。如图 4-2-22 所示，把输入存储区从地址偏移量为 10000 开始的 170 字节，复制到 DB1000 数据块偏移量为 20 开始的 170 字节空间。

（4）查看端口测试数据　主站 PLC 的 DB 块内变量的监视状况如图 4-2-23 所示。其中，deciceInfo 内的数据是由从站 PLC 通过 PROFINET IO 内存映射上来的。

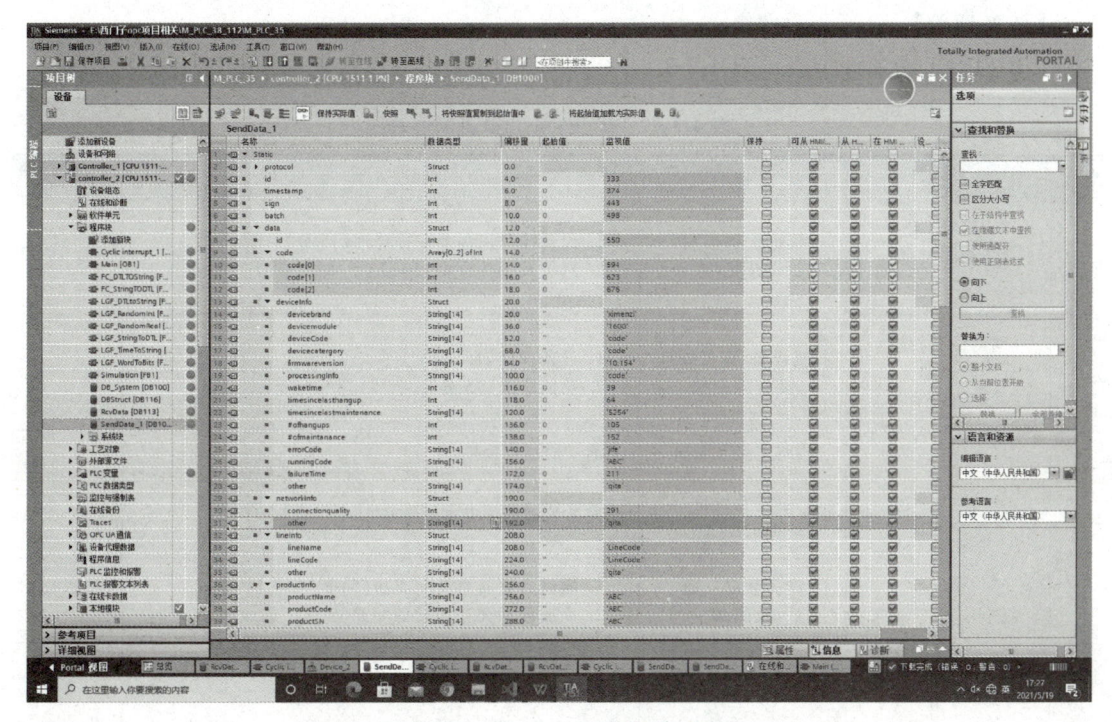

图 4-2-23　PROFINET 状态实时监测

（5）创建多从站连接　通过主站来监测从站数据，实现统一接口管理。在 S7 CONNECTIONS 管理中扫描并添加从站设备，如图 4-2-24 所示。

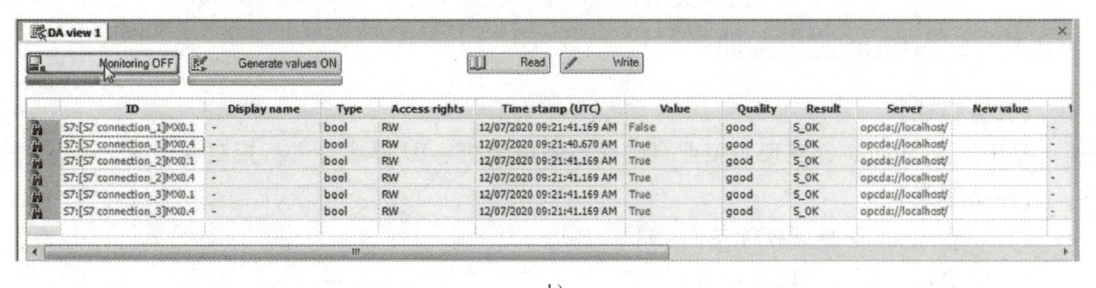

图 4-2-24　多从站地址刷新及测试
a）为主站添加从站节点　b）数据实时读写

通过 SIMATIC NCM Manager 来插入一个 PC 站，选择相符的硬件插入 PC 硬件机架相对应的插槽中，接着创建新的 S7 CONNECTIONS。完成组态之后，将组态下载到 PC 站中，接着通过 OPC Scout V10 来检测是否建立连接成功，可以实现实时监测主站 PLC 内 DB 块数据。

【任务评价】

PROFINET 实训评价表见表 4-2-3。

表 4-2-3 PROFINET 实训评价表

序号	检查项目	内容	评分标准	记录	评分
1	PROFINET 拓扑结构图绘制（25分）	根据设备类型设计拓扑	1. 设备接口识别及安排合理（15分） 2. 网关及拓扑合理（10分）		
2	网络设备扫描和添加（30分）	扫描设备、配置管理及资源分配	1. 设备扫描（15分） 2. 功能添加（15分）		
3	准备工作（20分）	线路连接及测试	测试通过且完整（5分）		
		总线及设备绑定配置	设备管理分配及绑定完成（5分）		
		设备数据互通及测试	1. 测试数据通路情况成功（5分） 2. 完成数据交互和设备配置（5分）		
4	设备间信息交互（15分）	执行信息交互及控制	能够连续执行和联动控制（15分）		
5	职业素养（10分）	安全文明操作	1. 劳动保护用品穿戴整齐（1分） 2. 安全、正确、合理使用工具（1分） 3. 遵守安全操作规程（2分）		
		团队协作精神	1. 尊重指导教师与同学，讲文明礼貌（1分） 2. 分工合理，能够与他人合作、交流（1分）		
		劳动纪律	1. 遵守各项规章制度及劳动纪律（2分） 2. 实训结束后，清理现场（2分）		

4.2.4 Modbus 应用实训

【任务描述】

基于工业 Modbus，实现对工业自动化设备电动机、IO 模块等进行控制和监测。

【任务要求】

1）安装 Modbus 测试软件及调试工具环境。

2）完成设备配置、状态监测。

【学习目标】

1）掌握 Modbus 的数据通信机制。

2）掌握 Modbus 的数据协议常用参数。

3）了解 Modbus 的总线配置。

【任务准备】

Modbus 是一种通信协议，用于在工业自动化系统中实现设备之间的通信和数据交换。它是一种简单、开放的协议，广泛应用于工业领域。了解 Modbus 的协议类型、通信架构、数据格式、功能码、寄存器。在实训中，通过设计 Modbus 网络配置，学生可以学习如何配置 Modbus 网络，包括设置串口参数、主从通信测试等。实训内容帮助学生深入理解 Modbus 协议的原理和应用，并培养学生在工业自动化系统中使用 Modbus 进行通信和控制的实际技能。由于串口通信是开放式协议，可以通过串口调试工具直接获取到接口传送的数据内容，并进行解析，常见的串口调试工具如图 4-2-25 所示。

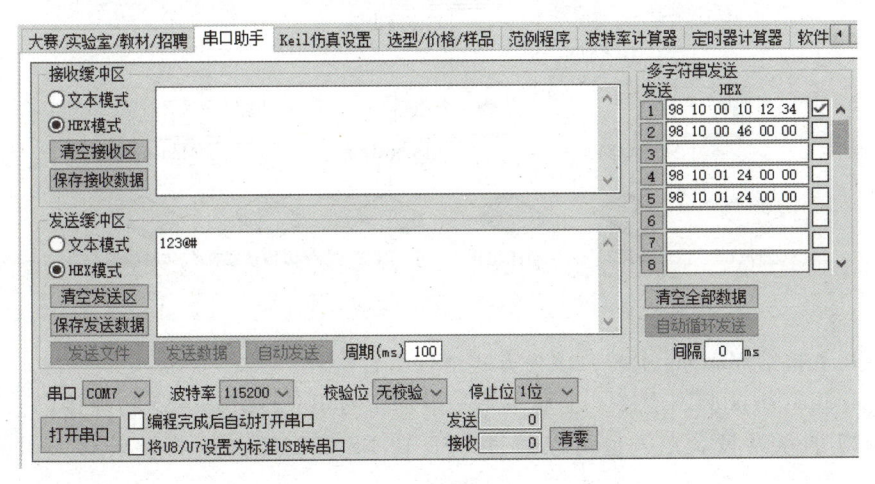

图 4-2-25　常见的串口调试工具

【任务实施】

1. 认识 Modbus 和连接硬件

串口有线通信基本上使用 Modbus 协议 RS 485 通信方式，实现总线式设备与设备之间的数据传输，接线方式很多，如树型接线、星型接线等，推荐方式为菊花链接法（图 4-2-26b）。不同的应用方案和场景，需要根据实际业务设定。

（1）主控和线控模式　主控作为"主"，线控作为"从"，主站占用总线，主动周期性询问从机状态。主站收集完成数据后，可通过网络上传到云服务，以支持报警等上层服务。

（2）设备连接及拓扑　Modbus 为开放协议，分为基于网络的 Modbus TCP 和基于双线的 RS 485。从机设备可以为同类产品，也可以为不同类产品，以工厂常见的新风、温湿度及水资源管理为例，设计拓扑结构。可以采用图 4-2-26 所示结构，将温湿度传感器、混水控制器、新风控制器等直接连接到 Modbus 主站上。也可以采用图 4-2-27 所示的以多个不同传感器为一个节点组合的子拓扑结构，由网关完成数据采集后再合并，通过网络路由器基于

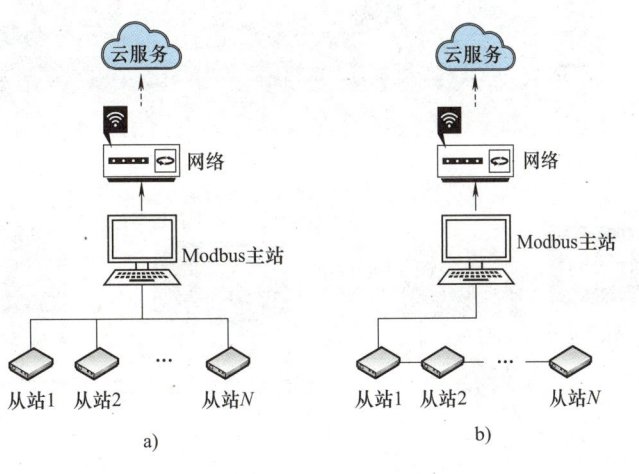

图 4-2-26　Modbus 拓扑结构设计方案 1
a）总线拓扑　b）菊花链接法

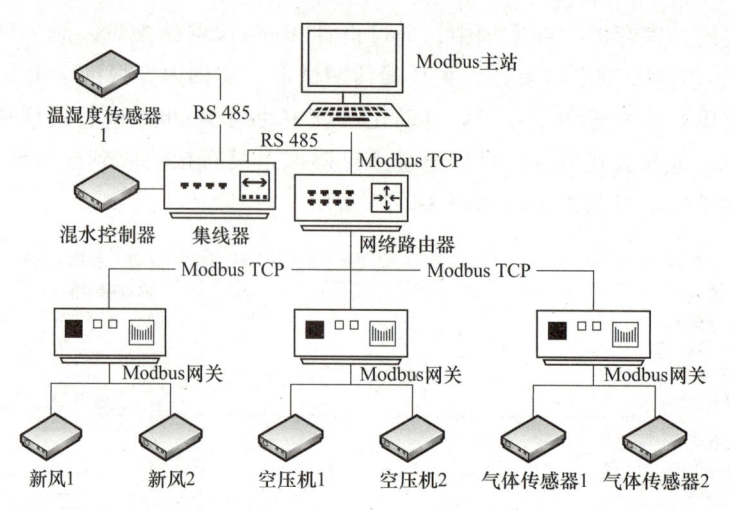

图 4-2-27 Modbus 拓扑结构设计方案 2

Modbus TCP 上报给 Modbus 主站，该种方式适合组合管理。

（3）Modbus 协议调试连接　工业主站一般均带有 RS 232/RS 485 物理接口，可直接连接到 RS 485 的从站设备上，也可以通过 USB 转 RS 232/RS 485 模块转接，如图 4-2-28a 所示。

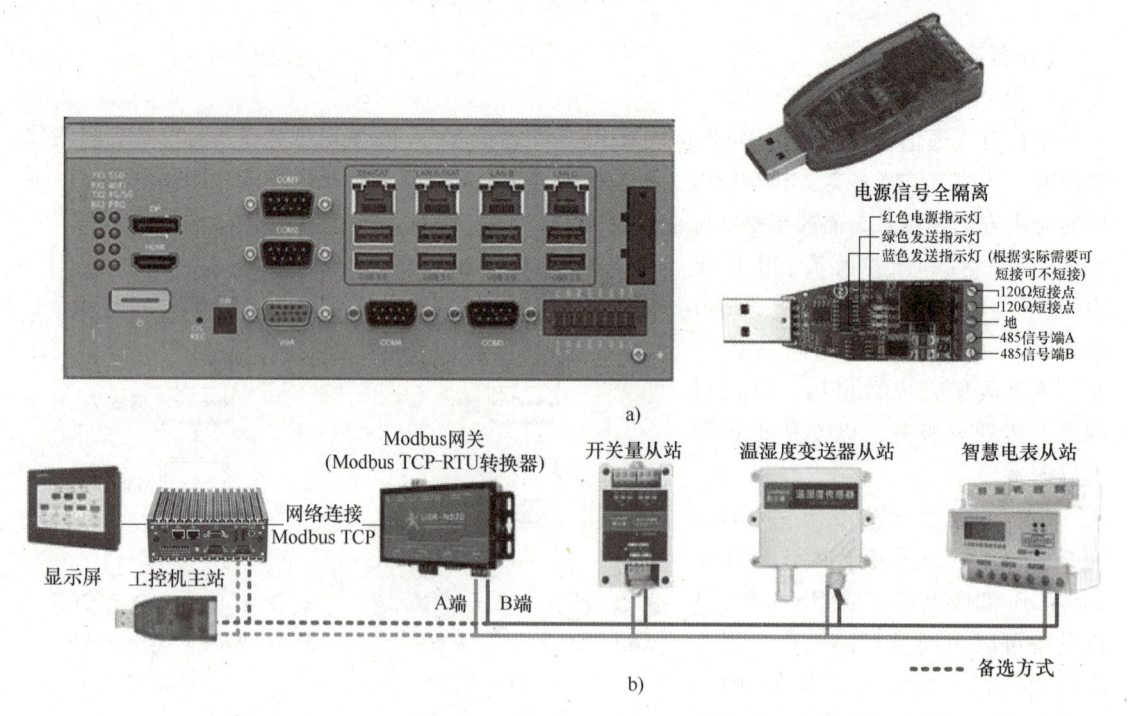

a)

b)

图 4-2-28　Modbus 拓扑实现案例

a) 常见的带有 RS 232/RS 485（COM 口）的工控机和 USB 转 RS 232/RS 485　b) Modbus 协议实物连接方式案例

2. Modbus Poll 和 Modbu Slave 多节点虚拟测试

该实训通过 Master 节点和 Slave 节点来模拟设备实现。其中，Modbus Poll 用于模拟 Master 节点。Modbus TCP 与 Modbus DTU 在协议上相同，均为通过读取目标设备的对应的内存值来进行信息的读取和写入，区别在于通信载体不同，Modbus TCP 基于网络 TCP/UDP，Modbus DTU 协议通过 RS 485。Modbus 中的内存变量主要包括以下几种类型：

1）线圈状态（Coil Status）寄存器。线圈状态寄存器表示设备或过程的开关状态，通常对应继电器的输出。一个线圈状态寄存器可以表示一个开关量。读线圈状态可以获得开关状态，写入线圈状态可以改变开关状态。

2）输入端状态（Input Status）寄存器。输入端状态寄存器对应设备或过程的开关量输入信号状态。可以理解为开关量输入。读取输入状态用来获取二进制输入的状态。

3）保持寄存器（Holding Registers）。保持寄存器用于保存设备的参数、配置等数值信息。和线圈状态不同，保持寄存器存储的是 16 位的数值。读取保持寄存器可以获得参数数值，写入可以修改参数。

4）输入寄存器（Input Registers）。输入寄存器对应设备或过程的模拟量输入，也是 16 位数据。读取输入寄存器可以获得过程变量、模拟量输入接口的实时值。

（1）设置模拟设备　本实训中，如图 4-2-29 所示，可设置多个 Slave 模拟 Modbus 终端设备的多个可控、可读变量用于仿真测试。

（2）连接访问模拟设备　打开连接，选择连接方式，本实训中可采用串口设置，核心参数为波特率等，相关参数及访问数据的地址如图 4-2-30 所示。

（3）读取数据并同步　连接后，主、从设备的寄存器状态位上的数据可自动同步。这里需要注意，目标设备的 Slave ID、寄存器的地址、数据类型，保持双方一致。其中，修改从设备的寄存器值，在主站中会同步自动更新；但在主站中只能修改线圈和保持寄存器状态才会同步到从设备中。参考设置如图 4-2-31 所示。

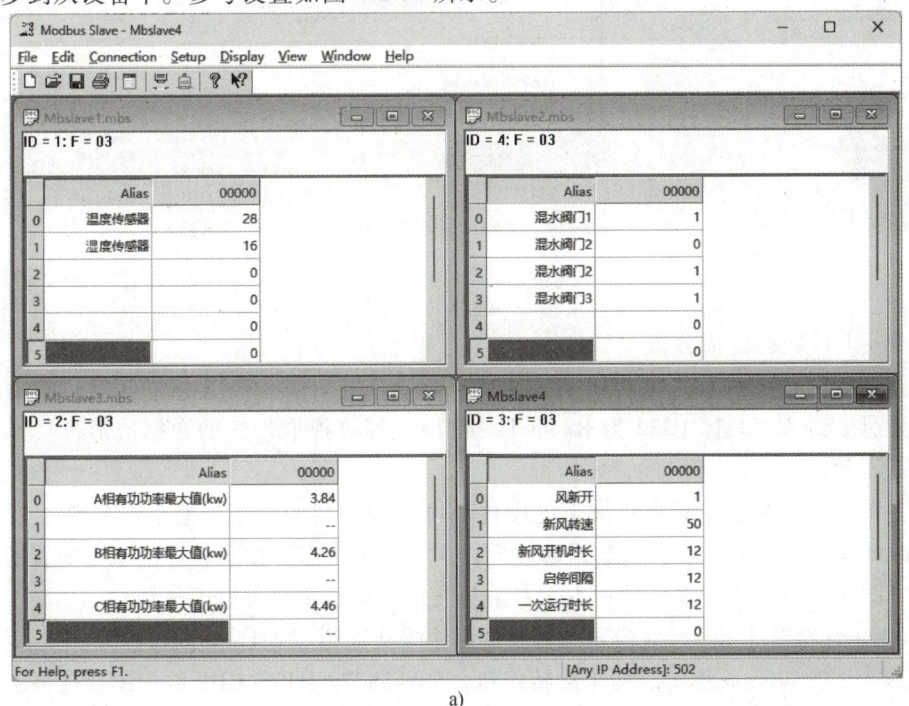

图 4-2-29　设置虚拟主机内存变量

a）Modubus Slave 节点案例

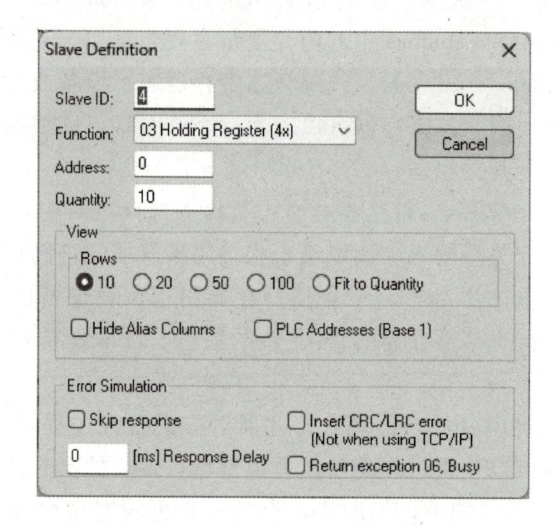

b)

图 4-2-29 设置虚拟主机内存变量（续）

b) Slave 4 节点的参数设备样例（Slave 节点的 Slave ID 为主站区分从站的标识）

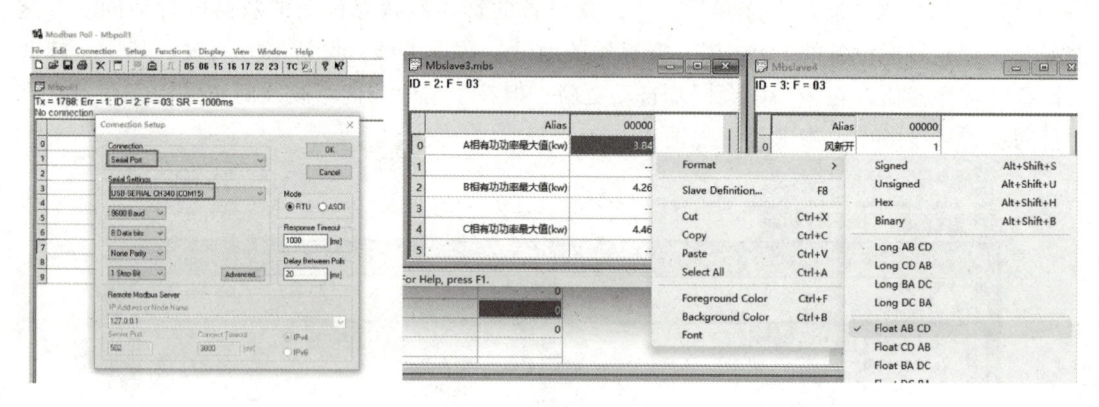

图 4-2-30 读取目标设置和单元格数值类型设置（Long、Float 等类型数值占 2byte）

3. Modbus 数据波形分析

（1）连接示波器　首先将 USB 转 RS 232/RS 485 与外部设备连接好，然后将示波器采集探针分别接到 A、B 上（232 为 Rx 和 Tx 接口），即可抓取发送的数据波形，具体连线如图 4-2-32 所示。

（2）配置示波器　这里采集波形的硬件环境已经搭建完毕了。然后在软件上发送一个数据，即可在示波器上查看发送数据的波形，这个过程是需要按照软件上串口配置的参数对示波器（图 4-2-33）进行调节的，本次对采集波形的调节主要有以下按钮。

1）探头连接处 1 和 2。对应示波器上的两个采集通道（CH1 和 CH2）。

2）Vertical Position 旋钮。两个旋转按钮，分别调节 CH1 和 CH2 波形图在屏幕上显示的上下位置。

3）Horizontal Position 旋钮。用于调整波形图在屏幕上显示的左右位置。

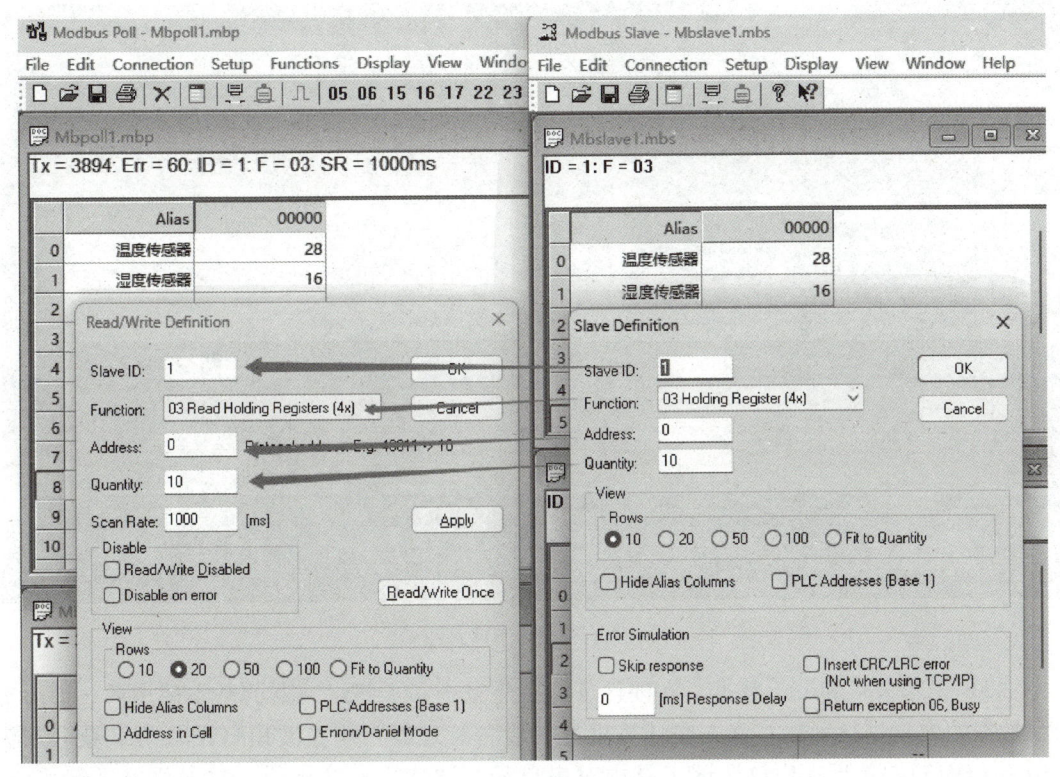

图 4-2-31　主站监测窗口的参数设置与对应需要监测的 Slave 设置

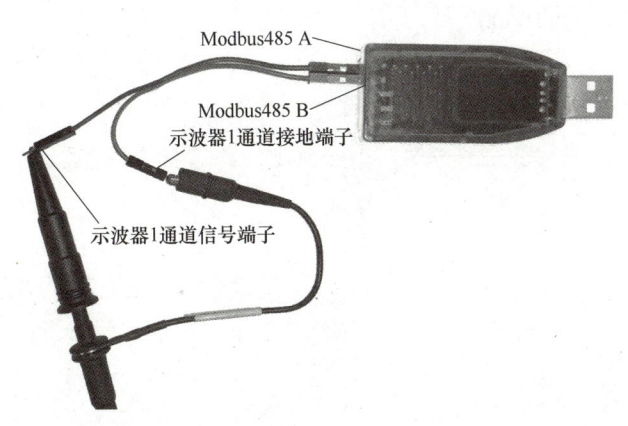

图 4-2-32　Modbus485 示波器连线

4）RUN/STOP 按钮。用于启动或者停止示波器的测量，RUN 状态时示波器开始显示波形，STOP 状态时示波器停止显示波形。该键在观察特定信号时常用。

5）SINGLE 按钮。单次触发按钮，用于抓取触发一次。

6）MODE 按钮。触发模式选择按钮，可以切换示波器不同的触发模式，一般有自动触发模式、普通触发模式、单次触发模式等。本次实训采用自动触发模式。

7）SCALE 旋钮。用于调整水平时间尺度大小，CH1 使用左侧的旋钮即可调整一帧数据的波形，以最合适的大小显示在屏幕上。

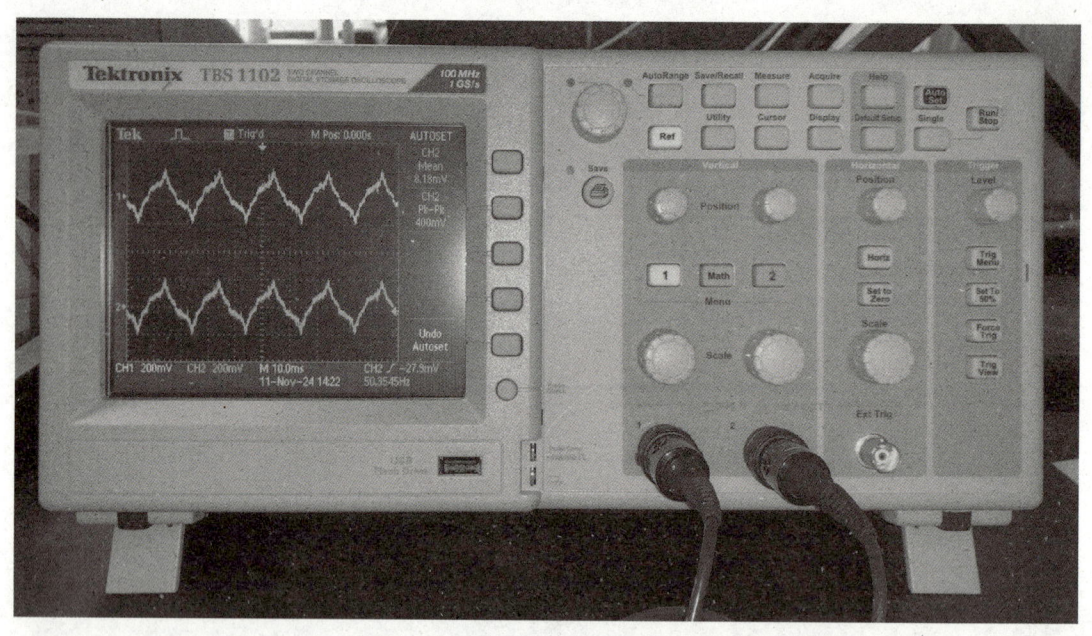

图 4-2-33 示波器

（3）采集波形和分析数据 在硬件环境搭建完毕和了解示波器的基本使用后，即可对协议数据的波形进行采集。首先在计算机的"设备管理器"里查看串口设备的编号（本演示中为 COM3），然后在串口调试工具中对串口号、波特率、停止位、数据位等进行设置，如图 4-2-34 所示。在发送窗口选中【HEX 模式】按钮，单击【自动发送】数据"F0"，该数据对应的二进制为"11110000"。

a)

b)

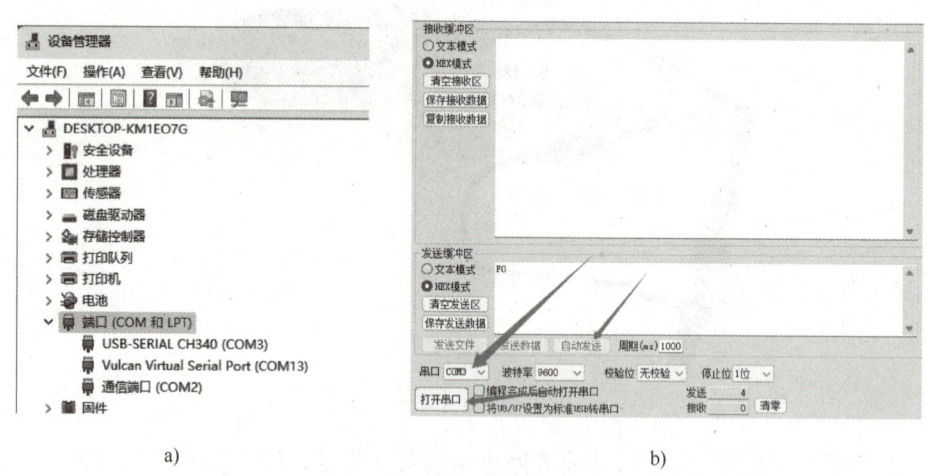

图 4-2-34 RS 485 串口发送数据
a) 设备端口号（COM3） b) 串口调试工具参数设置

设置示波器的触发模式为自动触发模式，并按下 AutoRange 按钮自动调节范围，则示波器将自动调整和捕获波形。调节时间宽度为 200~250μs。一般一帧数据的波形由四部分构成，包括起始位、数据位、奇偶校验位、停止位。在示波器显示的波形中，一旦产生一个下降沿变成低电平的过程，则表示起始信号。一帧数据 F0 一共有八位即 11110000，由于波特率设置为 9600（1s 中可以采集 9600 位），则一帧数据中的一位需要用时 1/9600s，即需要用时约 104μs。屏幕这里每一格表示两位数据，如图 4-2-35 所示。第一段有一位数据。第二段一共有五位数据，第一段的一位数据和第二段的第一位为起始位，第二位至第五位为数据位，第三段一共有六位数据位，第一位至第四位为数据位，第五位至第六位为停止位，数据位为 8 位，停止位为 2 位。

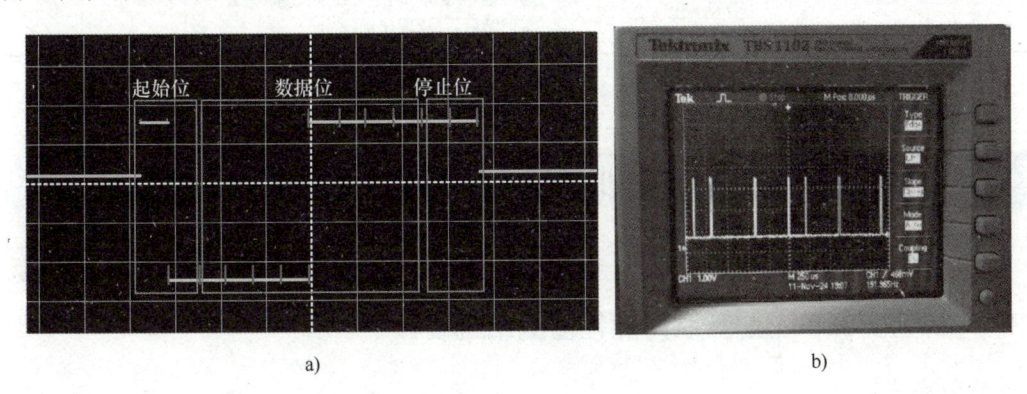

图 4-2-35　RS 485 发送 Modbus 协议数据解析

a）HEX 值为 F0 的波形分析　b）数据连续发送波形

同理，可用该方法对不同的数据进行抓取波形分析。

【任务评价】

Modbus 实训评价表见表 4-2-4。

表 4-2-4　Modbus 实训评价表

序号	检查项目	内容	评分标准	记录	评分
1	Modbus 拓扑结构图绘制（25 分）	根据设备类型设计拓扑	1. 设备接口识别及安排合理（15 分） 2. 网关及拓扑合理（10 分）		
2	网络连接及参数配置（30 分）	添加设备、配置参数	1. 设备添加（15 分） 2. 参数配置（15 分）		
3	准备工作（20 分）	线路连接及测试	测试通过且完整（5 分）		
		总线及设备绑定配置	设备管理分配及绑定完成（5 分）		
		设备数据互通及测试	1. 测试数据通路情况成功（5 分） 2. 完成数据交互和设备配置（5 分）		
4	虚拟仿真测试（15 分）	Modbus Slave 和 Master 信息交互	能够交互和控制（15 分）		
5	职业素养（10 分）	安全文明操作	1. 劳动保护用品穿戴整齐（1 分） 2. 安全、正确、合理使用工具（1 分） 3. 遵守安全操作规程（2 分）		

（续）

序号	检查项目	内容	评分标准	记录	评分
5	职业素养 （10分）	团队协作精神	1. 尊重指导教师与同学,讲文明礼貌(1分) 2. 分工合理、能够与他人合作、交流(1分)		
		劳动纪律	1. 遵守各项规章制度及劳动纪律(2分) 2. 实训结束后,清理现场(2分)		

4.3 大数据平台应用实训

4.3.1 综合实训：工业互联网能耗监测系统设计

【任务描述】

本节实训以机床基础变量监测为对象，包括温度控制、电动机驱动、变频器和编码器控制、光电传感、重量变送等部分，构建工业互联网能耗监测实训平台。本实训重点在于选择合适的功率/电能表传感设备，并完成现场安装，能够合理设置 Modbus 通信协议，将机床功耗数据采集至工业互联网平台，实现对机床数据的数据存储、分析和可视化。综合实训可采用的工业互联网功耗监测系统网络结构如图 4-3-1 所示。

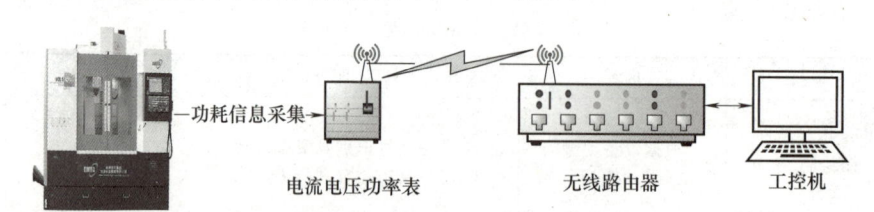

图 4-3-1 工业互联网功耗监测系统网络结构

【任务要求】

1）搭建和设计工业能耗监测系统网络拓扑。
2）完成实验平台的线路连接、配置及环境测试。
3）实现对目标设备的实时监测和控制。

【学习目标】

1）了解设备各类接口类型。
2）掌握常用工业用通信接口形式和数据获取方式。
3）理解工业关键通信设备的常规参数。
4）实现控制变量的解读和环境配置。

【任务准备】

除了在实际机床上添加智能传感器完成实训外，也可基于如图 4-3-2 所示的机床试验台开展该实训。

机床模拟系统实用参考案例如图 4-3-3 所示。

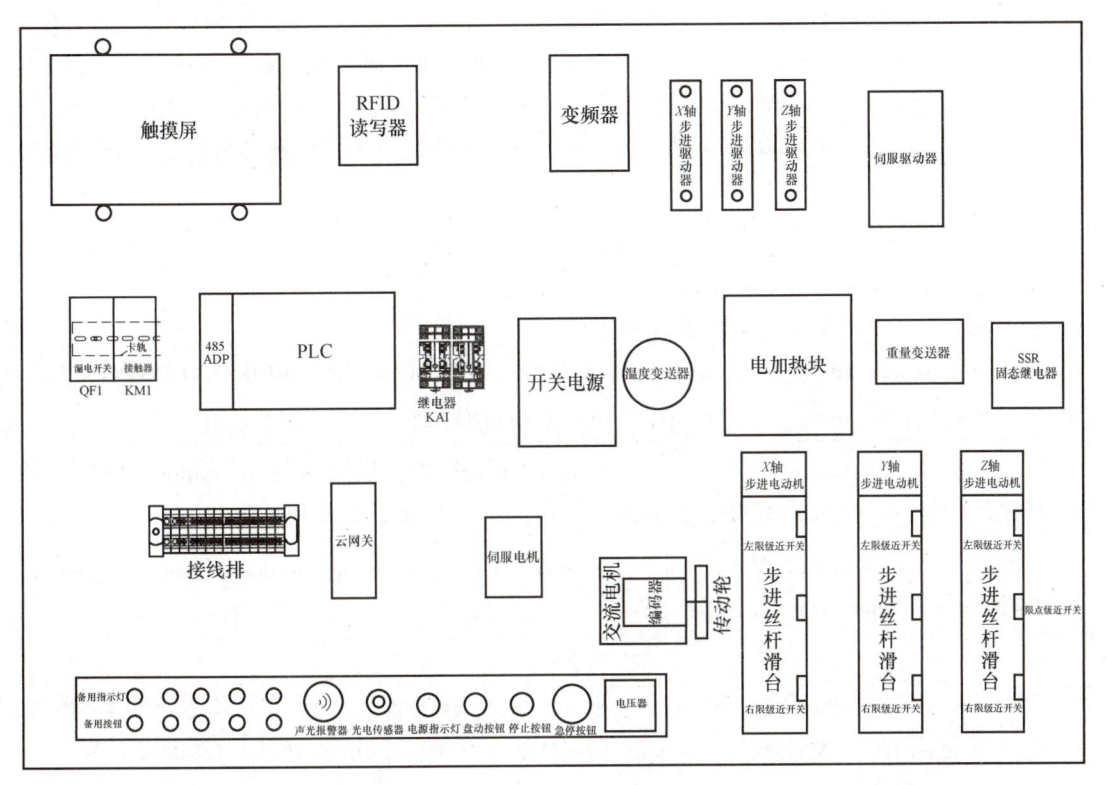

图 4-3-2　机床实验台

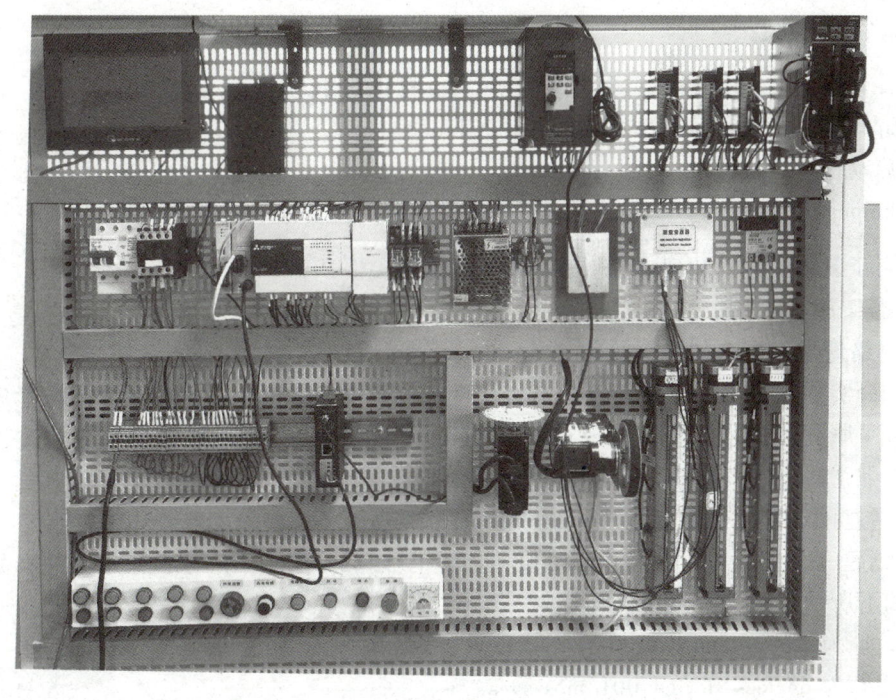

图 4-3-3　机床模拟系统实用参考案例

数据监控平台基于开源平台 eKuiper 开展，需要配置相关环境。系统可采用 Linux 或安装 Windows 版本的 Docker Desktop 系统。然后基于 eKuiper 提供的 Docker 镜像、二进制包和 Helm 等安装方式，在配置中使用 Web UI 和 CLI 来创建和管理规则，可以选择任意一种方式运行。如果想运行 eKuiper Web UI（即 eKuiper 的网络管理控制台），可以采用的方式如下：

1）**基于 Docker**。采用 Docker 部署是尝试 eKuiper 的最快方式，在已安装 Docker 的系统的命令行中执行以下命令：

```
# docker run -p 9081:9081 -d --name kuiper -e MQTT_SOURCE__DEFAULT__SERVER=tcp://broker.emqx.io:1883 lfedge/ekuiper:latest
# $your_ekuiper_host 为本地电脑的 IP 地址
# docker run --name kuiperManager -d -p 9082:9082 -e DEFAULT_EKUIPER_ENDPOINT="http://$your_ekuiper_host:9081" emqx/ekuiper-manager:1.8
```

2）**基于 Docker-Compose（推荐）**。eKuiper 的数据转发规则可使用 eKuiper Web UI 和 CLI 来创建和管理。安装方式可基于 Docker-Compose 来部署，下载地址为：

```
https://gitee.com/HFUTZHAO/intelligent-manufacturing/blob/master/docker-compose.yaml
# docker-compose -p my_ekuiper up -d
```

3）**基于 Linux 系统**。

① 登录 Linux 系统，下载 eKuiper 压缩包，然后解压并通过命令行启动 eKuiper 程序。目前官方支持的 Linux 发行版有 Raspbian 10、Debian 9/10、Ubuntu 16.04/18.04/20.04、macOS。

② 通过软件包安装。从 ekuiper.org 或 Github 下载适合主机 CPU 架构的 eKuiper 软件包，然后在命令行中执行，即

```
# 对于 debian/ubuntu 系统的 deb 包安装，x.x.x 标识版本号
$ sudo apt install ./kuiper-x.x.x-linux-amd64.deb
# 快速启动
$ sudo kuiperd
```

③ 对于其他平台，也可基于 eKuiper 源码自行编译运行。

【任务实施】

1. 网络管理控制台的节点管理

以一个实际例子来说明如何使用网络管理控制台对 eKuiper 节点进行操作与管理。订阅来自 MQTT 服务器的数据，通过 eKuiper 写好的规则，经过处理后发送到指定的文件中，演示说明如下：

1）通过网络管理控制台创建一个 eKuiper 节点。

2）创建一个流，用于订阅 MQTT 服务器中的数据，本实训演示订阅 MQTT 服务器，相关信息如下所示。

① 地址为 tcp://emqx:1883。

② 主题为 devices/device_001/messages。

③ 数据为{"temperature":40,"humidity":20}。

3）创建一个规则，用于计算订阅到的数据，并将数据写入目标（sink）端。eKuiper 目前已经支持多种源和目标。用户只需安装对应的插件，便能实现对应的功能。

2. 服务部署和架构认识

1）UI 端。可视化的界面，便于用户操作。

2）Kuiper-manager。管理控制台，本质是一个反向 HTTP（S）代理服务，提供用户管理、权限验证等服务。既可以部署在云端，也可以部署在边缘。

3）Kuiper 实例。被管理的 Kuiper 节点实例，Kuiper-manager 可以同时管理多个 Kuiper 节点。

用户通过前端 UI 对后端服务引擎节点进行管理，如图 4-3-4 所示。采用前后端分离的工作方式，能够实现 Kuiper 节点的无人值守运行。

图 4-3-4　用户通过前端 UI 对后端服务引擎节点进行管理

3. 登录绑定及注册服务

通过 web 浏览器登录管理系统后，需要搜索、添加后端运行引擎节点，才能够对后端引擎进行管理，具体流程如下：

1）登录并添加服务管理节点（图 4-3-5）。提供 Kuiper-manager 的地址、用户名、密码如下：

① 地址：http://localhost9082。

② 用户名：admin。

③ 密码：public。

图 4-3-5　登录并添加服务管理节点

2）创建 eKuiper 服务（图 4-3-6），在"服务类型"下拉列表框中选择"直接连接服务"。如果目标设备在其他网络单元上，则配置访问的目标主机地址。本机部署平台的，可以直接使用主机上的端点 URL。

3）配置 MQTT（物联网数据交互协议）服务。工业物联网一个节点（如 MQTT 物联网节点）可以看成一类数据源节点，添加源配置组，用以获得该类型数据。如图 4-3-7 所示，配置 MQTT 服务，作为数据源。

图 4-3-6　创建 eKuiper 服务　　　　　　　图 4-3-7　配置 MQTT 服务

4. 流向管理

工业互联网环境下，数据资源的使用需要高度的灵活性和可定制性。深入了解和掌握工业互联网数据流向的概念及其实现方式，对于增强对工业互联网的理解非常重要。工业互联网平台通常会内嵌流式数据处理引擎来支持复杂的数据处理逻辑，这些引擎提供了强大的流向管理功能，使得用户能够定义数据输入、转换和输出的完整流程。

流向定义是流式数据处理的核心概念。一个完整的流向由输入源、转换函数和输出目标三部分组成。输入源可以是消息队列、数据库或 HTTP 等；转换函数可以是 SQL 查询、自定义函数等；输出目标则可以是消息队列、文件或 HTTP 等。流向管理功能允许用户灵活地创建、更新、删除和启停流向，满足各种复杂的数据处理需求。同时，平台还提供实时监控流向运行状态、查看执行日志以及设置告警规则等功能，有助于问题诊断和优化。

深入理解工业互联网数据流向的概念及其实现方式，可以帮助我们更好地利用工业互联网平台提供的数据资源，满足复杂的工业应用需求。

（1）创建流向管理实例　使用服务管理，对流向管理实例进行创建、更新、删除、启停等操作。创建过程如图 4-3-8 所示，需要定义目标设备名称、设备数据采集类型、数据源等。

（2）创建流内容。

1）如图 4-3-9 所示，创建一个名为 demoStream 的流。

2）用于订阅地址为 tcp：//broker.emqx.io：1883 的 MQTT 服务器消息。

3）消息主题为 devices/device_001/messages（以智能传感器上报的 MQTT 地址为准）。

4）流结构体定义包含了以下两个字段：

① temperature：bigint。

② humidity：bigint。

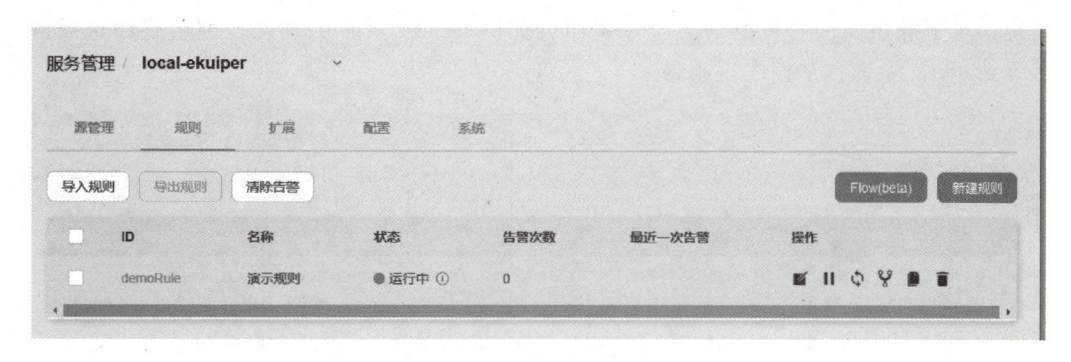

图 4-3-8　流向管理实例创建过程

5）用户也可以取消勾选【是否为带结构的流】按钮，来定义一个 schemaless 的数据源。

6）【流类型】下拉列表框可以不选择，如果不选，则为默认的【mqtt】，或者如图 4-3-9 所示直接选择【mqtt】。

7）【配置组】下拉列表框与【流类型】下拉列表框类似，用户不选的话，使用默认的【default】。

8）【流格式】下拉列表框与【流类型】下拉列表框类似，用户不选的话，使用默认的【json】。

图 4-3-9　最终数据设置格式

（3）创建报警规则　如图 4-3-10 所示，进入规则管理界面，创建一个 demoRule 来对设备上传到 demoStream 的数据进行处理。

1）规则管理。规则管理页面负责对规则进行是否启用、下载、重启等操作。

2）新建规则。单击新建规则，可建立规则引擎，相关参数及内容如图 4-3-10 所示，SQL 处可自定义数据筛选规则（SQL 指令），此处样例含义为筛选 demoStream 流中的上报的参数 temperature 大于 30 的数据，即可用作报警参数。

3）添加动作。系统每当收到 demoStream 的一条数据，则会执行 SQL 对数据进行筛选或预处理，对于满足要求的数据则会予以发布，如图 4-3-11 所示的动作，则会将筛选后的数据转发到 alerm 主题，从而实现报警。

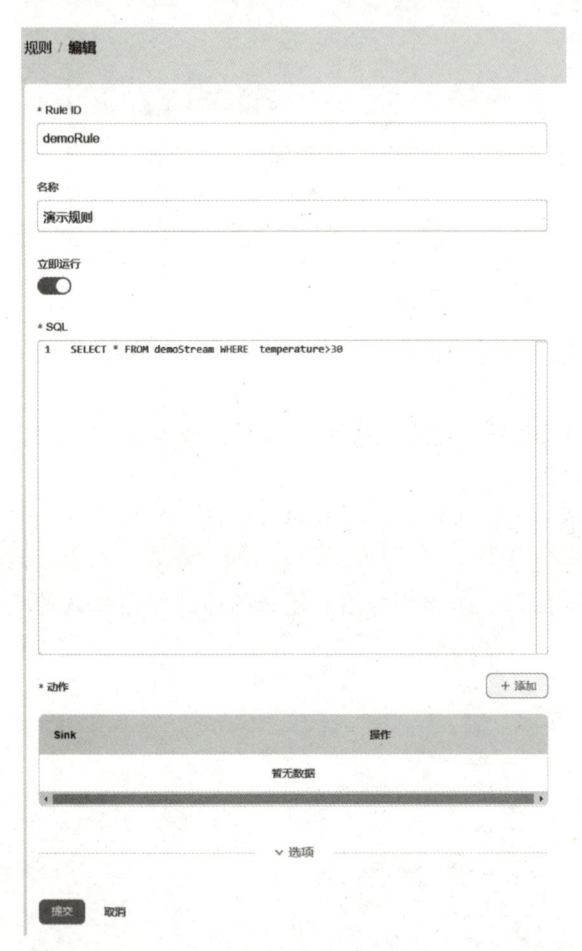

图 4-3-10　添加规则样例　　　　　　　　图 4-3-11　添加动作

【任务评价】

工业互联网能耗监测实训评价表见表 4-3-1。

表 4-3-1　工业互联网能耗监测实训评价表

序号	检查项目	内容	评分标准	记录	评分
1	电路及网络拓扑设计 （25 分）	根据设备类型 设计拓扑	1. 设备电路设计合理（15 分） 2. 结构连接及拓扑合理（10 分）		
2	服务器添加及启动 （30 分）	添加服务及资源,完成配置	1. 设备配置及添加（15 分） 2. 数据流向订阅管理（15 分）		
3	准备工作 （20 分）	线路连接及测试	硬件实训平台配置通过且完整（5 分）		
		总线及设备绑定配置	传感器地址管理及采集完成（5 分）		
		设备数据互通及测试	1. 测试数据通路情况成功（5 分） 2. 完成数据预处理及预警配置（5 分）		

（续）

序号	检查项目	内容	评分标准	记录	评分
4	设备间信息交互（15分）	执行信息交互及控制	实时上报状态,并产生报警(15分)		
5	职业素养（10分）	安全文明操作	1. 劳动保护用品穿戴整齐(1分) 2. 安全、正确、合理使用工具(1分) 3. 遵守安全操作规程(2分)		
		团队协作精神	1. 尊重指导教师与同学,讲文明礼貌(1分) 2. 分工合理,能够与他人合作、交流(1分)		
		劳动纪律	1. 遵守各项规章制度及劳动纪律(2分) 2. 实训结束后,清理现场(2分)		

4.3.2 综合实训：基于时序数据库的监测平台设计及实现

【任务描述】

工业领域对机床实时能耗进行监测和分析的需求日益增加，工厂对机器设备的能源消耗往往缺乏准确的监测和分析手段，导致无法有效地评估设备的能耗状况、挖掘节能潜力，以及制定相应的能效改进措施。因此，开展对机床实时能耗的监测和分析，成为提高工业生产能效、降低能源消耗的重要任务。

【任务要求】

1) 通过对机床三相电流、电压和功率等参数进行实时检测和监控，可以全面了解机床的能耗情况，并及时发现异常或高能耗状态，从而采取相应的调整措施。

2) 建立一个基于无线传输和工控机的实时监测平台，能够实时采集和存储机床的电流、电压和功率数据，并通过可视化界面展示实时状态和历史趋势。

3) 学习和掌握时序数据库的使用方法，了解如何进行实时数据处理和分析，以从海量数据中提取有价值的信息，优化机床的运行效率和能源利用率。

【学习目标】

1) 工业现场监测涉及多种传感器、通信协议、数据处理和分析等技术要素，通过设计和实现监测平台，让学生全面地应用所学知识，提高解决实际问题的能力。

2) 通过实践，理解和掌握工业互联网系统的架构设计原则和方法，提高系统开发和部署的能力。

3) 通过开展基于时序数据库的工业现场监测平台设计和实现的实训，将工业现场数据、传输、存储、分析、展示等环节以最基础的技术方案实现。

【任务准备】

要开展对机床实时能耗的监测，并搭建可视化平台实现对实时状态和历史状态的分析，可以按照以下步骤进行：

(1) 传感器选择　选择适合于监测机床三相电的无线电表、功率表等传感器。这些传感器应能够实时测量三相电流、电压和功率等参数。

（2）**数据采集**　将选定的传感器安装在机床上，实时采集机床的电流、电压和功率数据。通过无线通信方式（如 WiFi、蓝牙等），将数据传输到工控机上。

（3）**数据存储**　在工控机上安装时序数据库，用于存储实时的电流、电压和功率数据。时序数据库可以提供高效的数据存储和查询能力，方便后续的数据分析和可视化展示。

（4）**数据分析和可视化**　在工控机上开发一个可视化平台，通过对实时数据进行分析和处理，生成图表、仪表盘等形式的数据可视化界面，这样可以直观地展示机床的实时能耗状态。此外，还提供历史状态的查询和比较功能。

（5）**数据库管理**　定期对时序数据库进行维护和优化，包括数据归档、备份、清理等操作。这样可以确保数据的长期保存和系统的稳定性。

综上所述，能耗监测平台要实现对机床实时能耗的检测，并通过可视化平台分析实时状态和历史状态。该平台将用于工厂管理人员实时了解机床的能耗情况，进行节能分析和优化措施制定。同时，也为工程师提供了一个参考基准，在维护和调试机床时可以更好地判断其性能和状况。

工业现场进行设备监控时，最关键的技术选型就是数据采集和存储，两者构成了整个系统的底层建筑，一旦确定后，后续很难做大的调整，而在对它们进行技术选型时需要考虑以下因素：

1）**设备兼容性**。确保所选协议与机床设备和无线传感器兼容。

2）**数据传输效率**。考虑协议的传输速率、带宽要求和数据压缩能力，以确保实时数据的准确传输。

3）**安全性**。选择具备加密和身份验证等安全特性的协议，保护数据传输的机密性和完整性。

4）**可扩展性**。考虑协议是否支持多设备连接和分布式架构，以适应未来可能的扩展需求、第三方算法嵌入和对外数据接入能力。

5）**并发处理能力**。需要考虑系统未来可能的承载能力，在数据并发存储、处理、预警分析等方面能否满足性能指标要求。

6）**可维护性**。后续系统可能存在扩展、故障恢复、异地部署迁移等需求，在技术方案选型时需要确定是否能够满足潜在需求，以避免技术栈不具有迭代性。

7）**协议选型**。协议是整个系统的核心，MQTT（message queuing telemetry transport）协议是一种轻量级的消息传输协议，适用于物联网和远程监控。通过使用 MQTT 协议，可以实现机床数据的实时传输和发布或订阅模式的数据交换。

8）**数据库选型**。数据库种类繁多，在选择时需要基于数据库的主要应用场景进行分析，选择与自身技术栈、未来功能扩展、开源，以及数据迁移等需求契合的方案。本实训中监控对象为机床功率等信息，存在数据量大、周期性强、业务性弱、数据格式及类型单一等特点，因此综合考虑，选择时间序列数据库。

【任务实施】

采用 WiFi 作为数据传输的网络。目前工业互联网数据采集终端，基本支持网口、WiFi，功能上均可作为该实训的采集端。网络的组网方式如图 4-3-12 所示，可采用点对点 WiFi 直接收集数据，也可以采用网口连接汇总后，通过无线交换机传输到采集端。

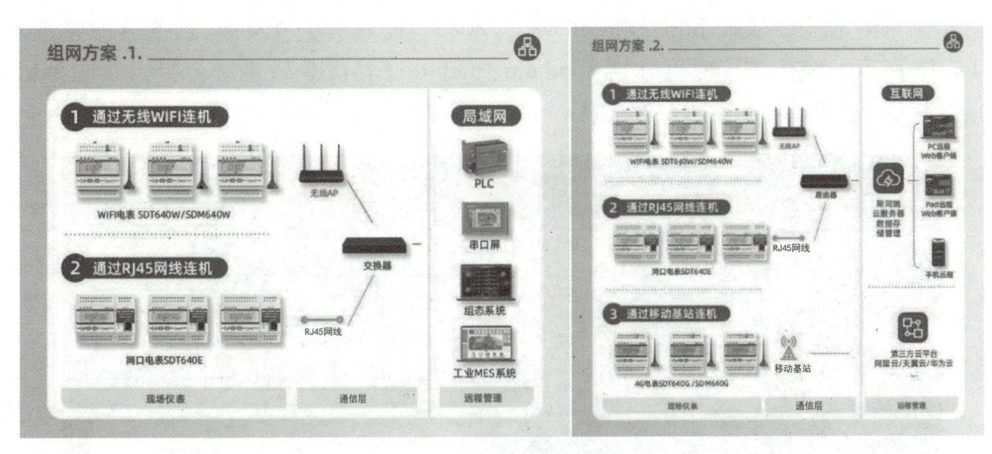

图 4-3-12　485 网络的组网方式

1. 准备工作

（1）**硬件资源**　三相电功率表（电流表或电压表均可，支持 WiFi 网络或 RJ45、MQTT 协议）、工控机（操作系统等不限）、路由器。

（2）**软件资源**　MQTT 服务器（EMQX 软件）、时序数据库（TDengine 软件）、可视化分析平台 Grafana 软件，功耗监测系统数据流向图如图 4-3-13 所示。

（3）**安装准备环节**　首先在工控机上（以 Windows 操作系统为案例）安装 EMQX 服务器软件、TDengine 数据库服务器软件、数据可视化系统 Grafana 软件。

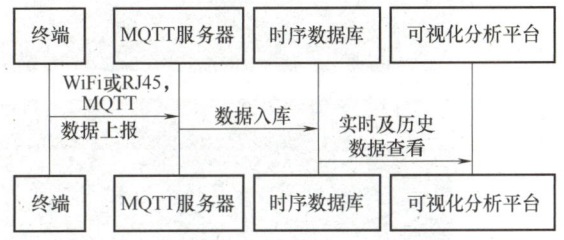

图 4-3-13　工业互联网功耗监测系统数据流向图

2. 安装 EMQX

下载 emqx-5.1.4-windows-amd64.zip，解压后通过命令行进入解压路径，启动 EMQX，启动命令为 ./emqx/bin/emqx start，如图 4-3-14 所示（版本号以最新的为准）。

图 4-3-14　进入 EMQX 的 bin 目录启动 EMQX

随后打开浏览器，输入 http://localhost：18083，即可打开 EMQX 服务器的管理地址，如图 4-3-15 所示，默认账号密码分别为 admin、public（首次登录系统会提示修改密码，可忽略）。

图 4-3-15　登录管理页面，即表示 EMQX 安装运行成功

3. 安装 TDengine

1）下载安装包，双击安装。

2）安装后，可以在拥有管理员权限的 cmd 窗口执行 sc start taosd 或在 C：\ TDengine 目录下，运行 taosd. exe 来启动 TDengine 服务进程。如需使用 http/REST 服务，请执行 sc start taosadapter 或运行 taosadapter. exe 来启动 taosadapter 服务进程，如图 4-3-16 所示。如果在 windows 任务管理器的服务里能够看到"服务已启动"，表明 TDengine 启动成功，如果没有启动，也可以选择这两个服务，右击选择【开始】命令。

3）启动服务后，在同一路径下，测试及输入数据：TDengine 命令行（CLI）。

① 为便于检查 TDengine 的状态，执行数据库（Database）的各种即席（Ad Hoc）查询，TDengine 提供一命令行应用程序（以下简称为 TDengine CLI）taos. exe。要进入

图 4-3-16　TDengine 服务启动

TDengine 命令行，只需要在终端执行 .\taos.exe 即可，如图 4-3-17 所示。

图 4-3-17　TDengine 客户端命令行测试

② 如果连接服务成功，将会打印出欢迎消息和版本信息。如果失败，则会打印错误消息出来（请参考 FAQ 来解决终端连接服务端失败的问题）。

③ 在 TDengine CLI 中，用户可以通过 SQL 命令来创建或删除数据库、表等，并进行数据库插入、查询操作。在终端中运行的 SQL 语句需要以分号（;）结束来运行，依次输入以下命令：

CREATE DATABASE devices；#创建数据库 devcies

USE devices；#使用数据库 devcies

CREATE STABLE devices.status (ts TIMESTAMP, x_value BIGINT, y_value BIGINT, z_ value BIGINT）TAGS（location BINARY（64），groupId INT）；# 创建超级表模板

以上操作完成后提示成功，表明数据库、表创建成功，可以使用。

4. 安装 Grafana

下载安装包，通过命令行进入解压后的目录，如图 4-3-18 所示。

图 4-3-18　启动 Grafana 服务

启动成功后，打开浏览器，输入 http://localhost：3000/login，即可登录 Grafana 管理平台（默认账号密码均为 admin），如图 4-3-19 所示。

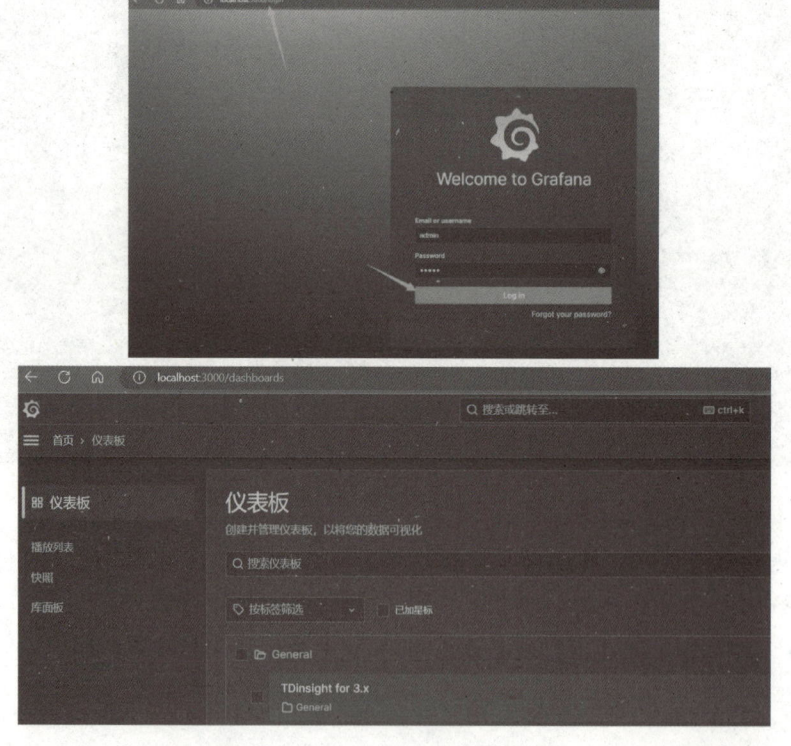

图 4-3-19　Grafana 后台管理

登录系统后，对系统参数进行配置：

（1）功率表设备中 MQTT 配置　配置地址根据工控机位置（如工控机 IP 地址为

192.168.2.171）及 topic（topic 假设为 dev0）进行设置，一般格式为：tcp：//192.168.2.171:1883。

（2）编写程序，订阅该 topic　tcp：//192.168.2.171:1883，topic 为 dev0，与以上保持一致，一般发送的数据为 json 格式，数据样例如下：

  {
    "id":"dev0_123123",#设备编号
    "ts":1683341539,#utc 时间戳
    "data":{
      "Ua":200.14,#A 相无功功率
      "Ub":265.81,#A 相有功功率
      "Uc":237.46,#A 相电压
      "Ia":20.92,#A 相电流
      "Ib":20.6,#B 相无功功率
      "Ic":20.32,#B 相有功功率
      "Pa":9.6,#B 相电压
      "Pb":17.52,#B 相电流
      "Pc":2.11,#C 相无功功率
      "Qa":9.6,#C 相有功功率
      "Qb":17.52,#C 相电压
      "Qc":2.11,#C 相电流
      "Q":2.99,#反向无功电能
      "P":31.77,#反向有功电能
      "Eptp":67661.0,#总功率因数
      "TPtn":67662.0,#总无功功率
      "Eqtp":67663.0,#总有功功率
      "Tqtn":67664.0,#总视在电能
      "KVAH":67661.5,#正向无功电能
      "COSavg":0.968#正向有功电能
    }
  }

（3）编写程序，将订阅收到的数据存入 TDengine　样例 SQL 如下（需要加速数据处理、提高时序数据库压缩率时，可以根据实际情况调整量纲，使得部分 float/double 型数据使用整型存储）：

创建设备表模板：CREATE STABLE devices.status（ts TIMESTAMP, Ua BIGINT, Ub BIGINT, Uc BIGINT, Ia BIGINT, Ib BIGINT, Ic BIGINT, Pa BIGINT, Pb BIGINT, Pc BIGINT, Qa BIGINT, Qb BIGINT, Qc BIGINT, Q BIGINT, P BIGINT, Eptp BIGINT, TPtn BIGINT, Eqtp BIGINT, Tqtn BIGINT, KVAH BIGINT, COSavg BIGINT）TAGS（location BINARY（64），groupId INT）

（4）插入数据 SQL 实例　INSERT INTO devices.dev0 USING devices.status TAGS

('Test', 0) VALUES ('2023-08-19 22:53:38.187', 67, 78, -69, 42, -44, 9, -40, -29, 35, 10, 84, 27, 29, -48, 69, -64, 41, -8, 100, 23)

(5) 配置 Grafana 可视化　如图 4-3-20 所示。

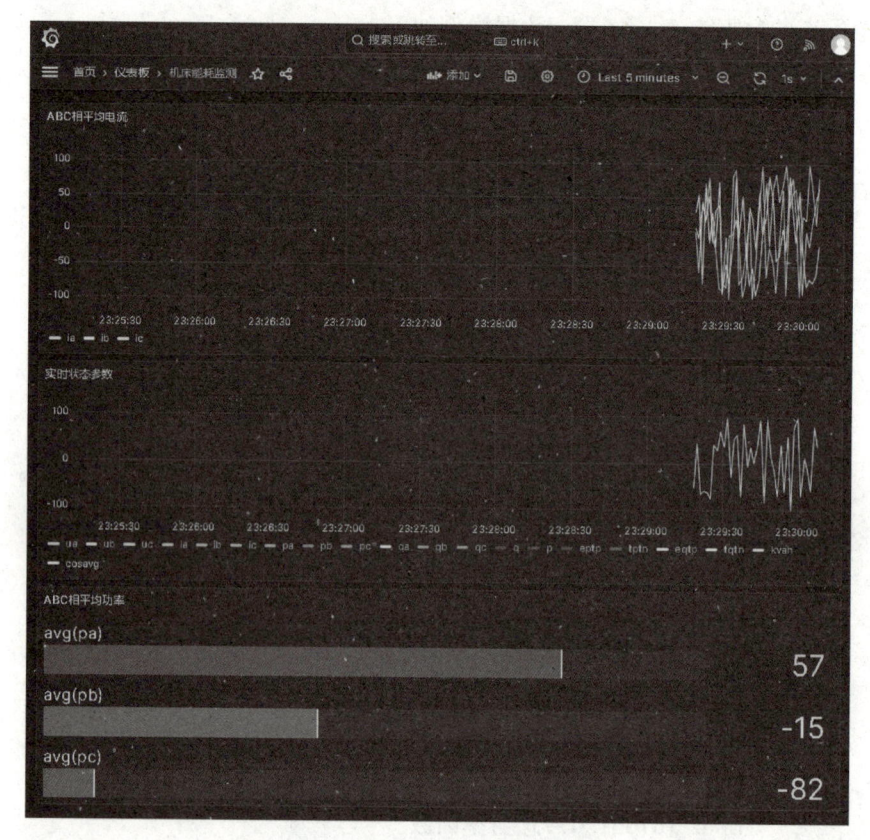

图 4-3-20　配置 Grafana 可视化

4.3.3　课程设计：工业故障诊断与预测系统设计

除了实现数据采集、存储、展示外，对数据进行更深层次的应用是工业互联网的一个重要意义。故障诊断是工业互联网典型高阶应用之一，工业故障诊断需要融合大数据技术来进行数据分析，本实训将基于多节点、多级网络架构，完成多种同类型数据的采集，在此基础上支持故障诊断和预测。

【任务描述】

利用大数据技术和平台，对系统、设备或工业过程中的故障进行诊断和预测，数据采集与存储、数据预处理与清洗、特征提取与选择、模型建立与训练、故障诊断与预测、结果评估与优化等。

【任务要求】

完成网络拓扑结构设计，该环节主要是针对工业设备方面的附加传感器（如加速度计、振动传感器等）数据的采集进行网络结构设计。

【学习目标】

基于大数据平台的故障诊断与预测需要综合考虑数据采集、存储、处理、模型构建和实践等多个环节。同时，需要根据具体的应用场景和需求选择适合的算法和技术。在实训过程中，可以结合实际案例和数据进行综合训练。实训要求学生能够根据任务内容设计算法，完成故障诊断与预测。

1）掌握工业设备故障诊断和预测的相关知识和技能。
2）熟练应用工业互联网数据的采集、存储和分析处理。
3）运用机器学习等技术实现故障预测模型的建立和应用。

【任务准备】

基于工业互联网采集的数据，可对现场设备进行故障分析，及时发现潜在风险。常见的故障及其诊断方法如下：

（1）**机械故障** 轴承磨损、齿轮破损、振动异常、轴承温度升高等，诊断方法通过振动分析、温度监测、声学分析等技术，分析振动频谱、温度变化等特征来诊断故障。

（2）**电气故障** 电动机绕组故障、电路短路、接地故障、电源异常等，使用绝缘电阻测试、电流电压分析、红外热成像等技术，检测电气系统的运行参数。

（3）**传感器故障** 传感器失效、信号异常、故障标定偏差等，可结合多传感器融合、交叉验证等方法，分析传感器数据的一致性和趋势。

（4）**控制系统故障** 控制器故障、通信异常、控制逻辑错误等，通过使用控制系统诊断工具、数据抓包工具等（如 Modbus 应用实训的串口调试工具、示波器分析波形等），分析控制指令、反馈信号、系统响应等。

（5）**工艺异常** 原料不合格、工艺参数偏离、环境条件异常等，此类故障往往不易发现，可使用统计过程控制（SPC）、回归分析等方法，监测工艺参数并识别异常。

（6）**其他故障** 设备老化、人为操作错误、环境因素影响等，结合设备历史使用数据、维护记录，以及现场观察等进行综合分析。

基于以上故障类型，制定合适的传感器和数据采集方案，基于工业互联网平台完成数据的采集、传输和入库到时序数据库。然后在工业互联网平台上使用数据分析工具对数据进行分析和可视化，提高故障诊断的效率和准确性。

（1）**基于统计方法的异常检测算法** 基于统计方法的异常检测算法是一种常用的故障检测方法，它通过对生产数据进行统计分析，找出与正常情况偏离较大的数据点或模式。常见的统计方法包括均值、方差、相关系数、ARIMA、Kalman 滤波等时间序列模型。通过与正常情况进行比较，可以判断是否存在异常情况。

（2）**基于机器学习的异常检测算法** 机器学习是一种发展迅速的技术，它通过从大量数据中学习规律和模式，实现自动识别和分类。在工业检测中，可以利用机器学习算法对样本数据进行训练，以构建异常检测模型，从而实现对异常情况的判断和识别，如 SVM 等。

（3）**基于模型的异常检测算法** 基于模型的异常检测算法是一种通过建立模型描述正常情况，然后利用该模型对新数据进行预测和判断的方法。常见的模型包括概率模型、聚类模型、回归模型等，如 K-Means、DBSCAN 等。通过与正常情况下的模型的比较，可以判断数据是否异常。

（4）**基于图像处理的异常检测算法** 在工业生产中，图像处理技术可以帮助检测产品表面的缺陷、异物等异常情况。通过对图像进行分析和处理，可以提取出与正常情况不符的特征，实现对异常情况的检测和识别。

除了以上几种常见的异常检测算法，还有其他一些新颖的方法，如基于深度学习的异常检测算法、基于时间序列的异常检测算法等，这些算法在不同的工业领域中都有广泛的应用。

针对以上实训任务，可参考基础应用和数据平台应用实训来开展：

1）配置虚拟工业设备仿真器或实际工业设备。
2）实现工业传感器数据采集和预处理（基础应用及实训4.2）。
3）熟练配置工业互联网数据处理平台（综合实训4.3.1）。
4）掌握时间序列数据的入库实训（综合实训4.3.2）。

【任务实施】

1. 工业互联网多节点多级网络方案设计

故障诊断和预测需要大量的历史数据支持算法。因此首先需要构建多级、多节点网络，如图4-3-21为一个典型的三级工业互联网架构，可完成多点、同类型设备的数据采集。

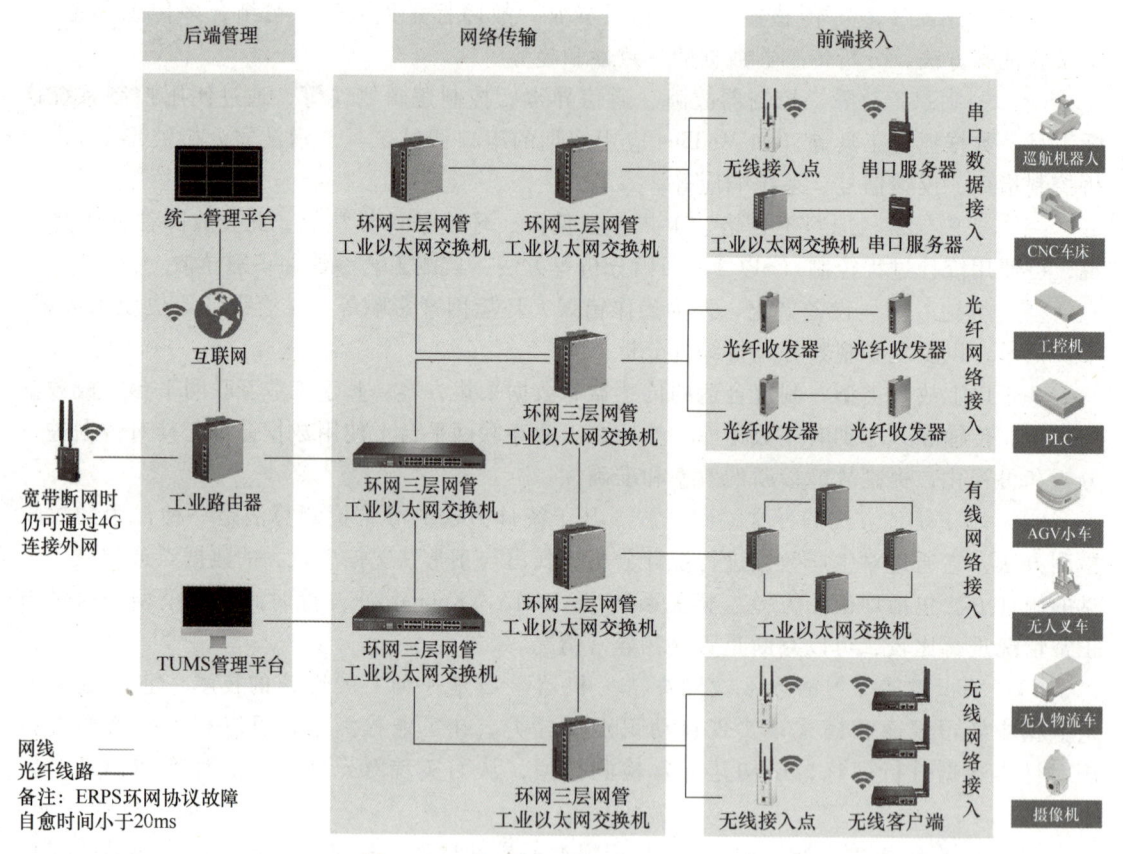

图 4-3-21 典型的三级工业互联网架构

2. 工业互联网多节点数据流配置实训

（1）节点部署　在不同的物理位置部署多个eKuiper节点，每个节点部署在靠近数据源的边缘设备上，如工厂车间、远程监测站等。节点配置根据当地数据量和计算需求进行调整。

（2）数据源接入　每个节点通过eKuiper的各种输入插件（MQTT、OPC UA、SQL等）

接入不同类型的数据源，支持接入工业设备数据、监控设备数据、环境数据等多种类型的数据。

（3）数据预处理　在每个节点上对采集的数据进行清洗、格式转换等预处理，预处理后的数据通过消息队列或数据库推送到其他节点。

（4）节点间数据交换　节点之间可以通过消息队列进行数据交换，也可以将数据存储到分布式时序数据库，通过定期同步或流式复制的方式将数据在节点间同步。

3. 数据处理和分析

（1）数据源预处理方法

1）插入采样模块。在 eKuiper 平台的数据流模块中，插入采样模块完成在数据源处对输入数据的聚合操作。降采样的功能本身可以通过时间窗口进行聚合计算实现。

2）设置预处理参数。时间窗口使用的是全采样数据源，丢弃的数据实际上也进行了解码等不必要的计算。相比时间窗口方案，数据源降采样主要是提升了数据处理的性能。采样频率与输入频率差别越大，性能和资源占用提升也越明显。在实际应用中可基于目标场景设置合理的参数。

3）基础预处理与分析。在数据交互节点上，增加数据预处理模块，完成数据滤波、平均值计算、平方差等基础统计方法，以及阈值异常等基础缺陷等处理任务，并发布到目标 Topic。

（2）异常检测

1）分析数据内容。stream 流中不断发送当前电流等传感器数据，以及该数据所属的时间戳。在 eKuiper 规则中接受该数据流，并以定义的规则来满足需求，数据如下所示（实例）：

{"concurrency":200,"ts":1}
{"concurrency":400,"ts":2}
{"concurrency":300,"ts":3}
{"concurrency":200,"ts":4}

2）编写分析 SQL。编写完成，进行异常检测、预测分析，SQL 实例如下：

① 电流由小于 300A 变为大于 300A：select concurrency，ts from demo where concurrency>300 and lag（concurrency）<300。

② 总电流持续 10s 超过 200A：select concurrency from demo group by SLIDINGWINDOW（ss，0，10）over（when concurrency>200）having min（concurrency）>200。

3）异常数据发布。创建 Topic，将异常事件发送到目标 Topic 中，完成预警。

4. 全局分析与可视化

基于 4.3.2 完成异常及统计性数据的可视化页面设计和展示。

4.4　智能协同与 AI 应用综合设计

本节为综合设计，要求基于前面章节的基础和综合实训，在掌握工业互联网的数据采集和分析方法，以及知识点的基础上，通过分析业务需求，设计基于 AI 的智能协作架构，实现信息共享、故障诊断或多台设备协同等系统型应用，提升生产率。

4.4.1 远程监控与故障诊断

【任务描述】

工业现场存在大量潜在危险要素，需要对环境指标进行实时监测。本实训内容要求针对工厂的危险区域进行环境数据监测，如易燃易爆点的温湿度、有限空间的二氧化碳浓度、二氧化硫浓度等。同时，系统中可与智能相机进行联动，实现火灾预警。综合设计方案中需要包含数据采集、传输、处理和存储方面，可考虑引入滤波算法和预警策略。

【任务实施】

远程监控中需要对采集的数据进行滤波，避免误报。通过分析监测对象的特点，执行相应滤波算法，常见的滤波算法有中值滤波法、算术平均滤波法。得到较为稳定的数据后，进行故障诊断和预警，常见的算法包括OneClassSVM、Isolation Forest和Local Outlier Factor（LOF）。设计方案中需要重点分析实现方法和选型依据。

1. 网络结构设计

设计合适的数据传输协议和数据格式，以满足实时监控和故障诊断的要求。可以使用常见的网络协议（如TCP/IP）来传输数据。对于实时性要求较高的数据，可以采用实时以太网协议，如EtherCAT或PROFINET等。设计远程监控与故障诊断方案需要综合考虑网络通信、数据传输、故障诊断算法和用户界面等因素。建立远程监控中心，用于接收和处理来自数控系统的数据。

2. 数据采集设计及实现

（1）系统架构　结合基础应用及实训完成以下选型及设计任务。

1）监控层。传感器（温度、湿度、振动等）、摄像头。

2）传输层。网络设备（路由器、交换机）。

3）控制层。计算机及监控软件。

（2）软件架构　基于综合实训项目数据分析工具，以实现实时报警、故障分析等功能。

（3）系统搭建

1）物理连接。将传感器、摄像头连接到计算机。

2）网络配置。配置路由器和交换机，确保数据传输畅通。

3）软件安装与配置。配置软件参数以满足项目设计目标要求。

（4）效果展示　基于可视化平台（eKuiper、Grafana等）展示结果。

4.4.2 5G+工业互联网视觉检测

视觉检测在工业产品检测中应用越来越广泛。由于视觉检测需要消耗大量的计算和网络资源，因此对网络带宽有很高的要求。为此可采用光纤或5G+网络来构建网络。本设计则采用5G+作为基础骨干网络，以达到对5G+工业互联网应用及视觉的双重实训目的。

知识点1　关键技术

对5G+的实现要点、技术特色、重要技术指标进行解读，以满足工业互联网的视觉检测应用的需求。设计基于5G+工业互联网的视觉检测方案需要考虑视觉设备、数据传输、数据处理与分析，以及实训环境等因素。选择适合的视觉设备（如高分辨率相机、工业相机或深度相机等），用于进行视觉检测任务。视觉设备的选择应根据具体的应用需求和检测对象来确定。

知识点 2　网络结构设计

利用 5G+网络进行高速、低延迟的数据传输。5G+网络可以提供稳定的网络连接，适用于实时的视觉检测任务。确保设备能够接入 5G+网络，并保证网络的稳定性和安全性。利用 5G+网络传输视觉设备采集到的图像数据。通过采用高速、可靠的数据传输协议（如 HTTP、MQTT 或自定义协议），将图像数据传输到云端或中心服务器进行处理和分析。采用边缘计算与远程两种方案，根据视觉检测结果，实时反馈给控制系统，进行相应的控制操作。可以通过 5G+网络将检测结果传输到控制系统，实现实时的反馈与控制。控制系统可以根据检测结果进行自动控制，或者发送警报和通知给相关人员。

知识点 3　实训及方案

综合设计，完成 5G+工业互联网视觉监测方案的需求设计，运行云端服务方案的架构设计、处理策略等，并解释相关技术的实现方法和重点技术要点。在设计方案时，需考虑数据的安全性和隐私保护，常用的安全通信措施包括 SSH、数字证书、VPN 等手段。

某工厂中的 5G+视觉网络案例如图 4-4-1 所示。

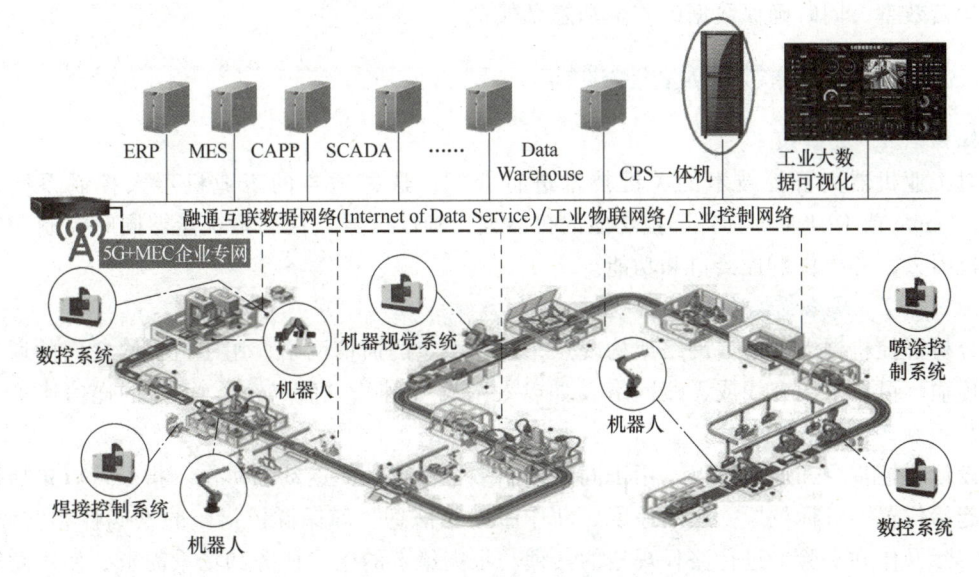

图 4-4-1　某工厂中的 5G+视觉网络案例

项目任务构成：

（1）完成需求设计

1）支持实时监测。

2）利用 5G 的高带宽和低延迟特性，实现工业现场的实时视频监测。

3）附加支持服务。检测工人是否佩戴安全装备，如安全帽和护具。

（2）智能分析设计

1）使用深度学习模型（如 YOLO）进行物体检测和分类。

2）识别异常行为和安全隐患，及时报警。

(3) 数据管理方案设计

1）支持大规模数据的存储和管理，实现历史数据的检索和分析。

2）提供可视化报告，帮助管理层决策。

(4) 安全与隐私设计　确保数据的传输和存储安全，保护工人隐私。

(5) 云服务架构设计

1）部署在工厂或工业现场，负责初步视频处理和数据过滤。

2）利用 5G 网络上传关键数据，减少云端负担。

(6) 可视化与云计算架构设计

1）承载深度学习推理服务，进行复杂的图像分析和行为识别。

2）提供数据存储、管理和分析平台。

3）提供多种访问终端，如 web 应用和移动应用。

4）支持实时监控、告警通知和报告生成。

(7) 其他工程性要求

1）数据安全与隐私保护。可基于 SSH（Secure Shell）来保护数据传输的安全性。

2）了解和配置 TLS/SSL 证书。

通过这些设计和技术实现，5G+工业互联网视觉监测方案可以有效提升工业环境的安全性和运营效率，同时确保数据的安全和隐私保护。

4.4.3　工业机器人群控及路径规划

知识点 1　关键技术

对工业机器人群控技术的关键技术进行介绍，选择适合的工业机器人控制系统，如 ABB、Fanuc 或 KUKA 等具备群控功能的机器人，确保机器人控制系统能够同时控制和管理多个机器人，并提供群控接口和功能。

知识点 2　网络结构设计

分析群控机器人的通信网络架构要点，建立稳定的通信网络，用于机器人之间的通信和指令传输。可以采用有线或无线网络（如以太网或 WiFi），确保实时、可靠的通信连接。

知识点 3　实训及方案

设计群控指令和通信协议，用于同时控制多个机器人的运动和协作。指令可以包括机器人的起始位置、目标位置、运动速度、动作序列等信息。确保群控指令的准确性和实效性。通过实际操作和实验，进行路径规划的实训。根据给定的生产任务和场景需求，使用路径规划算法计算机器人的最优路径，并实时控制机器人进行移动和操作。实训过程中，可以模拟不同的场景和工作流程，培养操作人员的路径规划能力和机器人协作能力。

1）创建并设计多种生产任务场景，如装配线、仓储管理等。使用仿真软件（如 Gazebo、V-REP）模拟机器人工作环境。

2）路径规划和机器人协作任务设计，设计即时反馈方案，识别和改进操作策略。

3）设计工业机器人集群数据采集方案，搭建如图 4-4-2 所示的架构，设计基于 MQTT 的物联网机器人数据实时采集架构及方案。

通过这些设计，能够有效地实现多个机器人的群控和协作，提高生产率和操作人员的技能水平。

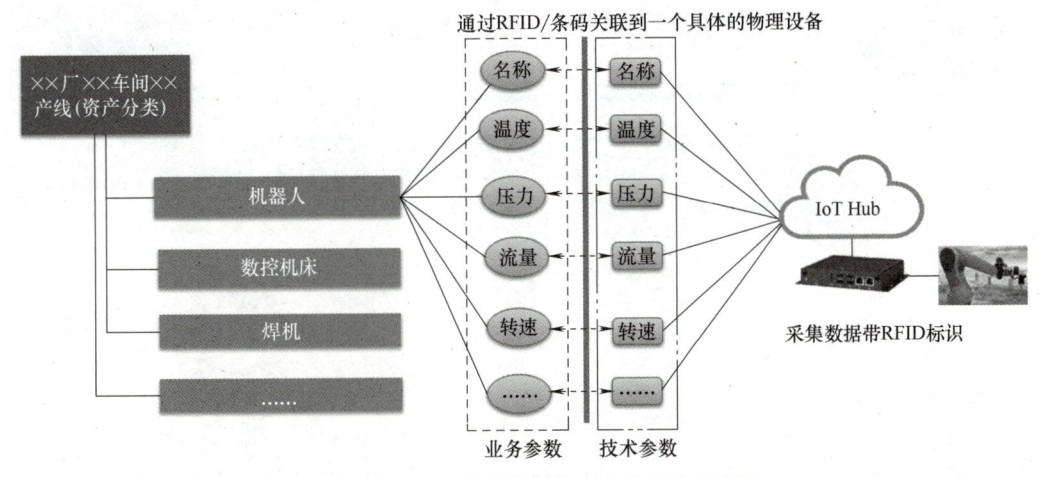

图 4-4-2　工业机器人集群控制架构及方案设计

4.5　本章小结

工业互联网是智能制造信息互联互通的基础，是制造体系从点到体系转型的重要组成部分。本章从智能制造的关键要素出发，介绍了工业互联网的基础体系结构、通信网络和协议、智能传感器等相关知识，为工业互联网的实训提供了必要的基础认知。实训内容先设计了从单点设备通信协议到总线式通信协议的实训内容，逐层递进地帮助学生理解工业互联网的层次架构。最后，在综合实训中，以信息采集、大数据分析、设备联动控制等内容作为实训重点，进一步巩固了学生对工业互联网概念和应用的理解。总的来说，本章为学生了解工业互联网的基本技术和应用奠定了良好的基础，为智能制造在工业互联网方面的工程实践训练提供了参考。

💡 思考题

1. 简述工业互联网常用协议的适用场景。
2. 简述工业互联网常见总线协议及应用场景。
3. 简述工业互联网在智能制造系统中发挥的作用和常见应用。
4. 简述工业互联网的常见拓扑结构及优缺点。
5. 结合 5G 网络，设计跨厂区车间机床监控与故障诊断方案。
6. 边缘计算在工业互联网中扮演什么角色？
7. Modbus 协议支持哪些物理连接方式？
8. EtherCat 总线与 EtherNet/IP 相比，有哪些相似点，分别有什么特点和优势？
9. EtherCat 总线的拓扑结构有哪些？
10. MQTT 协议有哪些特点，它适合哪些工业互联网应用场景？

第 5 章

数字孪生技术在智能制造领域的应用实训

章知识图谱　　说课视频

> **导语**
>
> 2003 年前后，数字孪生（Digital Twin）的设想首次出现于美国密歇根大学 Grieves 教授的产品全生命周期管理课程上。但是，当时"Digital Twin"一词还没有被正式提出，Grieves 将这一设想称为"Conceptual Ideal for PLM（product lifecycle management）"。直到 2010 年，"Digital Twin"一词在 NASA 的技术报告中被正式提出，并被定义为"集成了多物理量、多尺度、多概率的系统或飞行器仿真过程"。2011 年，美国空军探索了数字孪生在飞行器健康管理中的应用，并详细探讨了实施数字孪生的技术挑战。2012 年，美国国家航空航天局与美国空军联合发表了关于数字孪生的论文，指出数字孪生是驱动未来飞行器发展的关键技术之一。在接下来的几年中，越来越多的研究将数字孪生应用于航空航天领域，包括机身设计与维修、飞行器能力评估、飞行器故障预测等。
>
> 得益于物联网、大数据、云计算、人工智能等新一代信息技术的发展，数字孪生得到越来越广泛地传播。除了航空航天领域，数字孪生还被应用于电力、船舶、城市管理、农业、建筑、制造、石油天然气、健康医疗、环境保护等行业。特别是在智能制造领域，数字孪生被认为是一种实现制造信息世界与物理世界交互融合的有效手段。许多著名企业（如空客、洛克希德马丁、西门子等）与组织（如 Gartner、德勤、中国科协智能制造学会联合体）对数字孪生给予了高度重视，并且开始探索基于数字孪生的智能生产新模式。

5.1　数字孪生技术概述

5.1.1　数字孪生基本概念

知识点 1　数字孪生的定义及典型特征

（1）数字孪生的定义　2020 版《数字孪生应用白皮书》中，关于数字孪生标准化组织、学术界、企业分别给出了不同的定义。

1）标准化组织给出的定义。数字孪生是具有数据连接的特定物理实体或过程的数字化表达，该数据连接可以保证物理状态和虚拟状态之间的同速率收敛，并提供物理实体或流程过程的整个生命周期的集成视图，有助于优化整体性能。

2）学术界给出的定义。数字孪生是以数字化方式创建物理实体的虚拟实体，借助历史数据、实时数据及算法模型等，模拟、验证、预测、控制物理实体全生命周期过程的技术手段。

从根本上讲，数字孪生可以定义为有助于优化业务绩效的物理对象或过程的历史和当前行为的不断发展的数字资料。数字孪生模型基于跨一系列维度的大规模、累积、实时、真实世界的数据测量。

3）企业给出的定义。数字孪生是资产和流程的软件表示，用于理解、预测和优化绩效以实现业务成果的改善。数字孪生由三部分组成，包括数据模型、一组分析或算法、知识。

（2）数字孪生的典型特征　从数字孪生的定义可以看出，数字孪生具有以下几个典型特征：

1）互操作性。数字孪生中的物理对象和数字空间能够双向映射、动态交互和实时连接，因此数字孪生具备以多样的数字模型映射物理实体的能力，具有能够在不同数字模型之间转换、合并和建立"表达"的等同性。

2）可扩展性。数字孪生技术具备集成、添加和替换数字模型的能力，能够针对多尺度、多物理、多层级的模型内容进行扩展。

3）实时性。数字孪生技术要求数字化，即以一种计算机可识别和处理的方式管理数据，以对随时间轴变化的物理实体进行表征。表征的对象包括外观、状态、属性、内在机理，形成物理实体实时状态的数字虚体映射。

4）保真性。数字孪生的保真性指描述数字虚体模型和物理实体的接近性。要求虚体和实体不仅要保持几何结构的高度仿真，在状态、相态和时态上也要仿真。值得一提的是，在不同的数字孪生场景下，同一数字虚体的仿真程度可能不同。例如，工况场景中可能只要求描述虚体的物理性质，而不需要关注化学结构细节。

5）闭环性。数字孪生的数字虚体，用于描述物理实体的可视化模型和内在机理，以便于对物理实体的状态数据进行监视、分析推理、优化工艺参数和运行参数，实现决策功能，即赋予数字虚体和物理实体一个大脑。因此数字孪生具有闭环性。

知识点2　数字孪生相关概念

（1）数字孪生体　"体"在中文中的涵义包括事物本身（物体、实体）或事物的格局或规矩（体制、体系）。加上"体"字后，数字孪生体就是一个名词。因此，数字孪生体中的"体"不仅指与物理实体或过程相对的数字化模型的实例，也指数字孪生背后的技术体系或学科，还指数字孪生在系统级和体系级场景下的应用。

（2）数字孪生生态系统　数字孪生生态系统由基础支撑层、数据互动层、模型构建与仿真分析层、共性应用层和行业应用层组成。如图5-1-1所示，基础支撑层由具体的设备组成，包括工业设备、城市建筑设备、交通工具、医疗设备。数据互动层包括数据采集、数据传输和数据处理等内容。模型构建与仿真分析层包括数据建模、数据仿真和控制。共性应用层包括描述、诊断、预测、决策四个方面。行业应用层则包括智能制造、智慧城市在内的多方面应用。

（3）数字孪生生命周期过程　如图5-1-2所示，数字孪生中虚拟实体的生命周期包括起

图 5-1-1 数字孪生生态系统

始、设计和开发、验证与确认、部署、操作与监控、重新评估和退役,物理实体的生命周期包括验证与确认、部署、操作与监控、重新评估和回收利用。值得指出的是,一是虚拟实体在全生命周期过程中与物理实体的相互作用是持续的,在虚拟实体与物理实体共存的阶段,两者保持相互关联并相互作用;二是虚拟实体区别于物理实体的生命周期过程中存在迭代的过程。虚拟实体在验证与确认、部署、操作与监控、重新评估等环节发生的变化,可以迭代反馈至设计和开发环节。

(4)数字孪生功能视角 如图 5-1-3 所示,从数字孪生功能视角可以看到数字孪生应用需要在基础设施的支持下实现。物理世界中产品、服务或过程数据也会同步至虚拟世界中,虚拟世界中的模型和数据会和过程应用进行交互。向过程应用输入激励和物理世界信息,可以得到优化、预测、仿真、监控、分析等功能的输出。

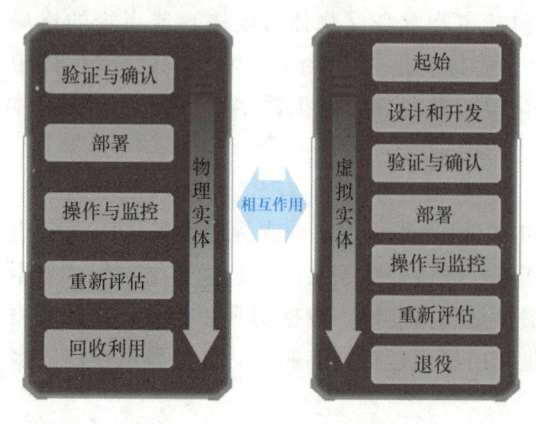

图 5-1-2 数字孪生生命周期过程

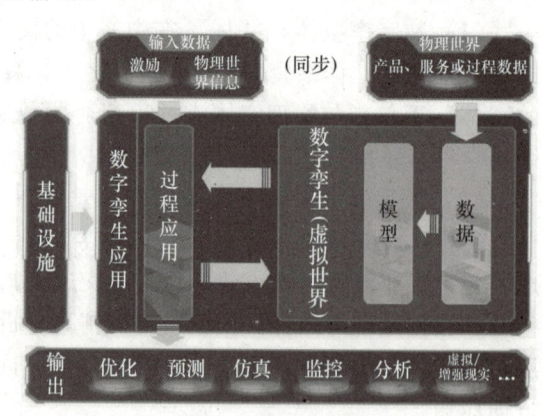

图 5-1-3 数字孪生功能视角

知识点3 数字孪生在智能制造领域应用现状

随着物联网应用更加广泛，各个领域越来越多的企业开始计划数字孪生的部署，数字孪生相关实践企业概况见表5-1-1。Gartner公司（高德纳公司，又译顾能公司）研究显示，截至2019年1月底，实施物联网的企业中，已有13%的企业实施了数字孪生项目，62%的企业正在实施或者有计划实施。工业互联网是数字孪生的延伸和应用，而数字孪生则拓展了工业互联网应用层面的可能性。

表5-1-1 数字孪生相关实践企业概况

企业类型	国内企业	国外企业
技术研发	航天云网、卡奥斯、树根互联、上海优也等	西门子、通用电气GE、达索、ABB、Daimle、AG、PTC等
技术咨询	e-works数字化企业网、安世亚太、上海优也等	德勤、埃森哲
技术应用	比亚迪、三一集团、中船重工等	空客、DNV GL、Volvo等

数字孪生技术服务商方面，以西门子为代表的厂商为了建立更加完整的数字孪生模型体系，研发和整合了质量管理、生产排程、制造执行、仿真分析等各领域领先厂商的技术，支持企业进行涵盖其整个价值链的整合及数字化转型。数字孪生技术服务商主要有以下类型：

（1）**数据治理和分析服务商** 这种供应商通过数字孪生提高其分析能力，包括AI和高保真物理能力，如挪威的Cognite公司和美国的Sight Machine公司等。

（2）**应用开发商** 这些供应商开发数字孪生并提高其应用能力，为客户提供垂直细分市场的解决方案。通过APM、物流或PLM等应用开发数字孪生模型和组合。比如美国的GE Digital（通用电气数字）集团公司和Oracle（甲骨文）公司等。

（3）**IoT平台（物联网平台）** 这些供应商通过数字孪生提高IoT能力，如提高资产监控和绩效统计的能力。比如美国的PTC（美国参数技术）公司的ThingWorx物联网平台。

（4）**服务提供商** 以客户作为基础开发数字孪生模型，从而加强在垂直市场的行业知识，以及分析和应用能力。比如爱尔兰的Accenture（埃森哲）公司和英国的Deloitte（德勤）公司。

智能制造领域数字孪生体系框架主要分为六个层级，包括基础支撑层、数据互动层、模型构建层、仿真分析层、功能实现层和应用层，如图5-1-4所示。

（1）**基础支撑层** 建立数字孪生是以大量相关数据作为基础的，需要给物理过程、设备配置大量的传感器，以检测获取物理过程及其环境的关键数据。传感器检测的数据大致上可分为三类：①设备数据，具体可分为行为特征数据（如振动、加工精度等），设备生产数据（如开机时长、作业时长等）和设备能耗数据（如耗电量等）；②环境数据，如温度、大气压力、湿度等；③流程数据，即描述流程之间的逻辑关系的数据，如生产排程、调度等。

（2）**数据互动层** 工业现场数据一般通过分布式控制系统（DCS）、可编程逻辑控制器系统（PLC）和智能检测仪表进行采集。随着深度学习、视觉识别技术的发展，各类图像、声音采集设备也被广泛应用于数据采集中。

数字传输是实现数字孪生的一项重要技术。数字孪生模型是动态的，建模和控制基于实时上传的采样数据进行，对信息传输和处理延时有较高的要求。因此，数字孪生需要先进可靠的数据传输技术，具有更高的带宽、更低的延时，支持分布式信息汇总，并且具有更高的

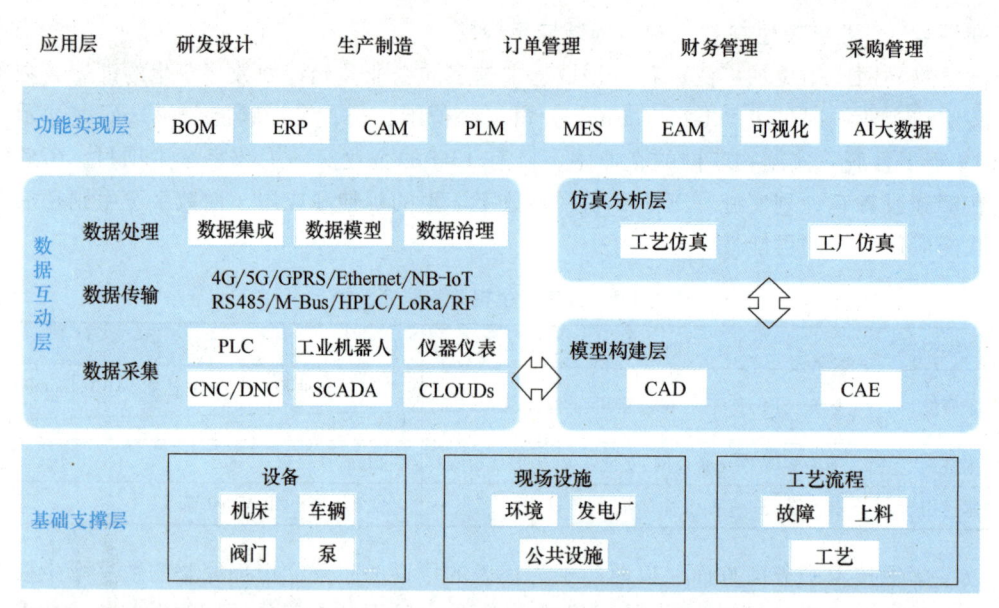

图 5-1-4 智能制造领域数字孪生体系框架

安全性，从而能够实现设备、生产流程和平台之间的无缝、实时的双向整合或互联。5G 技术因其低延时、高带宽、泛在网、低功耗的特点，为数字孪生技术的应用提供基础技术支撑，包括更好的交互体验、海量的设备通信，以及高可靠、低延时的实时数据交互。

交互与协同，即虚拟实体实时动态映射物理实体的状态，在虚拟空间通过仿真验证控制效果，根据产生的洞察反馈至物理资产和数字流程，形成数字孪生的落地闭环。数字孪生的交互包括物理-物理、虚拟-虚拟、物理-虚拟、人机交互等交互方式。

（3）数据建模与仿真层　建立数字孪生的过程包括建模与仿真。建模即建立物理实体虚拟映射的 3D 模型，这种模型真实地在虚拟空间再现物理实体的外观、几何、运动结构、几何关联等属性，并结合实体对象的空间运动规律而建立。仿真模型则是基于构建好的 3D 模型，结合结构、热学、电磁、流体等物理规律和机理，计算、分析和预测物理对象的未来状态。如飞机研发阶段，可以把飞机的真实飞行参数、表面气流分布等数据通过传感器反馈输入到模型中，通过流体力学等相关模型，对这些数据进行分析，预测潜在的故障和隐患。数字孪生由一个或多个单元级数字孪生按层次逐级复合而成，如产线尺度的数字孪生是由多个设备耦合而成的。因此，需要对实体对象进行多尺度的数字孪生建模，以适应实际生产流程中模型跨单元耦合的需要。

（4）功能实现层　功能实现层即利用数据建模得到的模型和数据分析结果实现预期的功能。数字孪生优化产品生命周期管理如图 5-1-5 所示，这种功能是数字孪生系统最核心的功能价值的体现，能实时反映物理系统的详细情况，并实现辅助决策等功能，提升物理系统在寿命周期内的性能表现和用户体验。

已经有一些软件服务商通过提高数字孪生能力提高其应用能力，为客户提供垂直细分市场的解决方案。通过 APM、物流或 PLM 等应用开发数字孪生模型和组合，比如 GE Digital、Oracle 等公司。

数字孪生在智能制造领域的主要应用场景包括产品研发、设备维护与故障预测、工艺规

图 5-1-5　数字孪生优化产品生命周期管理

划和生产过程管理，如图 5-1-6 所示。

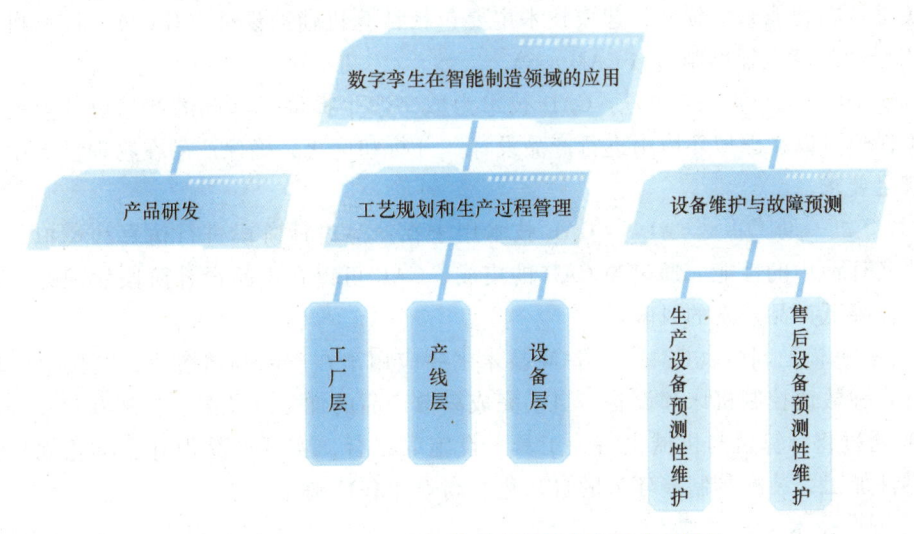

图 5-1-6　数字孪生在智能制造领域的主要应用场景

5.1.2　数字孪生的关键技术

随着智能制造和工业 4.0 的快速发展，数字孪生技术作为一种新兴的技术手段，正在逐渐改变制造业的生产方式。数字孪生技术通过构建物理实体在虚拟空间中的数字模型，实现对物理实体的实时监控、预测和优化，为制造业提供了全新的解决方案。本节将重点介绍数字孪生在智能制造领域应用的关键技术，如图 5-1-7 所示，并分析其在提高生产率、降低成

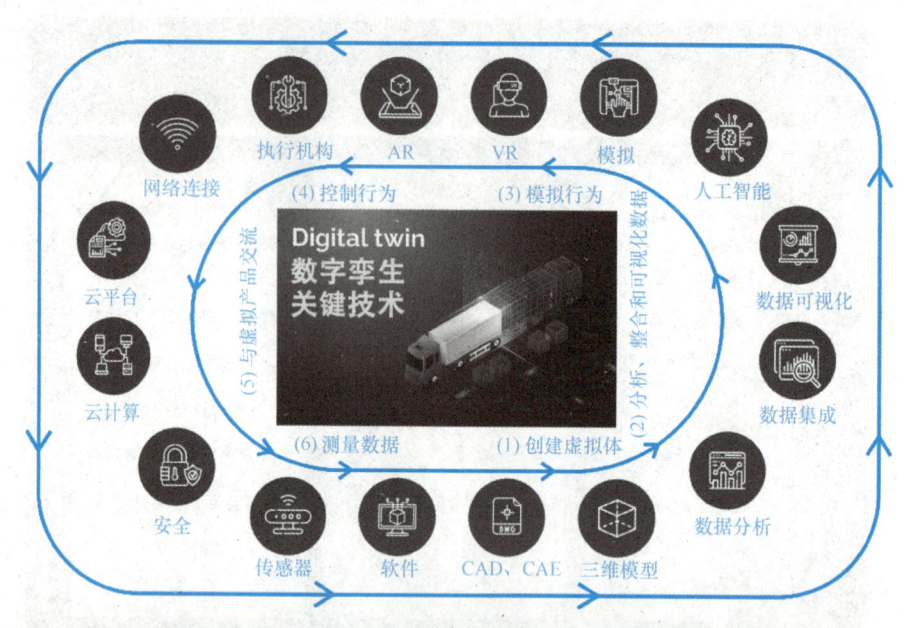

图 5-1-7 数字孪生在智能制造领域应用的关键技术

本、优化产品质量等方面的作用。

(1) 建模技术　数字孪生的核心在于建立物理对象的虚拟模型。建模技术是实现这一目标的关键。在智能制造领域，建模技术主要包括计算机辅助设计（CAD）、计算机辅助工程（CAE）和计算机辅助制造（CAM）等。

1) 计算机辅助设计（CAD）。CAD 技术为数字孪生提供了基础的产品设计数据。通过 CAD，工程师可以在虚拟环境中进行产品设计、分析和优化，确保产品在物理世界中的性能和功能满足要求。

2) 计算机辅助工程（CAE）。CAE 技术用于在产品设计阶段进行仿真和模拟，以预测产品在真实环境中的性能。通过与 CAD 的集成，CAE 可以在产品设计阶段发现并解决潜在问题，从而降低产品开发的风险。

3) 计算机辅助制造（CAM）。CAM 技术主要应用于在产品制造阶段，利用电子数字计算机通过各种数值控制机床和设备，自动完成离散产品的加工、装配、检测和包装等制造过程。CAM 通过将计算机与机械设备、工具、设施等结合，实现产品设计、工艺规划、数控编程、零件加工、装配等制造环节的自动化、高效化和精确化。

(2) 仿真技术　仿真技术是数字孪生技术的重要组成部分，用于模拟产品在物理世界中的行为。在智能制造领域，仿真技术主要包括工艺仿真、工厂仿真和工业控制仿真等。

1) 工艺仿真。通过模拟产品的制造过程，工艺仿真可以帮助企业预测生产过程中的瓶颈和问题，从而优化生产流程、提高生产率并降低生产成本。

2) 工厂仿真。工厂仿真技术可以模拟整个工厂的布局、设备和生产过程，帮助企业进行工厂规划和优化。通过工厂仿真，企业可以在不实际建造工厂的情况下，评估和优化生产线的布局和设备配置。

3）工业控制仿真。工业控制仿真技术可以模拟工业控制系统的行为，帮助企业进行控制系统设计和优化。通过工业控制仿真，企业可以预测控制系统的性能，确保其在物理世界中的稳定运行。

（3）数据采集和传输技术　数据采集和传输技术是实现数字孪生的基础。在智能制造领域，数据采集和传输技术主要包括传感器技术、通信技术和数据处理技术等。

1）传感器技术。传感器是数字孪生系统的重要组成部分，用于获取物理世界中的实时数据。通过部署各种传感器，企业可以实时监测生产过程中的各种参数和状态，为数字孪生系统提供丰富的数据源。

2）通信技术。通信技术用于将传感器采集的数据传输到数字孪生系统中。在智能制造领域，常用的通信技术包括有线通信和无线通信等。这些技术需要确保数据的实时性、可靠性和安全性。

3）数据处理技术。数据处理技术用于对采集到的数据进行处理和分析，以提取有用的信息。在数字孪生系统中，数据处理技术可以帮助企业从海量数据中提取有价值的信息，为决策提供支持。

（4）全生命周期数据管理技术　全生命周期数据管理技术是确保数字孪生系统持续运行的关键。在智能制造领域，全生命周期数据管理技术主要包括产品数据管理（PDM）、制造执行系统（MES）和企业资源计划（ERP）等。

1）产品数据管理（PDM）。PDM技术用于管理产品的设计、制造和使用过程中的所有数据。通过PDM，企业可以确保数据的完整性、一致性和可追溯性，为数字孪生系统提供准确的数据支持。

2）制造执行系统（MES）。MES技术用于监控和管理生产过程的执行。通过与PDM的集成，MES可以确保生产过程中的数据实时更新并与数字孪生系统保持同步。

3）企业资源计划（ERP）。ERP技术用于管理企业的各种资源，包括人力、物力、财力和信息等。通过ERP，企业可以优化资源配置、提高生产率并降低成本。在数字孪生系统中，ERP技术可以确保企业资源的有效利用和协调。

（5）VR/AR/MR数字化呈现技术　VR/AR/MR数字化呈现技术为数字孪生系统提供了一种直观的可视化工具。通过VR技术，企业可以在虚拟环境中模拟真实的生产场景和过程，使决策者能够更直观地了解生产状况和问题。此外，VR/AR/MR数字化呈现技术还可以用于员工培训、产品展示和营销等方面。

（6）高性能计算技术　高性能计算技术是实现数字孪生系统高效运行的基础。在智能制造领域，该技术负责处理大量的数据和信息，为数字孪生模型提供强大的计算能力。高性能计算技术可以确保数字孪生模型在实时性和准确性方面达到最优状态。

5.1.3　数字孪生的关键技术应用实践

知识点1　基于3DMax数字建模技术的应用实例

3DMax是一种计算机三维建模软件，广泛应用于数字孪生、影视、游戏、建筑等领域。本节应用实践将简要介绍3DMax软件的基本功能和建模流程，通过实践训练掌握建模技巧，以及其在设计和制作过程中的应用方法。

（1）3DMax建模环境的搭建与配置

1）下载和安装 3DMax 软件。
2）学习软件界面和常用工具的基本操作。
3）确保具备一台高性能的电脑，并了解所需硬件配置。
4）获取图纸或参考图片，明确建模的目标和要求。

(2) 建立基本形状

1）将图纸导入 3DMax 软件中，如图 5-1-8 所示。

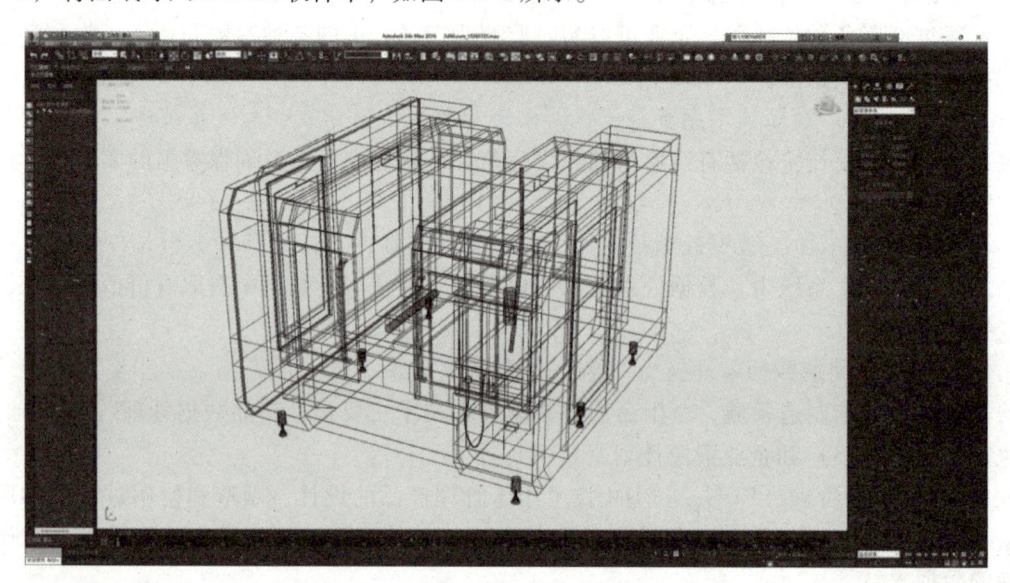

图 5-1-8　3DMax 软件中导入数控机床图纸

2）根据图纸的尺寸和比例进行设置。
3）根据图纸中的基本形状，使用 3DMax 软件中的基础建模工具进行建模。
4）根据需要，对基本形状进行调整和优化，使其更加符合实际需求，如图 5-1-9 所示。

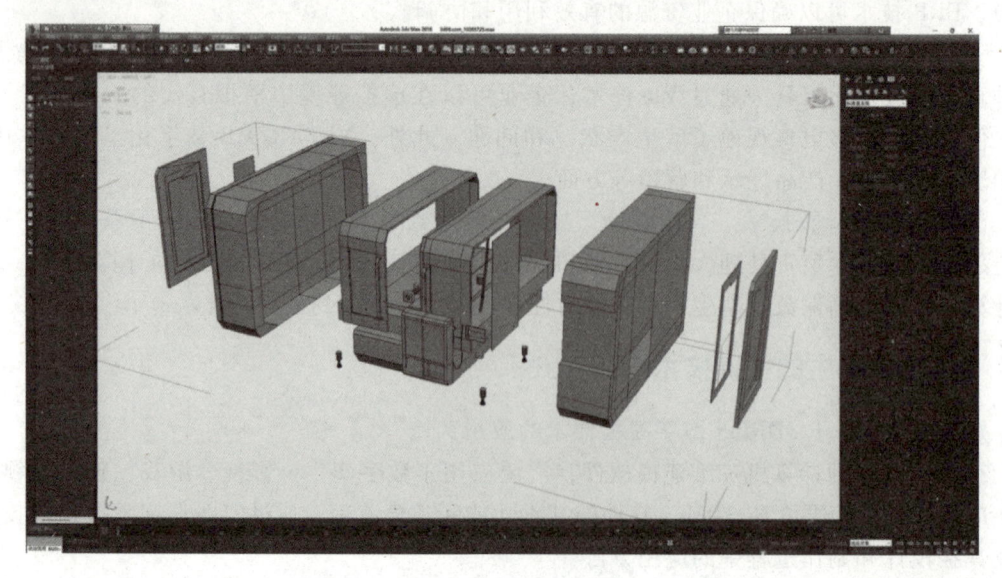

图 5-1-9　3DMax 软件中数控机床基础建模

(3) 细化模型

1) 使用 3DMax 中的细化建模工具对基本形状进行细节处理, 如建立、调整和组合各种边缘、角落, 以及弯曲的部分。

2) 根据图纸中的细节, 不断调整模型, 使其更加精确, 如图 5-1-10 所示。

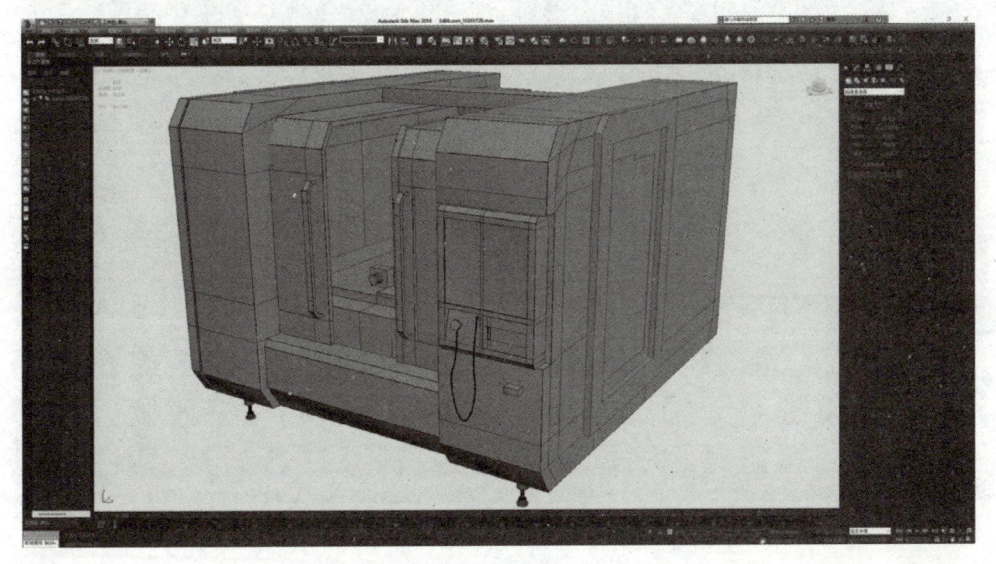

图 5-1-10 3DMax 软件中数控机床模型细化

(4) 添加纹理和材质

1) 选择合适的纹理和材质, 并将其应用到模型上。

2) 调整纹理和材质的属性, 使其更加逼真和贴合原图, 如图 5-1-11 所示。

(5) 导出和保存

1) 将模型导出为常见格式, 如 OBJ 或 FBX 文件, 以便在其他软件中使用。

2) 定期保存工程文件, 以防止意外情况导致数据丢失。

图 5-1-11 3DMax 软件中数控机床模型添加纹理和材质后的效果

知识点 2 基于 Unity 3D 交互引擎的仿真分析技术应用分析

Unity 3D 也称 Unity, 是由 Unity Technologies 公司开发的跨平台专业游戏引擎, 用户可以通过它轻松实现诸如数字孪生、建筑可视化、三维游戏等类型互动内容, 可用于创作、运营和变现任何实时互动的 2D 和 3D 内容, 支持平台包括手机、平板电脑、PC、游戏主机、增强现实和虚拟现实设备。

(1) Unity 建模环境的搭建与配置

1) 下载和安装 Unity 软件。

2) 学习软件界面和常用工具的基本操作。

3) 确保具备一台高性能的电脑, 并了解所需硬件配置。

4) 明确基于 Unity 交互引擎仿真分析技术的目标和要求。

（2）Unity 界面认知　Unity 默认编辑窗口如图 5-1-12 所示。

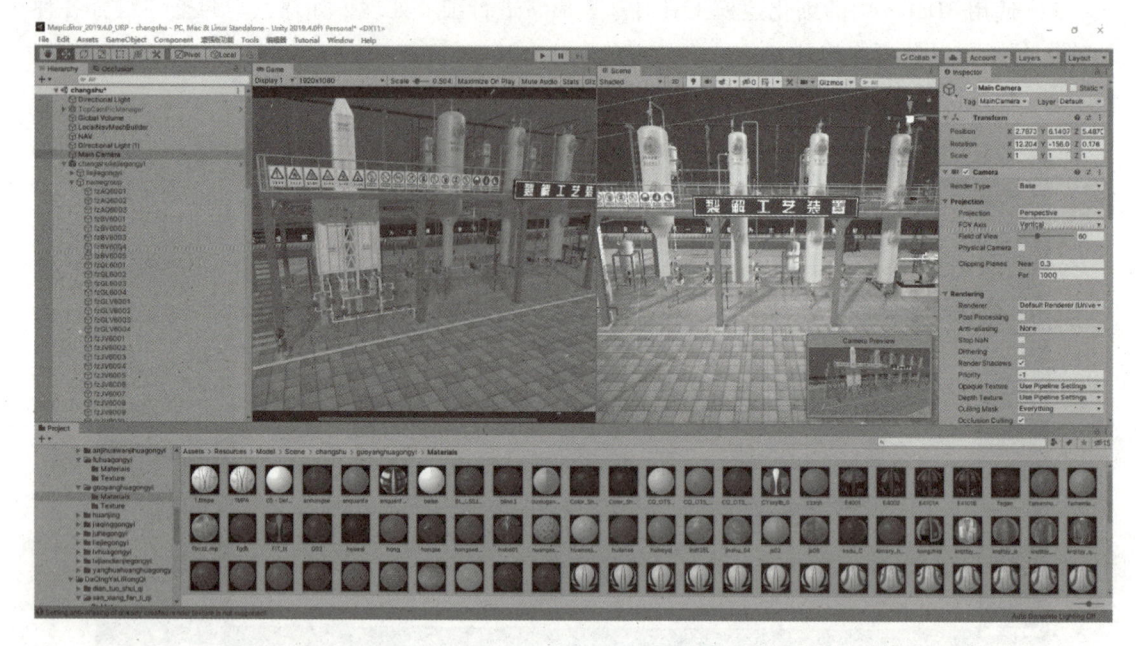

图 5-1-12　Unity 默认编辑窗口界面

1）工具栏提供最基本的工作功能。左侧包含用于操作 Scene 视图及其中孪生对象的基本工具。中间是播放、暂停和步进控制工具。右侧的按钮用于访问 Unity Collaborate、Unity 云服务和 Unity 账户，除此之外，还有层可见性菜单和 Editor 布局菜单。

2）Hierarchy 窗口是场景中每个孪生对象的分层文本表示形式。Scene 视图中的每一项都在 Hierarchy 窗口层级视图中有一个条目，因此这两个窗口本质上相互关联。层级视图显示了孪生对象之间相互连接的结构。

3）Game 视图通过场景摄像机模拟最终渲染的游戏的外观效果。单击 Play 按钮时，模拟开始。

4）Scene 视图可用于导航和编辑场景。

5）Inspector 窗口可用于查看和编辑当前所选孪生对象的所有属性。

6）Project 窗口显示可在项目中使用的资源库。

7）状态栏提供有关各种 Unity 进程的通知，以及对相关工具和设置的快速访问。

（3）UGUI（图形用户界面）系统认知

1）UGUI 图形基础控件如图 5-1-13 所示。

2）Button 组件的源码如图 5-1-14 所示。

（4）Unity 物理引擎简介　Unity 物理引擎主要组成如图 5-1-15 所示。

1）刚体（rigidbody）。刚体可以为孪生对象赋予物理特性，使孪生对象在物理系统的控制下受到推力和扭力的作用，从而实现现实世界的物理学现象，见表 5-1-2。

图 5-1-13　UGUI 图形基础控件

```
...public class Button : Selectable, IPointerClickHandler, ISubmitHandler
{
    ...public class ButtonClickedEvent : UnityEvent {}
    ...private ButtonClickedEvent m_OnClick = new ButtonClickedEvent();
    protected Button()...
    ...public ButtonClickedEvent onClick
    private void Press()...
    ...public virtual void OnPointerClick(PointerEventData eventData)...
    ...public virtual void OnSubmit(BaseEventData eventData)...
```

图 5-1-14　Button 组件的源码

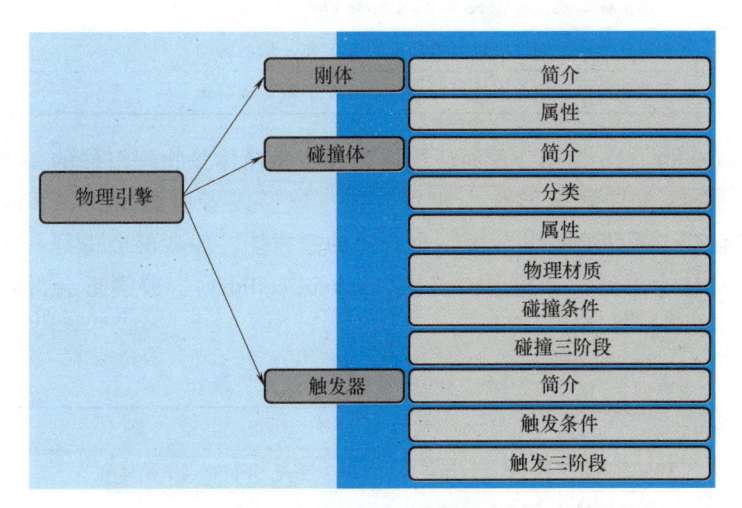

图 5-1-15　Unity 物理引擎

表 5-1-2　Unity 物理引擎-刚体属性

属性	功能
Mass	对象的质量(默认为 kg)
Drag	控制力移动对象时对象受到的空气阻力大小。0 表示没有空气阻力,无穷大则会使对象立即停止移动
Angular Drag	控制转矩旋转对象时对象受到的空气阻力大小。0 表示没有空气阻力。请注意,如果直接将对象的 Angular Drag 属性设置为无穷大,则无法使对象停止旋转
Use Gravity	如果启用此属性,则对象受重力影响
Kinematic	如果启用此选项,则对象不会被物理引擎驱动,只能通过变换(Transform)对其进行操作。对于移动平台,或者如果要动画化附加了 Hinge Joint 的刚体,此属性将非常有用
Interpolate	仅当在刚体运动中看到急动时才尝试使用的提供的选项之一
-None	不应用插值
-Interpolate	根据前一帧的变换来平滑变换
-Extrapolate	根据下一帧的估计变换来平滑变换
Collision Detection	用于防止快速移动的对象穿过其他对象而不检测碰撞
-Discrete	对场景中的所有其他碰撞体使用离散碰撞检测。其他碰撞体在测试碰撞时会使用离散碰撞检测。用于正常碰撞(即默认值)
-Continuous	对动态碰撞体(具有刚体)使用离散碰撞检测,并对静态碰撞体(没有刚体)使用基于扫掠的连续碰撞检测。设置为连续动态(continuous dynamic)的刚体将在测试与该刚体的碰撞时使用连续碰撞检测,其他刚体将使用离散碰撞检测。用于连续动态检测需要碰撞的对象。(此属性对物理性能有很大影响,如果没有快速对象的碰撞问题,请将其保留为 Discrete 设置)

(续)

属性	功能
-Continuous Dynamic	对设置为连续（continuous）和连续动态碰撞的对象使用基于扫掠的连续碰撞检测，还将对静态碰撞体（没有刚体）使用连续碰撞检测。对于所有其他碰撞体，使用离散碰撞检测。用于快速移动的对象
-Continuous Speculative	对刚体和碰撞体使用推测性连续碰撞检测。这也是可以设置运动物体的唯一 CCD 模式。该方法通常比基于扫掠的连续碰撞检测的成本更低
Constraints	限制刚体运动，包括 Freeze Position 和 Freeze Rotation
-Freeze Position	有选择地停止刚体沿世界坐标系的 X、Y 和 Z 轴的移动
-Freeze Rotation	有选择地停止刚体围绕局部坐标系的 X、Y 和 Z 轴旋转

2）碰撞体（collider）。表 5-1-3 为碰撞体属性，碰撞体是物理组件的一类，与刚体一起促使碰撞发生。碰撞体是简单形状，如立方体、球形或者胶囊形，在 Unity 中每当一个 Game Objects 被创建，系统会自动分配一个合适的碰撞体。如盒形会得到一个立方体碰撞体（box collider），球体会得到一个球形碰撞体（sphere collider），胶囊形会得到一个胶囊形碰撞体（capsule collider）等。

表 5-1-3　Unity 物理引擎碰撞体属性

属性	功能
Is Trigger	如果启用此属性，则该碰撞体将用于触发事件，并被物理引擎忽略
Material	设置物理材质，可确定该碰撞体与其他对象的交互方式
Center	碰撞体在对象局部坐标系中的位置
Size	碰撞体在 X、Y、Z 方向上的大小

3）触发器（trigger）。在 Unity 中，检测碰撞发生的方式有两种，包括利用碰撞体和利用触发器，如图 5-1-16 所示。

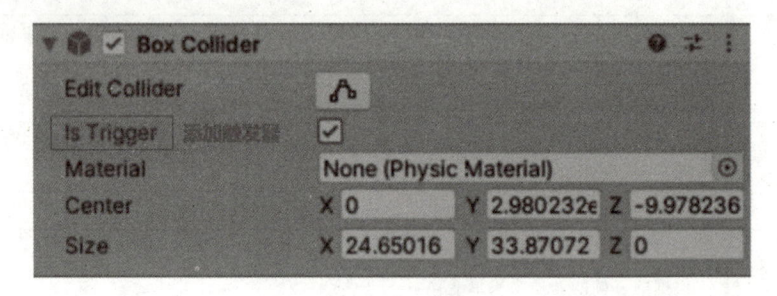

图 5-1-16　立方体碰撞体属性设置

4）恒定力（constant force）。恒定力可用于快速向刚体添加恒定力。见表 5-1-4，恒定力适用于不希望某些一次性对象以较大的速度开始而是逐渐加速的对象，如火箭等。

5）角色控制器（Character Controller）。在 Unity 3D 中，可以通过角色控制器来控制角色的移动。角色控制器允许在受制于碰撞的情况下发生移动，而不用处理刚体。见表 5-1-5，角色控制器不会受到力的影响，在制作过程中，开发者可在任务模型上添加角色控制器组件进行模型的模拟运动。

表 5-1-4　Unity 物理引擎-恒定力属性

属性	功能
Force	在世界坐标系中设置三维矢量力
Relative Force	在对象的局部坐标系中设置三维矢量力
Torque	在世界坐标系中设置三维矢量转矩。对象将开始围绕此矢量旋转。矢量越大,旋转越快
Relative Torque	在局部坐标系中设置三维矢量转矩。对象将开始围绕此矢量旋转。矢量越大,旋转越快

表 5-1-5　Unity 物理引擎-角色控制器属性

属性	功能
Slope Limit	限制碰撞体爬坡的斜率不超过指示值(以°为单位)
Step Offset	仅当角色比指示值更接近地面时,角色才会升高一个台阶。该值不应该大于角色控制器的高度,否则会产生错误
Skin Width	两个碰撞体可以穿透彼此且穿透深度最多为皮肤厚度(skin width)。较大的皮肤厚度可减少抖动。较小的皮肤厚度可能导致角色卡住。通常将此值设为半径的10%
Min Move Distance	如果角色试图移动到指示值以下,则无法移动。此设置可以用来减少抖动,在大多数情况下,此值应为 0
Center	此设置将使胶囊形碰撞体在世界坐标系中偏移,并且不会影响角色的枢转方式
Radius	胶囊形碰撞体的半径长度
Height	角色的胶囊形碰撞体高度。更改此设置将沿 Y 轴在正方向和负方向缩放碰撞体

6)关节(Joint)。见表 5-1-6,在 Unity 中,物理引擎内置的关节组件能够使孪生对象模拟具有关节形式的连带运动。

关节对象可以添加至多个孪生对象中,添加了关节的孪生对象将通过关节连接在一起并具有连带的物理效果。需要注意的是,关节组件的使用必须依赖刚体组件。

表 5-1-6　Unity 物理引擎-关节属性

属性	功能
Character Joint	模拟球窝关节(例如臀部或肩膀),沿所有线性自由度约束刚体移动,并能够实现所有角度自由度。连接到角色关节的刚体围绕每个轴进行定向并从共享原点开始转动
Configurable Joint	模拟任何骨骼关节(例如布娃娃中的关节),可以配置此关节以任何自由度驱动和限制刚体的移动
Fixed Joint	限制刚体的移动以跟随所连接到的刚体的移动。对于可以轻松相互分离的刚体,或者连接两个刚体的移动而无须在 Transform 层级视图中进行父级化时,可以采用这种关节
Hinge Joint	在一个共享原点将一个刚体连接到另一个刚体或空间中的一个点,并允许刚体从该原点绕特定轴旋转,用于模拟门和手指关节
Spring Joint	模拟弹簧的连接效果

7)摩擦力、重力、碰撞等物理效果根据实际情况添加,如图 5-1-17 所示,加载仿真过程,设置各组件材质及相对摩擦系数控制摩擦力。

知识点 3　数据采集和传输技术应用分析

数字孪生技术在智能制造领域的应用日益广泛,数据采集和传输的重要性不言而喻。高精度传感器数据的采集和快速传输是整个数字孪生系统的基础,以便在数字孪生系统中进行

图 5-1-17 Unity 场景中模型增加摩擦力、重力、碰撞效果

分析、模拟和预测，从而实现精准化的交互、映射和优化。

（1）数据采集的作用

1）数据同步。通过采集现实世界中的数据，可以将数字孪生系统与真实世界保持同步。这样数字孪生系统中的模型和数据能够准确反映现实情况，从而提供准确的模拟和预测结果。

2）数据分析。采集的数据可以用于数字孪生系统中的数据分析。通过对采集的数据进行处理和分析，可以提取出有价值的信息和模式，帮助用户理解现实世界中的运行情况，并做出相应的决策，如图 5-1-18 所示。

3）模型验证。采集的数据可以用于验证数字孪生系统中的模型的准确性和有效性。将采集的数据与数字孪生系统中的模拟结果进行比对，可以评估模型的可靠性，并进行模型的修正和优化。

4）预测和优化。如图 5-1-19 所示，通过采集的数据，可以对现实世界中的运行情况进行实时监测和预测。数字孪生系统可以利用采集的数据进行模拟和预测，帮助用户预测未来的情况，并进行优化和调整，以提高系统的效率和性能。

图 5-1-18 数据采集、处理及可视化方案图

（2）数据采集的方式

1）数据库连接。数字孪生系统可以直接连接数据库，通过 SQL 查询语句从数据库中提取数据。此种方式适用于数据源是数据库的情况，可以实时获取最新的数据。

2）API 接口。如果数据源提供了 API 接口，可视化大屏可以通过调用 API 接口来获取数据。API 接口可以返回特定格式的数据，如 JSON 或 XML，数字孪生系统可以解析并展示这些数据。

3）文件导入。如果数据是以文件的形式存在，数字孪生系统可以通过文件导入的方式将数据导入到系统中。这种方式适用于定期更新的数据，可以通过定时任务或手动上传文件来更新数据。

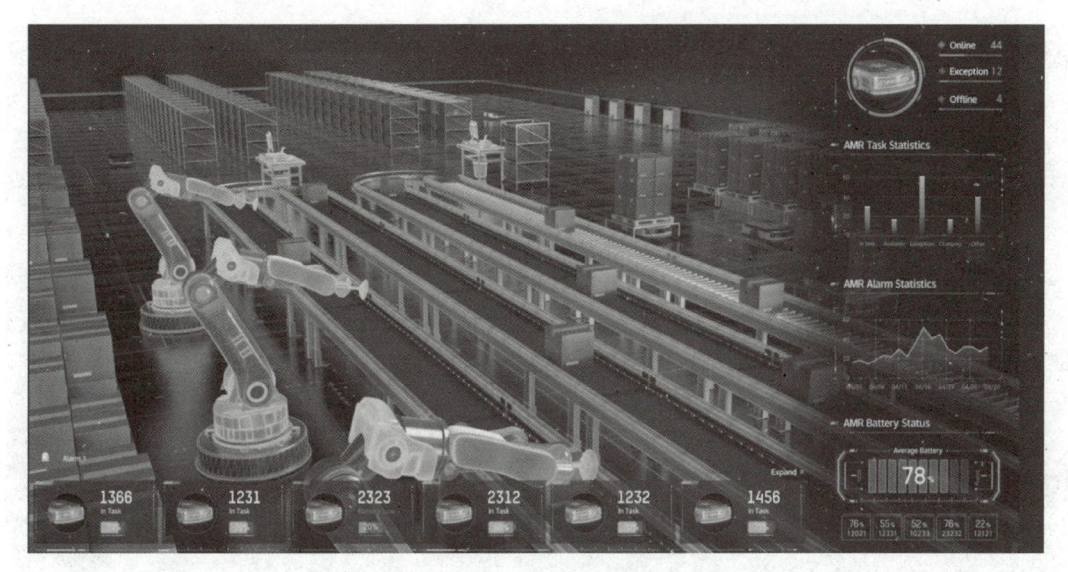

图 5-1-19　某产线数字孪生数据可视化界面

4）实时数据流。对于需要实时监控的数据，数字孪生系统可以通过实时数据流的方式获取数据，如使用消息队列或流式处理平台来接收实时数据，并将其传输到数字孪生系统中。

5）网络爬虫。对于需要从网页或其他在线资源中获取数据的情况，数字孪生系统可以使用网络爬虫技术来抓取数据，爬虫可以模拟浏览器行为，从网页中提取所需的数据。

6）人工录入。对于一些非结构化或手动记录的数据，例如调查问卷、纸质表格等，数字孪生系统可以通过人工录入的方式，手动输入或者扫描文档进行识别和录入系统。

7）射频技术。射频技术包括条码、二维码、RFID 等。数字孪生系统可以通过扫描条码或二维码的方式，或者通过 RFID 读取设备标签上的信息来获取数据。这种方式适用于需要对物品进行追踪和监控的场景，如库存管理、物流追踪等。

8）传感器与网关。传感器是用于感知和测量环境参数的设备，如温度、湿度、压力、光照等。传感器可以将感知到的数据转换为电信号，并通过接口将数据传输给网关或其他设备。数字孪生系统可以通过连接传感器实时获取环境参数，如图 5-1-20 所示。

（3）数据传输的作用

1）数据采集。数据传输首先涉及从实际系统中采集数据。这可以通过传感器、监测设备、控制器等实时采集实际系统的各种参数、状态和性能指标等数据。数据采集的质量和准确性对于数字孪生模型的可靠性和精度至关重要。

2）数据传输。采集到的数据需要通过网络或其他通信手段传输到数字孪生模型中，可采用本地网络、云平台、物联网等不同的传输方式。数据传输的速度、稳定性和安全性等方面需要根据数字孪生的具体需求进行考虑和设计。

3）数据更新。数据传输到数字孪生模型后将被用于更新模型的状态和参数。数据更新可以通过模型的算法和规则进行，以确保模型与实际系统保持同步。数据更新的频率和实时性需要根据实际系统的特性和数字孪生模型的要求进行调整。

4）数据分析和预测。传输到数字孪生模型中的数据可以用于进行数据分析和预测。通

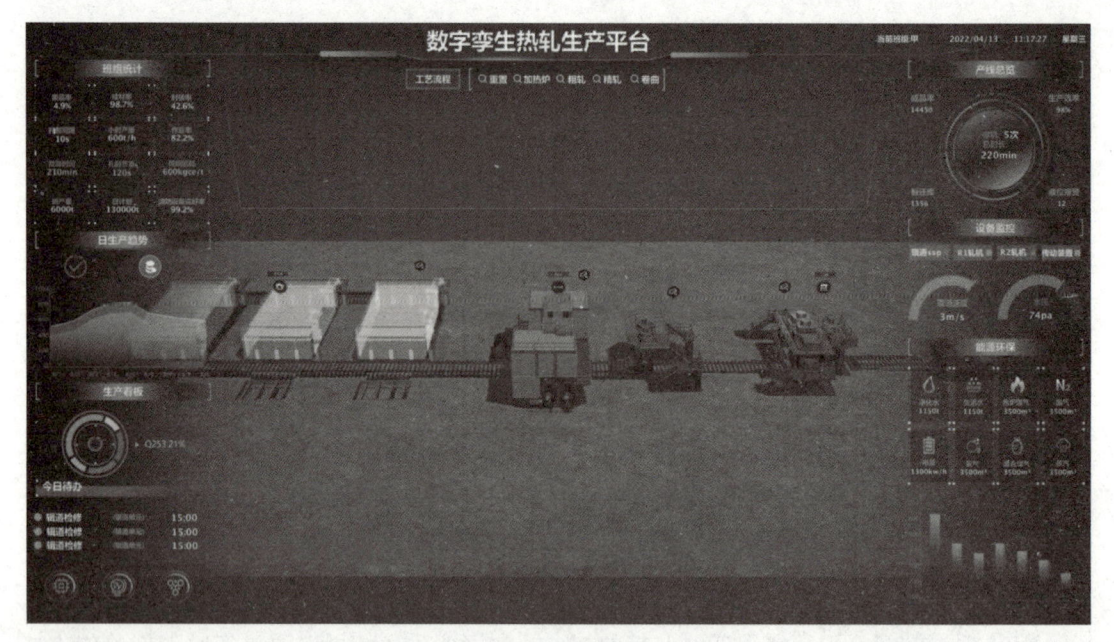

图 5-1-20　基于传感器与网关方式进行数据采集的产线数字孪生系统

过对数据的分析和挖掘，可以发现潜在的问题、优化机制和改进策略。数据传输的及时性和准确性对于数据分析和预测的可靠性和准确性起着重要的作用。

(4) 数据传输的方式

1) 本地传输。数据采集设备和大屏之间通过本地网络进行数据传输。可以使用局域网（LAN）或无线局域网（WLAN）等方式实现数据传输。

2) 云端传输。如图 5-1-21 所示，数据采集设备将采集到的数据上传到云平台，系统通过访问云平台获取数据进行展示，可实现远程数据传输和集中管理。数据采集设备通过 API 接口将数据传输给数字孪生系统。API 接口既可以是标准化的接口，也可以是根据具体需求自定义的接口。

3) 数据库同步。数据采集设备将数据存储在数据库中，系统通过访问数据库获取数据进行展示。可以使用关系型数据库（如 MySQL、SQL Server）或非关系型数据库（如 MongoDB、Redis）等进行数据存储和同步。

4) 消息队列。数据采集设备将数据发送到消息队列中，系统通过订阅消息队列获取数据进行展示。消息队列可以使用开源软件（如 RabbitMQ、Apache Kafka）或云服务（如 AWS SQS、Azure Service Bus）实现。

(5) 数据传输的步骤

1) 数据准备。发送方准备要传输的数据，包括从数据源中读取数据、进行数据处理和编码等操作，以便将数据转换为适合传输的格式。

2) 数据封装。发送方将准备好的数据封装成数据包或数据帧。数据包通常包括数据的标识信息（如源地址、目的地址、序列号等）和实际的数据内容。

3) 数据传输。封装好的数据包通过通信介质（如网络、电缆、无线信道等）进行传输。数据传输可以通过物理层、数据链路层、网络层等网络协议实现。

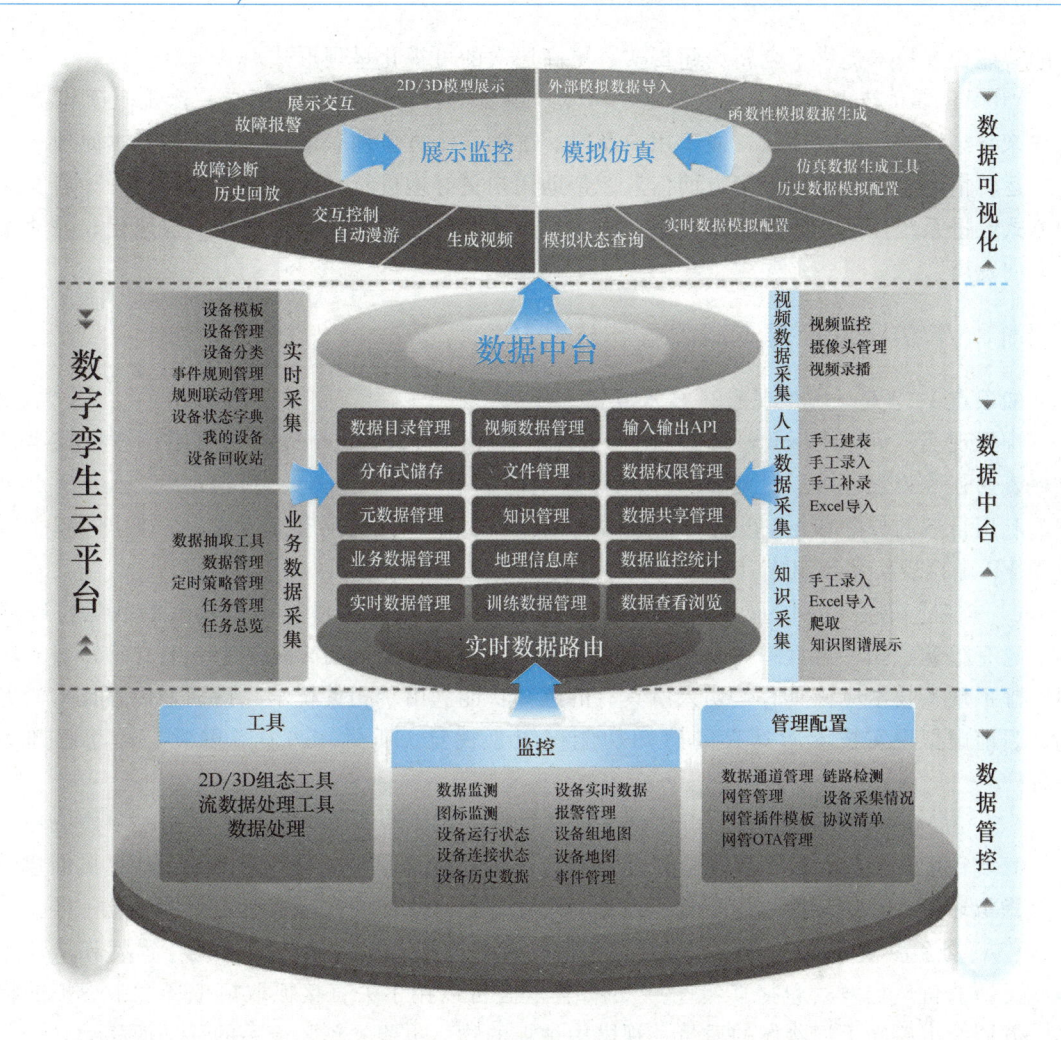

图 5-1-21 数据采集设备云平台

4)**数据接收**。接收方接收到传输过来的数据包。接收方会检查数据包的完整性和正确性,如校验数据包或进行解码操作。

5)**数据解封**。接收方将接收到的数据包进行解封,提取出实际的数据内容。解封操作可能包括解码、解压缩等处理。

6)**数据处理**。接收方对解封后的数据进行处理,包括数据的存储、分析、展示等操作,根据具体的应用需求进行相应的处理。

5.2 VR/AR/MR 技术概述

基于数字孪生的智能系统构建了物理实体的高实拟性虚拟模型,提供了海量逼真的虚拟场景、模型、数据来源,还具备高实时性和可靠的数据传输手段,从而定义了智能系统的新范式及新应用。VR/AR/MR 技术及智能硬件则依靠三维注册技术、虚实融合显示技术与新

197

兴的智能交互技术提供了全新、超现实、更高层次的可视化呈现形式。

VR/AR/MR 技术为用户提供视觉、听觉、触觉等多感官的交互感受，产生真实世界中无法亲身经历的沉浸式体验，便于用户及时、准确、全方位地获取目标系统的基本原理与构造、运转情况、变化趋势等多方面信息，帮助用户更好地进行系统决策，最终以一种启发式的方式改进系统性能，激发创造灵感，将各类应用往更加智能化、个性化、快速化、灵活化的方向发展。

5.2.1 VR/AR/MR 基本概念

知识点 1　VR（虚拟现实）技术概述

虚拟现实（virtual reality，VR）于 1989 年由美国的 J. Lanier 提出，使用计算机技术生成逼真的三维视觉、听觉、触觉或嗅觉等感觉的虚拟世界，让体验者可以从自己的视点出发，利用自然的技能和 VR 设备对生成的虚拟世界客体进行浏览和交互考察。如图 5-2-1 所示为 VR 虚拟现实系统组成（以 Oculus 为例），其典型特征如下：

（1）多感知性（multi-sensory）　多感知是指除了一般计算机技术所具有的视觉感知之外，还有听觉感知、力觉感知、触觉感知、运动感知，甚至包括味觉感知、嗅觉感知等。理想的虚拟现实技术应该具有一切人所具有的感知功能。由于相关技术，特别是传感技术的限制，目前虚拟现实技术所具有的感知功能仅限于视觉、听觉、力觉、触觉、运动感知等几种。

（2）沉浸感（immersion）　沉浸感又称临场感，指体验者感到作为主角存在于模拟环境中的真实程度。理想的模拟环境应该使体验者难以分辨真假，全身心地投入到计算机创建的三维虚拟环境中，该环境中的听觉、视觉、嗅觉等感官均如同在现实世界中的感觉一样。

（3）交互性（interactivity）　交互性指体验者对模拟环境内物体的可操作程度和从环境得到反馈的自然程度（包括真实性）。例如体验者可以用手去直接抓取模拟环境中虚拟的物体，并同时可感知手握物体的质量，视野中被抓的物体也能立刻随着手的移动而移动。

（4）构想性（imagination）　构想性强调虚拟现实技术应具有广阔的可想象空间，可拓

图 5-2-1　VR 虚拟现实系统组成（以 Oculus 为例）

宽人类认知范围，不仅可再现真实存在的环境，也可以随意构想客观不存在的甚至是不可能存在的环境。

知识点 2　AR（增强现实）技术概述

增强现实（augmented reality，AR）能有效地将虚拟场景和现实世界中的场景融合起来并对现实世界中的场景进行增强，进而将其通过显示器、投影仪、可穿戴头盔等工具呈现给体验者，完成物理、虚拟世界的实时交互，有效提升体验者对现实世界的感知和信息交流。

增强现实要求真实环境和虚拟环境能够实时交互、有机融合，并且能在现实世界中精准呈现虚拟物体，这与数字孪生技术中物理实体与镜像模型互联互通、虚实融合、以虚控实的特点高度契合，因而AR被广泛应用于数字孪生中。

增强现实的"增强"包含三个重要因素：

1）现实世界与虚拟世界双方信息都可被利用。
2）上述信息可被实时且交互利用。
3）虚拟信息以三维的形式对应现实世界。

知识点 3　MR（混合现实）技术概述

混合现实（mixed reality，MR）是增强现实技术的进一步发展，该技术通过在虚拟环境中引入现实场景信息，在虚拟世界、现实世界和体验者之间搭起一个交互反馈的信息回路，以增强体验的真实感。MR的主要特点在于空间扫描定位与实时运行的能力，它可以将虚拟对象合并在真实的空间中，并实现精准定位，从而实现一个虚实融合的可视化环境。

MR是由数字世界和物理世界融合而成，这两个世界共同定义了虚拟连续体频谱的两个极端。

如图5-2-2所示，左侧定义为物理现实，右侧定义为数字现实，在物理世界中叠加图形、视频流或全息影像的体验称为增强现实。遮挡视线以呈现全沉浸式数字体验的体验是虚拟现实。在现实环境和虚拟现实之间实现的体验形成了"混合现实"，混合现实包括增强现实和增强虚拟，指的是合并现实和虚拟世界而产生的新的可视化环境。通过它可以：

1）在物理世界中放置一个数字对象（如全息影像），就如同它真实存在一样。
2）在物理世界中以个人的数字形式（虚拟形象）出现，以在不同的时间点与他人异步协作。
3）在虚拟现实中，物理边界（如墙壁和家具）以数字形式出现在体验中，帮助用户避开物理障碍物。

图 5-2-2　混合现实技术结构图

5.2.2　VR/AR/MR 关键显示技术

VR/AR/MR 关键显示技术主要包括：

（1）动态环境建模技术　虚拟环境的建立是 VR 系统的核心内容，其目的就是获取实际环境的三维数据，并根据应用的需要建立相应的虚拟环境模型。

（2）立体显示和传感器技术　虚拟现实的交互能力依赖于立体显示和传感器技术的发展，现有的设备不能满足需要，力学和触觉传感装置的研究也有待进一步深入，虚拟现实设备的跟踪精度和跟踪范围也有待提高。

（3）系统集成技术　VR 系统中包括大量的感知信息和模型，因此系统集成技术起着至关重要的作用，集成技术包括信息的同步技术、模型的标定技术、数据转换技术、数据管理模型、识别与合成技术等。

（4）计算机视觉技术　计算机视觉是使用计算机及相关设备对生物视觉的一种模拟，是人工智能领域的一个重要部分。计算机视觉是以图像处理技术、信号处理技术、概率统计分析、计算几何、神经网络、机器学习理论和计算机信息处理技术等为基础，通过计算机分析与处理视觉信息。

5.2.3　VR/AR/MR 在智能制造领域的应用趋势

在智能制造领域，VR/AR/MR 的应用趋势主要包括：

（1）虚拟现实技术在产品设计中的应用　虚拟现实技术可以创建一个虚拟的产品设计环境，帮助企业进行产品设计和评估。可通过 VR 头盔模拟产品的外观、功能和性能，并与团队成员进行实时协作和反馈。这种技术可以加快产品开发的速度，减少原型制作的成本，提高产品的质量和用户体验。

（2）虚拟现实技术在装配操作中的应用　虚拟现实技术可以将装配指导和操作提示叠加在真实的装配件上，协助进行装配操作。可通过 AR 眼镜获取装配件的位置、装配顺序和装配方法，并实时检查装配结果的正确性。这种技术可以提高装配的准确性和速度，降低装配错误和返工的可能性。

（3）增强现实/混合现实技术在质量检测中的应用　增强现实/混合现实技术可以将质量检测标准和要求叠加在真实的产品上，协助进行质量检测和判定。可通过 AR 眼镜获取产品的检测标准、缺陷描述和判定结果，并实时记录和反馈检测数据。这种技术可以提高质量检测的准确性和效率，降低产品缺陷率和客户投诉次数。

（4）虚拟现实技术在生产线优化中的应用　虚拟现实技术可以创建一个虚拟的生产线环境，帮助企业进行生产线优化。可通过 VR 头盔模拟操作真实的设备，检查生产线的安全性、效率和质量。通过虚拟现实技术，企业可以快速识别和解决潜在的问题，提高生产线的效率和质量。

（5）增强现实/混合现实技术在设备维护中的应用　增强现实/混合现实技术可以将虚拟信息叠加在真实的设备上，协助进行设备维护和故障排除。可通过 AR 眼镜获取设备的实时数据、维护手册和操作指导，以及设备故障诊断和修复的提示。这种技术可以提高设备的可靠性和维护效率，降低设备停机时间和维修成本。

5.3 智能产线数字孪生实训

本节简要介绍数字孪生技术在智能产线上的应用及智能产线数字孪生系统构建的关键技术。以智能产线数字孪生虚拟调试软件为支撑平台，通过某底座零件智能产线加工实例，介绍利用数字孪生技术实现智能产线虚拟调试的过程及方法。

5.3.1 数字孪生技术在智能产线上的应用

从产品全生命周期的角度出发，数字孪生技术在智能产线上的应用主要包括智能产线仿真设计和虚拟调试、实时监控和生产调度、故障预测和健康管理等方面。

知识点1 智能产线仿真设计和虚拟调试

在智能产线规划与设计阶段，数字孪生技术可以针对智能产线设备、产品及生产过程进行仿真设计和虚拟调试，以便获得最佳设备利用率和产品质量，能够缩短产品研发周期，降低研发成本，推动产品与生产流程不断优化。

对于智能产线设备，数字孪生技术能够构建描述其三维尺寸、位置、结构、装配关系及约束的几何模型与运动行为模型，支持对不同控制策略、参数配置、控制代码下的生产要素运动过程模拟，如机械臂控制逻辑验证与优化、机床加工精度仿真、机床进给驱动系统定位精度仿真、刀具加工路径与G代码仿真等。

对于智能产线产品，数字孪生技术能够构建其几何模型、物理参数模型及运动模型等，从而代替物理样机对产品性能进行仿真和测试，如预测产品在制造等阶段对环境的影响、仿真产品部件在加工过程中的三维动态演化过程、基于三维视觉实现工业产品设计，以及在概念设计、设计验证以及生产阶段对产品零部件进行多维仿真分析与优化等，大幅降低产品研发成本。

对于智能产线生产工艺流程，数字孪生技术能够构建各生产要素的逻辑模型，进而为产线设备布局优化、物流优化、产线平衡等提供支持。

知识点2 智能产线实时监控和生产调度

在智能产线生产运行阶段，数字孪生技术可以实现智能产线生产过程可视化，实时监控和更新智能产线的运行数据，如设备运行状态、产品质量、物料消耗及环境数据等，便于生产管理人员更加直观地了解产线生产状态，进而更好地实施生产管理和决策。通过数字孪生技术，还可以实现产线的远程管理，减少现场人员的劳动强度，提高管理效率和安全性。

利用数字孪生技术，可以对生产过程进行精确模拟和预测，从而更准确地制定生产计划和调度方案。基于对产线工艺参数和操作流程的模拟和优化，实现生产过程参数选择决策、设备动态调度、工艺优化、管理与优化，进而提高生产率和资源利用率、降低能耗与成本。通过实时监测和分析生产过程中的各项数据，数字孪生技术可以帮助企业实现更精确的质量控制，确保产品的质量和一致性。

知识点3 智能产线故障预测和健康管理

通过对物理产线的实时监控与模拟，收集并分析产线中海量的生产运行数据，基于工业大数据、云计算、机器学习等技术，数字孪生技术能够预测智能产线可能出现的问题，并提前进行优化，一旦发现异常，可以及时预警，避免生产事故发生。还可以通过数字孪生技术对产线设备运行进行实时监控和状态预警，预测设备的维护需求，制定预防性维护计划，降低设备故障率，提高生产率，进而对智能产线进行全生命周期管理，实现资产效益最大化。

5.3.2 智能产线数字孪生关键技术

智能产线数字孪生系统包含物理产线、虚拟产线、实虚产线信息交互等关键组成部分，耦合了众多技术及其集成开发平台。以智能产线数字孪生系统为研究对象，介绍虚拟产线构建、实虚产线交互、产线虚拟调试、智能服务应用等技术，以便学生了解数字孪生系统的一般构建过程及关键技术。

知识点1　虚拟产线构建技术

虚拟产线是对物理产线进行数字化映射得到的，其构建的一般过程为：

（1）建立设备三维模型库　通过对物理产线进行现场勘测，提取智能制造设备尺寸、结构、材质等参数，根据设备运动特点，以零部件为单元，在三维建模软件（如3DMax）中进行模型构建与虚拟装配。同时采集设备纹理图片，利用图像处理软件（如Photoshop等）进行处理，并对设备模型表面贴图和渲染，真实还原各类设备的几何特征和外观形貌。根据需要，对物理产线中各类智能设备进行建模，形成设备三维模型库。

（2）虚拟产线场景布局　将设备三维模型导入虚拟引擎（如Unity 3D、UE5等）中，根据物理设备实际特点，对相应的三维模型添加碰撞体、摩擦、阻力、重力等物理属性，使其具备实际设备的一般物理属性。在统一坐标系下，对虚拟产线进行空间布局，得到与物理产线相对应的虚拟产线三维场景。

（3）虚拟产线模型动作预定义　物理产线的设备包括静态对象（如货架、立体仓库等）和运动对象（如加工设备、传送带、机器人、AGV等），对于各类运动对象，应根据物理设备的运动特征，对相应的三维模型进行动作预定义，如对于数控机床，应预定义开门、关门等模型动作；对于机器人，应预定义各关节转动动作。通过预定义模型三维动作，使虚拟产线设备能够模拟物理产线设备的运动效果。

（4）模型动作驱动设置　在虚拟引擎中编写脚本程序，实现对虚拟产线中预定义模型动作的控制，如设定旋转方向、速度后，传送带模型便可根据设定参数运动；设定各关节轴参数后，机器人模型便可执行相应动作。在虚拟引擎中设置运动状态变量，用来接收来自物理产线或通过虚拟仿真得到的实时数据，将运动状态变量与相应的模型动作进行关联和绑定，便可实现实时数据对模型动作的触发和驱动。例如，接入传送带旋转方向和速度的实时数据后，虚拟引擎中相应的运动状态变量发生改变，进而控制传送带三维模型按实际的旋转方向和速度运动；又如，机床的开门、关门及加工事件，均会产生相应的实时数据，影响和改变虚拟引擎中运动状态变量，进而触发机床三维模型执行相应动作。

知识点2　实虚产线交互技术

数字孪生的核心在于实现物理世界和虚拟世界的双向映射，这就要求物理系统与虚拟系统能够进行实时交互，实时交互的纽带即物理系统生产运行产生的各类数据。对于智能产线数字孪生系统而言，虚拟产线需要具备获取物理产线各类状态数据的能力，而物理产线则需要具备获取虚拟产线指令数据并执行指令的能力。根据数字孪生系统的功能需求，确定应采集的数据，进行数据采集。

物理产线与虚拟产线的交互模型如图 5-3-1 所示，主要包括物理产线、虚拟产线、中间服务器、数据服务器和工业以太网等要素。其中，中间服务器的作用是对物理产线设备进行统一管理，以实现物理产线的数据采集和设备控制，典型的中间服务器有 OPC UA 服务器。数据服务器的作用是存储物理产线生产运行产生的实时数据，实现虚拟产线和物理产线之间的通信。

利用上述模型可实现物理产线与虚拟产线的双向数据交互，交互流程如下：

（1）物理产线到虚拟产线的数据流　物理产线到虚拟产线的数据流是由物理产线实时运行数据驱动的。通过中间服务器对物理产线现场信息进行采集，当有数据更新时，中间服务器将更新后的最新信息写入到数据服务器中，并通知虚拟产线，虚拟产线调用接口主动向数据服务器请求状态信息数据，并根据更新的数据，驱动虚拟产线三维模型执行相应动作，以实现对物理产线生产过程的同步显示与跟踪。此外，还可利用实时更新的数据和人工智能算法，对各项生产参数进行仿真分析或预测。

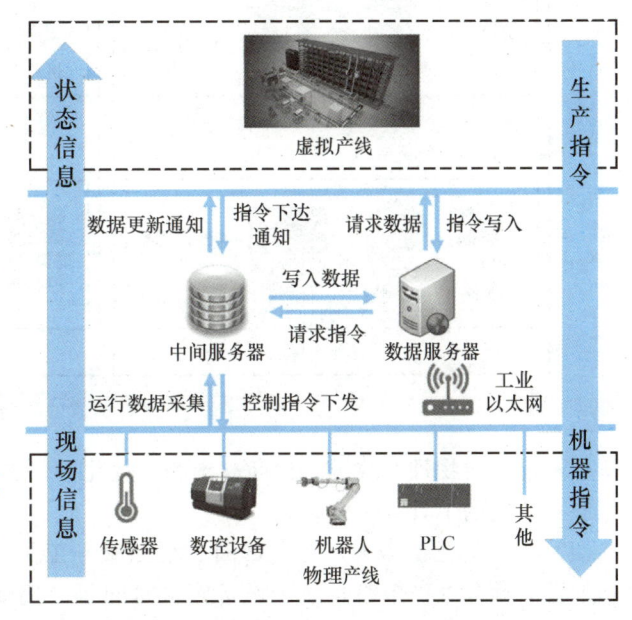

图 5-3-1　物理产线与虚拟产线的交互模型

（2）虚拟产线到物理产线的数据流　虚拟产线到物理产线的数据流是由虚拟产线下达的指令数据驱动的，用来实现对物理产线的精准调控。通过调用虚拟产线接口，将利用人工智能等算法计算，并经过人工确认的生产控制指令写入数据服务器，同时通知中间服务器，中间服务器主动向数据服务器请求指令数据，对数据进行解析并将指令下发给物理产线的加工设备，设备将指令数据解析成机器指令后执行。

知识点3　产线虚拟调试技术

虚拟调试能够在物理产线制造、安装之前，利用虚拟产线对制造过程及效果进行虚拟验证，可大幅缩短物理产线调试时间，加速产品投放市场，是数字孪生系统的一项重要应用。

产线虚拟调试的两种形式如图 5-3-2 所示。一种是将虚拟产线与物理产线中实际的 PLC 控制器、机器人控制器、数控机床控制器等连接，称为硬件在环；另一种是将虚拟产线与虚拟 PLC 控制器、机器人仿真系统、数控机床仿真系统等连接，称为软件在环。两种方式均通过编写 PLC 程序及机器人、数控机床等智能设备的控制程序，控制虚拟产线运行，实现对智能产线整体控制逻辑、数控机床代码、机器人运动路径、碰撞及可达性等的验证、仿真与优化。

知识点4　智能服务应用技术

基于物理产线生产运行产生的海量数据，利用大数据、机器学习、人工智能等技术，数

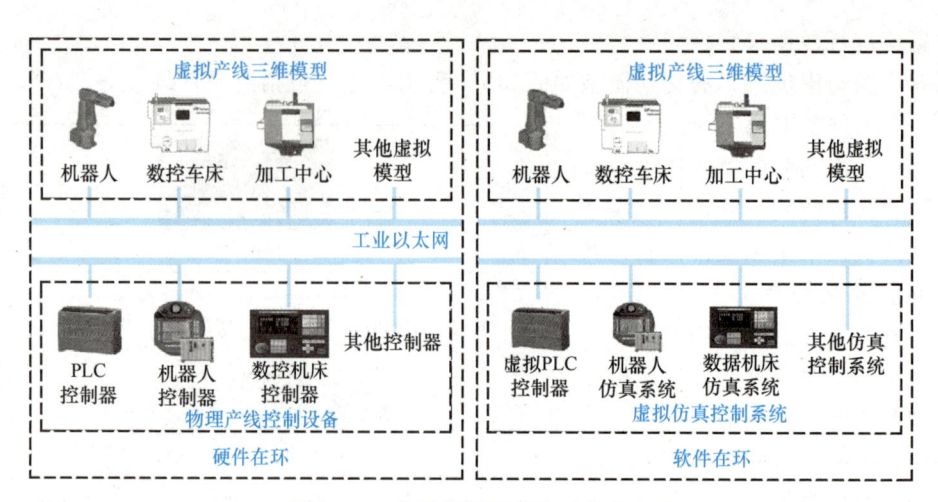

图 5-3-2 产线虚拟调试的两种形式

字孪生系统可对物理产线进行诊断和预测、优化、仿真等智能服务。以下介绍几种用于数字孪生服务应用的工具。

（1）诊断和预测服务工具 诊断和预测服务工具可以通过分析和处理孪生数据来提供设备的智能预测维护策略并减少设备停机时间等。例如，ANSYS 仿真平台可以帮助用户自己设计与 IoT 连接的资产，并分析这些智能设备产生的运营数据和设计数据，以进行故障排除和预测性维护。与数据驱动的方法（机器学习、深度学习、神经网络和系统识别等）集成后，MATLAB 可用于确定剩余使用寿命，从而在最合适的时间为设备提供服务或更换设备。

（2）优化服务工具 使用传感器数据、能源成本或性能之类的孪生数据可以触发优化服务工具，以运行数百或数千个假设分析，对当前系统的准备情况进行评估或进行必要的调整。这使系统操作可以在操作过程中得到优化或控制，从而降低风险、降低成本和能耗并提高系统效率。例如，西门子的 Plant Simulation 软件可以优化生产线调度和工厂布局。

（3）仿真服务工具 先进的仿真工具不仅可以执行诊断并确定维护的最佳收益，而且还可以捕获信息以完善下一代设计。例如，在 CNC 机床的设计中如果缺乏适当的 FEM 仿真分析，机床就可能会发生振动故障。如果添加了额外的材料以提高强度并减少振动，CNC 机床的成本将上升。在 ANSYS 仿真平台中进行相应的结构仿真分析，然后辅助适当的评估功能，并考虑性能和成本，可以满足数控机床的精益设计要求。

5.3.3　智能产线数字孪生虚拟调试实训

【学习目标】

1）了解零件加工工艺流程。
2）掌握加工中心零件加工虚拟调试操作方法。
3）掌握工业机器人上下料虚拟调试方法。
4）能够编写 PLC 程序进行逻辑控制。
5）完成零件加工流程虚拟调试。

【任务准备】

完成本实训任务需要下列软件：

1）智能产线数字孪生虚拟调试软件。
2）NetToPLCsim 插件。
3）西门子博途 V16 编程软件。

【任务内容】

根据示例零件图（图 5-3-3），利用智能产线数字孪生虚拟调试软件及相关工具，完成以下实训任务。

1）数控机床零件加工调试。
2）机器人上下料逻辑控制。
3）PLC 流程控制。
4）零件加工流程联调。

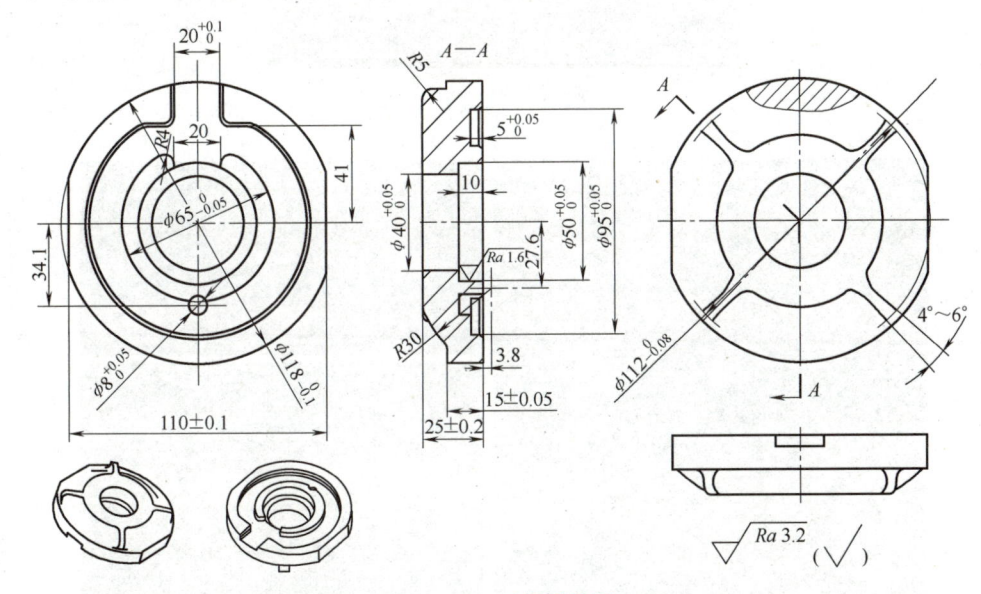

图 5-3-3　示例零件图

【任务实施】

（1）数控机床零件加工虚拟调试　数控机床零件加工虚拟调试流程图如图 5-3-4 所示。

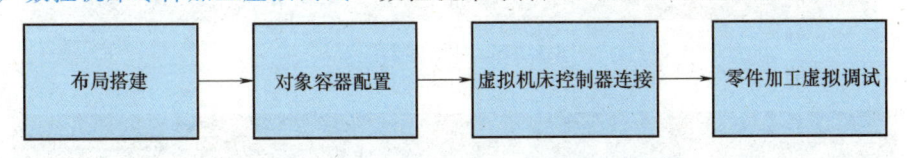

图 5-3-4　数控机床零件加工虚拟调试流程图

1）布局搭建（图 5-3-5）。打开智能产线数字孪生虚拟调试软件，选择【模型库】菜单→【人社产线】列表框→单击【布局】命令，将产线加载到操作视窗中。

2）对象容器配置（图 5-3-6）。对象容器使模型具备运动能力，本案例中需要配置的对象容器有机器人夹头、大爪夹具、小爪夹具和加工中心。以加工中心为例，选择【工作仿真站】菜单→【对象】按钮→单击【加工中心】命令创建加工中心对象容器，绑定对应模型，开启仿真后即可控制机床的卡盘和防护门运动。

3）虚拟机床控制器连接（图 5-3-7）。软件中设置有数控机床虚拟控制器，可以通过虚

图 5-3-5　布局搭建

图 5-3-6　对象容器配置

图 5-3-7　虚拟机床控制器连接

拟控制器连接，实现机床的装刀、对刀、主轴控制、卡盘控制等操作。选择【数控机床】菜单→【加工中心】按钮，设置对应参数后即可使用。若软件具备跟真实数控系统连接的功能，连接后可用真实数控系统控制虚拟机床运动和加工。

4）零件加工虚拟调试。据提供的零件图纸和加工工艺要求，编制数控加工程序后，零件加工虚拟调试流程如图 5-3-8 所示。

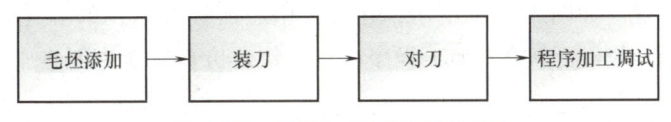

图 5-3-8　零件加工虚拟调试流程

① 毛坯添加。在案例库【工件】中将毛坯加载到加工中心的加工位置，并设置毛坯尺寸为 $\phi118mm$。

② 装刀（图 5-3-9）。根据加工工艺选择合适的刀具安装到刀盘上面，本案例需要 2 号刀、6 号刀、20 号刀。G 代码编写时，换刀的刀具代号参考软件刀具列表中刀具对应的刀号。

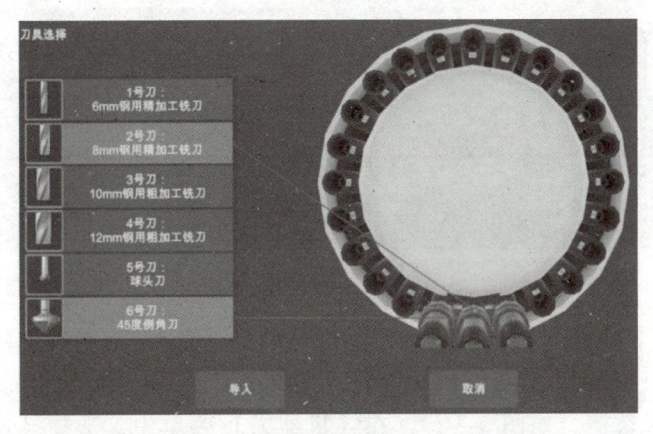

图 5-3-9　装刀

③ 对刀。进入【加工中心面板】，将数控面板开机，如图 5-3-10。由于加工的毛坯为圆料，在【测量类型】下拉列表框中选用【三点测量】来建立工件坐标系。分别控制 X、Y、

图 5-3-10　对刀

Z 轴移动到工件附近,当产生飞屑时停止移动,在【A 点】选项组中单击【获取】,完成 A 点数据获取,按照同样方法,完成 B、C 两点数据获取,在【工件坐标系选择】下拉列表框中选择【G54】并单击【创建】即可创建工件坐标系。

因为对刀时使用的标准刀具长为 50mm,本案例使用的 2 号刀具长为 63mm、6 号刀具长为 50mm、20 号刀具长为 50mm,根据刀长输入 2 号刀差值为 13mm。

④ 程序加工调试。如图 5-3-11 所示,在加工中心面板界面,单击【程序】按钮,导入完整程序或者直接在编辑框中输入加工程序。在工作站仿真界面中创建加工中心程序,开启仿真运行验证程序。

图 5-3-11 程序加工调试

(2)机器人上下料控制虚拟调试 机器人上下料控制虚拟调试总体流程如图 5-3-12 所示。

1)机器人点位示教。

① 创建虚拟示教器。如图 5-3-13 所示,在【机器人】菜单中,选择【虚拟示教】按钮→【六轴机器人虚拟示教】命令,在右侧弹出的窗口中,在【示教对象】文本框中输入【机器人带导轨】,当 J1~J6 六轴数据更新后,表示连接成功。

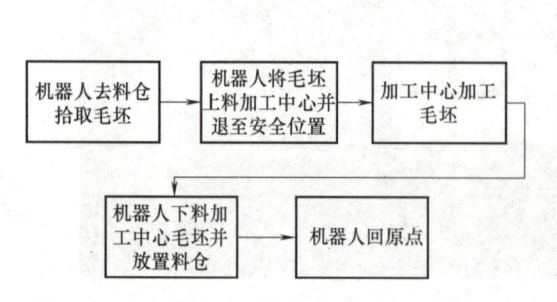

图 5-3-12 机器人上下料控制虚拟调试总体流程

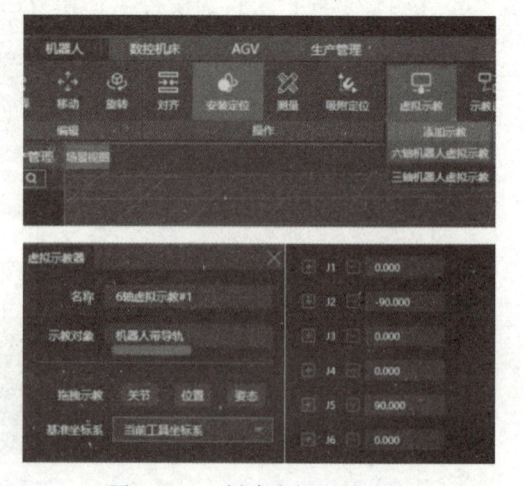

图 5-3-13 创建虚拟示教连接

② 附加轴 EX1 配置。在虚拟示教器属性框下方有扩展轴，单击 EX1 的【配置】进行设置，附加轴 EX1 配置参数如图 5-3-14 所示。

③ 点位示教。对六个运动轴进行增量调节或对机器人末端进行拖拽，使机器人末端到达目标点位，然后记录点位信息，完成点位示教。完成本次实训需要示教的点位可参考表 5-3-1。

图 5-3-14 附加轴 EX1 配置参数

2) 机器人程序编制（图 5-3-15）。示教完所有点位后，单击【程序录制】按钮进入机器人程序编写页面，按照机器人运动流程选择运动指令（MOVE L、MOVE J、MOVE C）和机器人点位完成机器人程序的编写。当所有的点位均添加完成后，单击【录制】可以看到机器人运动轨迹。

表 5-3-1 机器人示教点位示例表

序号	名称	序号	名称	序号	名称
P1	原点	P8	14 号仓位上	P15	大爪前伸点
P2	夹具台安全点	P9	14 号仓位外	P16	下板末端点
P3	小爪末端点	P10	车床安全点	P17	下板上
P4	小爪上台点	P11	车床卡盘末端点	P18	下板外
P5	小爪前伸点	P12	车床卡盘前方点	P19	铣床安全点
P6	料仓安全点	P13	大爪末端点	P20	铣床卡盘末端
P7	14 号仓位末端	P14	大爪上抬点	P21	铣床卡盘上

需要注意：

① 编写程序时一定是从起始点位开始，到目标点位结束，根据机器人运动顺序，进行程序编写。

② 录制程序之前，机器人一定是在程序起始点位位置。

③ 程序录制时要注意两段程序录制之间的信号事件（如夹具的动作为信号控制）。

图 5-3-15 机器人程序编制

机器人运动流程录制逻辑如图 5-3-16 所示，机器人示教点位示例表见表 5-3-2。

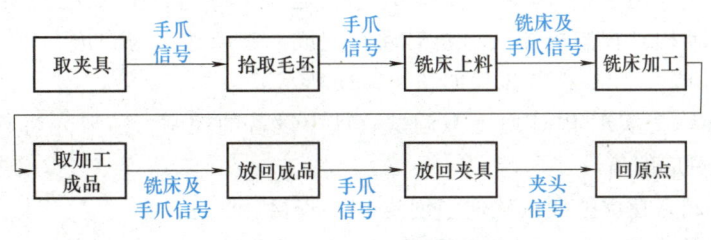

取夹具 —手爪信号→ 拾取毛坯 —手爪信号→ 铣床上料 —铣床及手爪信号→ 铣床加工 → 取加工成品 —铣床及手爪信号→ 放回成品 —手爪信号→ 放回夹具 —夹头信号→ 回原点

图 5-3-16 机器人运动流程录制逻辑

表 5-3-2　机器人示教点位示例表

序号	程序名称	序号	程序名称
1	取夹具	5	取加工成品
2	拾取毛坯	6	放回成品
3	铣床上料	7	放回夹具
4	退等铣床加工	8	回原点

3）机器人运行逻辑调试。机器人的整体运行是通过程序容器控制实现的，它是将机器人动作与信号按照机器人流程顺序完成事件的组合。机器人的整体运行可以是一个程序容器控制，也可以是多个程序容器公共控制。逻辑调试流程如图 5-3-17 所示。

图 5-3-17　逻辑调试流程

① 创建机器人程序容器。如图 5-3-18，在【工作站仿真】菜单中单击【程序】按钮→单击【机器人】命令，创建一个机器人程序容器，模型绑定为"机器人带导轨"。

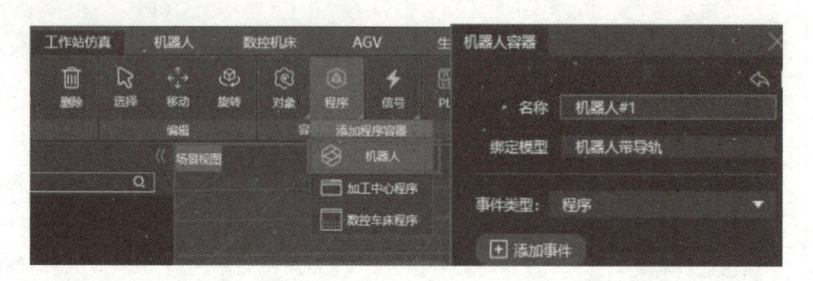

图 5-3-18　程序容器创建

② 添加程序及信号逻辑事件。如图 5-3-19，在【机器人容器】选项卡里根据机器人录制程序逻辑表添加信号或程序事件。

③ 信号逻辑连接（图 5-3-20）。程序容器配置完成之后，在【工作站仿真】菜单中单击【信号】按钮→单击【配置】命令进入信号配置视图，可以看到添加的机器人程序容器。

机器人为了完成一个复杂的工作流程，还需要用到功能块容器。功能块容器一共有 5 种，分别为与、或、非、计时器、寄存器。将机器人程序容器与手抓夹具通过信号可视化的方式进行连接，可以实现机器人的运行调试。

图 5-3-19　添加程序及信号逻辑事件

（3）智能产线自动化运行虚拟调试　产线的运行可以通过 PLC 控制实现自动化运行，本次实训主要包括 PLC 控制机器人上料启动与完成、铣床加工与完成，以及机器人下料启动与完成三部分内容。PLC 控制流程如图 5-3-21 所示。

1）信号配置。为实现 PLC 对虚拟调试软件中设备的控制，需要先将软件与 PLC 进行连接，然后设置对应的信号。

① 如图 5-3-22，在虚拟调试软件中创建 PLC 连接。

② 在博途软件中将需要的信号变量添加到 DB 数据块中。

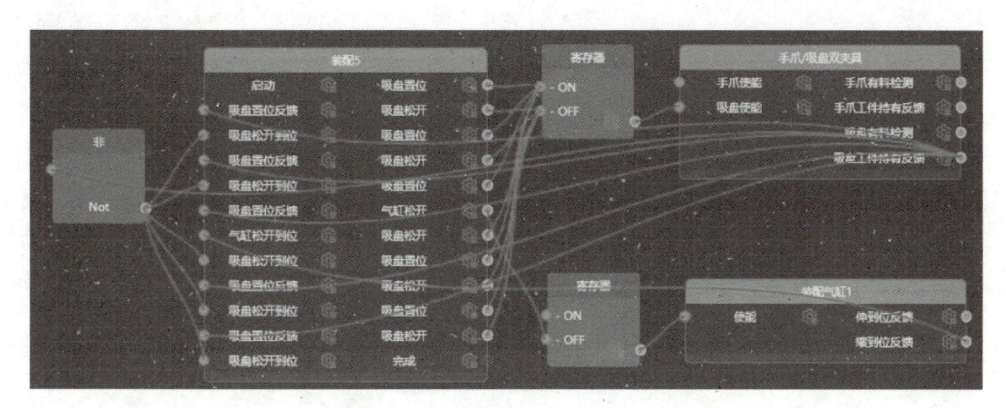

图 5-3-20　信号逻辑连接

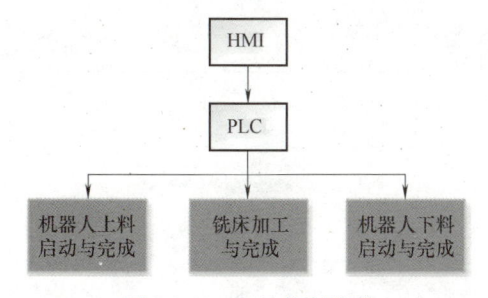

图 5-3-21　PLC 控制流程

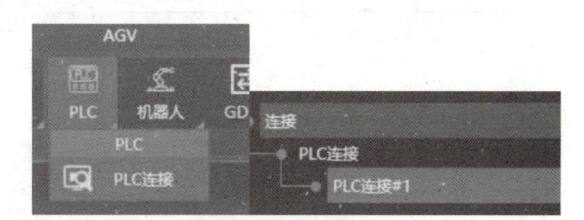

图 5-3-22　创建 PLC 连接

③ 如图 5-3-23 所示，在虚拟调试软件中将变量添加到源数据列表中。

图 5-3-23　源数据添加

④ 如图 5-3-24 所示，在信号配置视图里将源数据信号配置到对象容器中。

2）PLC 程序编写。本次实训任务共需要编写四段 PLC 程序。具体程序示例如图 5-3-25 所示。

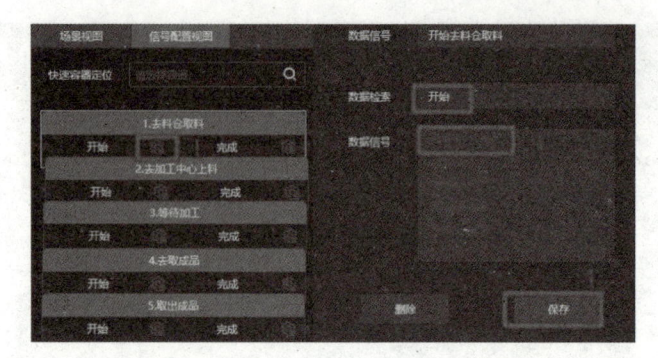

图 5-3-24　源数据配置

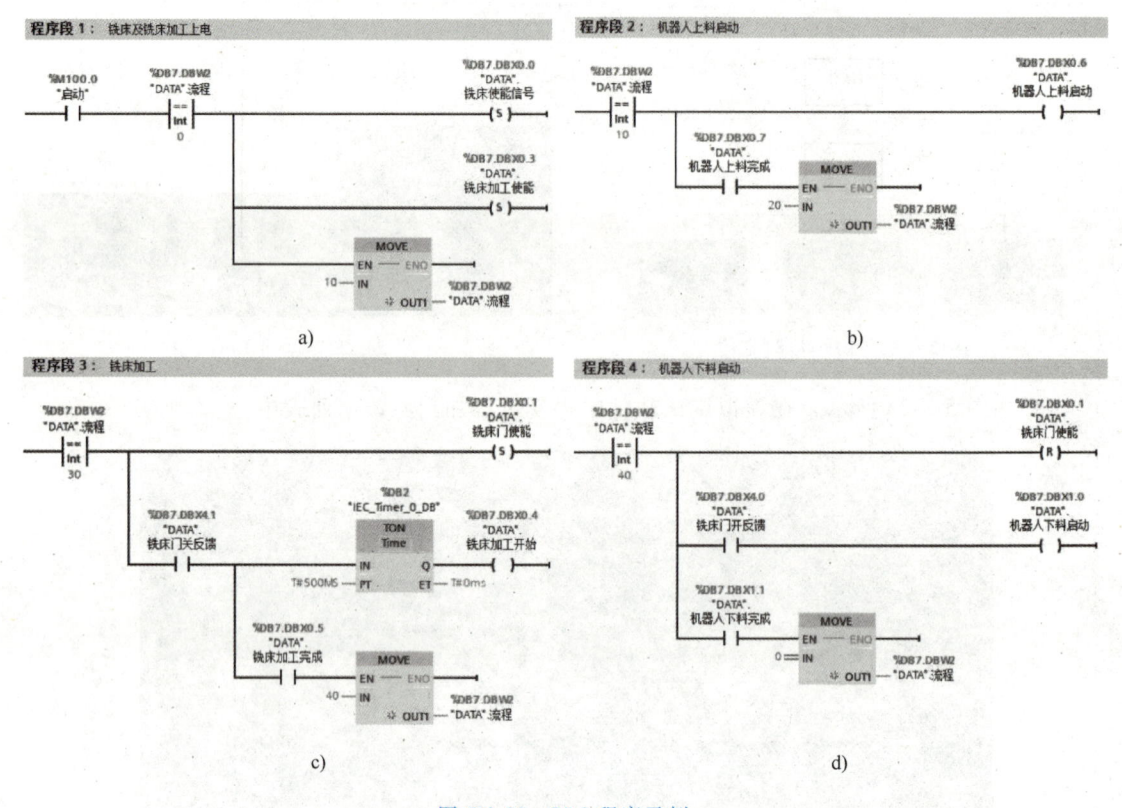

图 5-3-25　PLC 程序示例
a) 铣床及铣床加工上电程序示例　b) 机器人上料启动程序示例
c) 铣床加工程序示例　d) 机器人下料启动程序示例

3) HMI 界面设计（图 5-3-26）。PLC 程序编写完成后开始进行 HMI 界面设计，在博途软件里自定义 HMI 界面。

4) 产线运行流程联调。产线运行流程联调整体流程如图 5-3-27 所示。

① 以管理员身份运行 NetToPLCsim 插件。

② 开启 PLC 及 HMI 仿真。

③ 使用 NetToPLCsim 插件获取地址。

④ 将智能产线数字孪生虚拟调试软件中的 PLC 连接。

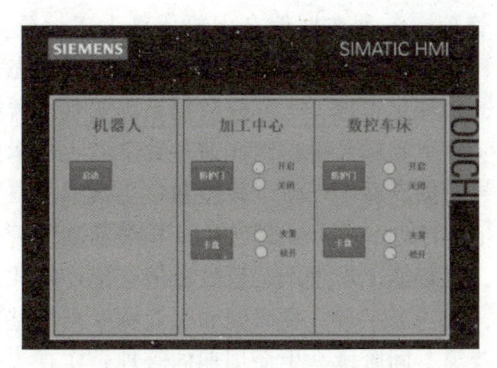

第5章 数字孪生技术在智能制造领域的应用实训

图 5-3-26　HMI 界面设计

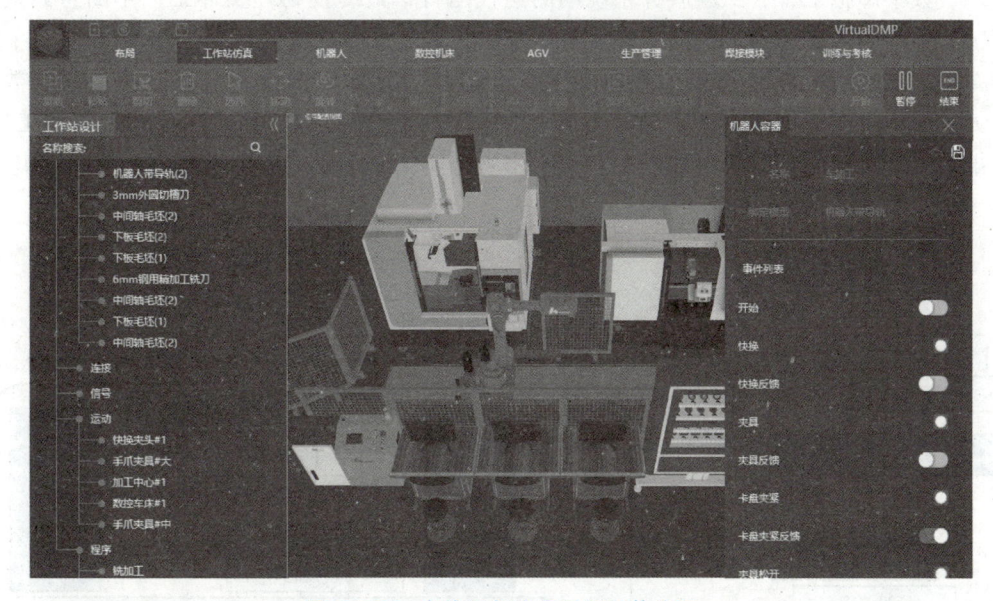

图 5-3-27　产线运行流程联调整体流程

⑤ 将智能产线数字孪生虚拟调试软件开启仿真,并且在 HMI 上启动程序。

5.4　智能工厂数字孪生

本节简要介绍智能工厂数字孪生的要素组成、构建方法和主要功能。以国内典型智能工厂数字孪生案例介绍数字孪生在智能工厂的应用。

5.4.1　概述

数字孪生智能工厂作为智能制造的重要组成部分,是制造业转型、智能制造和数字化趋势的产物,可以模拟和优化生产过程,帮助制造商提供更灵活、高效和个性化的生产。

数字孪生的技术发展与工程应用起源于制造业,在工业产品中的概念设计、详细设计、加工制造、运维服务和报废回收等全生命周期都发挥着作用。对于制造业来说,传统制造工

213

厂的各要素主要依赖人工管理，各种数据信息主要依靠人工记录、统计、查询、使用和分析，从而导致数据质量差、使用率低、无法实时跟踪实际生产状态等问题。为了解决这个问题，部分工厂采用数字化、系统化管理，大部分数据采集实现了智能化，但是远远达不到实际车间与虚拟车间之间的实时交互和共融，因此通过数字孪生技术整合物理真实空间与虚拟空间各流程、各业务的有效数据，在工厂孪生模型和孪生数据的双重驱动下，不断更新和完善物理工厂的生产要素、生产计划、生产流程等生产相关活动的管理，从而在满足成本、质量、自身生产率等条件下，使智能工厂生产运营处于最佳生产模式。

在孪生数据的驱动下，依托云平台、物联网和工业物联网等基础设施，实现工厂在规划建设、生产过程、生产经营等不同阶段全生命周期的管理，实现工厂的全生产要素在物理实体工厂、数字虚拟工厂、工厂服务系统间的迭代运行，最终使物理实体工厂不断得到进化，直到工厂生产和管控达到最优的状态。数字孪生智能工厂组成要素包括物理<u>实体工厂</u>、<u>数字虚拟工厂</u>，以及<u>在二者之间双向传递的生产过程数据</u>（如生产设备数据、测量仪器数据、生产人员数据、生产物流数据、原材料供应数据等），生产过程数据实现了物理实体工厂和数字虚拟工厂之间的关联映射和匹配。数字孪生智能工厂主要组成要素如图5-4-1所示。

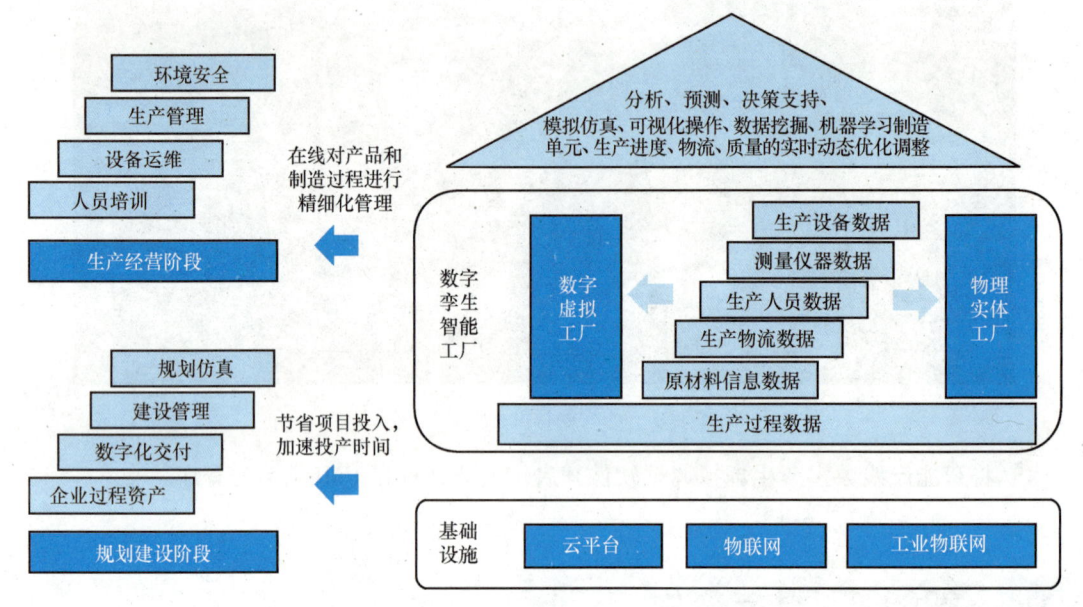

图 5-4-1 数字孪生智能工厂主要组成要素

5.4.2 数字孪生智能工厂功能

数字孪生智能工厂是基于数字孪生技术，将实际生产过程以数字方式进行模拟、监控和优化的过程，以提高效率、降低成本、增强质量和灵活性，促进制造业的数字化和智能化转型。数字孪生智能工厂应具备如下功能：

（1）<u>传感器部署和数据采集</u>　在生产环境中部署传感器和数据采集设备，以实时捕获生产过程中的各种数据，包括温度、湿度、压力、设备状态、物料流动、能耗、排放、工具性材料损耗等。

（2）<u>数据集成和存储</u>　采集到的数据需要集成到一个数据库或平台中，以便后续分析和建模。数据存储的架构应该能够处理大量数据和高速更新数据。

（3）数字模型创建　基于采集到的数据，需要建立与实际生产线相对应的数字模型（包括设备模型、物料流模型、生产过程模型等），这些模型构成了数字孪生的基础。

（4）实时监测和控制　数字孪生智能工厂可以实时监测生产线的运行状态，包括设备的性能、能耗、故障检测等。同时，可以通过数字孪生系统进行实时控制，例如调整生产速度、优化能源利用等。

（5）数据分析和优化　采用大数据分析和人工智能技术，数字孪生智能工厂可以识别潜在的改进机会（包括预测性维护、生产排程优化、质量控制等），提高生产率、减少损耗、降低成本。

（6）虚拟仿真和决策支持　数字孪生智能工厂可以用于虚拟仿真，以测试新工艺、新设备或新产品。还可以为管理层提供数据支持，帮助他们做出更明智的决策。

（7）持续改进　数字孪生智能工厂项目是一个持续改进的过程，需要不断更新数字模型，保证与实际生产过程的一致性，以适应市场需求和技术变革。

5.4.3　数字孪生在智能工厂的应用案例

知识点 1　某数字孪生智能工厂运营管理系统建设案例

（1）建设背景　传统制造业企业面临多方困境，如人口红利削减、劳动力成本上升、原材料成本上升、利润减少、效率低下、生产率低、产品质量下降、品控管理难、渠道信息传递慢、库存资金积压等。突破重围的必经之路，就是进行数字化转型。随着《中国制造2025》战略的提出，越来越多的制造业企业开始向智能工厂转型。在工业4.0、工业互联网、物联网、数字孪生等热潮下，给转型提供了很好的技术支撑。

（2）解决方案

1）智能工厂可视化建模。通过倾斜摄影、BIM等三维可视化平台对智能工厂整体面貌和生产线进行精细化三维建模，构建工厂车间场景展示、流程工艺展示、地图综合管理、人员管理、智能运输管理、监控管理、告警管理、设备管理、库存管理为一体的综合管理平台。

2）融合工厂平台数据。导入平台数据，为工厂车间提供全要素、全场景、全周期的工厂运行管理服务，做到人、设备、车间、工厂一屏统览，一键掌控，清晰直观地展示工厂内部的生产运营状态及生产运营数据。

3）嵌入有效算法。通过后台算法优化，为所有设备的运行状态提供保障，当发生异常时，及时采取相应的措施。

（3）主要功能

1）生产过程模拟仿真。通过对生产过程进行仿真，搭建数字孪生场景，特别是对重点生产流水线及工艺流程进行高精度模拟。依据获取的实时数据驱动虚拟生产线运动并显示实时业务数据，实现生产线的设备状态和优化建议的可视化。

2）数据集成与可视化。以生产线流程或关键设备为单元，采用信息面板、数据标签及数据图表等方式对车间的生产数据进行展示，实现生产数据可视化，实时监控生产数据。

3）系统运行平台建设。结合厂区运行环境和用户需求，搭建一套数字孪生智慧工厂运营管理系统，以三维可视化平台为数据载体，实现人员定位、数据监控、预防报警、工艺流程管理、设备管理，以及库存管理等功能，为用户解决生产计划、库存运输、设备、能耗管理等生产问题。数字孪生智慧工厂运营管理系统功能框架如图5-4-2所示。

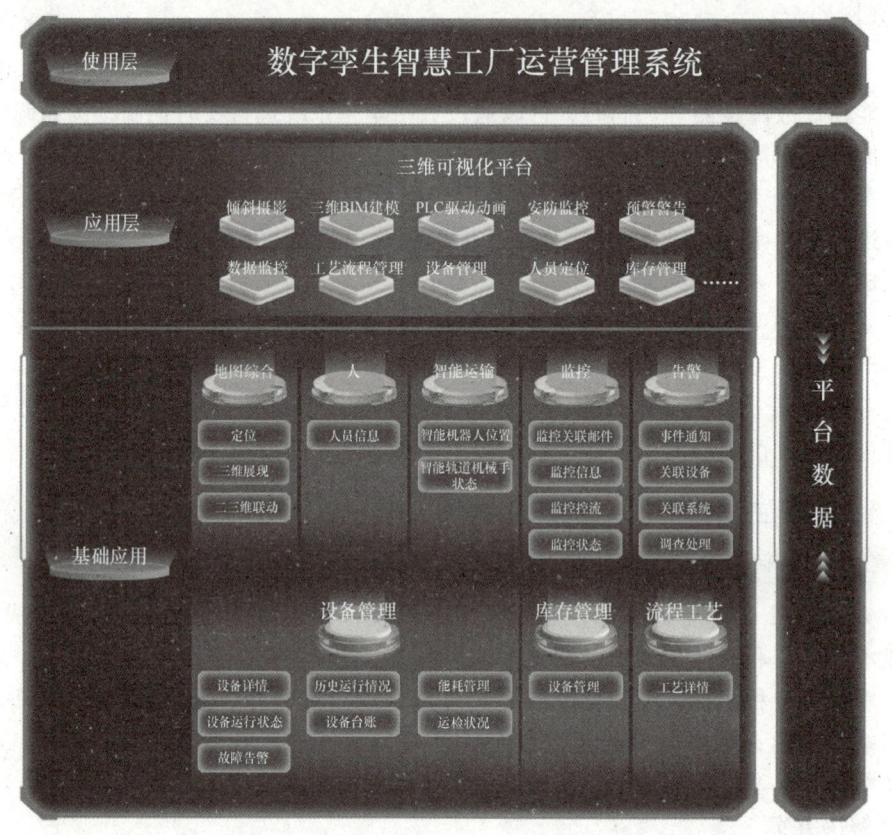

图5-4-2 数字孪生智慧工厂运营管理系统功能框架

（4）系统组成

1）生产过程孪生总览。通过对整个厂区以及车间内的各类设备、设施进行三维建模，真实还原设备排布、工艺过程，实现车间内生产过程全流程孪生，达到设备级、模块级、系统级的孪生层级，真实复现设备设施外观、结构、运转详情。数字孪生智慧工厂生产过程孪生总览如图5-4-3所示。

图5-4-3 数字孪生智慧工厂生产过程孪生总览

2) **多信息系统集成管理**。系统对智慧工厂所有信息化单元进行融合汇集管理,在数字孪生智慧工厂实时采集各种不同框架的数据信息,将信息进行关联分析并汇总集中展示,实现"一个立体页面多个信息化系统"管控,让维护人员实现"一人多机管理",打通信息孤岛,大幅提升工作效率。数字孪生智慧工厂多信息系统集成管理如图 5-4-4 所示。

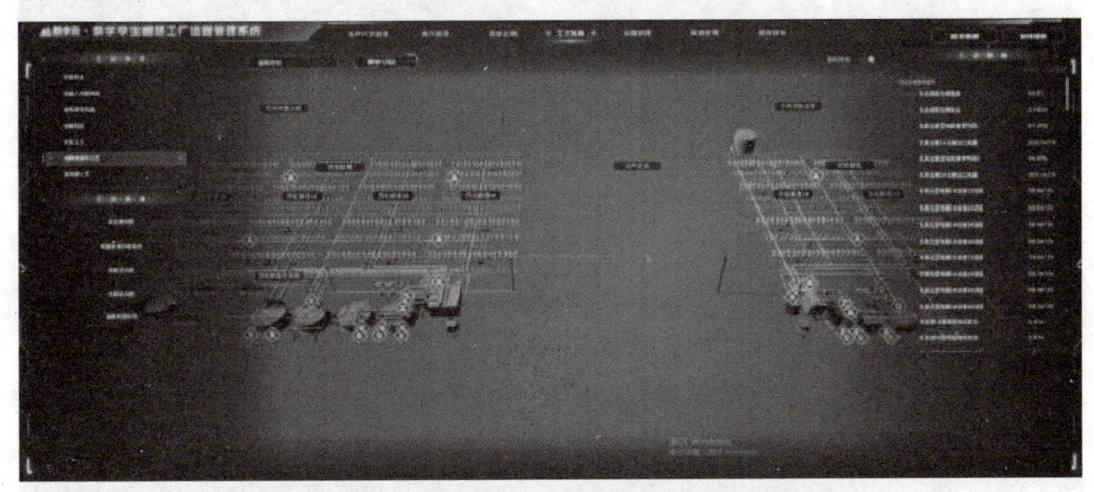

图 5-4-4　数字孪生智慧工厂多信息系统集成管理

3) **生产监控**。孪生场景与视频实况进行关联性对照验证,辅助研判。实况视频与智能分析结果关联互动,针对发生异常、告警的生产环节、设备进行视频实况智能关联,支持安防、安全生产巡查,实现视频的自动巡更。数字孪生智慧工厂生产监控如图 5-4-5 所示。

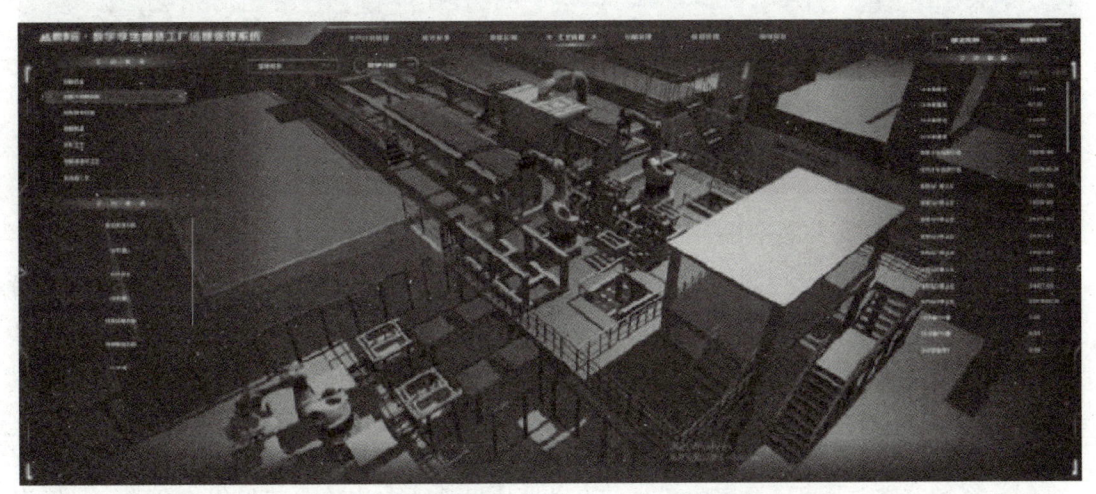

图 5-4-5　数字孪生智慧工厂生产监控

4) **库存管理**。支持集成物料和设备管理系统数据,对货物和设备编号、进入时间、库存余量等详细信息进行实时查询,从物料和设备采购、生产到剩余库存全生命周期的管控,辅助管理者提高对物料和设备堆放场地的监管力度,降低物料和设备管理成本。数字孪生智慧工厂库存管理如图 5-4-6 所示。

5) **能耗管理**。接入厂区内水、电、气等能耗系统数据,对生产运行中的能耗态势进行实时监控,对能源调度、设备运行、环境监测等要素指标进行多维可视分析,支持能耗趋势

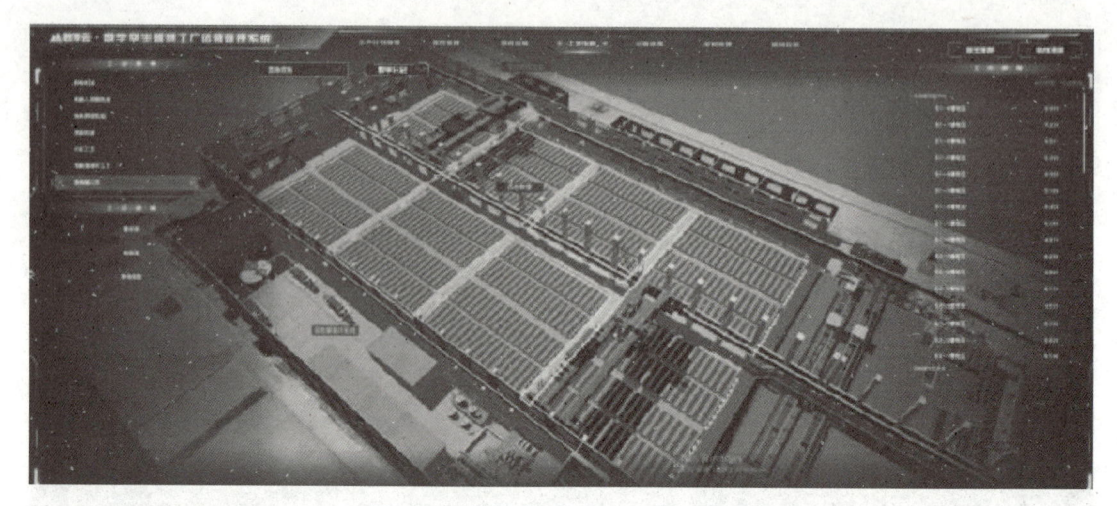

图 5-4-6　数字孪生智慧工厂库存管理

分析、能耗指标综合考评，帮助管理者实时了解厂区能耗状况，为资源合理调配、厂区节能减排提供有力的数据依据。数字孪生智慧工厂能耗管理如图 5-4-7 所示。

图 5-4-7　数字孪生智慧工厂能耗管理

6）数字孪生双向控制。数字孪生工厂和物理实体工厂之间双向传递生产过程数据和指挥控制数据（如生产设备数据、测量仪器数据、指挥控制数据等），物理工厂和数字工厂之间关联映射和匹配，指挥控制数据实现智能决策的系统反馈。数字孪生智慧工厂双向控制如图 5-4-8 所示。

知识点 2　某低压电器智能工厂装配孪生案例

（1）案例背景　某电气有限公司是一家以低压电器产业为核心的现代化企业，是国内低压电器行业出口的领军企业之一。随着客户对交期和产品品质要求的不断提高，对生产率的要求也越来越高，迫切需要通过智能化和数字化的自动装配产线，实现装配自动化和智能化，提高生产率和产品质量，从而减少对人工的需求，最终实现智能化精益生产管理和运营。该企业推进智能制造改革，希望借助数字化手段将其生产调度、业务数据以孪生可视化的形态进行呈现，共同打造智能工厂典范。

（2）解决方案　数字孪生智能工厂由网络空间的虚拟数字工厂和物理系统中的物理工厂构成。其中，物理工厂部署了大量的车间、生产线、加工设备等，为生产制造全过程给予

第5章　数字孪生技术在智能制造领域的应用实训

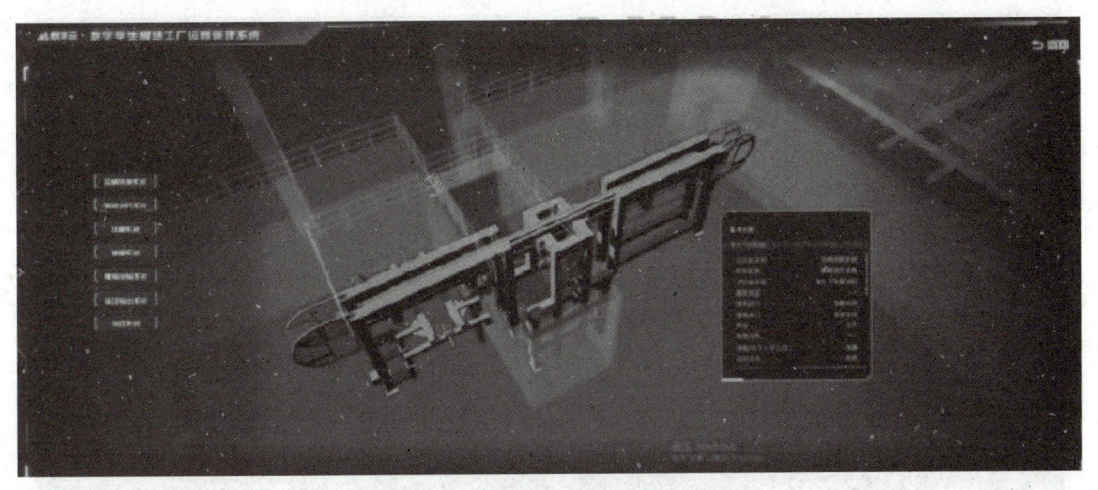

图 5-4-8　数字孪生智慧工厂双向控制

硬件基础设施建设和生产制造资源，也是具体生产制造全过程的最终载体。虚拟数字工厂是根据这些生产制造资源和生产制造全过程构建的数字化模型。

本例智能工厂数字孪生围绕电器生产产线的总体设计、工艺流程及布局过程建立数字化三维模型，并进行模拟仿真，实现规划、生产、运营全流程数字化管理，主要功能如下：

1）建立数字孪生智能工厂。对工厂产线、生产设备等进行三维建模，实现物理产线到三维产线的数字化、监控可视化的转变。

2）生产、监控一体化。实时采集设备运行的状态数据，统一汇总到可视化平台，通过动画仿真模块中模型状态的实时更新，使模拟数据同真实设备状态保持一致，实现工厂设备真实运行情况的实时同步监控。

3）数据价值可视化。在大屏展示的基础上，增加工厂设备的三维可视化效果，实时掌握工厂设备的动态，使现场的生产状态及企业资产一目了然。

（3）主要功能

1）数字孪生智能工厂总览（图 5-4-9）。根据 CAD 图纸对物理车间进行还原建模，实现物理工厂到三维工厂的数字化，场景内与各产线设备及 AGV 进行数据对接，在具有多模态、高通量、强关联特征的工业大数据环境中支撑工业应用。

基于数字孪生可视化平台开展离线和在线工艺仿真分析。离线仿真主要通过模拟物理车间、产线的制造工艺过程，通过工艺规划过程逻辑和工艺操作时间、物流频次规模、工位布局等，模拟验证工艺的可行性，分析工艺布局物流调度等的科学性和可优化性。

在线工艺仿真主要通过与物理车间实时交互开展，结合具体的工艺执行场景，通过低时延物理实体状态的实时感知，在数字空间中实现生产工艺状态的实时表达，并基于已有生产工艺逻辑模型和工艺知识规则进行校验，提前或实时发现工艺问题。

2）数字孪生智能工厂物流建模与仿真。应用计算机辅助技术和虚拟仿真技术，对智能产线、智能包装线的运行情况进行仿真分析，根据仿真结果对生产系统、包装系统进行优化调整，形成数字孪生智能工厂系统优化场景，如图 5-4-10 所示。此外，通过基于数字孪生的电子地图，实现车间物流运输路径的拥堵预警；通过装配工艺逆向建模，确保装配精度，规避装配过程中的问题。

219

图 5-4-9　数字孪生智能工厂总览

图 5-4-10　数字孪生智能工厂系统优化场景

5.5　本章小结

数字孪生技术在智能制造领域被认为是一种实现制造信息世界与物理世界交互融合的有效手段。本章从智能制造数字孪生系统的单个模型搭建训练、智能产线虚拟调试、智能工厂案例认知三个维度进行介绍，能够让学生从"点、线、面"对智能制造数字孪生系统有逐步深入和系统、完整的认识。随着网络技术、信息技术、计算技术的快速发展，数字孪生技术将进一步推动智能产线、智能工厂更加智能化、高效化、安全化。

思考题

1. 简述数字孪生的关键技术及其功能作用。
2. 简述 VR/AR/MR 的主要特点及其适合的应用场景。
3. 简述数字孪生技术在智能产线上的应用。
4. 简述利用数字孪生技术，构建虚拟产线及实现实虚产线交互的过程。
5. 简述数字孪生智能工厂的构建过程和主要功能。
6. 典型产品智能产线数字孪生虚拟调试。

根据某纪念章手柄加工图样（题 6 图）要求，利用智能产线数字孪生虚拟调试软件及相关工具，完成以下实训任务。

1) 数控机床手柄零件加工调试。
2) 机器人上下料逻辑控制。
3) PLC 流程控制。
4) 手柄零件加工流程联调。

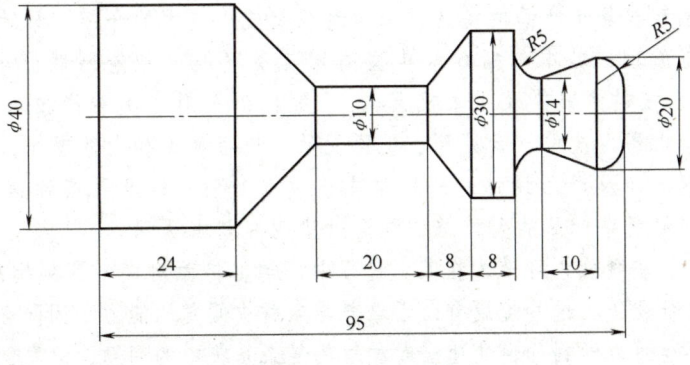

题 6 图　纪念章手柄零件图

第 6 章

复杂工程系统中的典型装备认知与实训

章知识图谱

> **导语**
>
> 典型智能复杂产品认知是一个系统化的过程，本章旨在帮助学生了解复杂智能产品的结构、功能、工作过程和应用场景，并通过实际操作，帮助学生深刻了解典型智能复杂产品的技术内涵，着重于培养学生对涉及高端技术的复杂工程问题的感知。
>
> 通过对典型智能复杂产品的定义、工作过程及核心技术的介绍，帮助学生了解高端装备的基本概念与原理，其中包括6种典型高端装备案例（智能网联汽车、航空发动机、光刻机、CT机、核磁共振仪及手术机器人）。案例涉及对各类智能技术的应用，如人工智能、物联网、机器人技术、云计算、机器视觉、精密加工和大数据等，涵盖了高端装备技术的基本知识，涉及产品设计、系统集成、数据安全，以及网络通信等领域。通过学习，让学生对智能复杂产品的整体结构和运行机制有基本认识。
>
> 在此基础上，安排实训环节，在实训过程中，学生将面对许多实际挑战，如系统故障、通信问题、性能优化等。这些挑战有助于培养学生解决问题的能力和团队合作精神。通过这种实践体验，学生可以学到如何快速应对和解决复杂系统中的问题，激发创新思维。
>
> 整个实训结束后设置思考题与讨论环节，可以达到让学生从多个角度全面认知智能复杂产品，深刻领悟核心技术的目的，为其职业发展和技术创新提供坚实的实践基础，激发其立志解决"卡脖子"技术的动力。

6.1 典型智能复杂产品认知

6.1.1 智能网联汽车

知识点 1 定义

智能网联汽车（intelligent connected vehicle，ICV）指搭载先进的车载传感器、控制器、执行器等装置，并融合现代通信与网络技术，实现车与人、车与车、车与路、车与后台等进行智能信息交换共享，具备复杂的环境感知、智能决策、协同控制和执行等功能，可实现安全、舒适、节能、高效行驶，并最终可替代人来操作的新一代汽车，如图6-1-1所示。智能网联汽车是一种跨技术、跨产业领域的新兴汽车体系，不同角度、不同背景对它的理解是有差异的，各国对于智能网联汽车的定义不同，叫法也不尽相同，通俗地说，即可上路安全行驶的无人驾驶汽车。

智能网联汽车侧重于解决安全、节能、环保等制约产业发展的核心问题，其本身具备自主的环境感知能力，发展重点是提高汽车的安全性。

图 6-1-1　智能网联汽车

知识点 2　工作过程

智能网联汽车通过信息通信技术实现车与车、车与路、车与人的实时互联互通，具备智能驾驶、车联网、大数据等功能。根据自动驾驶的拟人化实现思路，可以分为感知、认知、决策、控制、执行五部分，其中传感器发挥着类似于人体感官的感知作用，认知阶段则是依据感知信息完成处理融合的过程，形成全局整体的理解，据此自动驾驶系统通过算法得出决策结果，传递给控制系统生成执行指令，完成驾驶动作。以上五个部分主要涉及的子系统及相关技术有：

（1）感知系统　智能网联汽车配备了各种传感器，如雷达、摄像头、激光雷达等，用于感知车辆周围的环境，如其他车辆、行人、交通标志等。这些传感器收集到的数据会传输给汽车的中央处理单元。

（2）信息处理与分析　中央处理单元对接收到的传感器数据进行处理和分析，如目标识别、距离测量、速度计算等。通过信息处理，汽车能够了解自身和周围环境的状态，为智能驾驶提供基础。

（3）通信技术　智能网联汽车通过无线通信技术（如4G、5G、V2X等）与其他车辆、路侧设施、云端服务器等进行实时数据交换。这有助于车辆获取实时路况、交通信息、天气预报等，提高行驶安全性和驾驶体验。

（4）智能驾驶控制系统　基于传感器数据和通信数据，汽车可以实现自动驾驶、车道保持、自动泊车等功能。智能驾驶系统通过对数据的实时处理和分析，做出相应的决策（如加速、减速、转弯等），以保证车辆的安全行驶。

（5）车联网与大数据　智能网联汽车能够接入车联网平台，实现车辆之间的信息共享。此外，汽车还可以通过收集和分析海量数据，为智能驾驶提供优化方案（如路线规划、能耗管理、故障预测等）。

（6）智能决策及处理　通过人工智能和机器学习技术，汽车可以不断学习和适应驾驶行为，提高驾驶的安全性和舒适度。例如，智能网联汽车可以根据驾驶员的驾驶习惯、喜好等进行个性化的驾驶辅助。

（7）人机交互　允许驾驶员或乘客与车辆的各个系统（触摸屏、语音控制和手势控制等）进行交互，使驾驶员或乘客可以方便地操作车辆和获取信息。

（8）安全防护　智能网联汽车需要具备强大的安全防护能力（数据加密、安全认证、入侵检测等技术），以抵御来自网络空间的攻击，确保人身安全和汽车的信息安全。

知识点 3　核心技术问题

智能网联汽车的核心技术问题主要包括以下几个方面：

（1）<u>信息安全</u>　随着车辆与外部环境的互联加深，智能网联汽车的信息安全问题逐渐凸显。黑客可能会利用网络攻击获取车辆的控制权，或者收集和利用敏感的车辆数据来损害车辆所有者的利益。

（2）<u>道路基础设施的兼容性</u>　要实现智能联网，道路上的各种交通设备（如信号灯、停车标志、道路标识等）需要实现与车辆的顺畅连接。目前，很多传统的交通设备并没有为智能联网提供良好的支持。

（3）<u>传感器技术</u>　这是实现自动驾驶的重要手段，但包括激光雷达（LiDAR）、摄像头、超声波传感器在内的各种传感器，都有其技术限制，无法在所有环境条件下保证传感数据的准确性。

（4）<u>边缘计算和数据处理</u>　自动驾驶汽车需要能够实时地从各种传感器中收集大量的数据（位置数据、其他车辆的速度和方向、道路标志、路面状况等），并进行快速的数据处理和决策，以实现自动驾驶。这就需要强大的数据处理和分析能力，以及在数据传输和处理方面的技术创新。

以上这些问题都是智能网联汽车核心技术中需要解决的问题。对于这些问题，需要进行多方面的研究并努力解决。

6.1.2　航空发动机

知识点 1　定义

<u>航空发动机</u>（图 6-1-2）是一种能够将燃料的化学能转换成飞机飞行的机械能的热力机械。它由多个部件组成，包括压气机、燃烧室、涡轮和喷管等，这些部件协同工作，将燃烧产生的高温高压气体转化为推动飞机向前飞行的动力。航空发动机需要在高温、高压、高速等极端环境下稳定工作，因此具有极高的技术要求和挑战性。

知识点 2　工作过程

航空发动机是将燃料燃烧产生的热能转换为机械能的装置，其工作过程可以概括为以下几个步骤：

（1）<u>进气</u>　航空发动机从进气道吸入空气，并将其压缩。

（2）<u>压缩</u>　通过压气机将空气压缩到更高的压力，使其温度升高，从而增加空气的焓值。

图 6-1-2　航空发动机

（3）<u>燃烧</u>　将压缩后的空气与燃料混合，并在燃烧室内进行燃烧。燃烧过程释放出大量的能量，产生高温高压的燃气。

（4）<u>膨胀</u>　燃气在涡轮中膨胀，使其旋转，并带动压气机和风扇等部件一起工作。

（5）<u>排气</u>　燃气经过尾喷管排出发动机，同时产生反作用推力，使飞机向前推进。

航空发动机的种类繁多，不同类型的发动机在工作原理上也有所不同。但是，以上步骤是所有航空发动机都普遍采用的基本工作过程。

知识点 3　核心技术问题

航空发动机的核心技术问题主要涉及以下几个方面：

（1）<u>燃烧技术</u>　航空发动机的燃烧过程需要充分燃烧燃料，并同时控制燃烧温度和压力，以保证高效燃烧和减少排放物。燃烧过程的稳定性、燃料喷射和混合等方面都是燃烧技术的关键问题。

（2）<u>材料和制造技术</u>　航空发动机需要使用耐高温、耐高压和耐腐蚀的材料，以满足发动机在复杂、恶劣环境下的工作要求。同时，制造工艺和技术的精度对发动机的可靠性和性能也有重要影响。

（3）<u>涡轮机械技术</u>　航空发动机中的涡轮部分是将燃气能量转化为机械能的关键部件。涡轮的设计和制造需要考虑转子的定转子空气动力学、强度和耐久性等问题，以提高发动机的性能和寿命。

（4）<u>空气动力学和气动设计</u>　航空发动机需要通过精确的流场设计来优化流动条件，提高推力和效率。空气动力学和气动设计涉及涡轮、压气机、燃烧室和喷管等部位的流动特性和优化设计。

（5）<u>故障诊断和维护技术</u>　航空发动机作为飞机的核心动力装置，对故障的检测、诊断和发动机的维护要求非常高。发动机需要具备自我监测和故障检测能力，以及有效的维护和保养技术，以确保航空发动机的可靠性和安全性。

解决航空发动机的核心技术问题需要机械工程、材料科学、气动学、热力学等多学科的协同合作和持续创新。这些问题的解决将提升航空发动机的性能，减少燃料消耗和排放，提高航空领域的可持续发展能力。

6.1.3　光刻机

知识点 1　定义

<u>光刻机</u>是一种用于制造集成电路（IC）和其他微纳米结构的关键设备，它是半导体制造过程中的核心工具之一，如图 6-1-3 所示。光刻机的主要作用是将光敏感的光刻胶（光刻胶类似于照相机的胶片）涂布在硅片表面上，然后通过使用掩膜或光刻版，将紫外线光源投射在光刻胶上，形成微细的图案，这些图案决定了电路中元件的布局和连接方式。

图 6-1-3　光刻机

光刻机的精度和性能对于芯片的制造至关重要，因为它直接影响了电路的尺寸、密度和性能。随着半导体技术的不断发展，光刻机的分辨率要求越来越高，使其技术和工艺不断被改进和创新。

知识点 2　工作过程

在半导体制造过程中，光刻机将精密图案转移到硅片或其他基板表面，从而创建集成电路的微型结构。其工作步骤包括以下基本工作过程：

(1) 准备光刻胶（光敏树脂）涂布　首先，在硅片表面涂布一层光刻胶，通常是光敏树脂。这一步骤确保后续的光刻过程可以在硅片上形成所需的图案。

(2) 制作掩模（mask）　制作掩模即决定图案的模板。掩模通常是一块透明的玻璃或石英板，上面覆盖有铬或其他光阻材料，其表面形成了需要在硅片上制作的图案，这些图案是电路设计的一部分。

(3) 对准和暴露　将掩模放置在光刻机上，并对准到硅片表面上的光刻胶上。掩模上的透明部分允许光线穿过，使用紫外线或激光等光源，光线通过掩模的图案照射到光刻胶表面，形成图案。

(4) 显影　曝光后，硅片上的光刻胶会发生化学反应，使得暴露在光下的部分溶解性变强。接下来，将硅片浸入显影液中，溶解掉暴露在光下的部分光刻胶，留下图案的模具。

(5) 清洗和后处理　清洗掉显影后的残留物，通常使用化学溶剂或超声波清洗。然后，可能需要进行其他后处理（如烘干或者化学处理），以确保形成的图案质量和稳定性。

通过这些步骤，光刻机可以在硅片上制作出复杂的微纳米级别的图案，这些图案构成了集成电路中的各种电子元件和连接。

知识点 3　核心技术问题

光刻机是半导体制造中用于将电路图案转移到硅片上至关重要的设备。其核心技术问题包括但不限于以下几个方面：

(1) 光源（激光系统）　光刻机的光源通常使用高能量激光器，以将精密图案转移到半导体晶圆上的光刻胶层。常用的光源包括氟化氪（KrF）准分子激光器、氟化氩（ArF）准分子激光器和深紫外（DUV）激光器，分别提供 248nm 和 193nm 的波长。这些光源的高能量和稳定性确保了高精度的光刻。极紫外（EUV）光刻是光刻技术的前沿领域，采用波长仅为 13.5nm 的极紫外光。EUV 光刻技术通过激光激发锡等材料来产生极紫外光，具备更高的分辨率，允许制造更小的特征尺寸。光源系统的关键特点包括高能量、高稳定性和高精度，这些特点确保光源在长时间运行中保持一致，同时能够准确投射复杂图案。光源系统与光刻机的光学组件（如掩模和投影透镜）紧密结合，以确保高质量的光刻结果。

(2) 光学镜头（物镜系统）　光刻机中的光学镜头，通常被称为物镜系统，是确保半导体制造过程中高精度图案转移的关键组件之一。该系统的设计和制造直接影响光刻的分辨率、精度和稳定性。物镜系统的核心任务是将光源发出的激光束投射到掩模（光掩模）上，然后将掩模上的图案经过缩小、聚焦等处理，最终成像在光刻胶层上。这一过程需要极高的光学精度和稳定性。物镜系统的设计涉及多种光学元件，包括高精度透镜、棱镜和反射镜等。这些元件必须具备极高的透射率和低失真度，以确保光束在通过物镜系统后能够保持其形状和特性。为了达到高分辨率和精度，物镜系统通常采用高数值孔径（NA）的设计，高 NA 可以提高系统的分辨率，从而允许制造更小的特征尺寸。这在现代半导体制造中尤为重要，因为芯片特征尺寸的缩小是提升性能和集成度的关键。此外，物镜系统还需要具备高度的稳定性，以确保在光刻过程中不会产生偏差或失真。为此，设计中考虑了热稳定性和机械稳定性，以应对高能量激光带来的热效应和机械振动。

（3）**工作台（精密仪器制造技术）** 光刻机中的工作台是一个精密平台，用于在光刻过程中精确定位和移动半导体晶圆。工作台在整个光刻过程中扮演关键角色，确保激光束与晶圆上的图案精确对准，并能在复杂的光刻步骤中保持高精度和稳定性。工作台的设计要求极高的精确度和稳定性，因为任何微小的误差都可能导致光刻图案的不准确，从而影响半导体芯片的性能和良品率。为此，光刻机的工作台通常配备先进的运动控制系统和反馈传感器，以确保在纳米级别的精度下进行定位和移动。首先，工作台采用高精度电动机、线性驱动装置或压电执行器，提供稳定、精确的运动。这种运动控制系统通常配备反馈传感器（如激光干涉仪或电容传感器），以实时监测工作台的位置并进行校正。其次，光刻机工作台通常安装在减振平台上，或者采用主动减振技术，以消除外界振动对光刻过程的影响，这对于确保高分辨率和高精度至关重要。最后，由于激光曝光会产生热量，工作台通常配备温度控制系统，以确保工作环境的温度稳定，有助于防止因温度变化引起的晶圆膨胀或收缩，保持光刻精度。

这些都是光刻机技术发展中的核心问题，解决这些问题需要光学、机械、电子、材料等多个学科的综合应用和创新。

6.1.4 CT机

知识点1 定义

CT（computed tomography）机，又称为计算机断层摄影机或计算机断层扫描仪，是一种用于创建人体内部横截面影像的医疗成像设备，如图6-1-4所示。CT机结合了X射线成像技术和计算机图像重建算法，能够提供高分辨率、立体的人体解剖结构图像，有助于医生进行诊断、治疗规划和监测疾病进展等。

CT机通过将X射线束从不同方向照射穿过人体，同时记录X射线束被组织吸收后产生的信息，然后利用计算机算法对这些信息进行处理，并依据这些信息进行重建，生成横截面图像。这些图像可以显示出人体内部不同组织结构的细节（包括骨骼、器官、血管等），从而帮助医生诊断疾病、评估损伤、指导手术等。

知识点2 工作过程

图 6-1-4 CT机

CT机的工作原理是基于X射线成像技术和计算机图像重建算法。以下是CT机的基本工作过程：

（1）**X射线扫描** 患者平躺在CT机的检查台上，而X射线发射器和探测器则绕着患者的身体旋转。X射线发射器和探测器会在不同的角度上对患者进行X射线扫描，这些X射线穿过患者的身体，并被探测器接收。

（2）**数据采集** 探测器收集到的由于X射线通过不同组织和结构的吸收程度不同，而产生不同强度的信号，这些信号被转换成数字信号，并传送到计算机进行处理。每个旋转位置上的X射线扫描都产生了一系列数据，这些数据描述了患者身体在该位置上的X射线吸收情况。

(3) **图像重建** 计算机利用收集到的数据进行图像重建。通过一种叫作逆向投影的数学算法，计算机将不同旋转角度上收集到的数据组合起来，生成横截面的二维图像，这些图像显示了患者身体内部的组织结构（包括骨骼、器官、血管等）。

(4) **图像显示** 生成的图像可以在计算机屏幕上显示，供医生进行诊断和分析。CT图像具有高分辨率和对比度，能够显示出细微的组织结构和病变，使医生能够准确地诊断疾病、评估损伤等。

知识点 3　核心技术问题

CT技术在医学影像诊断中扮演着重要的角色。其核心技术问题包括：

(1) **图像重建算法** CT扫描通过不同角度的X射线投影来获取人体内部的断层图像，而图像重建算法是将这些投影数据转换成可视化的解剖结构图像的关键。重建算法的精度和速度直接影响到图像质量和临床诊断的准确性。

(2) **辐射剂量控制** 由于CT扫描使用X射线，因此辐射剂量控制是一项重要技术。需要确保在获得足够的图像质量的同时，尽可能减少患者接受的辐射剂量，以降低患者的健康风险。

(3) **图像质量优化** CT图像的质量直接影响到临床诊断的准确性。因此，技术人员需要不断优化扫描参数、图像重建算法等，以获得清晰、准确的图像。

(4) **快速成像技术** 在临床应用中，有些情况下需要对运动物体进行快速扫描，如心脏或肺部扫描。因此，快速成像技术是CT技术发展的一个重要方向，在提高扫描速度的同时保证图像质量。

(5) **多模态成像** 现代CT系统不仅可以提供常规的X射线成像，还可以进行其他模态的成像，如血管造影、灌注成像等。多模态成像技术的发展可以提供更全面的临床信息，但也需要解决多模态数据的融合和处理问题。

(6) **影像重建的并行化和优化** 随着计算机技术的不断发展，如何利用并行计算和优化算法加速图像重建过程是一个重要的技术问题，进而缩短患者等待时间，提高工作效率。

(7) **高分辨率成像** 对于某些临床应用，如神经学和微血管病变的检测，需要高分辨率的图像。因此，提高CT系统的空间分辨率是一个重要的技术挑战。

解决这些核心技术问题需要医学影像学、计算机科学、物理学等多个领域的专业知识和技术手段的综合应用。

6.1.5　核磁共振仪

知识点 1　定义

核磁共振仪（nuclear magnetic resonance spectrometer）是一种用于研究和分析物质的结构和性质的科学仪器，如图6-1-5所示。核磁共振仪基于核磁共振现象，通过对样品中原子核的行为进行分析获取信息，目前主要应用于化工化学、高分子材料、医学临床等领域。核磁共振技术还在不断发展，在量子信息处理、分子结构测试及有机合成反应、心理学及精神卫生等众多领域都有着潜在且庞大的技术创新前景。

知识点 2　工作过程

核磁共振是指在外加磁场的作用下，原子核会发生共振现象。当样品中的原子核暴露在强磁场中时，它们会吸收和发射特定频率的电磁波。这些频率与原子核周围的化学环境和分

子结构有关,因此可以提供关于样品的结构和组成的信息。其工作过程如下:

(1) 准备阶段　在进行核磁共振成像(MRI)检查之前,患者需要脱掉身上的金属物品(如首饰、眼镜等),因为这些物品会受到磁场的影响而发生移动,可能对患者造成伤害。

(2) 定位阶段　在 MRI 检查开始之前,医生需要对患者的体位进行定位,通常需要让患者平躺在一张特殊的床上。

(3) 扫描阶段　在定位完成后,MRI 设备开始对患者的身体进行扫描。这个过程是通过控制磁场的变化来实现的。主磁体产生一个强磁场,使患者体内的原子核进入共振状态。然后,射频线圈发射一定频率的脉冲信号,这些信号会使原子核的能量发生变化。当原子核吸收能量或释放能量时,它们的共振状态会发生变化。通过检测这些变化,我们可以获取到患者身体内部的结构信息。

(4) 数据处理阶段　在扫描过程中,MRI 设备会实时地收集大量的数据。这些数据会被传送到计算机系统中进行处理。处理过程中,计算机会对数据进行去噪、滤波等操作,以提高图像的质量。此外,计算机还会根据不同的成像参数,如层厚、矩阵等,对数据进行重建,生成最终的 MRI 图像。

(5) 图像解读阶段　在 MRI 图像生成之后,医生会根据图像上的结构信息,结合患者的临床症状和其他检查结果,对患者的病情进行诊断。MRI 图像可以清晰地显示出人体内部的软组织结构,如肌肉、神经、血管等,因此对于许多疾病的诊断具有很高的价值。

知识点 3　核心技术问题

核磁共振仪主要由冷却系统、真空系统、电磁场、样品台和信号收集系统等组成。核心装置为产生磁场的磁体和提供共振所需频率射频的射频源。核磁共振仪的主要核心技术问题如下:

(1) 强大的恒定磁场　核磁共振仪需要一个强大且稳定的恒定磁场,通常使用超导磁体来产生高强度的磁场。恒定磁场

图 6-1-5　核磁共振仪

的大小直接影响到核磁共振信号的分辨率和灵敏度。这也是核磁共振仪最核心的技术,不仅需要采用超导线圈产生强大电流,也需要让超导磁体在极低温状态下工作。

(2) 射频脉冲发射和接收　核磁共振仪需要能够产生和控制射频脉冲的发射和接收系统。射频脉冲用于激发样品中的原子核,使其进入共振状态,并接收由共振信号产生的电磁波。

(3) 脉冲序列设计　脉冲序列是核磁共振仪中的关键技术之一。通过设计不同的脉冲序列,可以选择性地激发和探测不同的原子核,从而获取关于样品的更多信息,如化学位移、耦合常数、弛豫时间等。

(4) 数据采集和处理　核磁共振仪需要进行快速且准确的数据采集和处理。接收到的共振信号经过放大、模数转换和数字化处理,再进行傅里叶变换等数学运算,将信号转换为频谱图或图像,以供进一步分析和解释。

(5) 谱线解析和数据解释　通过比较实验测得的核磁共振谱线与已知的化合物谱线数据库进行匹配,以确定样品的化学结构和组成。

在过去的很长一段时间内,中国的核磁共振仪市场都被 GE、飞利浦、西门子等公司垄

断，核磁共振的仪器和维护费用也十分高昂。2023 年，我国自主研发的核磁共振仪在北京大学深圳医院已投入工作，且拥有 124 项先进专利，重点解决了"卡脖子"的技术难题。

6.1.6 手术机器人

知识点 1　定义

手术机器人是一种由工程师和医生共同研发和使用的高级医疗机器人系统。它结合了机器人技术和医学手术的专业知识，旨在辅助外科医生进行精确、精细和复杂的手术操作，如图 6-1-6 所示。手术机器人通常由控制台、机器人手臂、工具端效应器、视觉系统几个关键组件组成。

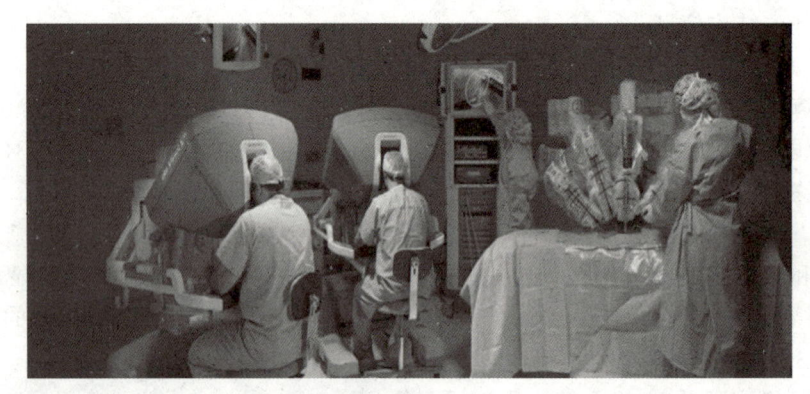

图 6-1-6　手术机器人

知识点 2　工作过程

整个手术机器人系统通过远程操作实现医生的指令，并将它们转化为机器人手臂的精确运动。医生可以在控制台上实时观察和控制手术过程，同时机器人手臂的稳定性和精确度可以帮助医生进行更精细和精确的手术操作，其主要部分及工作过程如下：

（1）操作控制台　外科医生通过操作控制台控制手术机器人的动作。控制台通常包括一个或多个显示屏，显示手术区域的实时图像，以及手动控制装置，允许医生以高度精确的方式操纵机器人。

（2）机械臂与工具　手术机器人通常配备多个机械臂，每个臂都可以独立操作。机械臂上附有精密的手术工具，如手术刀、剪刀、镊子、缝合器等。这些机械臂和工具通常能够模拟人类手臂和手的动作，但更稳定、精确。

（3）视觉与图像处理　手术机器人配备高清摄像头和内窥镜，用于提供手术区域的高分辨率图像。这些图像可以通过计算机处理，实时显示在医生的操作控制台上，帮助医生进行手术导航。

（4）机器人驱动与控制　手术机器人的机械臂通过先进的电动机和驱动系统进行精确控制。控制系统接收来自操作控制台的指令，驱动机械臂按照医生的意图进行操作。系统通常具有运动约束和安全机制，以确保手术过程中的精确性和安全性。

（5）手术过程　在手术过程中，外科医生坐在操作控制台上，通过手动控制装置和脚踏板操纵手术机器人，医生的手势和动作被转换成机器人机械臂的精确运动。手术机器人可以执行非常细微和复杂的操作，通常在患者体内通过微小的切口进行操作。

(6) 数据记录与远程操作 手术机器人可以记录手术过程的数据，供事后审查和教学之用。一些手术机器人支持远程操作，允许有经验的外科医生远程指导或协助手术，从而拓展了手术机器人的应用范围。

(7) 安全与冗余系统 设计手术机器人时考虑了安全性，配备了冗余系统、碰撞检测和故障保护机制，确保在发生故障或意外时能够及时应对，这些安全措施是确保患者和手术团队的安全的关键。

知识点 3 核心技术问题

手术机器人主要包括人机交互和显示、医学成像、系统软件、机器人设备、定位装置等功能模块，其核心技术问题主要有三个方面：手术机器人用减速器、伺服电动机、手术机器人用控制器。根据 OFweek 机器人网显示，在机器人成本构成中，减速器、伺服电动机、控制器分别占 35%、20%、15%，合计占比达 70%。

(1) 手术机器人用减速器 减速器是用于降低电动机输出速度并增加输出转矩的装置。减速器通常与伺服电动机配合使用，以提供更大的输出转矩和精确的运动控制。减速器在手术机器人中起到关键的作用，帮助机器人实现精细的手术操作。手术机器人中常见的减速器类型有行星减速器、谐波减速器、RV 减速器。

(2) 伺服电动机 伺服电动机是手术机器人实现精确控制和运动的关键组件之一。伺服电动机通常具有高精度、高功率和可靠性的特点，能够提供精确的位置和控制速度。

(3) 手术机器人用控制器 控制器是负责控制和管理机器人系统的核心组件。它包括硬件和软件部分，用于实现对机器人的运动、操作和感知的控制。主控制单元是手术机器人控制系统的核心，通常由高性能的计算机和控制板组成。控制算法是手术机器人控制系统的软件部分，用于实现各种运动和操作控制。这些算法包括运动规划、轨迹跟踪、碰撞检测、力矩控制等，以确保机器人的精确性、稳定性和安全性。手术机器人用控制器需要具备高性能、实时性和稳定性的特点，以确保精确的运动控制和操作执行。控制器的设计和功能取决于特定的手术机器人系统和应用需求，在手术机器人的开发和应用过程中，控制器的研发和优化至关重要，以提高手术机器人的性能和安全性。

手术机器人作为一种多学科医疗设备，涉及计算机科学、机械科学、微电子学、临床医学等学科。在手术机器人的系统软件中图像重建、空间配准和定位控制是最核心的部分，机器人手臂等硬件设备的设计需要结合具体的手术情况和重复性实验考虑，人机交互的主机也必须充分考虑医生的习惯和临床应用场景。多学科的整合意味着多种技术的协同合作，多学科交叉也使得手术机器人技术壁垒高。

6.2 光刻工艺认知与实训

6.2.1 光刻工艺技术概述

知识点 1 定义

光刻是加工集成电路微图形结构的关键工艺技术，对各层薄膜的图形及掺杂区域的确定起着决定性作用。它主要通过在半导体衬底表面涂上一层光刻胶，并使其在特定波长光源的照射下发生光化学反应，从而将掩模版上的电路图形信息复制、转印到半导体衬底或薄膜上。

19世纪末和20世纪初，人们开始利用光来制作印刷版和印刷图案。1962年，美国贝尔实验室的研究人员发明了第一台用于生产集成电路的光刻机。随着科学技术的不断进步，光刻技术不断发展，逐渐应用于半导体制造、微电子芯片等领域。20世纪70年代，光刻机开始采用紫外光源，使得分辨率得到了显著提高。21世纪以来，随着半导体器件及电路特征尺寸的不断减小，光刻技术仍在持续创新，多重曝光、多层光刻、极紫外光刻等新型光刻技术及相应设备也在不断涌现。可以说，经过近百年的发展，光刻技术不仅已经成为集成电路制造中不可撼动的核心环节，为现代电子产品的发展做出重要贡献，同时也在更多先进智能产品制造中彰显出其重要地位。

知识点2　工艺流程

光刻是集成电路制造过程用时最长、最复杂的工序环节。一般而言，完成一次光刻工艺，基本工艺步骤包括表面处理、旋转涂胶、前烘、对准与曝光、曝光后烘烤、显影、坚膜、刻蚀或离子注入、去胶，光刻基本工艺流程图如图6-2-1所示。

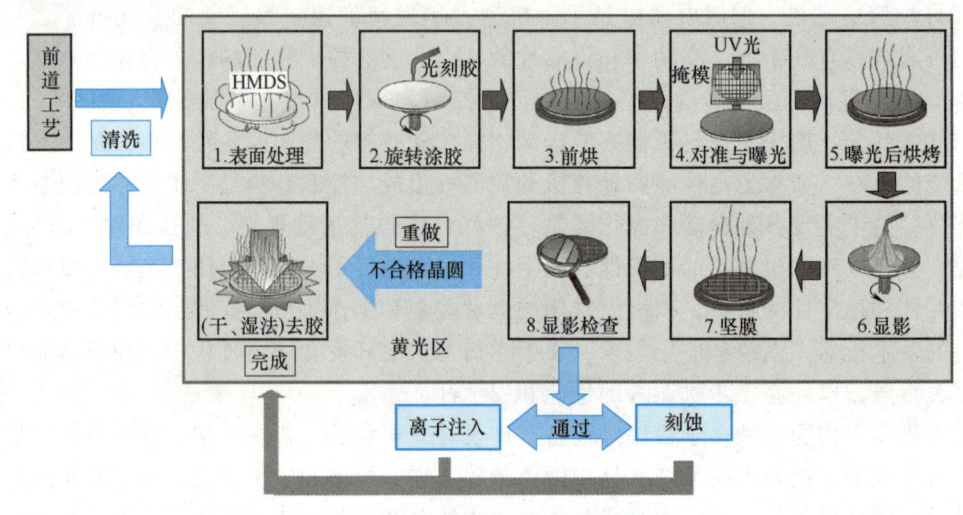

图6-2-1　光刻基本工艺流程图

1）**表面处理**。光刻前一定要先进行清洗以去除沾污物，然后为了增强晶圆表面同光刻胶（通常是疏水性的）的黏附性，要进行表面疏水化处理。通过加热去除吸附在晶圆表面上的湿气，称为脱水烘烤或预烘烤。较差的附着会导致光刻胶的图形化失效，而且在后续的刻蚀工艺中保护失效，只有洁净干燥的晶片才能使光刻胶在其表面上附着良好。一般将晶圆放在150~200℃的热平板上烘烤1~2min。烘烤之后，在正式涂胶之前，往往还需要进行底膜涂覆，使随后涂覆的有机光刻胶和无机硅衬底或硅化物晶圆表面的附着力增强，最常使用的底膜为六甲基二硅胺烷（HMDS），化学式为$(CH_3)_3SiNHSi(CH_3)_3$。对于分立式涂胶光刻设备，一般在表面处理反应室的封闭室内进行，HMDS通过蒸发进入反应室，并在预烘烤过程中沉积于晶圆表面，随后立即涂胶以保证效果不受干扰。而在先进的晶圆自动轨道系统中，表面处理反应室与涂胶机放在同一条生产线上。加热板烘烤后的晶圆被传送到下一操作台上，采用不同喷头先后依次完成底膜和光刻胶的涂覆。图 6-2-2 为预烘烤与底膜涂覆工艺过程。

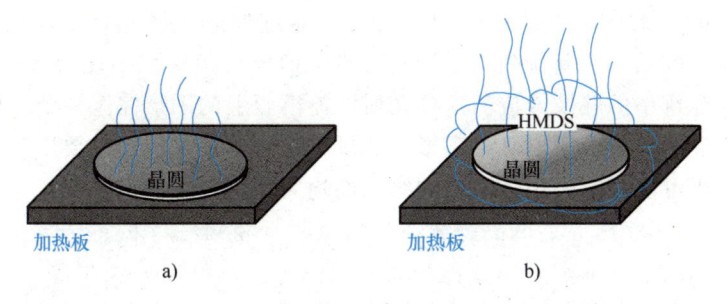

图 6-2-2 预烘烤与底膜涂覆工艺过程
a) 脱水烘烤 b) 底膜涂覆

2) 旋转涂胶。又称旋转匀胶，即在晶圆表面覆盖一层均匀且没有缺陷的光刻胶膜。目前广泛采用的方法有自动喷涂法和旋转涂胶法。自动喷涂法是将硅片放入涂胶机特定的承载托盘中，根据预先设定的程序进行喷涂，完成后由传送带将涂好的晶片送入前烘机。旋转涂胶法主要是把胶滴在晶圆片上，然后使其高速旋转，液态胶在旋转中因离心力的作用由轴心沿径向飞溅出去，但黏附在晶圆表面的胶受附着力的作用而被留下，在旋转过程中胶所含的溶剂不断挥发，最终得到一层分布均匀的胶膜，旋转涂胶法主要步骤如图 6-2-3 所示。

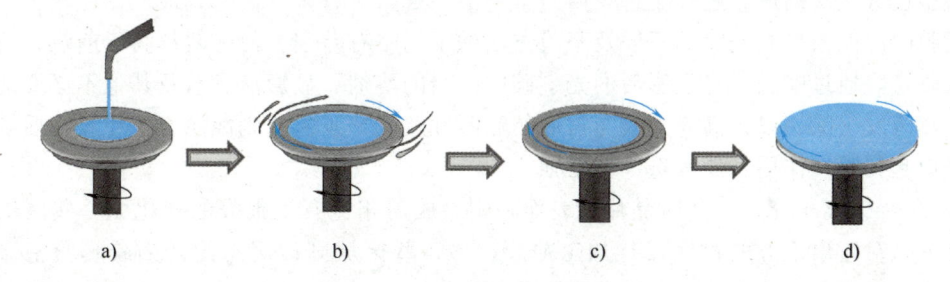

图 6-2-3 旋转涂胶法主要步骤
a) 滴胶 b) 旋转匀胶 c) 溶剂挥发 d) 成膜

3) 前烘。也称软烤（soft bake）。光刻胶通常包含 65%~85% 的溶剂，涂胶时溶剂会不断挥发，但形成的胶膜中仍然包含 10%~20% 的溶剂，需要经过烘烤进一步去除，同时增强光刻胶与晶圆片之间的黏附性，并缓和在旋转过程中光刻胶膜内产生的应力。

前烘是热处理工艺，其温度和时间非常关键，要根据具体采用的光刻胶和工艺条件而设定。一般情况下，前烘的温度在 90~120℃，时间一般为 30s~3min。前烘后溶剂的含量会进一步减少至 4%~7%，相应地，光刻胶的厚度也略微降低。由于前烘后，光刻胶仍然保持"软"的状态，所以又称软烤。

4) 对准与曝光。前烘后的步骤便是对准与曝光（alignment and exposure）。一个集成电路制造工艺往往需要经过很多次光刻才能完成。而对于第二层及以后的图形，光刻机都需要对准前层曝光所留下的对准标记，从而将本层掩模版图形套刻在已有的图形上，满足对准精度要求后才可以进行曝光。通常，套刻精度为最小图形尺寸的 25%~30%。曝光即感光，即利用特定波长的光能激活光刻胶中的光敏成分，促使其发生光化学反应。衡量光刻工艺好坏的主要指标（如分辨率、均匀性、套刻精度等）均与此步骤密切相关。

5）**曝光后烘烤**。曝光完成后，光刻胶需要经过再一次烘烤，称为曝光后烘烤（post exposure bake，PEB），简称后烘。后烘的目的在于通过加热，使光化学反应得以充分完成，使经过曝光的光刻胶结构重新排列，在光刻胶膜中形成可溶解和不能溶解于显影液的图形，同时也减轻影响分辨率的驻波效应。这些区域同掩模版上的图形完全一致，但都还留在晶圆表面上，没有被显示出来，所以又称潜影。后烘也是热处理过程，主要用于负胶工艺，温度和时间的设置不当可能会影响工艺窗口和线宽的均匀性。

6）**显影**。显影是把曝光后的晶圆放在显影液里，将可去除的部分光刻胶膜溶除干净，从而在留下的光刻胶上准确复现出原掩模版上的图形，以便在后续工序（如刻蚀）中起到选择性抗蚀保护的作用。正胶一般采用碱性显影液，如 TMAH（四甲基氢氧化铵）、KOH 等；负胶主要采用丙酮、丁酮等有机溶剂和抑制显影速度的缓冲剂。通过调整显影时间、显影液浓度和温度等参数，可提高曝光与未曝光部分光刻胶的溶解速率差，获得更理想的显影效果。

在集成电路制造过程中，光刻是极少数可返工的工序。因此通常在显影后会立即进行显影检测，利用显微镜或图像识别技术，检查显影后光刻胶图形是否存在缺陷，并与预存的标准图形进行比对。如果缺陷超过一定的数量，视情况可对该基片进行报废或返工处理。

7）**坚膜**。光刻胶显影后留下的图形一定要与晶圆黏附牢固，且没有变形。因此显影后往往会再进行一次烘烤，进一步将胶内残留的溶剂含量借着蒸发而降到最低，即坚膜。

坚膜的温度根据光刻胶的不同及坚膜方法的不同略有差别，但一般都高于前烘，所以又常称为硬烤。通过坚膜，将显影后的光刻胶中残余的溶剂、显影液、水及其他不必要的残留成分加热蒸发去除，以提高光刻胶与衬底的黏附性及光刻胶的抗刻蚀能力，使胶在后续工艺中更好地起到阻挡作用，使其选择性增强。

8）**刻蚀或离子注入**。此时晶片的表面和刚涂胶后相比有了很大的变化，一些区域的光刻胶已去除，露出下方的衬底或待加工薄膜，另一些区域则被固态的光刻胶膜紧密保护起来。这时如果进行其他工艺如刻蚀、离子注入等，由于光刻胶膜对衬底（或下层薄膜）的选择性保护，加工的区域就有了区别，实现了一次与掩模版图形相对应的选择性加工。

9）**去胶**。光刻胶膜本身并不能作为器件或电路的材料构成，在与其他工序配合完成一次图形转移制作后，需采用干法或湿法去除。干法去胶是利用等离子体中的轰击或发生反应，干净无污染，但对设备要求高。湿法去胶则利用有机或无机溶剂（如丙酮、浓硫酸）将胶膜溶解掉，方法简单易于实现，成本低，在中小规模生产及实验室中依然是主要去胶方式。

知识点3　光刻在微纳米器件及集成电路制造中的应用

在过去几十年中，光刻技术迅猛发展，成为推动集成电路和微纳米器件制造的关键技术之一。通过高分辨率、高精度的图案转移，光刻技术在芯片制造、集成电路生产以及生物医学、光子学和纳米器件等领域展现出广阔的应用前景，推动了信息技术和科学的发展和进步。

首先，光刻在半导体器件和集成电路的制造与发展中始终扮演着至关重要的角色，它可以制造出微处理器、存储器和传感器等各种微型电子元器件，其应用贯穿从设计到成品整个制造过程。在设计阶段，光刻被用于制作设计电路的掩模，即通过将设计好的电路图案转移到掩模上,以便在后续的制造过程中将图案转移到硅片或其他基材上。这一步骤是实现集成电路精细化、复杂化图形制作的前提和关键。而在制造阶段,光刻技术更是核心环节。利用光刻机,将设计好的电路图案转移印制到光刻胶上,并通过化学处理和刻蚀等步骤形成微纳米级别的电路结构,形成各种晶体管、电阻、电容等元件。这一过程需要极高的精度和稳定性,以保证最终高效、准确地制造出满足性能要求的集成电路。

此外,光刻技术还在其他领域展现了潜在的应用价值:

1) 微纳结构制造。利用光刻技术可以制造出尺寸极小的微纳结构,如金字塔阵列、纳米点阵等,这些结构具有新颖的物理、化学性能,可用于制造高效能传感器、太阳能电池等。

2) 特殊材料制备。利用光能对部分区域进行定位加工,还可以制备出具有特殊性能的材料或异质结构,从而在能源、环境保护等领域具有潜在的应用前景。

3) 生物医学。光刻技术还可以用于生物芯片和生物传感器的制造。通过将微米级别的结构和通道刻写在芯片表面,可实现实验室在芯片上的自动化和高通量分析,推动生物医学研究和诊断技术的发展。

4) 光子学。光刻技术在光学器件的制造中也起到关键作用。通过刻写微米级别的光子晶体结构和波导器件,可实现光学芯片的制造,从而应用于光通信、光传感和光电子学等领域。

5) 纳米器件。先进的光刻技术还可以实现纳米级别结构和器件的制造(如纳米线、纳米管等),拓展了纳米器件的应用领域。

综上,光刻在以微纳米器件与集成电路为代表的各类智能制造领域发挥着举足轻重的作用。而随着科技的不断发展,光刻在电子、光电子、生物医学、能源和材料等众多领域的应用还会更加广泛,在持续推动微纳米制造业的进步和发展中继续扮演着重要角色。

6.2.2 光刻设备与工具

知识点1 光刻机

集成电路制造包括多个单项工艺,如初步氧化、薄膜沉积、光刻、刻蚀、离子注入等。过程中先后需要用到氧化炉、光刻机、薄膜沉积设备、刻蚀机、离子注入机,以及抛光、清洗及检测等工序需要的多种设备。而光刻机是其中最复杂、最昂贵的一种。这不仅是因为在整个芯片制造过程中,光刻工艺是最核心,也是最复杂的工艺环节,有着复杂的工序步骤。同时也是因为实现精细、微小尺寸的制作和复制,必须依靠先进智能的设备系统(如曝光机)。

按照发展历程,光刻机经历了接触式光刻、接近式光刻、光学投影光刻、步进重复光刻、扫描光刻、浸没式光刻、极紫外(EUV)光刻的发展历程,如图6-2-4所示。

接触式光刻机、接近式光刻机从20世纪60年代初就开始用于集成电路的生产,其最高分辨率可以达到亚微米级,掩模版上的图形与曝光在衬底上的图形在尺寸上基本是1:1的关系,整个衬底可以一次曝光完成。在接触式光刻、接近式光刻中,为了减小光的衍射效应以便实现较小特征尺寸,掩模版一般会与晶圆片上的光刻胶膜直接接触或距离很近,这容易使掩模版在曝光过程中受到污染或产生划痕,进而导致器件或电路单元上产生致命缺陷,使缺陷率较高、成品率低。但该类设备结构简单,维护和使用成本低,因此至今仍用于小尺寸

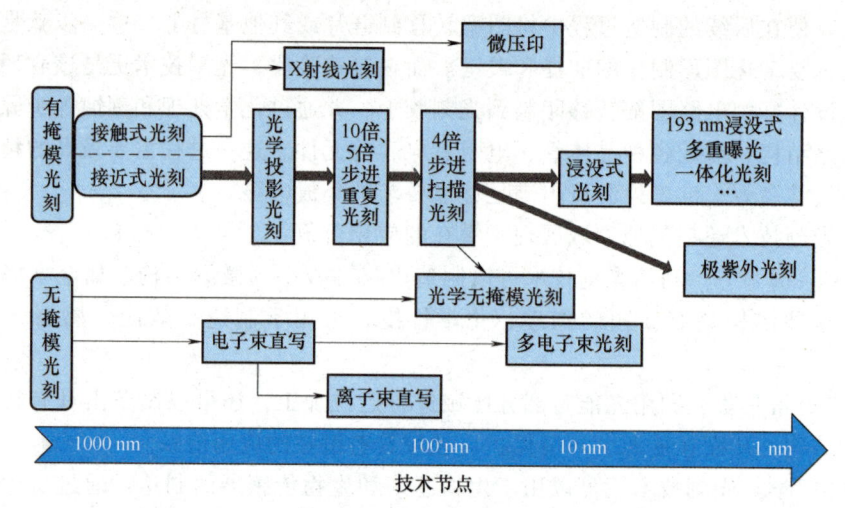

图 6-2-4　光刻机主要发展历程

晶圆的工业批量生产,是微米级器件以及特征尺寸在 3μm 以上的集成电路制造的首选光刻方式。

　　光学投影光刻机在 20 世纪 70 年代中后期开始出现,成为先进集成电路大批量制造中主流的光刻形式。它将掩模版上的电路图形通过一个投影物镜成像再进行曝光,从而将图形转印、记录在光刻胶上。早期的光学投影光刻机的掩模版与衬底图形尺寸比例为 1∶1,通过扫描方式完成整个衬底的曝光过程。随着集成电路特征尺寸的不断缩小和衬底尺寸的增大,能缩小倍率的步进重复光刻机问世,替代了 1∶1 扫描式光刻,成为光刻工艺发展史上最重要的设备之一,极大地推动了光刻亚微米级工艺向量产阶段迈进。当集成电路图形特征尺寸小于 0.25μm 时,又推动了更为先进的步进扫描光刻机问世。在当前较为先进的 10nm 以及 7~5nm 技术节点集成电路的大规模生产中,步进扫描光刻都是主流方式。

　　分辨率是对光刻工艺加工可以达到的最细线条精度的一种描述方式,是评判光刻工艺质量好坏最重要的性能参数。根据瑞利判据可知,提高光刻机分辨率的理论和工程途径是减小波长（λ）、增大数值孔径（NA）,以及减小 k_1（k_1 是一个与光刻胶材料和生产工艺相关的常数）。在光刻机的发展历程中,主流的曝光波长正是从 g 线（436nm）、i 线（365nm）、KrF（248nm）、ArF（193nm）,一直缩减到 EUV（13.5nm）。而对于只能使用全反射投影成像光学系统的 EUV 光刻机要想继续缩短波长到 6.8nm,还存在着巨大的工程技术挑战。

　　提高光刻分辨率的有效方法还有增大成像系统的数值孔径。传统的光刻技术中,镜头与光刻胶之间的介质是空气,浸没式光刻技术通过将空气介质换成液体（通常是折射率为 1.44 的超纯水）,可以在设备其他参数保持不变（如相同波长光源下）的情况下实现更高的成像分辨率。也可以说,浸没式光刻是利用光通过液体介质后光源波长缩短来提高分辨率的,其缩短的倍率则与选用的液体介质的折射率相对应。

　　系统数值孔径的增大,使浸没式成像系统与干式成像系统相比,在相同分辨率与对比度的要求下,有效焦深范围得到了进一步提升,可以满足 45nm 以下成像分辨率的工艺要求。而且由于浸没式光刻机仍然沿用 ArF 光源,设备整机系统方案没有太大变化,节省了光源、设备及工艺的研发成本,保证了工艺的延续性。如果再结合多重图形技术、高精度在线检测与一体化计算光刻技术，浸没式光刻机性能还可以继续提升，可应用于22nm及以下工艺节点，甚至是7nm工艺节点，有效地解决了EUV光刻机成熟量产前集成电路工艺的发展问题。

电子束光刻是无掩模光刻中具有代表性的光刻工艺，是利用计算机输入的地址和图形数据，控制聚焦电子束或离子束在涂有感光材料的晶圆片上直接绘制出电路版图，因此，电子束光刻又称为直写式光刻。由于电子束光刻机工作时需要根据扫描场尺寸将集成电路版图细分为若干图形组，进行扫描式曝光，效率不高，很难适用于大批量集成电路生产。如何进一步提高批量生产的曝光效率，是正在开发的下一代生产型电子束光刻系统（如反射式电子束光刻系统、接近式电子光刻系统和多电子束光刻系统等）的主要任务。

尽管上述光刻机各有特点，但要想实现微图形的精准转移和印制，一台光刻机必须具备曝光光源、光学系统和支撑定位平台几大组成部分。曝光光源用于产生高能量、高稳定性的紫外光或深紫外光，是光刻机的核心部分。光学系统使光透过掩模照射或投影到晶圆表面，需要保持高分辨率和对准精度。以光学投影系统为例，包含了透镜、反射镜和光学调节系统。支撑定位平台，在曝光过程中用于对晶圆进行支撑以及精确的移动，具有越高精度的定位系统，越能更好地确保掩模上的图形精确地投影到晶圆表面。除此之外，先进的光刻机还具备用于支撑和定位掩模的掩模台，用于控制整个曝光过程的各个参数，确保曝光过程的稳定性和可靠性的控制系统，以及在曝光过程中用于对掩模和芯片进行精确对准的自动对准系统等。这些精密的光学、机械系统和智能部件，构成了光刻机的整机结构，共同成就微纳器件和集成电路中电路图形的精确投影和制造。

知识点 2　光刻胶

光刻胶又称光致抗蚀剂，是一种光照后能改变抗蚀能力的高分子化合物。当受到特定波长光线照射后，光刻胶会发生化学反应，导致其内部分子结构发生变化，从而使其在某些特定溶液中的溶解特性发生改变。晶圆片表面在涂覆上光刻胶后，如果选择性的只对部分区域光照，就会使这种光化学反应仅发生于光照区域，从而使得光照部分与未受光照部分在某些溶液中的溶解特性产生差异，实现部分区域光刻胶的去除和其他区域光刻胶的保留，以便在后续其他工序加工时，选择性地保护下层材料不受影响，实现图形的制作。

根据曝光后发生的变化和在显影液中的溶解度不同，光刻胶一般分为正性光刻胶（简称正胶）和负性光刻胶（简称负胶）两类。前者光致不抗蚀，感光部分能被特定的溶液溶解而留下未感光的部分，所得的图形与掩模版图形相同。后者则光致抗蚀，未感光部分能被特定的溶液溶解而感光的部分留下，所得的图形与掩模版图形相反，如图6-2-5所示。

目前使用的光刻胶既可以根据光化学反应机理分为传统光刻胶和化学放大型光刻胶，也可以按感光波长分为紫外、深紫外、极紫外、电子束、离子束及X射线类光刻胶。光刻胶的选择对光刻分辨率也有着直接影响，在瑞利判据中，主要体现为减小k_1。此外，在集成电路制造中还会用到一些与光刻胶配套使用的试剂，包括增黏剂、稀释剂、去边剂、显影液和剥离液等，而大部分配

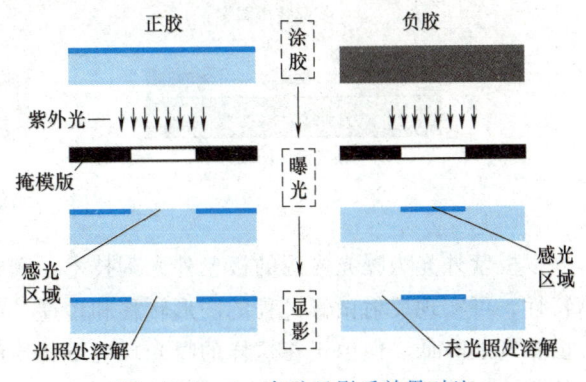

图6-2-5　正、负胶显影后效果对比

套试剂的组分是有机溶剂和微量添加剂。

知识点 3 掩模版

光刻掩模版由玻璃或石英板制成，表面涂有硬质材料，如铬或氧化铁。掩模版是光刻过程中原始图形的载体，它包含了要在晶圆片上复制生成的图形。通过曝光和显影过程，这些图形信息将传递到晶圆片上。尽管电子束等无掩模光刻技术可以实现高达纳米级的高分辨率。但由于图案以串行方式绘制转移到晶圆上，在一个步骤中只曝光一小部分晶圆，因此产量低，不适合大规模生产。而在有掩模光刻中，大面积晶圆同时曝光，并在大面积上绘制图案，从而能在1h内制造出高达数十片的高通量器件。因此，不管从光刻技术发展还是生产应用角度，掩模版都被视为光刻的三大要素之一。

按照材质来分，常用的掩模版分为匀胶铬版光掩模、相移式掩模和不透光钼硅掩模等。随着极紫外光刻技术的发展，出现了适用于 EUV 光刻机的极紫外光掩模技术。匀胶铬版光掩模是在平整的光掩模基板玻璃上通过蒸发或溅射沉积厚约 0.1μm 的铬-氧化铬膜而形成的镀铬基板，再涂覆一层光刻胶或电子束抗蚀剂制成的匀胶铬版。它具有高敏感度、高分辨率、低缺陷密度的特点，是制作微细光掩模图形的理想感光性空白版。相移式掩模则是在传统匀胶铬版光掩模的基础上，利用光学相位差来进行光强补偿，从而增加光强对比度的一种掩模技术，在瑞利公式中归结为对 k_1 值的改善，一般掩模与相移式掩模对比图如图 6-2-6 所示。显然，当集成电路图形的关键尺寸和间距达到曝光光源的波长极限时，一般掩模在光学衍射作用下，相邻部分的光强将相互叠加，导致投影对比度不足而无法正确成像。而相移式掩模则在相邻透光层之间添加了相位移涂层，以抵消光束间的衍射作用，提升了曝光分辨率的极限。不同曝光波长的光刻机需要分别使用对应波长的移相式掩模。

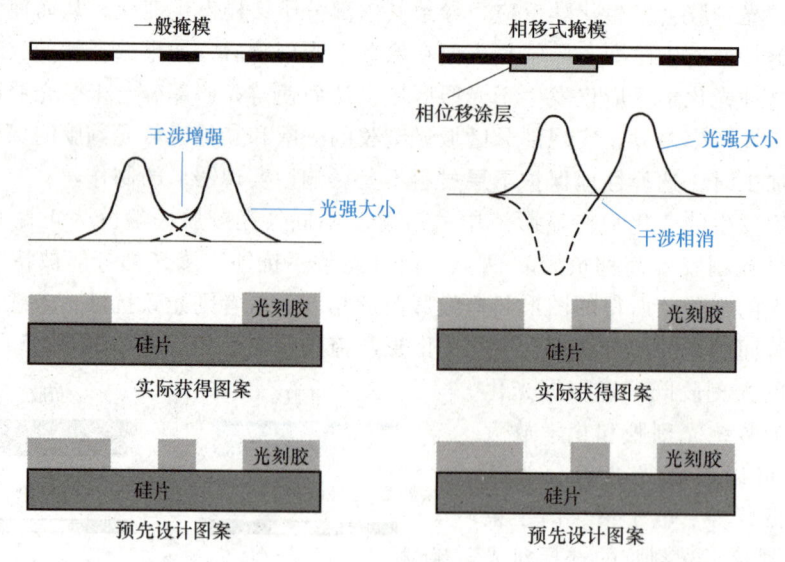

图 6-2-6 一般掩模与相移式掩模对比图

以极紫外光为曝光光源的极紫外光刻技术，曝光波长极短（13~15nm），具有 X 射线光谱特性，可实现反射微影过程的图形转移和传递几乎无失真，因此掩模设计和相关工艺复杂程度相应地降低。但由于在这样的曝光环境下物质吸收性很强，传统的穿透式掩模版无法继续使用，而要改用适应反射式光学系统多层堆叠结构的反射型掩模版，主要包括顶部覆盖层钌（Ru）、吸收层 TaN，以及由 Mo/Si 组成的多层结构的中间层等，如图 6-2-7 所示。

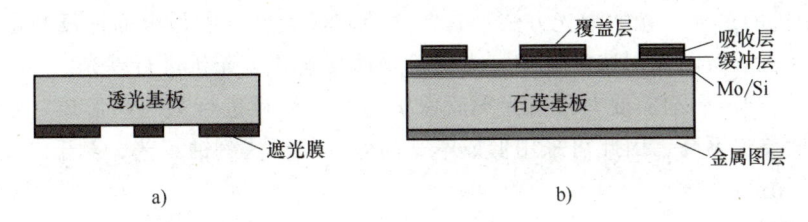

图 6-2-7　传统穿透式光掩模与极紫外光掩模的对比图
a）传统穿透式光掩模版　b）极紫外光掩模版

6.2.3　光刻制造薄膜微图形实训

【任务描述】

光刻是一种图像复印同刻蚀相结合的综合性技术。它采用类似于照相复印的方法，利用光刻机将预先根据版图设计制作的掩模版上的电路图形精确地转移复印到涂有光刻胶的待刻蚀材料（SiO_2、多晶硅等薄层）表面，显影后在光刻胶的选择性保护下对下层的材料进行其他工序（如刻蚀、离子注入等）加工，从而在这些材料上完成一次所需要的图形的制作或区域性加工。单一光刻工艺得到的光刻胶图形仅仅是电路图形（掩模版）的初步转印，并不会作为最终器件的构成部分保留下来。需要在光刻胶的辅助下，使用其他工序进一步对下层材料进行加工才能实现真正的图形转移，如用刻蚀工艺去除。因此人们常把光刻、刻蚀工艺放在一起，统称为图形制作类工艺。在集成电路制造过程中需要经过多次光刻，尽管每次的目的图案都各不相同，但完成一次光刻的基本流程都一样，其目的也都是完成一次微图形的制作和转移。

【任务要求】

1）在预处理好的硅片上，通过对涂胶机设定参数和正确操作进行涂胶。
2）根据前烘及坚膜的目标要求，调整烘胶台参数。
3）设定、调整曝光机系统参数，完成硅片的正确曝光。
4）配置腐蚀液，完成硅片上微图形的刻蚀制作任务。

通过一次完整的光刻工艺并结合湿法刻蚀，将掩模版上的图形转移到覆盖有二氧化硅薄膜的硅片衬底上，制作出微图形。

【学习目标】

1）掌握光刻工艺的基本操作方法、步骤和目的。
2）利用光刻和刻蚀工艺进行图形转移和微图形的制作。
3）掌握光刻工艺流程中相关设备的使用方法和功能。

【任务准备】

1）根据 6.2.1 所述的光刻步骤和目的，本实训主要包括表面处理、涂胶、前烘、曝光、显影、坚膜、刻蚀（其他工序）、去胶 8 个步骤，需要用到的设备和材料主要包括匀胶机、光刻机、烘胶台、带二氧化硅膜的硅片、光刻胶、掩模版等。

2）光刻胶的选择。负胶制作图形是一种常用而且比较容易控制的工艺，具有很高的感光速度、极好的黏附性和抗蚀能力，成本低，但其所得图形的分辨率较低，线条较粗，适合在制作较大特征尺寸时采用，目前集成电路生产中制作细线条一般使用正胶。

3）光刻机的选择。光学曝光方法最具普适性和代表性，能最全面地反映出光刻技术涵盖的要点和设备对微图形制造的影响。本实验采用接触式曝光机进行曝光。

4）图形的刻蚀。当需要对没有光刻胶保护的下层材料进行刻蚀而形成一定图形时，实验中线条精度要求不高，因此可采用低成本、高效率的湿法刻蚀工艺，对于二氧化硅采用的刻蚀液是氢氟酸缓冲剂。

【任务实施】

（1）表面处理　将清洁好的硅片放置于烘胶台上进行烘烤，去除水分，设置温度为80℃，保温10min。

（2）涂胶　将硅片放置于匀胶机上，采用旋涂法对其表面进行涂胶，匀胶机主要部件构成如图6-2-8所示。匀胶机转速为5000r/min，旋转30s。涂胶的要求是黏附良好、均匀、厚薄适当。

匀胶机使用方法如下：

1）打开设备电源和真空泵电源。

2）将设备旋转盘保护上盖旋开，确认好需要加工基片配套的吸盘，将吸盘放在匀胶机电动机轴套上，注意吸盘的方向，要确认放稳、放平。

3）将硅片放到吸盘上，从冰箱中取出避光存储的光刻胶，用胶头滴管滴涂在硅片上。

4）打开控制面板上的〈真空〉按钮，吸盘上形成真空。

5）盖好保护上盖。

6）设置匀胶时间和转速后，按下〈启动〉按钮。

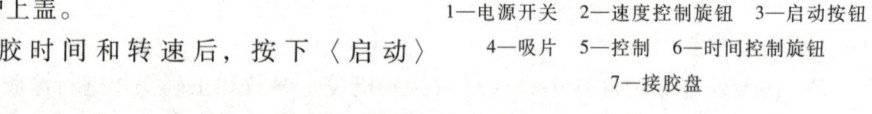

图6-2-8　匀胶机主要部件构成
1—电源开关　2—速度控制旋钮　3—启动按钮
4—吸片　5—控制　6—时间控制旋钮
7—接胶盘

7）待旋转完全停止后，关闭真空电源取出硅片。

注意事项：〈真空〉按钮没有按下时，匀胶工作不能进行。

（3）前烘　涂胶后的硅片放置在90°的烘胶台上烘烤10min，促使胶膜体内溶剂充分挥发，使胶膜干燥，以增加胶膜与SiO_2膜的黏附性和胶膜的耐磨性。

（4）曝光　在涂好光刻胶的硅片表面覆盖掩模版，用接触式曝光机的汞灯紫外光进行选择性的照射，使受光照部分的光刻胶发生光化学反应。接触式曝光机主要部件构成如图6-2-9所示。

光刻机（以BG-401A型光刻机为例）使用方法及详细操作步骤如下：

1）打开汞灯电源，等待1~2min后，长按触发按钮3~5s点亮汞灯，观察汞灯是否点亮，再等待15min让汞灯稳定。

2）打开光刻机电源和显微镜灯的电源（显微镜灯无需开到最大亮度）。

3）打开机械泵及压缩机。

4）装载掩模版，将图形面朝上（装载时一定要检查是否吸牢，操作时注意保护模版，不能用手触摸掩模版）。

5）设定曝光时间（如30s）。按〈SET〉键→输入所需时间→按〈ENT〉键确定。

6）放置样品，将样品放到合适区域→吸片→将样品推入曝光区→旋左边的〈抬升旋钮〉（先顺时针旋粗旋钮，听到"咔"的声音即可，再旋紧细旋钮）→按〈锁紧〉按钮→按〈曝光〉按钮（曝光时眼睛不要盯看曝光光源，不要产生任何振动以免影响光刻精度）。

7）曝光后，逆时针旋〈抬升按钮〉（先细后粗，与开始时相反）→取消吸片→取出样品。

8）完成全部实验后关机包括：①卸载掩模版，旋开旋钮→取出掩模板台→多次按〈ESC〉键至取消掩模吸附→取下掩模版；②关闭机械泵和压缩机（或气瓶）→关闭显微镜灯电源→关闭光刻机电源→关闭汞灯电源。

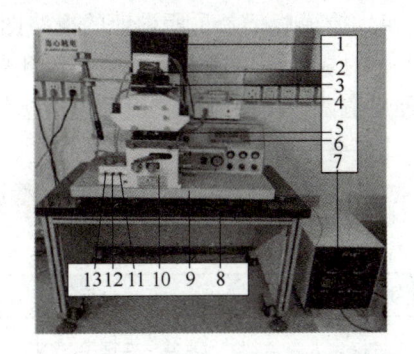

图 6-2-9 接触式曝光机主要部件构成
1—曝光系统 2—双目显微镜组 3—显微镜焦距调节按钮 4—冷光源控制器 5—掩模及载片台组 6—电气控制组 7—汞灯整流器箱 8—光刻机操作台 9—基座组 10—对准工作台 11—吸片开关 12—真空复印开关 13—曝光开关

注意事项：

① 开机时，必须先打开主机电源，然后再打开汞灯电源；关机时则先关闭汞灯电源，再关闭主机电源。

② 汞灯在切断电源或自行熄灭后，必须将汞灯整流器的电源拨至〈关〉。待汞灯完全冷却后才能再次起辉，时间约为 15min。

(5) **显影及镜检** 用镊子夹住硅片在显影液中晃动 60s 去除部分光刻胶，然后在去离子水中晃动 30s，以显现出三维立体的光刻胶图形。随后利用显微镜检查光刻质量，观察图形边缘是否整齐，有无皱胶、胶发黑和浮胶，硅片表面有无划伤以及是否套准。如出现问题则去胶返工并分析原因。

(6) **坚膜** 坚膜可以使胶膜与硅片之间紧贴得更牢，同时也增强了胶膜本身的抗蚀能力。具体操作是将硅片放在 130℃ 的烘箱或烘胶台上烘烤 20min。

(7) **刻蚀** 用刻蚀液将无光刻胶膜保护的氧化膜腐蚀掉，有光刻胶覆盖的区域保存下来，实现微图形向下层胶膜的转移。具体过程为把硅片在氢氟酸缓冲剂（$HF:NH_4F:H_2O = 3:6:10$）的 40℃ 水浴中刻蚀 2min，冲洗干净后即可利用显微镜观察图形。

(8) **去胶** 选择光刻胶对应的溶剂（如丙酮），将腐蚀后的硅片浸入后轻轻晃动十几秒，使表面剩余部分的胶全部溶解，并用去离子水冲洗干净。

完成上述所有步骤后，通过显微镜再次对硅片进行检查。一般光刻的基本要求是：窗口边缘平整、无钻蚀、无毛刺、无针孔或无小岛，操作正确、完成度高的光刻工艺后所观察到的微图形应该清晰可辨，且与掩模版完全对应。

实验注意事项：

1）光刻需要在暗室中进行，严禁随意开灯或进出实验室，以免干扰影响实验。

2）光刻机为精密仪器，在使用过程中，各运动部件如发生故障及机件卡塞等现象，必须停止使用，查明原因以免造成损坏。不使用时，应罩好防尘罩，以免灰尘及其他污物侵入光学零件，影响观察。

3）光刻过程中会用到多种化学试剂，如光刻胶、显影液、刻蚀液等。实践过程中，注意遵守实验室安全规范要求，穿好实验服及手套、口罩，认真阅读相关设备药品说明书和使用注意事项。切勿用手直接碰触任何化学试剂、样品、掩模版及显微镜镜头。

4）掩模版记录了所设计的电路图形信息，掩模版的损伤会直接造成图形的不完整、露光等，对成品率造成直接影响，因此要妥善保管，注意不要划伤或污染掩膜版。每次使用前应彻底清洗，使用时严禁用手直接接触掩模版。

【任务评价】

对任务的实施情况进行评价，评分内容及结果见表 6-2-1。

表 6-2-1　光刻制造薄膜微图形实训评价表

序号	检查项目	内容	评分标准	记录	评分
1	硅片处理（10分）	对硅片进行预烘干、前烘及坚膜等操作	1. 明确各步骤的目的和意义（5分） 2. 能正确使用热处理设备设定参数并完成操作（5分）		
2	光刻胶涂覆（20分）	利用涂胶机在硅片上实现光刻胶的均匀涂覆	1. 了解光刻胶特性和涂胶机工作原理（10分） 2. 能正确设置涂胶机参数完成涂胶（10分）		
3	曝光机操作（30分）	启动曝光机、设置参数、完成曝光	1. 能正确开启曝光机（5分） 2. 能正确安装掩模版和硅片（7分） 3. 能设置调整曝光参数（8分） 4. 完成图形曝光（10分）		
4	显影检测（10分）	控制显影参数，观察图形效果变化	1. 了解显影液选择原则及显影影响因素（5分） 2. 控制显影时间，观察显影效果（5分）		
5	图形刻蚀（20分）	配置腐蚀液，刻蚀图形	1. 腐蚀液配置选择正确（4分） 2. 工具选择正确（4分） 3. 腐蚀操作正确（10分） 4. 完成图形刻蚀（2分）		
6	职业素养（10分）	安全文明操作	1. 劳动保护用品穿戴整齐（1分） 2. 安全、正确、合理使用工具（1分） 3. 遵守安全操作规程（2分）		
		团队协作精神	1. 尊重指导教师与同学，讲文明礼貌（1分） 2. 分工合理，能够与他人合作、交流（1分）		
		劳动纪律	1. 遵守各项规章制度及劳动纪律（2分） 2. 实训结束后，清理现场（2分）		

6.3　工业机器人关键部件拆装实训

6.3.1　典型六轴机器人拆装实训

【任务描述】

完成六轴机器人部分本体结构拆装。

第6章 复杂工程系统中的典型装备认知与实训

【任务要求】
1）无损完成机器人电缆线束拆装。
2）无损完成机器人上臂结构件拆装。
3）无损完成机器人下臂结构件拆装。

【学习目标】
1）掌握机器人的本体结构组成相关知识。
2）掌握拆装机器人本体结构的基本方法。

【任务准备】

1. 机器人本体结构认知

工业机器人本体根据负载、关节驱动方式和生产厂家不同具有多种结构形式。工业机器人一般由基础部件、依次连接的六个关节结构件、各关节的驱动电动机和减速器、集成固定的线缆、机器人控制柜和示教器、末端执行器和其他工作装置外设等组成。六个关节的结构件、驱动件和传动件共同构成工业机器人本体。

工业机器人本体根据负载、关节驱动方式和生产厂家不同,可具有多种结构形式。典型六轴工业机器人结构组成如图6-3-1所示。六轴工业机器人的自由度如图6-3-2所示。

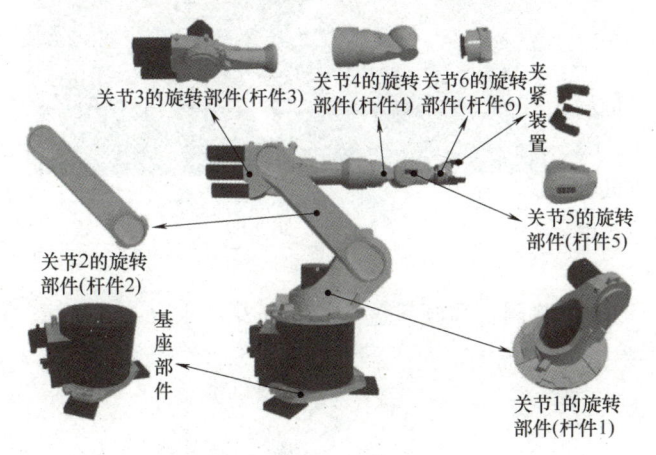

图6-3-1 典型六轴工业机器人结构组成 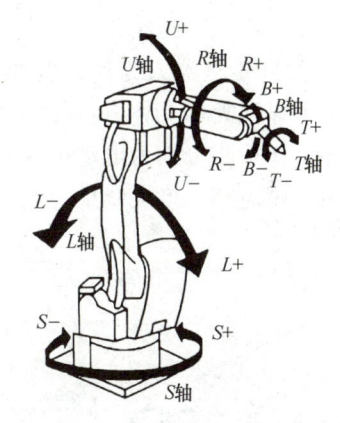　　图6-3-2 六轴工业机器人的自由度

2. 管线的布局认知和拆装

工业六轴机器人的布线通常分为两类:**本体走线**和**末端带载工具走线**。其中,本体走线是指六个电动机的动力线、编码器线,以及预留的气管和I/O线。末端带载工具走线包括气源线、总线电源、总线信号线、I/O线等。当机器人连接到示教器、控制柜时,还会涉及机身外的走线。

（1）**本体布线**　工业机器人本体的线缆和气管在设计和装配时除了保证功能无障碍、不限制机器人运动外,还需要满足环保、阻燃、耐油、耐高低温、耐扭曲、高柔软、高耐磨、抗干扰、美观、装配易操作、易维护等性能和安装维护要求。合理的电缆和气管选型、布置,不仅能大幅减少故障问题,还可大幅缩短安装、维修工时,提高生产率和维修效率。

（2）**末端工具走线方式**

1）外部管线包。外部管线包用于对手腕运动的灵活性和复杂性要求不高的场合,连接点位于大臂侧面和上臂上部。电缆和软管通过夹具和支架沿着上臂和下臂布线,上臂可设置调节支架，用于缩短或延长电缆，避免机器人移动时干涉转动。通过这些固定支架从外部走线可以非常快速、准确地移除或更换完整的管线包，灵活性、装配性好，但占用的空间较大。

2）具有缩回功能的外部走线。机器人的工艺电缆在上臂外侧布线，相比外部走线，具有缩回功能，可在运动过程中保持电缆贴近手臂，而不是预留空间形成干涉。这使得线缆相对来说更紧凑一些，适用于对手腕活动的灵活性和复杂性要求中等的场合。

3）集成内部走线。这种类型的管线包为复杂手腕运动的操作提供了高标准的灵活度。工艺电缆在机器人的上臂内部布线，并穿过机器人手腕，电缆跟随机器人手臂的每一个动作，而不是以不规则的方式摆动，这使得电缆在内部更加牢固，减少了磨损，同时避免了焊接飞溅、热量和碰撞的影响。由于没有外部电缆，这使得手腕更加紧凑，便于在狭小空间内布置。

【任务实施】

1. 机器人电缆线束拆装

以 ABB 机器人为例，电缆线束的布局如图 6-3-3 所示。图中 A、B、C、D、E、F、G、H 所指分别为电动机轴 6、电动机轴 5、电动机轴 4、电缆线束、电动机轴 3、电动机轴 2、线缆连接平板、电动机轴 1。

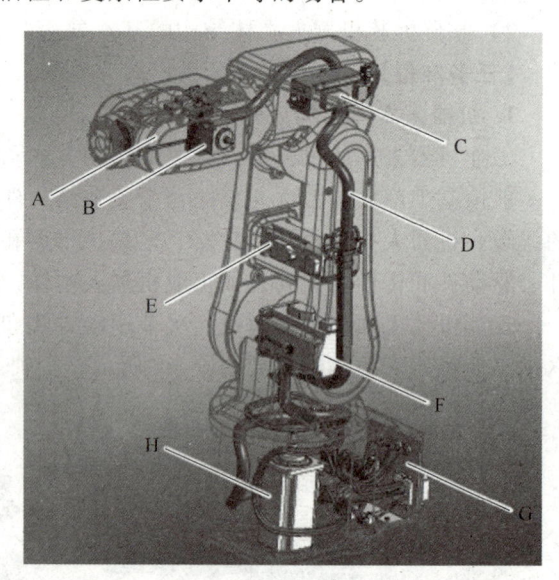

图 6-3-3　电缆线束的布局

1）卸除手腕中的电缆束。卸下两侧的手腕侧盖和倾斜盖，如图 6-3-4、图 6-3-5 所示。

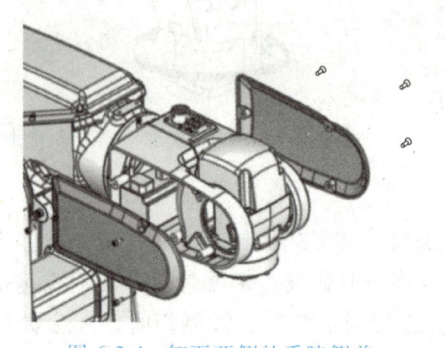

图 6-3-4　卸下两侧的手腕侧盖

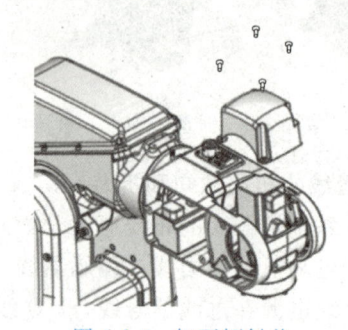

图 6-3-5　卸下倾斜盖

拧下轴 5 上固定夹具的连接螺钉，卸下轴 5 上的连接器底座，如图 6-3-6 所示。卸下连接器盖，拧下轴 6 上固定夹具的连接螺钉，断开连接器，拧松固定轴 5 的止动螺钉，倾斜轴 5，卸下同步带，如图 6-3-7 所示。至此，可将轴 5 和轴 6 上的电缆拔出手腕壳。

2）卸除上臂壳体中的电缆束。拧下将电缆线束固定在支架上的两颗止动螺钉。让支架仍固定在壳体中。卸下壳体盖，将电缆线束拔出手腕壳，拖到轴 4。断开电缆支架处的电缆线扎，可将电缆线束拔出上臂壳。

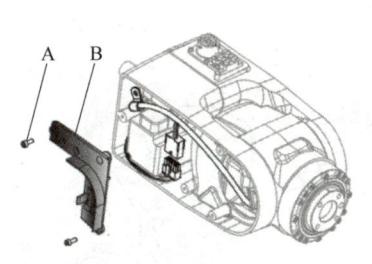

图 6-3-6　卸下轴 5 的连接器底座

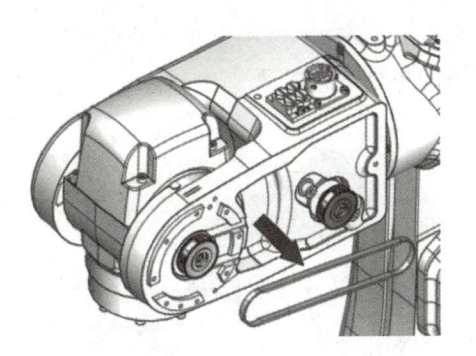

图 6-3-7　卸下同步带

3）**卸除下臂中的电缆束**。卸下下臂盖如图 6-3-8 所示，断开轴 3 电缆的电缆线扎，将电缆线束拔出上臂壳，拖到轴 3。断开连接器，从下臂平板分离电缆支架。拧下摆动壳与底座之间剩余的六颗止动螺钉，小心地抬升机器人，将它放在靠近机器人底座的位置。断开轴 2 处的电缆线扎和连接器，卸下电缆导向装置。

4）**卸除底座中的电缆束**。第一步，断开电缆线扎（图 6-3-9），先卸下电缆线束上的电缆支架 B，卸下支架后拧紧连接螺钉 C 整理电缆线束，将它拉入电动机下方的轴 2 中，再割断电动机轴 1 处将电缆线束和通气软管固定在摆动平板 A 上的电缆线扎 D。第二步，拆卸下底座盖（图 6-3-10），先通过卸下连接螺钉从机器人平板 B 上卸下底座盖 A，断开电池组 E 上的连接器电缆，再拧下固定带电池组支架 D 的止动螺钉和固定电路板 C 的止动螺钉，断开电路板上的连接器和割断电缆线扎 F，小心地推拉整个电缆线束经过电动机轴 1，至此可卸下整个电缆线束。

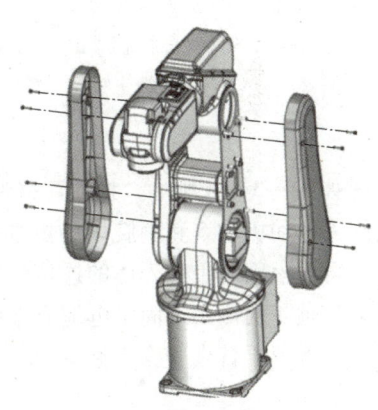

图 6-3-8　卸下下臂盖

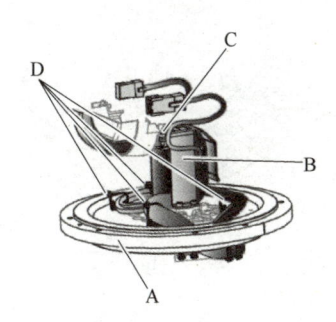

图 6-3-9　断开电缆线扎

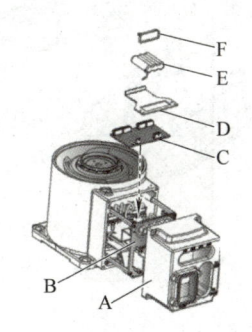

图 6-3-10　拆卸下底座盖

2. 机器人上臂结构件拆装

上臂和下臂的位置如图 6-3-11 所示。上臂连接下臂和手腕的中间体，它可连同手腕摆动，上臂的典型结构如图 6-3-12 所示。上臂 6 的后上方设计成箱体，内腔用来安装手腕回转轴的驱动电动机及减速器。上臂回转轴的驱动电动机 1 安装在上臂左下方，电动机轴 1 与 RV 减速器 7 的芯轴 3 连接。RV 减速器 7 安装在上臂右下侧，减速器针轮（壳体）利用连

245

接螺钉 5（或 8）连接上臂，输出轴通过螺钉 10 连接下臂 9。电动机旋转时，上臂将连同驱动电动机绕下臂摆动。

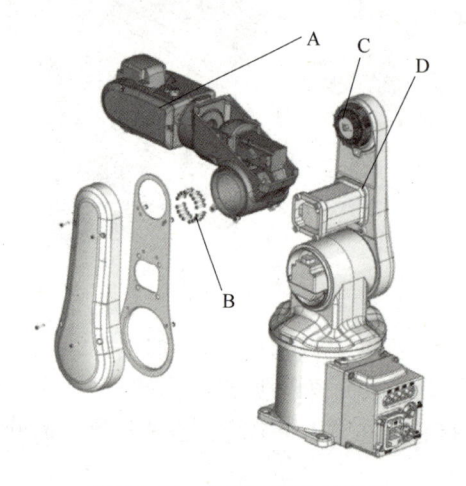

图 6-3-11　上臂和下臂的位置
A—上臂（包括手腕）　B—连接螺钉
C—齿轮箱轴 3　D—下臂

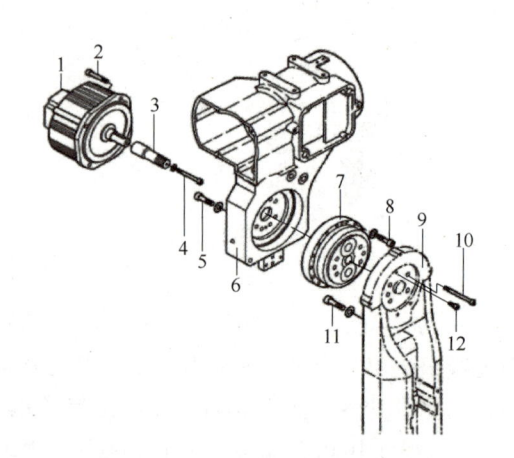

图 6-3-12　上臂的典型结构
1—驱动电动机　3—RV 减速器芯轴
2、4、5、8、10、11、12—螺钉
6—上臂　7—RV 减速器　9—下臂

如图 6-3-13a 所示，将轴 5 移到 90°位置处 C，拧松连接螺钉 B 从而卸下手腕盖 A，然后依次卸除电动机轴 5 和手腕中的电缆线束，将电缆线束拔出手腕壳体 E。接着，如图 6-3-13b 所示，再拧松固定手腕壳体的连接螺钉 D，卸除手腕壳体（塑料）和上臂壳中的电缆线束。拧松电动机轴 4 两侧用于固定电缆支架的止动螺钉。卸除机器人两侧的下臂盖并卸除在下臂中的电缆束。拧下上臂（包含手腕）固定到齿轮箱轴 3 的连接螺钉，从而卸下上臂。

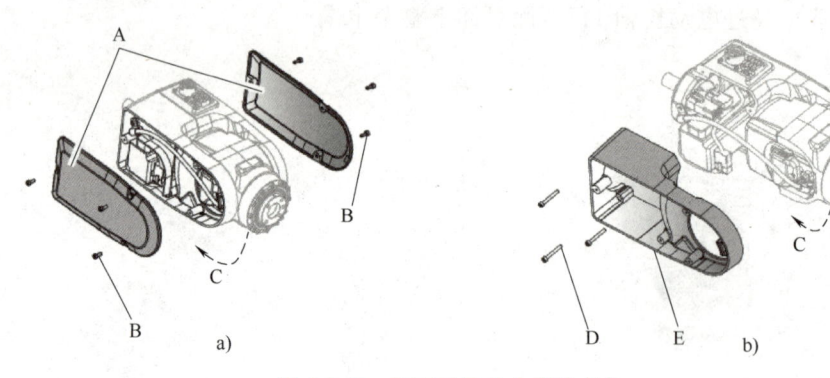

图 6-3-13　卸下手腕盖和手腕壳体

3. 机器人下臂结构件拆装

下臂是连接腰部和上臂的中间体，下臂需要在腰上摆动，下臂的典型结构如图 6-3-14 所示。下臂 5 和电动机 1 分别安装在腰部上部突耳的两侧，RV 减速器 7 安装在腰体上，电动机 1 可通过 RV 减速器 7 驱动下臂摆动。

卸除在下臂中的电缆线束和固定下臂和上臂的连接螺钉，并将上、下臂分离开，拧下将电动机盖固定到下臂平板的连接螺钉，卸下下臂，卸下轴 3 和同步带。

4. 关节结构认知和拆装（拓展）

1) 第 1 轴电动机与齿轮箱。基座用于机器人的安装、固定，也是机器人的线缆、管路的输入部位。基座的底部用来安装机器人的固定板，内侧上方的凸台用来固定腰回转轴 1 的 RV 减速器壳体，减速器输出轴连接腰体。基座后侧为机器人线缆、管路连接用的管线盒，管线盒正面布置有电线和电缆插座、气管和油管接头。腰回转轴的 RV 减速器一般采用针轮固定、输出轴回转的安装方式，由于驱动电动机安装在输出轴上，电动机将随同腰体回转。

2) 第 2 轴电动机与齿轮箱。腰部是机器人关键部件，其结构刚性、回转范围、定位精度等都直接决定了机器人的技术性能。机器人腰部的典型结构如图 6-3-15 所示。腰部回转驱动电动机的输出轴与 RV 减速器的芯轴连接。电动机座和腰体安装在 RV 减速器的输出轴上，当电动机旋转时，减速器输出轴带动腰体、电动机在基座上回转。腰体的上部有一个突耳，其左右两侧用来安装下臂及驱动电动机。

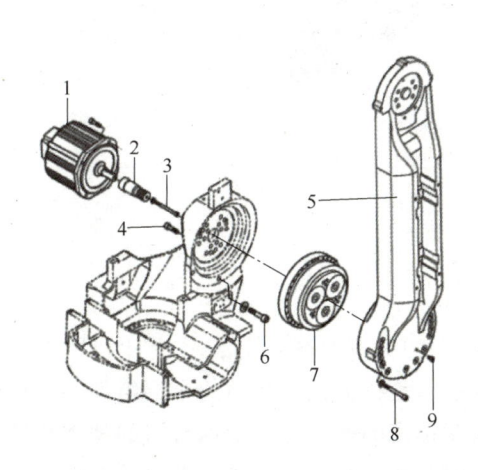

图 6-3-14 下臂的典型结构
1—电动机　2—减速器芯轴　3、4、6、8、9—螺钉
5—下臂　7—RV 减速器

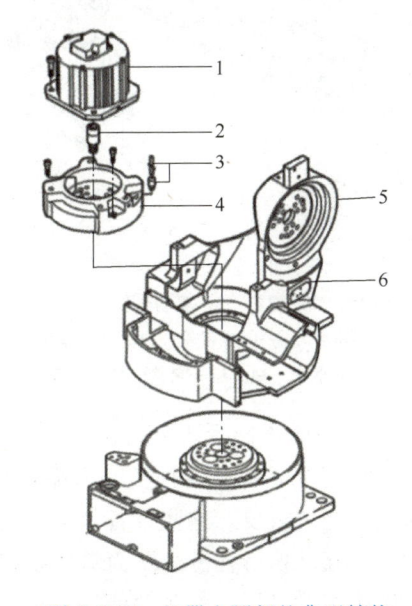

图 6-3-15 机器人腰部的典型结构
1—驱动电动机　2—RV 减速器芯轴　3—润滑管
4—电动机座　5—突耳　6—腰体

将机器人微动到校准位置，卸除下臂两侧的下臂盖。断开连接器，拧下固定电缆支架的连接螺钉，以便能够从下臂上取下电缆线束。卸下两个电缆导向装置，拧下将下臂板固定到电动机盖的连接螺钉。拧下将轴 2 的电动机与齿轮箱固定到摆动壳上的连接螺钉和平垫圈，可拆除轴 2 的电动机。

3) 第 3 轴电动机与齿轮箱。拆卸轴 3 电动机之前先固定住手臂系统。卸下下臂两侧的下臂盖，切掉固定连接器的电缆带。断开连接器，拧松固定电缆支架的止动螺钉。将电缆线束向侧面移动少许，拧下固定轴 3 电动机的连接螺钉。从电动机轴的皮带轮上卸下同步带，卸下电动机。

4) 第 5 轴电动机与齿轮箱。轴 5 的典型传动系统结构如图 6-3-16 所示。机器人的轴 5 驱动电动机安装在手腕体的后部，电动机通过同步带与手腕前端的减速器输入轴连接，减速器柔轮连接摆动体，减速器刚轮和安装在手腕体左前侧的支承座是摆动体摆动回转的支承。摆动体的回转驱动力来自谐波减速器的柔轮输出，当驱动电动机旋转时，可通过同步带带动减速器谐波发生旋转，柔轮输出将带动摆动体摆动。

卸下手腕两侧的手腕侧盖（图6-3-17），拧松固定夹具的连接螺钉，卸下连接器支座。切掉电缆带，断开轴5的连接器，拧松固定轴5的止动螺钉。从带轮上取下同步带，卸下带轮和电动机。

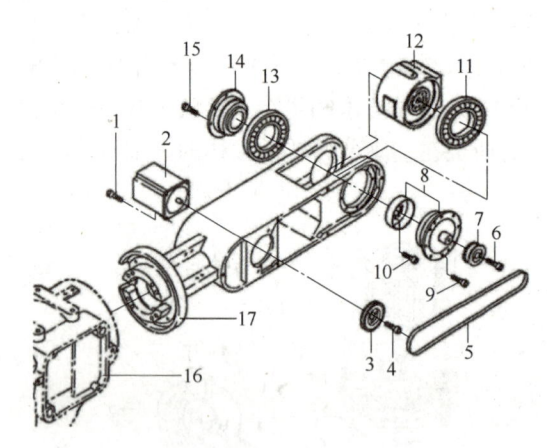

图 6-3-16 轴 5 的典型传动系统结构

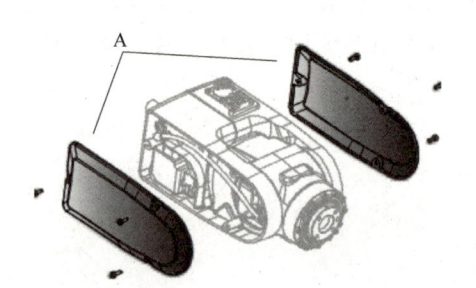

图 6-3-17 卸下手腕两侧的手腕侧盖

1、4、6、9、10、15—螺钉　2—驱动电动机　3、7—手腕体
5—同步带　8—同步带轮　11、13—轴承
12—支承座　14、17—端盖　16—上臂

5. 工业末端执行器认知（拓展）

（1）常见末端执行器种类　末端执行器是机器人的关键组成部分，其设计和性能对于自动化流程至关重要。这些设备如同工业机器人的手，是机器人系统中的末端组件，直接与工作物体交互并执行任务。从简单的物品搬运到高度精密的操作，末端执行器的种类和性能会直接影响工业机器人的多功能性、精度和效率，因此在自动化应用中末端执行器的选择和配置至关重要。

不同的末端执行器可以令工业机器人执行不一样的任务，使机器人更智能、灵活地执行任务，机器人末端执行器可分为夹具型、工具型和传感器型。以下为几款常见的末端执行器：

1）机械夹爪。机械夹爪是最常见的末端执行器类型，它是装在工业机器人手臂上直接抓握工件或执行作业的部件，具有夹持、运输、放置工件到某一个位置的功能。一般由手指和驱动机构、传动机构及连接与支承元件组成，如图 6-3-18 所示。

从形态上来看，夹爪可以是类人的抓手，如三指、五指产品，也可以是不具备

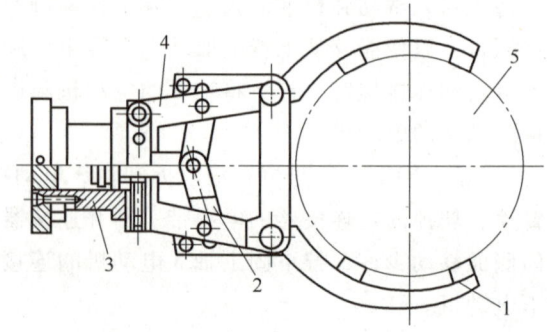

图 6-3-18 机械夹爪的组成

1—手指　2—传动机构　3—驱动机构　4—支架　5—工件区域

248

手指的手掌，如平行两指夹爪等。

从驱动方式来说，又可以分为液压驱动、气压驱动及电力驱动3种。

① 液压末端执行器，调速方便，但压力较大，系统成本高，维护较麻烦。

② 气动末端执行器因成本较低，产品型号丰富，是目前工业领域运用广泛的末端执行器，但气源气压的不稳定输出会导致夹持力不够，使得工件易脱落。

③ 电动末端执行器在性能和结构上均优于液压和气动末端执行器，是未来末端执行器行业的发展趋势。相比于气动末端执行器，其在系统结构上用电动驱动代替气源、过滤器、电磁阀等部分。相比于液压末端执行器，其系统维护方便，无须使用液压能源，可减小能源污染。

在工业上常用的是两指夹爪，指面形状常有光滑指面、齿形指面和柔性指面等。光滑指面平整光滑，用来夹持已加工表面，避免已加工表面受损。齿形指面上刻有齿纹，可增加夹持工件的摩擦力，以确保夹紧牢靠，多用来夹持表面粗糙的毛坯或半成品。柔性指面内镶橡胶、泡沫、石棉等，有增加摩擦力、保护工件表面、隔热等作用，一般用于夹持已加工表面、炽热件，也适于夹持薄壁件和脆性工件。

指端形状通常有 V 形指和平面指。图 6-3-19 所示为 V 形指端的形状，用于夹持圆柱形工件。图 6-3-20 所示为平面指的形状，一般用于方形工件的夹持。

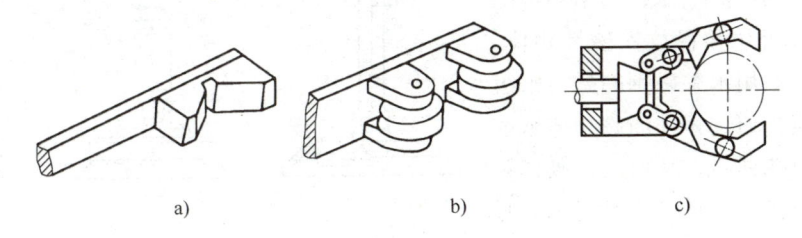

图 6-3-19　V 形指端的形状
a）固定 V 形　b）滚柱 V 形　c）自定式 V 形

2）吸附式末端执行器。吸附式取料手（末端执行器）靠吸附力取料，根据吸附力的不同分为气吸附和磁吸附两种。吸附式取料手适用于大平面（单面接触无法抓取）、易碎（玻璃、磁盘）、微小（不易抓取）的物体，使用面较广。

图 6-3-20　平面指的形状

气吸附式取料手是利用吸盘内的压力和大气压力之间的压力差而工作的。按形成压力差的方法，可分为真空吸附、气流负压吸附、挤压排气吸附等。气吸附式取料手与机械夹爪相比，具有结构简单、质量轻、吸附力分布均匀等优点，对于薄片状物体（如板材、纸张、玻璃等）的搬运更有优越性。气吸附式取料手广泛用于非金属材料或不可有剩磁的材料的吸附，但要求物体表面较平整、光滑、无孔、无凹槽。下面介绍几种气吸附式取料手的结构原理。

图 6-3-21 所示为真空吸附取料手结构。真空的产生是利用真空泵，故其真空度较高。主要零件为碟形橡胶吸盘，通过固定环安装在支承杆上，支承杆由螺母固定在基板上。取料时，碟形橡胶吸盘与物体的表面接触，橡胶吸盘在边缘既起到密封作用，又起到缓冲作用。然后真空抽气，吸盘内腔形成真空，吸取物体。放料时，管路接通大气，失去真空，放下物体。为避免在取、放料时产生撞击，有的还在支承杆上配有缓冲弹簧。为了更好地适应物体

吸附面的倾斜状况，有的在橡胶吸盘背面设计有球铰链。真空吸附取料手还有用于微小、难以抓取零件的微小零件取料手，如图 6-3-22 所示。

图 6-3-23 所示为各种真空吸附取料手。真空吸附取料工作可靠，吸附力大，但需要有真空系统，成本较高。

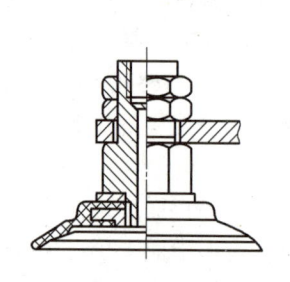

图 6-3-21 真空吸附取料手结构

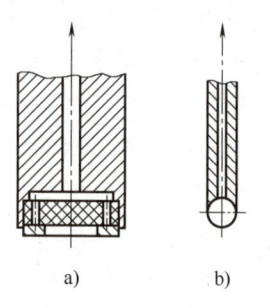

图 6-3-22 微小零件取料手
a）垫圈取料手　b）钢球取料手

3）**磁吸式末端夹持机构**，分为**电磁吸盘**和**永久吸盘**两种。电磁吸盘是用接通和切断线圈中的电流，产生和消除磁力的方法来吸住和释放铁磁性物体。永久吸盘则是利用永久磁钢的磁力来吸住铁磁性物体，通过移动隔磁物体来改变吸盘中磁力线回路，从而达到吸住和释放物体的目的。同样是吸盘，永久吸盘的吸力不如电磁吸盘大。

4）**焊枪**。对于不同的焊接方式、冷却形式、焊丝直径、焊接功率和机器人类型，焊枪的结构形式也有所不同。

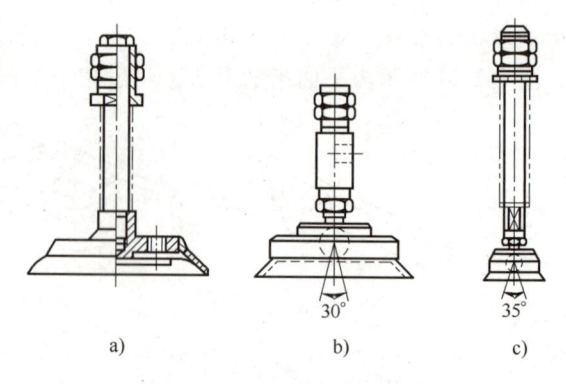

图 6-3-23 各种真空吸附取料手
a）普通型缓冲吸盘　b）球铰式侧向进气吸盘
c）球铰式缓冲吸盘

焊接方式由焊接原理所确定，对应的焊枪结构也不同。常用的冷却方式有空冷和水冷两种。水冷方式需要在焊枪结构中设计进回水路，冷水进入焊枪带走热量，通过水箱冷却而循环使用。焊接功率和焊丝直径与被焊工件的材料、焊缝大小及焊接速度等有关，焊丝直径大则一般焊接功率也大，焊丝在焊枪中行走的阻力就相对较大，焊枪结构也必须适应这样的要求。有多种类型的机器人都可以用于焊接作业。许多机器人公司开发了适用于焊接作业的机器人及其控制系统，在焊枪和送丝装置的安装形式、冷却水循环方式、保护气供给、焊接软件功能等方面各具特色，这些因素也会影响焊枪的结构。

5）**仿生式末端执行器**。为了能对不同外形的物体实施抓取，并使物体表面受力比较均匀，因此研制出了柔性手。

① **多关节柔性手腕**（图 6-3-24），每个手指由多个关节串联而成。手指传动部分由牵引钢丝绳及摩擦滚轮组成，每个手指由两根钢丝绳牵引，一侧为握紧，另一侧为放松。驱动源可采用电动机驱动或液压、气动元件驱动。柔性手腕可抓取凹凸不平的物体并使物体受力较为均匀。

② 用柔性材料做成的柔性手（图6-3-25），是一端固定，另一端为自由端的双管合一的柔性管状手爪。当一侧管内充气体或充液体，另一侧管内抽气或抽液时形成压力差，柔性手就向抽空侧弯曲。柔性手适用于抓取轻型、圆形物体，如玻璃器皿等。

③ 多指灵巧手（图6-3-26），有多个手指，每个手指有3个回转关节，每个关节的自由度都是独立控制的。

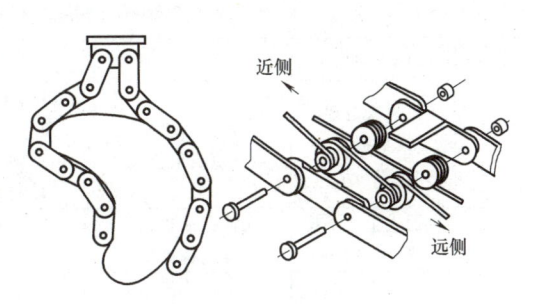

图6-3-24　多关节柔性手腕

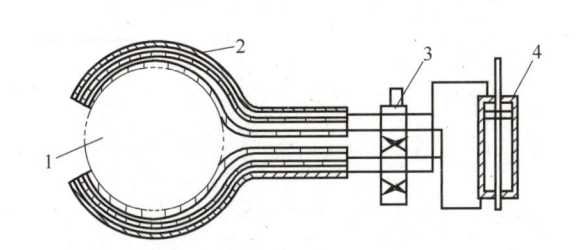

图6-3-25　用柔性材料做成的柔性手
1—工件区域　2—手指　3—电磁阀　4—油缸

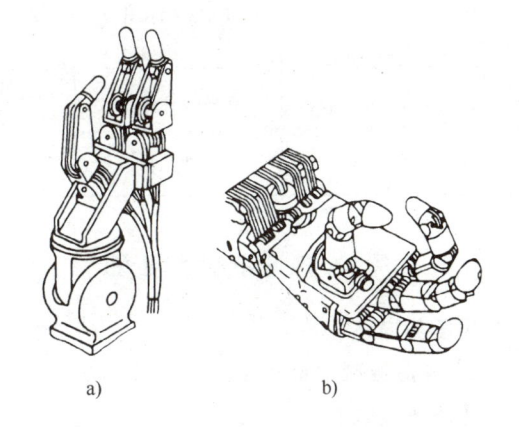

图6-3-26　多指灵巧手
a) 3指灵巧手　b) 4指灵巧手

（2）使用不同类型末端执行器的工业机器人应用　工业机器人末端执行器在各行各业发挥了关键作用，用来完成各种任务。它们的多功能性和定制性使它们成为自动化和工业生产中不可或缺的组成部分，为企业提供了更高的生产率、产品质量和竞争力。以下为各种行业的应用范例：

1）装配和制造。在制造业中，机械手通常与各种工具和装置一起使用，以完成产品的装配和制造过程。末端工具包括夹具、螺丝刀、焊接设备和涂覆装置，它们协同工作，确保产品的高质量和精确度。

2）物料搬运和包装。在物流和仓储领域，机器人常用末端工具来搬运、分类和包装货物。例如，机械手配备夹爪或吸盘等末端工具，用于安全而高效地处理各种形状和大小的物体。

3）精密加工。用于进行精密加工任务（如钻孔、切割、磨削和雕刻）的工业机器人。末端执行器的高精度和稳定性对于这些任务至关重要，因为它们确保了零件的精度和质量。

4）品质控制和检测。机器人与各种传感器和视觉系统一起使用，以执行产品的品质控制和检测任务。末端执行器包括触摸探头、照相机或激光扫描仪等，用于检查产品的尺寸、外观和性能。

【任务评价】
对任务的实施情况进行评价，评分内容及结果见表6-3-1。

表 6-3-1　工业机器人关键部件拆装实训评价表

序号	检查项目	内容	评分标准	记录	评分
1	机器人电缆线束拆装（30分）	无损完成机器人电缆线束拆装	1. 卸除手腕中的电缆线束(8分) 2. 卸除上臂壳体中的电缆线束(8分) 3. 卸除下臂中的电缆线束(8分) 4. 卸除基座中的电缆线束(6分)		
2	机器人上臂结构件拆装（30分）	无损完成机器人上臂结构件拆装	1. 了解机器人上臂结构组成(15分) 2. 完成机器人上臂结构件拆装(15分)		
3	机器人下臂结构件拆装（30分）	无损完成机器人下臂结构件拆装	1. 了解机器人下臂结构组成(15分) 2. 完成机器人下臂结构件拆装(15分)		
4	职业素养（10分）	安全文明操作	1. 劳动保护用品穿戴整齐(1分) 2. 安全、正确、合理使用相关仪器(1分) 3. 遵守安全操作规程(2分)		
		团队协作精神	1. 尊重指导教师与同学，讲文明礼貌(1分) 2. 分工合理，能够与他人合作、交流(1分)		
		劳动纪律	1. 遵守各项规章制度及劳动纪律(2分) 2. 实训结束后，清理现场(2分)		

6.3.2　机器人减速器拆装实训

【任务描述】

完成谐波减速器拆装。

【任务要求】

1）在不破坏谐波减速器内部结构的前提下，完成谐波减速器的拆卸。

2）在不破坏谐波减速器内部结构的前提下，完成谐波减速器的安装。

【学习目标】

1）掌握谐波减速器的内部结构组成相关知识。

2）掌握拆卸谐波减速器的基本方法。

3）掌握安装谐波减速器的基本方法。

【任务准备】

谐波减速器是一种高精度、高刚性的传动装置，其结构组成如图 6-3-27 所示。

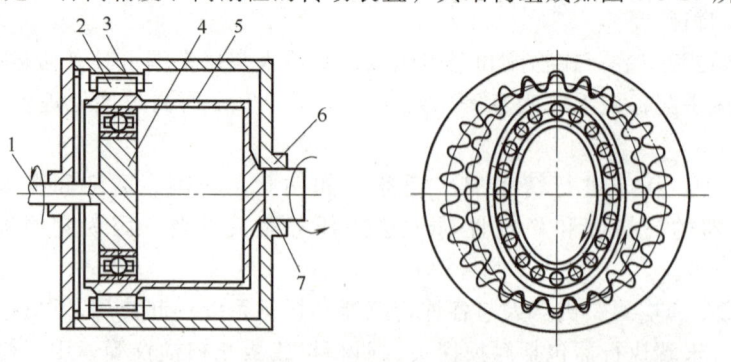

图 6-3-27　谐波减速器结构组成

1—芯轴　2—柔性齿轮外齿圈　3—刚性齿轮内齿圈　4—谐波发生器
5—柔性齿轮　6—刚性齿轮　7—输出轴

谐波减速器主要由谐波驱动器、调速器、输出轴承、输出法兰、外壳、轴承支承座和润滑系统等构成，见表 6-3-2。这些部件之间相互密切配合，形成了高精度、高刚性的传动系统，广泛应用于工业机械、自动化设备、航空航天等领域。

表 6-3-2 谐波减速器结构

结构	功能
谐波驱动器	谐波驱动器是谐波减速器的核心部件，由内外两层振动发生器、输入轴和输出轴组成。其中，内层振动发生器是由椭圆形齿轮和柔性薄板弹簧组成，当外层振动发生器在旋转时，内层振动发生器将会产生谐波振动，从而带动输出轴旋转，实现传动功能
调速器	调速器用于控制谐波驱动器的转速和转矩输出，以满足不同工况下的需求。常见的调速器有机械调速器和电子调速器两种
输出轴承	输出轴承用于支承输出轴，使其稳定运转。为保证高精度传动，输出轴承通常采用精度较高的角接触球轴承或圆锥滚子轴承
输出法兰	输出法兰连接输出轴与被传动的机械构件，通常采用铝合金或钢材制造，具有强度高、重量轻等特点
外壳	谐波减速器的外壳通常由铝合金或钢板制造，具有高强度、刚性和耐磨性等特点。外壳还能起到防护、密封和散热等作用
轴承支承座	轴承支承座用于支承谐波驱动器和输出轴承，以保证传动精度和稳定性。通常采用铸铁或铝合金制造，具有高强度和良好的热处理性能
润滑系统	谐波减速器在运行过程中需要进行润滑，以减少磨损、降低噪声、延长使用寿命。润滑系统通常采用油浸式润滑或油气润滑系统，其中油浸式润滑常用于低速、高转矩传动，油气润滑系统常用于高速、高精度传动

【任务实施】

1. 谐波减速器拆卸的工具

如图 6-3-28 准备如下工具，包括 T 形扳手 T3、T4，力矩扳手（装 M4、M5 用），转接头（M3 和加长的 M4 内六角头），内六角扳手一套，钩头扳手（固定带轮用），尖嘴钳（夹取螺钉垫片用），M4×30 顶丝若干，螺纹密封胶（带轮螺栓用），密封胶 1211（端盖用），记号笔一支（确认螺栓紧固用）。除此之外，还要准备刀子或其他类似工具（清除硅胶用），纸盒一个（螺栓保管用），纱布若干，SKY 润滑油一袋。

2. 谐波减速器拆卸过程

1）用钩头扳手将带轮固定，用 T4 扳手将带轮松开，小心取下如图 6-3-29 所示，拆卸过程中注意钩头扳手钩头的位置，防止把带轮同步齿轮划伤。

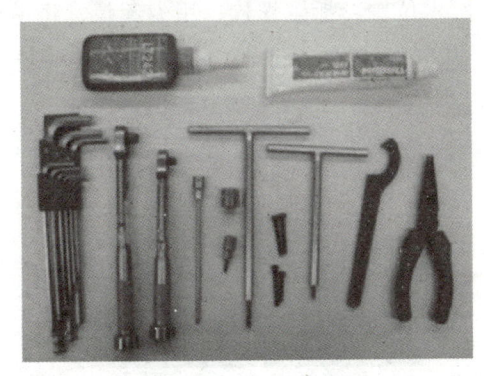

图 6-3-28 准备工具

图 6-3-29 拆卸带轮

2）取下带轮后，用 T3 扳手将端盖上的 4 个 M4 紧固螺钉拧下，拆卸过程中需将轴移动到图 6-3-30 所示位置。

3）取下螺钉后，用事先准备好的顶丝将端盖顶出、取下，拆卸过程中，两顶丝要交替、轻缓起顶，防止顶偏，如图 6-3-31。

图 6-3-30　拧下端盖上的螺钉

图 6-3-31　拆卸端盖

4）用 T3 扳手将谐波减速器的硬齿部分上的所有螺钉拧下，如图 6-3-32 所示。

5）用事先准备好的顶丝将谐波减速器的硬齿部分顶起，为防止顶丝起顶过度、划伤对接面，在顶起到适当位置后，可用扳手等工具将谐波减速器的硬齿部分翘出，如图 6-3-33 所示。取出硬齿部分如图 6-3-34 所示。

图 6-3-32　拧下硬齿部分上螺钉

图 6-3-33　翘出硬齿部分

图 6-3-34　取出硬齿部分

6）将固定带轮的螺栓取下，旋拧至图 6-3-35 所示位置，抓紧螺栓，用力起拉，将谐波减速器的谐波发生器从软齿部分中抽出，如图 6-3-36 所示。

图 6-3-35　旋拧固定带轮的螺栓

图 6-3-36　取出谐波发生器

7）用 T4 扳手将谐波减速器的谐波发生器轴承套上的螺栓（M5）拧松，如图 6-3-37。

8）用 T4 扳手将固定谐波减速器轴承套的 M5 螺栓取出，并把轴承套取下（图 6-3-38），并用顶丝将其顶出，连同步骤 7）中的谐波发生器软齿部分的所有螺钉一并取出（图 6-3-39），取出后的软齿部分与谐波发生器轴承套如图 6-3-40 所示。

9）将上述所有零部件、螺钉等用纱布清洁干净，确认所有螺钉、垫片无缺漏。至此，谐波减速器的拆卸过程完成。

图 6-3-37　拧松轴承套上的螺栓

图 6-3-38　谐波发生器轴承套

图 6-3-39　取出软齿部分的螺钉

图 6-3-40　软齿部分与谐波发生器轴承套

3. 谐波减速器安装过程

1）确认所有零部件、螺钉、垫片等无缺漏。

2）清洁 B 轴减速腔的油污后，将谐波减速器的软齿部分安装进去（软齿部分是易损部分，安装时务必轻拿轻放），安装螺钉时遵循对角夹紧原则，并用记号笔对各紧固后的螺钉做记号，此处螺钉所需力矩为 4.8N·m。

3）将谐波发生器轴承套装入软齿部分的腔内，用力矩扳手将紧固螺栓 M5 拧紧，所需力矩为 4.8N·m，如图 6-3-41 所示。

4）此时向腔内如图 6-3-42 所示的位置注入适量润滑油。

图 6-3-41　清洁油污并安装软齿部分

图 6-3-42　注入适量润滑油

5）在图 6-3-43 所示处均匀涂抹适量 1211 密封胶。切勿将密封胶涂抹到腔内，若不慎流入腔内，可能造成减速器损坏，务必清除干净。

6）如图 6-3-44 所示将谐波减速器的硬齿部分装入腔内，安装螺钉（图 6-3-45）时遵循对角夹紧原则，并用记号笔对各个紧固后的螺钉做记号，此处螺钉所需力矩为 2.8N·m。由于谐波减速器的啮合齿细小，而且软齿部分容易损坏，务必做到轻拿轻放，当软硬齿相啮合时，再用稳力将硬齿部分压入腔内。

图 6-3-43　涂抹密封胶

图 6-3-44　装入硬齿部分

图 6-3-45　安装螺钉

7）将固定带轮的 M5 螺栓拧到谐波减速器的谐波发生器上，将谐波发生器稳稳压进软齿腔内，如图 6-3-46 所示。压入后，把螺栓取下。压入之前确认腔内有充足的润滑油。

8）在谐波减速器的硬齿部分的端面上均匀涂抹适量 1211 密封胶，如图 6-3-47 所示。切勿将密封胶涂抹到腔内，若不慎流入腔内，可能造成减速器损坏，务必清除干净。

9）把减速器端盖装上，安装螺钉时遵循对角夹

图 6-3-46　安装谐波发生器

紧原则，并用记号笔对各个紧固后的螺钉做记号，此处螺钉所需力矩为 2.8N·m，如图 6-3-48 所示。安装端盖后向腔内注满润滑油。

图 6-3-47 涂抹密封胶

图 6-3-48 安装减速器端盖

10）把带轮安装到位，加拧螺钉前，在螺栓前端螺纹处涂螺纹密封胶，加拧过程中用钩头扳手加以固定，如图 6-3-49 所示。

11）拭除各部分多余油脂，清点工具，确保没有遗留螺栓、垫片。至此，谐波减速器的安装过程结束。

4. RV 减速器结构认知和拆装（拓展）

RV 减速器由一个行星齿轮减速器的前级和一个摆线针轮减速器的后级组成，如图 6-3-50 所示。RV 减速器的结构（表 6-3-3）包括行星齿轮减速器的前级，这部分由渐开线行星齿轮和齿轮轴组成，其中包括中心轮、行星直齿轮、偏心轴等；摆线针轮减速器的后级，这部分由摆线轮、针齿壳、针齿、行星架、输出盘、偏心轴和滚动轴承等组成。RV 减速器是结构紧凑、传动比大，以及在一定条件下具有自锁功能的传动机械，是最常用的减速器之一，而且振动小，噪声低，能耗低。RV 减速器结构与传动简图如图 6-3-51 所示。

图 6-3-49 安装带轮

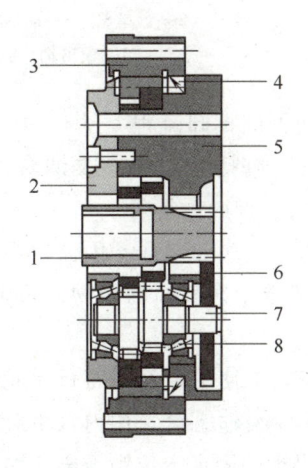

图 6-3-50 RV 减速器结构

1—芯轴 2—端盖 3—针轮 4—针齿销 5—RV 齿轮 6—输出法兰 7—行星齿轮 8—曲轴

表 6-3-3 RV 减速器的结构

结构	功能
太阳轮	太阳轮 1 与输入轴连接在一起,以传递输入功率,且与行星轮 2 相互啮合
行星轮	行星轮 2 与曲柄轴 3 相连接。$n \geq 2$ 个（图 6-3-50 中 $n=3$）行星轮均匀地分布在同一个圆周上,起着功率分流的作用,即将输入功率分成 n 路传递给摆线针轮行星机构
曲柄轴	曲柄轴 3 一端与行星轮 2 相连,另一端与支承圆盘 8 相连,两端用圆锥滚子轴承支承,它是摆线轮 4 的旋转轴,既能带动摆线轮进行公转,同时又支承摆线轮产生自转
摆线轮	摆线轮 4 的齿廓通常为短幅外摆线内侧等距曲线。为了实现径向力平衡,一般采用两个结构完全相同的摆线轮,通过偏心套安装在曲柄轴的曲柄处,且偏心相位差为 180°。在曲柄轴 3 的带动下,摆线轮 4 与针轮相啮合,既产生公转,又产生自转
针齿销	数量为 N 个的针齿销,固定安装在针轮壳体上构成针轮,与摆线轮 4 相啮合而形成摆线针轮行星转动。一般针齿销的数量比摆线轮的齿数多一个
针轮壳体(机架)	针轮壳体 6 是针齿销的安装壳体,通常是固定的,输出轴 7 旋转。如果输出轴固定,则针轮壳体旋转,两者之间由内置轴承支承
输出轴	输出轴 7 与支承圆盘 8 相互连成一个整体。在支承圆盘 8 上均匀分布 n 个曲柄轴的轴承孔和输出块 9 的支承孔（图 6-3-50 中各为 3 个）。在 3 对曲柄轴支承轴承的推动下,通过输出块 9 和支承圆盘 8,把摆线轮上的自转矢量以 1∶1 的速比传递出来

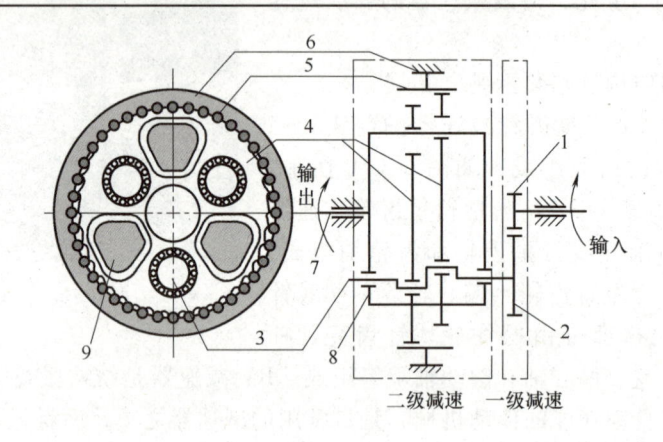

图 6-3-51 RV 减速器结构与传动简图

1—太阳轮　2—行星轮　3—曲柄轴　4—摆线轮　5—针齿销　6—针轮壳体
7—输出轴　8—支承圆盘　9—输出块

（1）RV 减速器的拆卸流程

1）**准备工具**。包括无尘布、收纳盒、胶手套、拔销器、扭力扳手、内六角扳手、镊子、钳子、清洗剂、橡胶锤等等。

2）**清洁减速器外表和桌面**。因需要拆分的减速器基本都是使用过的,减速器表面难会有杂物,务必要清洁干净表面的杂物,否则在拆装过程中杂物可能会进入减速器内部,影响性能。

3）**拆行星齿轮**。使用卡簧钳将行星轮上的卡簧拔除,将行星齿轮和卡簧取出放好。

4）**分离输出盘与输入盘**。用内六角扳手拆除输入盘上固定的螺丝,使用拔销器或自制工具把输入盘与输出盘的固定定位销敲离,输入盘与输出盘即可分离。输入盘与输出盘两端都有滚珠轮（轴承）,在拆卸输出盘时,滚珠轮尽量不要分离,否则滚珠轮上的滚珠很难装回。

5）拆除摆线轮。在分离输入盘与输出盘后，可以得到带有一套摆线轮的针齿壳，将针齿壳放正，用橡胶锤将摆线轮整体慢慢敲离。有的 RV 减速器的两个摆线轮之间有一个垫片。

6）拆除曲柄轴。将曲柄轴在摆线轮上取下，放好。取下针齿壳上的针齿，将曲柄轴在摆线轮上取下，放好，用镊子逐个将针齿壳上的针齿取出并放好，因为针齿是小零件，要仔细清点，防止丢失。至此，RV 减速器拆卸完成。

（2）RV 减速器的安装流程

1）确认所有零部件、螺钉、卡簧、针齿等无缺漏。

2）将针齿逐个安装在针齿壳上。

3）安装曲柄轴。将曲柄轴安装在摆线轮上。

4）安装摆线轮。将针齿壳放正并用橡胶锤将摆线轮整体缓慢敲入，使摆线轮嵌入针齿壳内。在安装过程中，控制好力度，以免造成不必要的损伤。同时，可以通过装配手感来判断两者配合是否合适。

5）安装输入盘、输出盘。将输入盘、输出盘安装在摆线轮上，用内六角扳手拧紧固定输入盘的螺钉，最后把输入盘、输出盘的固定定位销装入销孔。

6）安装行星齿轮。装入行星齿轮，并安装卡簧。安装完成后，涂抹适量的密封胶，并使用规定的转矩与锁紧螺栓，加入适量的润滑油。至此，RV 减速器的安装完成。

【任务评价】

对任务的实施情况进行评价，评分内容及结果见表 6-3-4。

表 6-3-4 机器人减速器拆装实训评价表

序号	检查项目	内容	评分标准	记录	评分
1	拆装步骤及辅助工作（30分）	了解拆装 RV 减速器前的准备工作和清洁措施	1. 了解 RV 减速器结构组成和拆装步骤(5分) 2. 清洁油污(5分) 3. 注入适量润滑油(5分) 4. 涂抹密封胶(5分) 5. 清点取下的所有零部件、螺钉,确保无缺漏(10分)		
2	谐波减速器拆装（30分）	了解谐波减速器结构组成并完成谐波减速器的拆装	1. 拆卸带轮(5分) 2. 拆卸硬齿部分(5分) 3. 安装软齿部分(10分) 4. 安装硬齿部分(10分)		
3	RV 减速器结构认知和拆装(30分)	了解 RV 减速器结构组成并学习 RV 减速器的拆装步骤	1. 了解 RV 减速器结构组成(15分) 2. 了解 RV 减速器拆装步骤(15分)		
4	职业素养（10分）	安全文明操作	1. 劳动保护用品穿戴整齐(1分) 2. 安全、正确、合理使用相关仪器(1分) 3. 遵守安全操作规程(2分)		
		团队协作精神	1. 尊重指导教师与同学,讲文明礼貌(1分) 2. 分工合理,能够与他人合作、交流(1分)		
		劳动纪律	1. 遵守各项规章制度及劳动纪律(2分) 2. 实训结束后,清理现场(2分)		

6.3.3 AGV 智能搬运机器人

知识点 1　AGV 智能搬运机器人分类

AGV 智能搬运机器人是指具备安全保护及各种移载功能的无人运输车，拥有光学、电磁或者磁钉等自动指挥的装置，能够按照设定的指导路径前行并规避障碍。按工作需求划分主要有以下几种：

（1）叉车式 AGV　可以自动拾取和运输托盘、容器、卷轴、推车及其他种类的货物，可以从地面、货架、支架和输送机上取放货物。叉车式自动导引车可以处理几乎所有类型的货物，如托盘、容器、中间散装容器、货架、桶、箱、卷轴。

（2）货物中转 AGV　货物中转 AGV 包括专为生产环境中的工作站或在仓库与生产中心之间进行高吞吐量的货物运送的 AGV。这些自动导引车可以一次运送一个、两个或四个货物，并且与运输机、站点、下线设备（码垛机、缠绕器、机械手）及自动化仓库设备（堆垛机）链接。在单元货物 AGVs 安装的一种最常见的转移设备是辊筒式输送机。车载的和非车载的信息交换感应器被同时使用，用于同外接输送机系统进行信息交换，以确保货物的平稳转移。货物中转 AGV 可以配备各式各样的转移设备用于货物的转移和运输，也可以配备一个顶部固定装置用来固定货物。

（3）夹抱式 AGV　用于搬运卷轴和非码垛货物（如盒子、卷轴等），可以灵活地搬运、提举和运输货物。夹钳和准确的定位装置保证不会在运输和提升过程中损坏货物。夹抱式 AGV 是单元存储和深度堆放仓库的理想解决方案。卷轴夹抱式 AGV 配备有液压卷轴夹钳，用于造纸、印刷、塑料和钢铁生产中的卷轴提升、旋转和堆放。在单叉自动导引车搬运不同尺寸的货物及较高货物的时候，固定式夹钳会有很大的用处。

（4）牵引式 AGV　牵引装有货物的无动力运输车，可以人工或者自动控制。这种类型的 AGV 同其他类型小车相比，可以运输更多货物。这样也就大大提高了生产能力和效率，特别是同传统叉车相比。一套典型的牵引式 AGV 一般都预先设计了停止位置的常规环线，操作员可以在预先设计的停止位置上添加或者搬运货物，停止位置也可以根据需要随时地、简单方便地进行重新设置。

知识点 2　AGV 智能搬运机器人外壳拆装注意事项

1）在拆开前应对整机进行外部清洗。

2）拆开前应对机械进行技能查验，也称预检，以明晰各部件的技能状态，供修补时参考。

3）拆开作业应按正确的次序进行。一般应按照先外部、附件，后内部，再拆零件的次序。

4）拆开时应使用适宜的工具（包括专用工具）和设备。禁止乱锤乱铲，造成零件变形或损坏。

5）拆开时为了查看和修补，对静配合和有过盈的过渡配合的零件，如不拆就可判断其状况良好，或不予修补或替换就能确保持续使用一个大修间隔期的零部件，则不应拆开，避免在拆开时损坏、变形或导致其精度下降。需要进行查验、修复或替换的零件就必须拆开。

6）拆开机械时，应随时留心原安装质量和测量必要的安装间隙，以便分析研究零部件是否正常磨损，从而提高修补质量。

7）拆开应为查验、修补和安装做好准备。对偶件、非互换性零件和相对方位有特殊要求的零部件，应做出标记、记录或成对放置，以便在安装时装回原位，保证安装精度。

8）拆开后的零件应明晰洁净，涂防锈油，分类寄存。

9）无论用何种办法拆开滚动轴承，作用力都应由小到大均匀地作用在带过盈的座圈上。禁止用手锤直接打击轴承的座圈，或通过滚珠、滚子传力。

知识点3　AGV常见底盘类型

底盘是AGV的重要组成部分。其结构设计的好坏直接影响着AGV的稳定性、速度、载重能力等多个方面。以下是对不同AGV底盘结构的深入分析。

（1）**单舵轮驱动结构**　单舵轮驱动结构是最简单的结构之一，如图6-3-52所示，其结构由1个舵轮和2个定向轮组成，在叉车上面有着非常广泛的应用。这种结构可以直接适应各种地面，保证驱动舵轮一定着地。根据车重心分布的不同，舵轮大概会承担50%的自身质量，所以牵引力非常强。但其缺点也显而易见，单轮驱动的AGV在行驶过程中容易发生偏移，并且转弯时需要采用一定的技巧进行控制。

（2）**双舵轮驱动结构**　双舵轮驱动结构是目前市场上最常见的结构之一，其结构由两个驱动轮和一个或多个非驱动轮组成，通常应用于中等载重的AGV上。由于其结构设计合理，可以更好地保持AGV在直线行驶时的稳定性，并且转弯时无需特殊技巧，因此在市场上得到了广泛应用。双舵轮底盘常见的2种结构形式有：

1）舵轮居中布置。如图6-3-53所示，舵轮布置在车体中心线两侧，左右对称布置，直线行走时，左右舵轮调整同样的角度来实现路径偏移调整，自转时，左右舵轮转动90°，变成差速式，可实现自转。

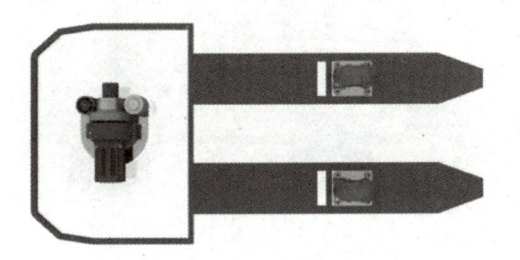

图6-3-52　单舵轮驱动结构示意图

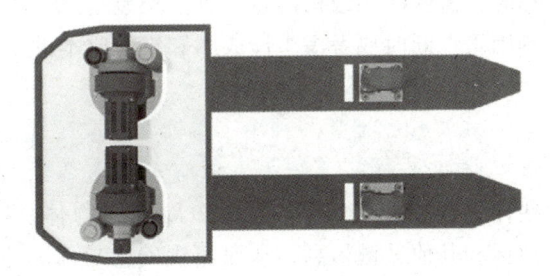

图6-3-53　双舵轮驱动结构示意图

2）舵轮对角布置。如图6-3-54所示，舵轮中心对称布置，运动形式相较中心线布置时调整较为复杂。

（3）**两轮差速驱动结构**　如图6-3-55所示，两轮差速驱动底盘可以分为4轮结构、6轮结构。

在自动运行状态下该底盘能使小车前进、后退，并且能垂直转弯。和舵轮驱动的四轮行走机构小车相比，该车型由于省去了舵轮，可以节省空间，常用于潜伏式AMR。

（4）**麦克纳姆轮驱动结构**　如图6-3-56所示，麦克纳姆轮底盘由4个麦克纳姆轮组成。该底盘的优点是可以任意方向平移或旋转，是运动

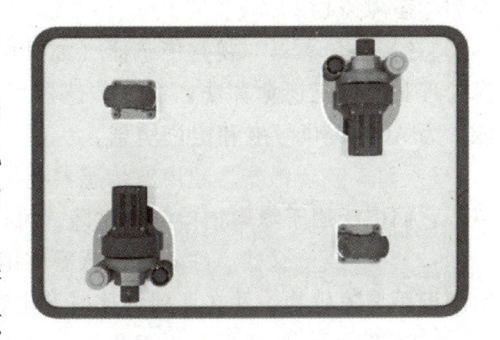

图6-3-54　舵轮对角布置

261

图 6-3-55 两轮差速驱动结构

灵活度最好的底盘。适合运行频率较低，同时要求任意方向（固定）平移和旋转的场合。

运动学要求 4 个轮子必须同时着地，这样才可以达到理想的运动控制。4 个轮子如果刚性与底盘连接，根据 3 点确定 1 个平面的原理可以知道，其中 1 个轮子必然悬空或受力很小。为了解决该问题，有如下 2 种方式：

1）将前面或后面 2 个轮子使用弹簧做成上下浮动结构。

2）将前面或后面 2 个轮子做成一组浮动桥臂。所谓的平衡桥臂就是 1 根杆上面左右固定 2 个轮子，中间做一个铰接轴和车架固定。使 2 个轮子合并为 1 个受力点。从而使 4 个麦克纳姆轮都可以同等受力。

除此之外，还有四驱差速底盘、单差速总成底盘、阿克曼底盘等其他底盘，AGV 底盘的结构应根据自身的使用环境、载重和行驶速度来进行选择。在选择时，需要注意结构的稳定性、驱动能力、转弯半径等因素，同时要考虑生产成本和维护成本的平衡。

知识点 4　AGV 传感器

AGV 传感器是一种用于感知和获取环境信息的设备，它们在 AGV 系统中发挥着至关重要的作用。这些传感器使得 AGV 能够感知周围的物体、障碍物、地标和其他关键信息，从而实现安全导航、避障和定位等功能。

图 6-3-56 麦克纳姆轮驱动结构

1）激光雷达传感器。激光雷达是一种主动传感器，通过发射激光束并测量其返回时间获取环境中物体的位置和距离信息。它可以提供高分辨率的地图数据，并能够检测和识别静态和动态障碍物。

2）视觉传感器。视觉传感器（如摄像头）能够捕捉环境中的图像和视频信息。通过图像处理和计算机视觉算法，视觉传感器可以实现物体识别、地标检测、道路标记跟踪等功能，为 AGV 提供导航和定位信息。

3）超声波传感器。超声波传感器利用声波的回波时间来测量 AGV 与周围物体之间的距离。它们广泛用于障碍物检测和避障，可以帮助 AGV 在低速移动或紧密空间中行驶。

4）红外线传感器。红外线传感器使用红外线辐射和接收来感知周围物体。它们可用于检测近距离障碍物，并在遇到物体时发出警告或触发紧急停止。

5）编码器。编码器是用于测量 AGV 车轮转动和位移的传感器。它们能够跟踪车轮的位置和运动速度，提供准确的里程计信息，用于导航和位置估计。

6）惯性测量单元（IMU）。IMU 结合了加速度计和陀螺仪，用于测量 AGV 的加速度、角速度和方向。IMU 对于实现姿态估计、运动控制和导航是至关重要的。

知识点 5　AGV 电池

AGV 主要使用镍镉蓄电池、镍氢蓄电池、铅酸蓄电池和锂电池等。其中，锂电池具有高比能量、低自放电率、长寿命等优点，已成为 AGV 的主流电池类型。

1）镍镉蓄电池。正极活性物质主要由镍制成，负极活性物质主要由镉制成的一种碱性蓄电池。用于 AGV 的镍镉蓄电池内阻大，可供大电流放电，放电时电压变化小。与其他种类电池相比，镍镉蓄电池可耐过充电或过放电，操作简单方便。放电电压依据其放电电流有些差异，大体上是 1.2V 左右，对于镍镉蓄电池来说，每个单元电池的放电终止电压为 1.0V，使用温度范围在 $-20\sim60℃$，在此范围内可重复 500 次以上的充放电。

2）镍氢蓄电池。正极活性物质主要由镍制成，负极活性物质主要由贮氢合金制成的一种碱性蓄电池。镍氢蓄电池是由镍镉蓄电池改良而来的，它以相同的价格提供比镍镉电池更高的电容量、比较不明显的记忆效应，以及比较低的环境污染。用专门的充电器充电，可在 1h 内快速充电，自放电特性比镍镉蓄电池好，充电后可保留更长时间，可重复 500 次以上的充放电。

3）铅酸蓄电池。电极主要由铅及其氧化物制成，电解液是硫酸溶液的一种蓄电池。铅酸蓄电池是一种在 AGV 中使用广泛的电池。铅酸蓄电池具有良好的可逆性、电压特性平稳、使用寿命长、适用范围广、原材料丰富，且可再生使用及造价低廉等优点。

4）锂电池。锂电池是一类由锂金属或锂合金为负极材料，使用非水电解质溶液的电池。它拥有高能量密度。与高容量镍镉蓄电池相比，能量密度是其 2 倍。锂电池具有高电压，平均使用电压为 3.6V，是镍镉蓄电池、镍氢蓄电池的 3 倍。锂电池使用电压平坦而且高容量，使用温度 $-20\sim60℃$，充放电寿命长，经过 500 次放电后，其容量至少还有 70% 以上。由于锂电池具备了能量密度高、电压高、工作稳定的特点，其应用非常广泛。

此外，AGV 的电池容量通常在 $5\sim20A\cdot h$ 之间，具体取决于车辆的负载、行驶距离和工作时间等因素。为了满足不同的应用需求，AGV 通常会配备多个电池模块，通过并联和串联组合实现所需的容量和电压。同时，AGV 的充电方式主要包括传统充电和快速充电，而其电池寿命受多种因素影响，如电池类型、容量、充放电次数、工作温度等。在选择 AGV 的电池时，需要根据具体的应用场景和使用需求进行选择。同时，为了保证电池的安全使用，需要采取一系列预防措施，如过充保护、过放保护、过流保护等。

6.4　协作机器人操控实训

6.4.1　协作机器人特点及应用场景

知识点 1　协作机器人特点

协作机器人（collaborative robot，cobot 或 co-robot），是设计为和人类在共同工作空间中有近距离互动的机器人。到 2010 年为止，大部分的工业机器人是设计自动作业或是在有限的导引下作业，因此不用考虑和人类近距离互动，其动作也不用考虑对于周围人类的安全保护，而这些都是协作机器人需要考虑的机能。协作机器人是在 1996 年由伊利诺伊州西北大学的教授 J. Edward Colgate 和 Michael Peshkin 所发明的。1997 年有一份美国专利描述协作式机器人是"人类和电脑控制的通用机器人之间的直接物理互动的设备及方法"。目前市面上的协作机器人具有以下特点：

1）**轻量化**。协作机器人更易于控制，安全性高。

2）**友好性**。协作机器人的表面和关节是光滑且平整的，无尖锐的转角或者易夹伤操作人员的缝隙。

3）**感知能力**。协作机器人能够感知周围的环境，并根据环境的变化改变自身的动作行为。

4）**人机协作**。协作机器人具有敏感的力反馈特性，当达到已设定的力时会立即停止，在风险评估后可以不需要安装保护栏，使人和机器人协同工作。

5）**编程方便**。对于一些普通操作人员和非技术背景的人员来说，协作机器人非常容易进行编程与调试。

知识点 2　协作机器人与工业机器人的不同点

协作机器人与工业机器人是基于不同的设计理念生产的机器人产品。协作机器人与工业机器人之间的不同之处如下：

（1）协作机器人

1）**定义与目的**。协作机器人主要用于与工作人员一起工作，以提高工作效率和质量。它旨在减少重复性劳动，减轻工作人员的负担，并确保工作过程的安全性。

2）**设计与结构**。协作机器人采用轻量化的设计，具有更灵活的关节，同时配备有多种传感器和安全功能以确保工作人员的安全。

3）**应用场景和工作方式**。协作机器人适用于与人紧密合作的工作场景，如装配线、物流分拣等。工作方式通常包括拾取、放置、装配等简单动作。

4）**生产力**。协作机器人能够弹性部署，可以实现产线全天候不间断运作，不仅可以大幅提升生产力，也能确保产品品质。

5）**安全性**。协作机器人的运行速度较慢，并配备高端的传感器和安全停止系统，通过精确的力感应和空间限制功能，能够避免碰撞，其有效负载通常在 20kg 以下，使它们能安全地与人一起工作。

（2）工业机器人

1）**定义与目的**。工业机器人主要用于自动化生产线，以实现高效、精确和连续的生产。它主要用于搬运、装配、焊接、喷涂等重复性工作，以提高生产率。

2）**设计与结构**。工业机器人采用刚性设计，具有高精度和大负载能力，能够适应重型工件和长时间的工作需求。

3）**应用场景和工作方式**。工业机器人适用于大规模、连续的生产线，如汽车制造、电子产品装配等。工作方式通常包括搬运、焊接、喷涂等复杂动作。

4）**生产力**。传统工业机器人的机械手臂维修需要更换机油、皮带、电池等，费时耗工且维修不易。

5）安全性。工业机器人的机械臂多处于高速运行状态，且其有效载荷可超过 1000kg，带给工作人员较高的安全风险，必须用围栏或栅栏围挡以避免意外发生。

知识点 3　协作机器人应用场景

协作机器人具有部署灵活、操作简单、设计安全的特点，在智能制造、医疗健康、远程监控和安全，以及复杂且危险的应用场合等方面具备良好的应用前景。

1）智能制造。在装配过程中，协作机器人可以与工作人员协作进行工作，帮助完成繁重、重复性的工作，从而提高生产率和生产品质。此外，协作机器人还可以用于物料搬运、零件检测和包装等环节，实现自动化生产线的建设，减少人力投入。

2）医疗健康。协作机器人可以协助医生进行手术操作，同时，它还可以用于患者的病历管理、健康监测和康复训练等任务，为医疗保健提供更加全面和高效的支持。

3）远程监控和安全。协作机器人无须外部安全屏障，结合各种不同的技术，包括移动机器人、传感器和视频监控，给工业设置、复杂且危险的应用场合、仓储和物流，以及安全和远程监控领域带来的明显益处。

4）复杂且危险的应用场合。协作机器人支持在难以部署传统机器人的复杂、危险的应用场合中作业。在诸如喷涂或去除大型舰船的油漆等应用场合中，通常工作人员通常面临各种危险，包括化学品危害和高空坠落。

6.4.2　协作机器人使用

知识点 1　机器人构型介绍

协作机器人通常为 6/7 自由度（degrees of freedom，DoF）的串联型机器人。以睿尔曼 RM-65 六自由度机器人（图 6-4-1）为例，RM-65 协作机器人系统主要由机器人本体和控制器（集成于本体基座内）组成。机器人本体模仿人的手臂，共有 6 个旋转关节，每个关节表示一个自由度。机器人关节包括肩部（关节 1、关节 2）、肘部（关节 3）、腕部（关节 4、关节 5、关节 6）。

知识点 2　机器人使用方法

RM-65 协作机器人底部集成控制器，如图 6-4-2 所示，该控制器可用于机器人运动控制及与其他外设通信。机器人需利用 24V 直流电压供电（用直流电源供电时，选择输出不小于 20A 的直流电源），电源开启后亮蓝灯，供电接口为 2 芯航空插头，位于控制器面板左下角，2 芯电源线缆中棕色线芯为电源正极，蓝色线芯为电源负极。同时机器人集成了多种通信接口，用与外部设备进行数据传输，如扩展接口（RS485、I/O 等）。同时配备其他扩展接口如 WiFi/蓝牙天线，用于无线通信使用；USB 接口 1 用于扩展接口，可外接蓝牙手柄接收器；USB 接口 2 作为虚拟网口使用；网口用于网络配置。

图 6-4-1　睿尔曼 RM-65 六自由度机器人

机器人状态提示灯不同颜色代表不同状态，蓝色为控制器启动初始化、白色为各关节启动初始化、绿色为机械臂正常运行、黄色为机械臂普通故障、红色为机械臂发生严重故障。

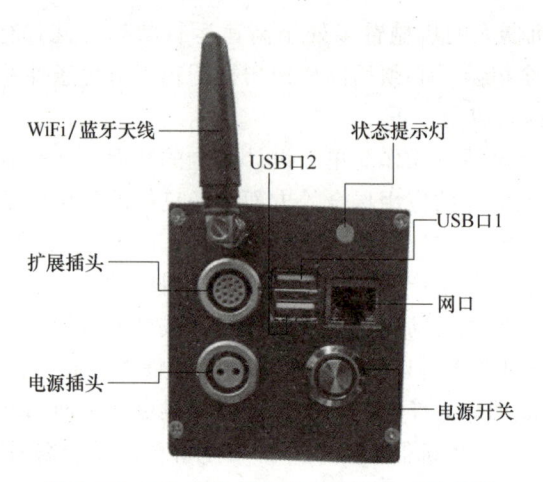

图 6-4-2　RM-65 协作机器人底部集成控制器

知识点 3　机器人编程

RM-65 协作机器人可通过以下方式进行编程：

（1）**机器人示教**　通过示教器软件面板进行机器人示教操作，用户通过单击面板上的按钮来移动机器人。同时面板也会把机器人的运动信息反馈给用户。图 6-4-3 中含有 25 个主要功能，如功能 1 为系统主菜单，功能 2 为机器人控制模式等，具体可参阅 RM-65 协作机器人使用手册。

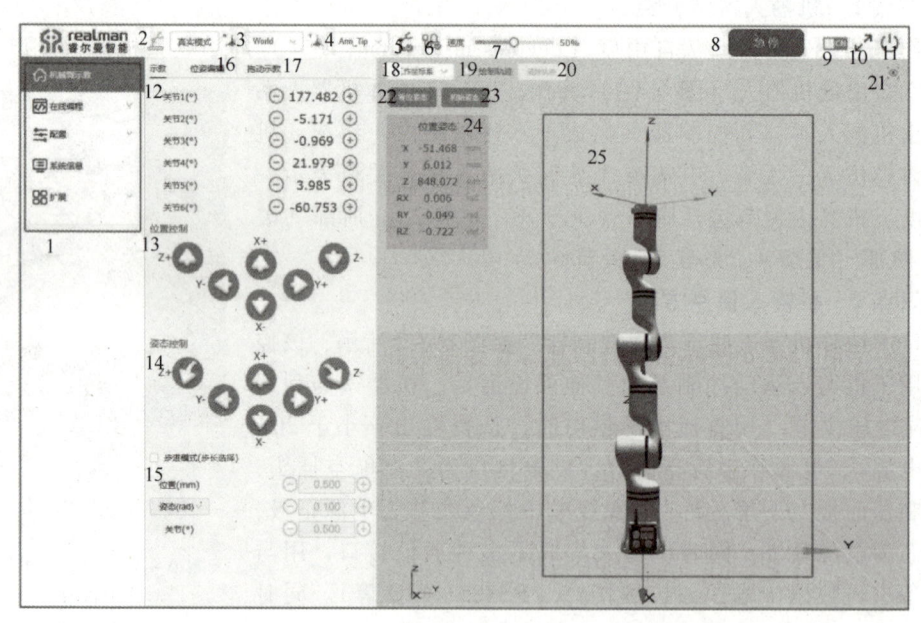

图 6-4-3　RM-65 协作机器人示教软件面板

（2）**在线编程**　用户还可通过【图形化编程】菜单，对 RM-65 协作机器人进行编程操作，实现机器人的复杂运动。主要通过图 6-4-4 中的 13 个功能键，对机器人的轨迹进行设置，并可令机器人完成设定的图形化编程程序的示教复现。

（3）**不同语言编程**　RM-65 协作机器人自带 API 库，可使用 C 语言、C++、Python 和

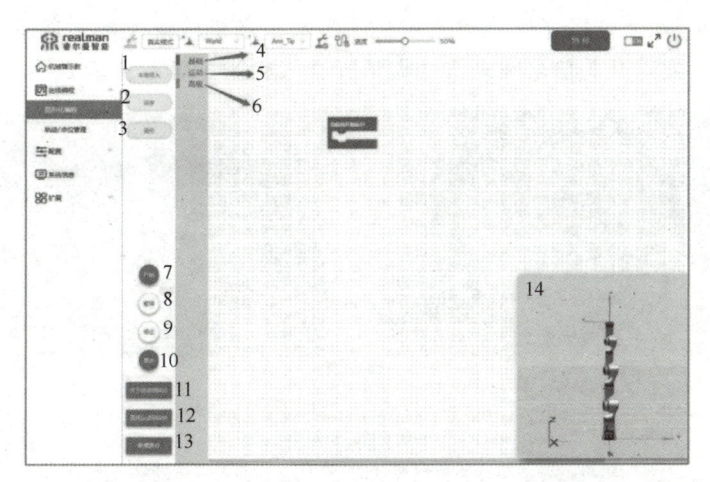

图 6-4-4　RM-65 协作机器人【图形化编程】菜单

Matlab 等编程语言分别在 VS、PyCharm 和 Matlab 等软件平台调用并进行 API 库编程。该模块需要学生具备基本的编程语言基础。未来可以通过结合机器视觉、机器学习等算法，完成复杂机器人控制任务。

6.4.3　协作机器人搬运实训

【任务描述】

在现代工业生产环境中，协作机器人被广泛应用于精准和高效的物料搬运任务。本实训采用协作机器人配合气动手爪，进行示教搬运和编程搬运，评估协作机器人在实际应用中的适应性和效率。

【任务要求】

1）依托 WiFi 或者以太网口完成上位机与机械臂的通信。

2）准备协作机器人搬运所需气爪、驱动器、气泵等。

3）操作机器人完成打开手爪，工件位置找正，抓取工件，移动到目标位置，放下工件，返回原位。

4）观察机器人是否按预期运动。

【学习目标】

1）了解机器人构型和搬运气爪的部件构成及相应功能。

2）学习机器人示教或在线编程的运动方式，并完成搬运实验。

3）初步了解并掌握机器人运动控制的基本实训流程。

【任务准备】

实验设备：

（1）睿尔曼 RM-65 协作机器人（图 6-4-5）　其为六轴协作机器人，末端负载 5kg，能通过拖拽示教和上位机编程方式完成机器人控制。

（2）设备连接线缆　机械臂连接计算机线缆（网线，通过

图 6-4-5　RM-65 协作机器人

TCP/IP 完成机器人和上位机通信，如图 6-4-6a 所示）和机械臂连接夹爪驱动器线缆（通过该信号线机械臂能发送开关信号驱动末端夹爪开合，如图 6-4-6b 所示）。

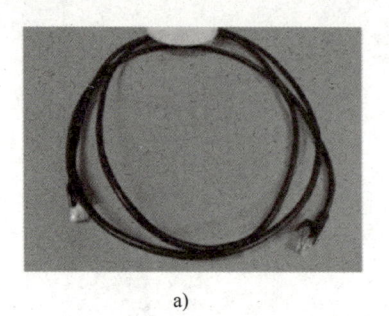

图 6-4-6 设备连接线缆

a）机械臂连接计算机线缆　b）机械臂连接夹爪驱动器线缆

（3）气爪、iPCU2 驱动器和气泵（图 6-4-7）　其中在 iPCU2 驱动器上有三个按钮（正压、停止、负压），需根据实际任务来驱动不同的压力模式。同时为配合复杂的任务需求和系统供电、供气要求，配置四个端口，分别为通信端口、电源、气源段、夹爪端。

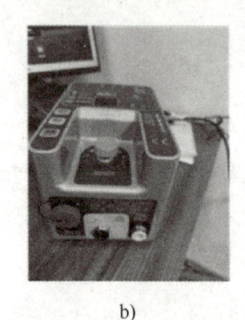

图 6-4-7 气爪、iPCU2 驱动器和气泵

a）气爪　b）iPCU2 驱动器　c）气泵

1）正压。夹紧模式，可通过旋钮改变气压大小（夹紧力大小）。

2）停止。夹爪停止，进入松弛状态。

3）负压。夹爪张开。

4）通信端口。连接协作机器人本体，并与其通信。

5）电源。接通电源，给驱动器供电。

6）气源段。连接气泵，气泵给驱动器提供气压（工作气压为 0.45~1.00MPa）。

7）夹爪端。连接使用的气爪，控制夹爪状态。

【任务实施】

1. 协作机器人搬运实训流程

（1）实训要求　如图 6-4-8 所示，工件搬运实训的动作流程为机械手爪从 p1 启动，运动到 p10 夹取工件，然后将工件从 p10 搬运至 p12 后返回 p1。

（2）工件搬运流程分解

1）将动作速度设置为 80%。

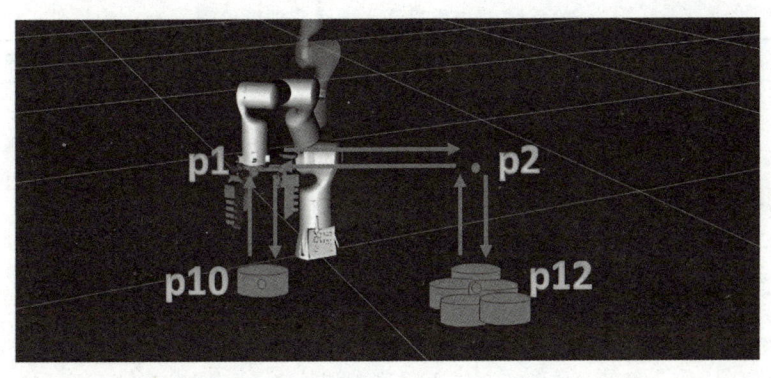

图 6-4-8 工件搬运实训的动作流程

2）手爪打开。

3）移动至退避位置（p1）。

4）移动至工件所在位置的上方 15~20mm。

5）移动至工件所在位置。

6）0.3s 定时器（对机器人的动作进行静止等待）。

7）抓取工件。

8）0.5s 定时器（对手爪的闭合进行等待）。

9）移动至当前位置上方的 15~20mm。

10）将工件移动至放置位置的上方 15~20mm。

11）将工件移动至放置位置。

12）0.3s 定时器（对机器人的动作进行静止等待）。

13）手爪张开离开工件。

14）0.5s 定时器（对手爪的打开进行等待）。

15）移动至当前位置的上方 15~20mm。

16）返回至退避位置（p1）。

17）停止。

18）结束。

2. 协作机器人搬运实训步骤

1）装好气爪和气泵，连接驱动器和机械臂。

2）通过 WiFi 或者以太网口与机械臂连接，保证上位机与机械臂控制器在同一网段内。

3）输入编制好的机器人搬运实验程序（工件搬运流程如上，编程方式如机器人编程讲解所述）。

4）观察机器人是否按预期运动。

5）达到目标，回到原位。

6）关闭程序，放好实验物品。

7）关闭电源，实验结束。

【任务评价】

对任务的实施情况进行评价，评分内容及结果见表 6-4-1。

表 6-4-1　协作机器人搬运实训评价表

序号	检查项目	内容	评分标准	记录	评分
1	气爪和气泵的安装（20分）	确保气爪和气泵安装位置正确、连接牢固并能正常工作	1. 气爪和气泵的安装位置正确（10分） 2. 气爪和气泵的连接牢固（5分） 3. 气爪和气泵正常运行（5分）		
2	上位机与机械臂的通信（20分）	测试通信协议，确保上位机可以正确发送和接收指令	1. 上位机和机械臂的通信接口连接正确（10分） 2. 上位机与机械臂的指令接送正常（10分）		
3	机器人示教搬运（20分）	通过示教器对机器人进行示教，设定搬运路径和动作	1. 示教路径和动作的设定正确（5分） 2. 机器人按照示教路径执行搬运任务（10分） 3. 示教过程中存在误差或异常（5分）		
4	机器人编程搬运（30分）	通过编程对机器人进行任务设定，编写搬运程序	1. 程序逻辑正确（10分） 2. 机器人按照程序执行搬运任务（10分） 3. 机器人执行任务的效率和速度符合预期（5分） 4. 执行过程中存在误差或异常（5分）		
5	职业素养（10分）	安全文明操作	1. 劳动保护用品穿戴整齐（1分） 2. 安全、正确、合理使用工具（1分） 3. 遵守安全操作规程（2分）		
		团队协作精神	1. 尊重指导教师与同学，讲文明礼貌（1分） 2. 分工合理，能够与他人合作、交流（1分）		
		劳动纪律	1. 遵守各项规章制度及劳动纪律（2分） 2. 实训结束后，清理现场（2分）		

6.4.4　自主持镜机器人实训

【任务描述】

在微创手术中，为实现自主持镜机器人（图6-4-9）与主刀医生协同开展手术，使其主动配合医生进行精准且清晰的体内环境画面调整，本实验应用YOLOv3算法进行手术器械尖端的定位，无须给手术器械添加特殊标识物，且不受遮挡、血液污染等因素的影响。实训设计了视觉追踪空间矢量方法，用于持镜机器人进行腔镜视野自适应调整。

【任务要求】

1）根据采集到的腹腔镜图像，通过相机标定求出腔镜相机内参。

2）调整持镜机器人系统参数，观

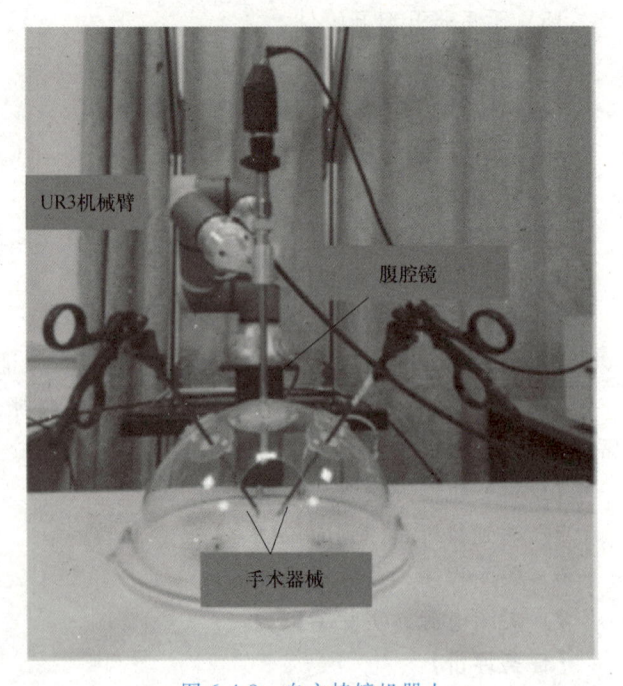

图 6-4-9　自主持镜机器人

察机器人运行状态变化。

3) 运行持镜机器人代码，完成手术器械自主追踪任务。

【学习目标】

1) 理解腹腔镜系统的工作原理及设备功能，了解单孔相机模型。

2) 掌握图像采集和图像处理能力，初步具备 C++、Python 语言编程能力，具备 OpenCV、Eigen 等公开库配置能力。

3) 了解机器人正逆运动学、雅各比矩阵等知识点，并初步具备机器人代码调试能力。

【任务准备】

1. 了解自主持镜机器人系统构成

术野智能追踪的自主持镜机器人系统（图 6-4-10）实现了对腹腔镜的自动控制。术野智能追踪的自主持镜机器人系统由腹腔镜、机械臂和计算机三个模块组成。腹腔镜由机械臂末端执行器控制，由计算机实现信号的发送和接收以及执行计算机视觉算法等功能。

1) 腹腔镜主要用于获取患者体内环境信息。摄像机镜头安装在腹腔镜的末端，摄像机捕获的腹腔镜图像实时显示在监视器屏幕上。

2) 机械臂控制腹腔镜的运动，由六自由度串联关节组成。协作机械臂紧凑的外形使其适合于机器人手术的紧凑工作空间。通过所设计的带有远程运动中心（RCM）约束的正逆运动学模型，协作机械臂可以在 RCM 约束下进行工作。

3) 计算机具有先进的边缘计算能力。它运行 64 位 Linux 操作系统，使用 3.90 GHz 的英特尔 622R 处理器 CPU 和 NVIDIA RTX3090 显卡。通过运行改进的 YOLOv3 算法实时进行手术器械检测，并根据手术器械检测结果向机械臂传输控制信号。

2. 打开腹腔镜系统和放置标定板

首先，确保腹腔镜系统处于关闭状态。开启电源后，在操作台或试验桌上水平放置一块用于照相机标定的标定板。标定板通常包含有规律的图案，如棋盘格标定板（图 6-4-11），用于帮助精确计算相关参数。

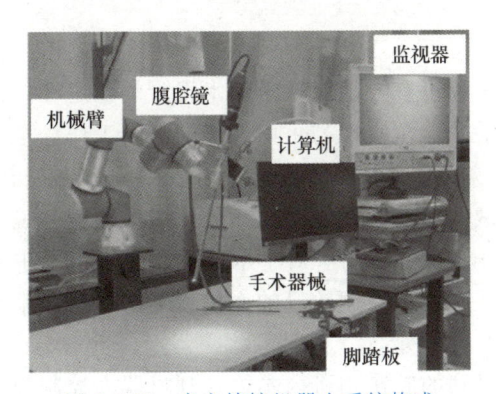

图 6-4-10　自主持镜机器人系统构成　　　　图 6-4-11　棋盘格标定板

3. 腹腔镜拍摄标定板

手动或使用自动控制系统移动腹腔镜，从多个不同的角度和距离拍摄标定板，如图 6-4-12 所示。确保每张图片都清晰地显示标定板上的图案，以便后续处理。这些图片将用于计算腔镜相机的内部参数。

4. 图片处理与内参标定

阅读 OpenCV 相机标定程序，了解相机标定流程。

（1）检测标定图像中的角点　使用 OpenCV 的 findChessboardCorners 函数自动检测棋盘格内角点（图 6-4-13），确保准确性以提高腔镜相机参数标定的精度。失败时可手动调整图像质量。

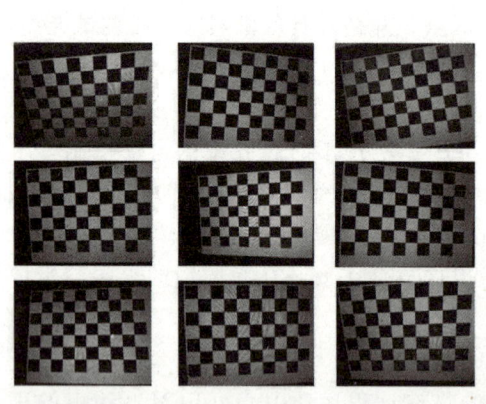

图 6-4-12　多视角下拍摄棋盘格　　　　　图 6-4-13　角点检测

（2）图像点与物理坐标点匹配　确定每个角点的世界坐标，将其与标定板关联。这为图像点和物理空间点的映射奠定基础，是参数计算的关键。

（3）计算内参和畸变系数　使用 calibrateCamera 函数，输入角点和对应的世界坐标，OpenCV 计算腔镜相机内部参数和畸变系数。这需要时间，因为它通过最小化重投影误差来确定最佳参数。

（4）评估标定结果并应用校正　使用 undistort 函数测试标定结果，消除图像畸变。评估准确性可通过比较校正前后图像或交叉验证完成评估。满足需求后，可将参数应用于计算机视觉任务。

【任务实施】

与助手医生手持腹腔镜相比，机械臂控制的腹腔镜有效地保持了手术视野的稳定性。机械臂控制的腹腔镜无需人工操作，通过自动追踪手术器械实现与主刀医生的协同工作。本实训结合视觉跟踪空间矢量方法，通过对多个手术器械的追踪，实现对手术视野的自主控制。本方法引入视觉跟踪空间矢量来跟踪多个手术器械的运动，并定义约束矢量以保证腹腔镜始终处于安全工作空间内。此外，利用改进的 YOLOv3 算法，用于对手术器械在手术视野中的位置进行鲁棒检测。本方法的优势在于，能自动适应手术器械数量的变化和不需要跟踪手术器械的深度信息。腹腔镜自主追踪流程，如图 6-4-14 所示。

（1）输入腔镜相机内参　将 OpenCV 库计算得到的腔镜相机内参输入到机器人控制程序中。这一步骤确保机器人系统在后续操作中能够准确理解腹腔镜拍摄到的图像数据，对手术场景有更精确地掌握。

（2）手术器械尖端定位　调用 YOLOv3 算法对手术器械的尖端进行定位。此算法通过识别图像中的特定模式来找到器械尖端的位置，检查算法是否能够准确无误地识别出手术器械，如图 6-4-15 所示。

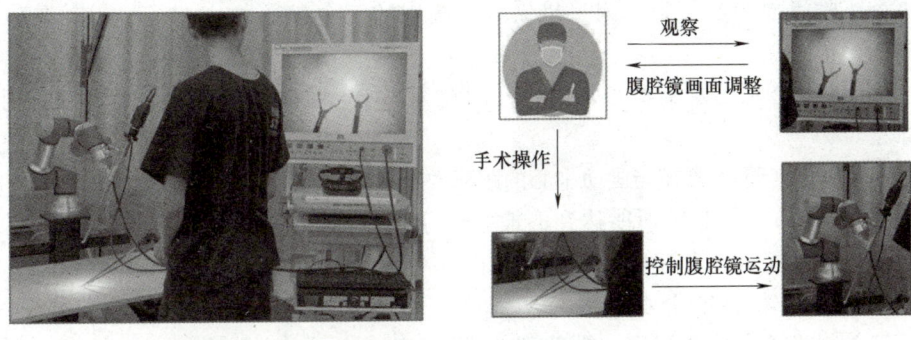

图 6-4-14　腹腔镜自主追踪流程

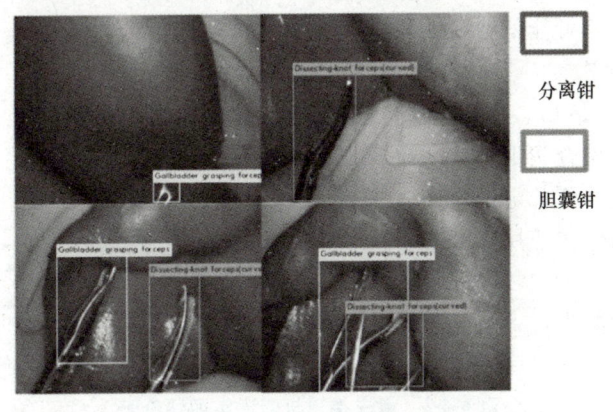

图 6-4-15　自主持镜机器人实验

（3）腹腔镜连接到机器人末端　将腹腔镜安装至机器人的末端执行器上，确保安装牢固并且角度正确。开启机器人系统，进行基本的功能测试，确认腹腔镜和机器人之间的通信无误。

（4）设置 RCM 点位置　在微创手术中，RCM 点通常设置在创口点位置，创口点即为 RCM 点。创口点约束是指在进行腹腔镜手术时，所有手术器械必须通过一个或多个固定的小切口点进入患者体内。这些创口点作为手术器械的入口和出口，对器械的移动范围和角度有严格限制。在机器人辅助手术中，创口点约束对机器人的设计和控制算法提出了特殊要求。机器人系统需要精确控制手术器械的运动，确保它们在不触碰或拉扯创口的情况下进行操作。

在本系统中 RCM 点被设置在腹腔镜镜杆上，RCM 点的空间位置可以由机器人正向运动学计算得到。通过修改机械臂末端与 RCM 点位置的齐次矩阵，可以修改空间中 RCM 点的位置，保证在不同的 RCM 位置下，腹腔镜能保持 RCM 点约束的限制。

（5）开启机器人控制算法　启动机器人控制算法，使机器人能自动追踪手术器械的移动。通过实时分析腹腔镜所捕捉到的图像数据，机器人应能自动调整其位置和角度，确保手术器械始终处于最佳视野中。完成对机器人系统性能的验证实验，验证实验具体包括：

1）画面中存在一到多个手术器械时的追踪效果。
2）手术器械出入腹腔镜画面时的追踪效果。
3）执行简单的手术任务时的追踪效果。

在执行实验流程的过程中，调整机器人系统中的三个参数（r、R、v_{max}），具体参数及意义如下：

1）$r(\text{pixel})$[①]。当手术器械与画面中心的距离大于 r 时，腹腔镜开始追踪，否则，腹腔镜保持静止。

2）$R(\text{pixel})$。当手术器械与画面中心的距离大于 R 时，腹腔镜达到最大的追踪速度 v_{max}。

3）$v_{max}(\text{mm/s})$。腹腔镜所能达到的最大追踪速度。

不同参数对腹腔镜运动速度的影响，如图 6-4-16 所示。

（6）关闭程序和收纳手术器械　实训结束后，先关闭机器人控制程序，再整理并收纳所有手术器械。确保所有设备都已断电并妥善放置，避免任何可能的机械伤害或设备损坏。

（7）关闭电源　最后，关闭腹腔镜和机器人系统的电源。检查实训环境，确保所有设备已经安全关闭并断开电源，实训室恢复到安全的状态，为下次使用做好准备。

【任务评价】

对任务的实施情况进行评价，评分内容及结果见表 6-4-2。

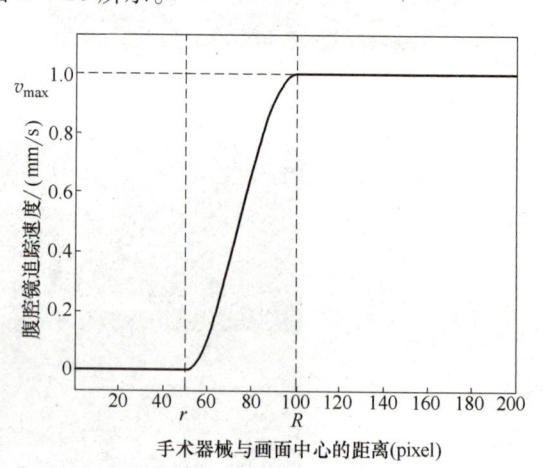

图 6-4-16　不同参数对腹腔镜运动速度的影响

表 6-4-2　自主持镜机器人实训评价表

序号	检查项目	内容	评分标准	记录	评分
1	相机标定（20分）	对腹腔镜进行相机标定	1. 拍摄棋盘格图像并输入计算机内(10分) 2. 棋盘格图像角点检测准确度(5分) 3. 运行标定程序输出腔镜相机内参(5分)		
2	手术器械定位（20分）	阅读 YOLOv3 手术器械识别代码	1. 了解 YOLO 系列算法识别原理(10分) 2. 阅读器械识别代码(10分)		
3	自主腹腔镜系统（20分）	启动腹腔镜机器人系统，完成腹腔镜自主追踪	1. 能调整 RCM 点位置(10分) 2. 能完成手术器械自主追踪(10分)		
4	调整腹腔镜追踪参数（30分）	调整腹腔镜参数，观察追踪效果变化	1. 调整参数 r，观察追踪效果(10分) 2. 调整参数 R，观察追踪效果(10分) 3. 调整参数 v_{max}，观察追踪效果(10分)		
5	职业素养（10分）	安全文明操作	1. 劳动保护用品穿戴整齐(1分) 2. 安全、正确、合理使用工具(1分) 3. 遵守安全操作规程(2分)		
		团队协作精神	1. 尊重指导教师与同学，讲文明礼貌(1分) 2. 分工合理，能够与他人合作、交流(1分)		
		劳动纪律	1. 遵守各项规章制度及劳动纪律(2分) 2. 实训结束后，清理现场(2分)		

[①]　1pixel＝1cm。

6.5 本章小结

本章通过对具体典型智能复杂产品的介绍，让学生对其有初步的认知，安排三类针对性实训环节，光刻工艺认知实训、工业机器人关键部件拆装实训和协作机器人操控实训。实训阶段是整个学习过程的核心部分，旨在帮助学生在理论知识指导下进行实际操作，实训内容通常包括设备的安装、配置、调试和维护。此外，学生还可以体验模拟的应用场景，以了解如何在现实环境中使用和调整这些复杂的智能产品，通过亲自动手操作进一步认知各种智能设备和系统。

通过设置评估和反馈环节，任课教师可以实时了解学生掌握技术知识情况，检验实际操作能力和反馈教学效果。

思考题

1. 智能网联汽车的核心技术有哪些？如何防止智能网联汽车受到黑客攻击？
2. 航空发动机的核心技术有哪些？如何规划航空发动机的自我监测和故障检测系统？
3. 光刻机的核心技术有哪些？分析每个核心技术的具体技术指标。
4. CT机的核心技术有哪些？选择某一核心技术，通过查阅资料了解国内外研究现状。
5. 简述核磁共振的工作过程。
6. 简述半导体光刻的原理及主要实验过程。
7. 分析影响半导体光刻质量的因素，以及操作过程中的各道工序是如何影响最终光刻质量的？
8. 检查所制备的样品是否存在光刻问题（包括浮胶、毛刺、钻蚀、针孔和小岛），讨论和推测出现这些问题的原因和解决方法。
9. 根据光刻机的相关介绍，如果使用电子束光刻机进行光刻，相关设备部件、材料需进行哪些调整改进，对最后的光刻效果会有什么影响？
10. 机器人电缆线束拆装大致包括哪几个关键步骤？
11. 机器人腰体的上部有一个突耳，其作用是什么？
12. 按驱动方式分类，机器人末端执行器可分为哪几类？
13. 谐波减速器的输出轴承通常采用什么类型的轴承？
14. 谐波减速器的外壳一般采用什么材质？
15. 叙述谐波减速器和RV减速器各自的优缺点。
16. 双舵轮底盘常见的2种结构形式是什么？
17. 如何让麦克纳姆轮底盘的4个麦克纳姆轮同时着地，从而达到理想的运动控制？
18. AGV主要使用哪些类型的电池？
19. 协作机器人除了可以实现搬运实验，还可以做哪些应用？
20. 协作机器人搬运实验中会遇到何种问题，出于何种原因？
21. 观察手术器械识别效果，分析哪些因素会影响手术器械识别准确率。
22. 思考相较于微创手术中的人工持镜，机器人持镜有哪些优缺点。

参 考 文 献

［1］ 周济，李培根．智能制造导论［M］．北京：高等教育出版社，2021．
［2］ 蒋明炜．机械制造业智能工厂规划设计［M］．北京：机械工业出版社，2017．
［3］ 郭楠，贾超．《信息物理系统白皮书（2017）》解读：上［J］．信息技术与标准化，2017（4）：36-40．
［4］ 郭楠，贾超．《信息物理系统白皮书（2017）》解读：下［J］．信息技术与标准化，2017（5）：42-47．
［5］ 杨学钰．中国产业结构升级与信息化推动［D］．北京：中国社会科学院研究生院，2000．
［6］ 徐兰，吴超林．数字经济赋能制造业价值链攀升：影响机理、现实因素与靶向路径［J］．经济学家，2022（7）：76-86．
［7］ 夏筱筠．数控机床健康状况监测的关键技术研究与实现［D］．沈阳：中国科学院大学（中国科学院沈阳计算技术研究所），2018．
［8］ 蔡锐龙，李晓栋，钱思思．国内外数控系统技术研究现状与发展趋势［J］．机械科学与技术，2016，35（4）：493-500．
［9］ 郝庆波．数控机床可靠性及维修性的模糊综合分配与预计［D］．长春：吉林大学，2012．
［10］ 高伟，陈劲．中国工业母机产业基础能力、国家产业治理结构共同演化与"链创耦合"机理研究［J］．中国软科学，2023（12）：1-15．
［11］ 张定华，何智伟，张学宝，等．叶片多尺度表面对压气机气动性能影响及其高性能制造研究进展［J］．航空学报，2024，45（13）：7-48；2．
［12］ 刘云，郭栋，黄祖广．我国高档数控机床技术追赶的特征、机制与发展策略：基于复杂产品系统的视角［J］．管理世界，2023，39（3）：140-158．
［13］ 王嘉杰，李天逸，孙建军，等．战略性新兴产业与传统产业的知识耦合测度研究：基于互补与替代视角［J］．情报理论与实践，2024，47（8）：63-75．
［14］ GF Machining Solutions．Mill P 500/800U brochure［EB/OL］．［2024-5-12］．https：//www．gfms．com/content/dam/gfms/pdf/milling/5-axis-milling/mill-p-u/en/millp500800u-brochure．pdf．
［15］ DMG MDRI．CTX—beta—450—TC brochure［EB/OL］．［2024-5-12］．https：//en．dmgmori．com/resource/blob/754352/a5a3cd79398ad68f8454fafac36ec714/pt0uk-ctx-beta-450-tc-pdf-data．
［16］ 北京精雕科技集团有限公司．JDGR400T 手册［EB/OL］．［2024-5-12］．https：//file．jingdiao．com/website/jingdiao/cn/resource/JDGR/JDGR400T．pdf．
［17］ MAZAK．QT-COMPACT 200M L series［EB/OL］．［2024-5-12］．https：//www．mazakeu．co．uk/machines/qt-compact-200m/．
［18］ 丁彦玉．五轴数控加工刀具与工件误差源建模及控制策略研究［D］．天津：天津大学，2016．
［19］ 王璨．伺服驱动系统机械参数辨识与振荡抑制技术研究［D］．哈尔滨：哈尔滨工业大学，2018．
［20］ 朱胜，姚巨坤，江志刚等．绿色再制造工程［M］．北京：机械工业出版社，2021．
［21］ 杨申仲，杨炜．现代设备管理［M］．北京：机械工业出版社，2012．
［22］ 《中国智能制造绿皮书》编委会．中国智能制造绿皮书［M］．北京：电子工业出版社，2017．
［23］ 毕庆贞，丁汉，王宇晗．复杂曲面零件五轴数控加工理论与技术［M］．武汉：武汉理工大学出版社，2016．
［24］ 朱胜，姚巨坤．再制造技术与工艺［M］．北京：机械工业出版社，2010．
［25］ 傅小明．材料制备技术与分析方法［M］．南京：南京大学出版社，2020．
［26］ 闫晓林，马群刚，彭俊彪．柔性显示技术［M］．北京：电子工业出版社，2022．
［27］ 王宏．电子系统可靠性工程技术［M］．南京：南京大学出版社，2021．
［28］ 周斌斌，周苏．人工智能基础与应用［M］．北京：中国铁道出版社，2022．

［29］ 许江菱. 2021—2022年世界塑料工业进展（Ⅱ）：工程塑料和特种工程塑料［J］. 塑料工业，2023，51（4）：13-24；109.

［30］ 胡春生，魏红星，闫小鹏，等. 码垛机器人的研究与应用［J］. 计算机工程与应用，2022，58（2）：57-77.

［31］ 孟凯. 机器人群控智能制造系统功能设计与应用研究［D］. 杭州：浙江工业大学，2019.

［32］ 何雪明，吴晓光，刘有余. 数控技术［M］. 4版. 武汉：华中科技大学出版社，2021.

［33］ GF Machining Solutions. Mill E 500/700U brochure［EB/OL］.［2024-5-12］. https：//www.gfms.com/content/dam/gfms/pdf/milling/5-axis-milling/mill-e-u/en/mille500700u-brochure.pdf.

［34］ 李晶，杨立娟，陈雪峰，等. 虚实结合的智能制造实践教学模式构建研究［J］. 高等工程教育研究，2020（6）：86-92.

［35］ 李宪政. 焊工［M］. 北京：中国劳动社会保障出版社，2021.

［36］ 全国焊接标准化技术委员会. 金属熔化焊接头缺欠分类及说明：GB/T 6417.1—2005［S］. 北京：中国标准出版社，2005.

［37］ Haas. HaasCNC［EB/OL］.［2024-5-12］. https：//www.haascnc.com/index.html.

［38］ 上海发那科机器人有限公司. FANUC Robot LR Mate 200iD 手册［EB/OL］.［2024-5-12］. https：//www.shanghai-fanuc.com.cn/uploadfile/3049a71ee39d4e759f332bf0c5f09f00.pdf.

［39］ 席艳君，高亚辉，李向南. 现代材料科学进展研究［M］. 咸阳：西北农林科技大学出版社，2019.

［40］ 杨方飞. 机械产品数字化设计及关键技术研究与应用［D］. 北京：中国农业机械化科学研究院，2005.

［41］ 翟东杰. 碳纳米管/石墨烯片改性长碳纤维增强聚丙烯复合材料结构与性能［D］. 济南：山东大学，2022.

［42］ 何红媛，周一丹. 材料成形技术基础［M］. 南京：东南大学出版社，2015.

［43］ 武兵书. 中国战略性新兴产业研究与发展［M］. 北京：机械工业出版社，2018.

［44］ 周祖德，谭跃刚. 数字制造的基本理论与关键技术［M］. 武汉：武汉理工大学出版社，2016.

［45］ 刘威豪. 面向再生碳纤维增强复合材料的增材制造成型工艺研究［D］. 合肥：合肥工业大学，2022.

［46］ 智能制造系统解决方案供应商联盟，中国电子技术标准化研究院. 智能制造探索与实践［M］. 北京：电子工业出版社，2021.

［47］ DIMA I. Industrial production management in flexible manufacturing systems［M］. Hershey：IGI Global，2013.

［48］ 陈俊钊. 柔性制造技术［M］. 北京：化学工业出版社，2020.

［49］ 张智海. 制造智能技术基础［M］. 北京：清华大学出版社，2022.

［50］ 吴玉厚，陈关龙，张珂，等. 制造智能装备基础［M］. 北京：清华大学出版社，2022.

［51］ 饶运清. 制造执行系统技术及应用［M］. 北京：清华大学出版社，2022.

［52］ 李新宇，张利平，牟健慧. 智能调度［M］. 北京：清华大学出版社，2022.

［53］ 董永贵. 传感与测量技术［M］. 北京：清华大学出版社，2022.

［54］ 刘飞，杨丹，王时龙. CIMS制造自动化［M］. 北京：机械工业出版社，1997.

［55］ 张明文，王璐欢. 智能制造与机器人应用技术［M］. 北京：机械工业出版社，2020.

［56］ 刘若冰，曹赟. 智能传感器产品体系架构及其应用［J］. 信息技术与标准化，2021（4）：54-58.

［57］ 涛思数据. 工业互联网云原生时序数据库［EB/OL］.［2024-5-12］. https：//www.taosdata.com/iiot-time_series_database.

［58］ 工控小虎头. 倍福PLC通过EtherCAT总线控制伺服电机：（一）硬件配置篇［EB/OL］.（2023-12-04）［2024-5-12］. https：//blog.csdn.net/weixin_42728270/article/details/134783388.

［59］ eKuiper. eKuiper文档［EB/OL］.［2024-5-12］. https：//ekuiper.org/docs/zh/latest/getting_started/getting_started.html.

［60］ 程序员老鹰. Modbus通信协议介绍与我的测试经验分享［EB/OL］.（2024-01-09）［2024-05-12］.

https：//blog. csdn. net/2301_81692192 /article/details/135488629.

[61] 今天还没学习. 使用示波器通过串口抓取数据波形［EB/OL］. （2024-02-22）［2024-05-12］. https：//blog. csdn. net/weixin_58061628 /article/details/136225239.

[62] 宗平，秦军. 物联网技术与应用［M］. 北京：电子工业出版社，2021.

[63] 刘韵洁. 工业互联网导论［M］. 北京：中国科学技术出版社，2021.

[64] 陶飞，戚庆林，张萌，等. 数字孪生及车间实践［M］. 北京：清华大学出版社，2021.

[65] 陆剑峰，张浩，赵荣泳. 数字孪生技术与工程实践［M］. 北京：机械工业出版社，2022.

[66] 王丰圆. 基于数字化双胞胎的三维可视化车间系统研究［D］. 武汉：华中科技大学，2019.

[67] 肖湘桂. 基于3D多组态的产线虚拟调试系统的设计与实现［D］. 武汉：华中科技大学，2022.

[68] 叶炯. 基于数字孪生的智能工厂 MES 系统研究［D］. 芜湖：安徽工程大学，2022.

[69] 卢阳光. 面向智能制造的数字孪生工厂构建方法与应用［D］. 大连：大连理工大学，2020.

[70] 林晓清. 基于数字孪生理念的智能工厂与案例分析［J］. 数字制造科学，2019，17（4）：314-318.

[71] 唐堂，滕琳，吴杰，等. 全面实现数字化是通向智能制造的必由之路：解读《智能制造之路：数字化工厂》［J］. 中国机械工程，2018，29（3）：366-377.

[72] 王锐，钱学雷. OpenSceneGraph 三维渲染引擎设计与实践［M］. 北京：清华大学出版社，2009.

[73] 数字孪生世界企业联盟，杭州易知微科技有限公司. 数字孪生世界白皮书 2023［Z］. 2023.

[74] 朱冰，范天昕，张培兴，等. 智能网联汽车标准化建设进程综述［J］. 汽车技术，2023（7）1-16.

[75] WANG J. Design and implementation of intelligent connected vehicle communication system［J］. Advances in Computer and Communication，2023，4（2）：94-98.

[76] 金广明. 我国载人航天器推进系统技术发展［J］. 航天器工程，2022，31（6）：191-204.

[77] 杨青格，张帆，郑孟伟. 俄罗斯重型火箭研制发展分析［J］. 中国航天，2023（4）：67-70.

[78] 陈谦，张龙江. 2023 年心脏 CT 研究进展［J］. 国际医学放射学杂志，2024，47（3）：314-320.

[79] 周腊珍，夏文静，许倩倩，等. 一种基于毛细管 X 光透镜的微型锥束 CT 扫描仪［J］. 物理学报，2022，71（9）：43-52.

[80] 邱俊，杨光华，李璟，等. 光刻对准关键技术的发展与挑战［J］. 光学学报，2023，43（19）：9-31.

[81] YAIAN M A，MOHAMMAD A J，MARCEL. On characterization of a generic lithography machine in a multi-directional space［J］. Mechanism and Machine Theory，2021，170（1）：104638.

[82] 黄锦添，戴幸平. 工业机器人实操及应用［M］. 武汉：武汉理工大学出版社，2018.

[83] LI Z B，LI S，LUO X. An overview of calibration technology of industrial robots［J］. IEEE/CAA Journal of Automatica Sinica，2022，8（1）：23-36.

[84] 韦亚一. 计算光刻与版图优化［M］. 北京：电子工业出版社，2021.

[85] GHIAMI A，SUN T，FIADZIUSHKIN H，et al. Optimization of layer transfer and photolithography for device integration of 2D-TMDC［J］. Crystals，2023，13（10）：1474.

[86] 肖立志，罗嗣慧，龙志豪. 井场核磁共振技术及其应用的发展历程与展望［J］. 石油钻探技术，2023，51（4）：140-148.

[87] YAMASAKI Y，TOKUNAGA M，SAKAI Y，et al. Effects of a force feedback function in a surgical robot on the suturing procedure［J］. Surgical Endoscopy，2024，38（3）：1222-1229.

[88] 李至，潘越，陈殿生，等. 基于模仿学习的眼底手术行为机器人复现［J］. 机器人，2024，46（3）：361-369.

[89] 毛秋平，梁向晖，钟伟强. 核磁共振仪用于教学实验的探索［J］. 广州化工，2015，43（7）：154-156.

[90] 鲍清岩，毛海燕. 工业机器人仿真应用：KUKA 机器人［M］. 重庆：重庆大学出版社，2018.

[91] 吴其林，赵韩，陈晓飞，等. 多臂协作机器人技术与应用现状及发展趋势［J］. 机械工程学报，2023，59（15）：1-16.

[92] SHARMA E, RATHI R, MISHARWAL J, et al. Evolution in lithography techniques: microlithography to nanolithography [J]. Nanomaterials, 2022, 12 (16): 2754.

[93] KILBY J S. The integrated circuit's early history [J]. Proceedings of the IEEE, 2000, 88 (1): 109-111.

[94] WANG X L, TAO P P, WANG Q Q, et al. Trends in photoresist materials for extreme ultraviolet lithography: A review [J]. Materials Today, 2023, 67 (1): 299-319.

[95] 杜中一. 半导体芯片制造技术 [M]. 北京：电子工业出版社，2012.

[96] KANG M S, HAN C H, JEON H. Submicrometer-scale pattern generation via maskless digital photolithography [J]. Optica, 2020, 7 (12): 1788-1795.

[97] RANDALL J N, OWEN J H G, LAKE J, et al. Next generation of extreme-resolution electron beam lithography [J]. Journal of Vacuum Science and Technology B, 2019, 37 (6): 061605.

[98] 张汝京，等. 纳米集成电路制造工艺 [M]. 北京：清华大学出版社，2014.